Die Verbrennungskraftmaschine

Herausgegeben von

Prof. Dr. **Hans List**
Graz

Band 4

Der Ladungswechsel der Verbrennungskraftmaschine

Erster Teil

Grundlagen
Die rechnerische Behandlung der instationären Strömungsvorgänge am Motor

Springer-Verlag Wien GmbH
1949

Der Ladungswechsel der Verbrennungskraftmaschine

Erster Teil

Grundlagen
Die rechnerische Behandlung der instationären Strömungsvorgänge am Motor

Von

Prof. Dr. **Hans List**
Graz

Dr. **Gaston Reyl**
Graz

Mit 156 Abbildungen im Text, 2 Tafeln und 4 Tabellen

Springer-Verlag Wien GmbH
1949

ISBN 978-3-211-80122-2 ISBN 978-3-7091-7997-0 (eBook)
DOI 10.1007/978-3-7091-7997-0

Ursprünglich erschienen bei Springer-Verlag in Vienna 1949
Softcover reprint of the hardcover 1st edition 1949

Vorwort zum vierten Band.

In Band 4 der Verbrennungskraftmaschine wird erstmalig ein zusammenfassender Überblick über Arbeiten gegeben, die meine Mitarbeiter und mich über eine Zeitspanne von über zwanzig Jahren beschäftigten.

Die Arbeiten hatten von Anfang an das Ziel, die Zusammenhänge zu ermitteln, welche zwischen den Kennwerten von Steuerungen und den Größen bestehen, die den Erfolg des Ladungswechsels kennzeichnen. Wir waren dabei bestrebt, durch eine Trennung der Abhängigkeiten in solche, die rechnungsmäßig erfaßt werden können, und solche, die experimentell ermittelt werden müssen, Grundlagen für eine zweckmäßige Synthese von rechnerischen und experimentellen Verfahren zur Vorausbestimmung des Erfolges von Ladungswechselvorgängen zu schaffen.

Ich benützte die jetzige Zeit, in der ein, wie ich hoffe, vorübergehender Stillstand in unseren Untersuchungen eingetreten ist, um das bisher Erreichte zusammenzufassen und in geschlossener Form darzustellen. Dabei bin ich mir bewußt, daß die vorliegende Arbeit in vieler Hinsicht nur ein Anfang ist und noch wesentlich ausgebaut und vervollständigt werden muß, bis das gesteckte Ziel erreicht sein wird. Immerhin ist es bis jetzt gelungen, ein geschlossenes, wenn auch noch nicht abgeschlossenes System zur Untersuchung und Vorausberechnung von Ladungswechselvorgängen zu schaffen, wobei besonderes Augenmerk dem Zweitaktmotor zugewendet wurde.

Leider konnten mehrere Arbeiten, die in diesem Zusammenhang begonnen oder vorbereitet wurden, infolge der Zeitverhältnisse nicht durchgeführt oder abgeschlossen werden. Ich bedaure das vor allem hinsichtlich einer experimentellen Grundlagenuntersuchung über instationäre Strömungsvorgänge in Rohrleitungen für die G. Reyl und H. F. Reynst in Dresden umfangreiche Vorbereitungen getroffen hatten.

Die Arbeiten über den Ladungswechsel wurden während meiner Tätigkeit an der Tungchi-Universität in Woosung (China) mit einer größeren Untersuchung über die Spülvorgänge von Zweitaktmotoren begonnen. Zeigte mir diese Untersuchung, wie ein ausschließlich der experimentellen Forschung zugängliches Problem des Ladungswechsels systematisch zu behandeln ist, so konnte durch die darauffolgende Arbeit über die Erhöhung des Liefergrades von Kurbelkastenspülpumpen durch Saugrohre zu meiner anfänglichen Überraschung nachgewiesen werden, daß sich die Strömungsvorgänge am Motor durch schrittweise Berechnung mit im allgemeinen großer Genauigkeit rechnerisch erfassen lassen. Durch beide Untersuchungen wurden Richtungen für die weiteren Arbeiten gegeben. Bei diesen hat eine Reihe von Mitarbeitern mitgewirkt. Es ist mir eine Pflicht, hier vor allem die unter ihnen zu nennen, die an meinen Arbeitsstätten in Woosung (China), Graz und Dresden wesentliche Beiträge zur Lösung der auftretenden Probleme geliefert haben.

In Woosung (China) haben Hsueh Dsai Hsiän und Chang I Lu sich bei den Untersuchungen zur Bestimmung des Spülgrades verschiedener Schlitzanordnungen am Modell und am Motor betätigt.

In Graz hat E. Niedermayer durch eine experimentelle Arbeit über den Spülvorgang und durch thermodynamische Auswertung der Ergebnisse wesentlich zur Klärung dieses Kernproblems des Ladungswechsels von Zweitaktmotoren beigetragen.

A. Pischinger hat durch seine Untersuchung über die Bewegungsvorgänge in Gassäulen, insbesondere beim Auspuff- und Spülvorgang von Zweitaktmaschinen, die Grundlagen für die rechnerische Behandlung der Strömungsvorgänge am Motor nach der akustischen Theorie geschaffen und durch Versuche an der Maschine nachgewiesen, daß sich die Strömungen beim Ladungswechsel mit dem von ihm entwickelten Verfahren in den meisten Fällen mit sehr guter, für die praktische Anwendung ausreichender Wirklichkeitstreue erfassen lassen.

G. Reyl hat das von Pischinger entwickelte Verfahren ausgebaut, in der Anwendung vereinfacht und durch Nachrechnen zahlreicher Ladungswechsel von ausgeführten Zwei- und Viertaktmotoren die Systematik in der Handhabung des Verfahrens geschaffen, mit der auch schwierige Fälle, wie z. B. Strömungen in verzweigten Rohrleitungen von Mehrzylindermotoren mit erträglichem Zeitaufwand berechnet werden können. Im Kennlinienverfahren und in der vektoriellen Behandlung von Schwingungsvorgängen in den Rohrleitungen am Motor ist er neue Wege gegangen.

Während meiner Tätigkeit in Dresden hat mein leider zu früh verstorbener Mitarbeiter, K. Ullmann, das Verfahren der schrittweisen Berechnung der Strömungsvorgänge am Motor in die Praxis des Auslegens der Steuerungen von Viertaktmotoren eingeführt und in Zusammenarbeit mit der Daimler Benz A. G., Stuttgart, und den Bayrischen Motorenwerken A. G., München, gezeigt, daß durch die Anwendung des Verfahrens beim Abstimmen von Steuerungen viel an kostspieliger Versuchsarbeit erspart werden kann. Von der großen Zahl der Mitarbeiter, welche bei diesen Untersuchungen beteiligt waren, ist vor allem G. Zenker hervorzuheben, der die Rechnungsgruppe für Ladungswechselvorgänge im Institut geleitet hat. Ferner R. Stier, der Untersuchungen über den Ladungswechsel an einem Lanz-Bulldog-Motor für Gengasbetrieb ausführte und durch systematische Anwendung von Rechnung und Versuch nach unseren Verfahren wesentliche Leistungssteigerungen des Motors erzielen konnte.

Ich übergebe als Sprecher aller an dieser Arbeit Beteiligten das Buch der Fachwelt und hoffe, daß es dieser von Nutzen sein wird.

Graz, im Januar 1949. **H. List.**

Vorwort zum ersten Teil des vierten Bandes.

Der erste Abschnitt des vorliegenden Teilbandes enthält die Definition der im folgenden verwendeten Begriffe und eine Untersuchung des Ladungswechsels der vollkommenen Maschine.

Wie bei der Thermodynamik der Arbeitsvorgänge lassen sich auch beim Ladungswechsel durch Behandlung der vollkommenen Maschine die grundsätzlichen Richtlinien ableiten, die zur Erzielung eines günstigen Ablaufs der Vorgänge in der wirklichen Maschine beachtet werden müssen.

Im zweiten Abschnitt wurde das Verfahren der schrittweisen Berechnung der Strömungsvorgänge im Motor zusammengefaßt, das in den folgenden Teilbänden benützt wird. Dieses Verfahren stellt ein bisher zu wenig beachtetes Instrument zur Untersuchung von Vorgängen in der Maschine dar, die für ihren Betriebserfolg ausschlaggebend sind. Die erforderlichen Berechnungen sind elementar und erfordern keine höheren mathematischen Kenntnisse. Das Verfahren ist daher auch dem theoretisch nicht speziell geschulten Motoreningenieur durchaus zugänglich, wenn er sich die Mühe nimmt, sich mit der Handhabung der Gleichungen vertraut zu machen.

Da die Rechnungen immerhin umfangreich werden, ist nach zwei Richtungen hin eine Rationalisierung angestrebt worden: einerseits eine möglichst einfache Durchführung der Rechenschritte, die durch Hilfskräfte erfolgen soll, und anderseits ein in sich geschlossenes Begriffssystem, das den die Rechnungsansätze aufstellenden Ingenieur der Mühe enthebt, jede Lösung immer wieder aus den Grundannahmen abzuleiten. Deshalb sind auch für die häufiger vorkommenden Fälle unmittelbar verwendbare Formeln angegeben.

Durch die Schwierigkeit, die bei Maschinen sich vielfach übergreifenden Einflüsse wirklichkeitsgetreu zu erfassen, ist es historisch bedingt, daß der Maschineningenieur sich meist mit kurzen Näherungsrechnungen begnügt und die offen bleibenden Fragen durch den Versuch klärt, wobei dann auch ein hoher Aufwand an Zeit, Personal und Kosten als unvermeidlich hingenommen wird. Demgegenüber schreckt die technische Praxis auf Gebieten, die der zuverlässigen Berechnung zugänglich sind, auch vor langwierigen Berechnungen nicht zurück, wie das Beispiel der Baustatik zeigt.

Dort, wo die Grundlagen genügend geklärt sind und der Berechnungsingenieur Aussagen von gleicher Zuverlässigkeit wie der Versuchsingenieur machen kann, wird man ihm daher auch wenigstens einen Teil der Zeit und des Hilfspersonals zugestehen können, die für die Durchführung von Versuchen nötig sind, wobei auch der Aufwand für deren Vorbereitung billigerweise eingerechnet werden muß.

Nun ist der Verlauf der für die instationäre Strömung errechneten Drücke und Geschwindigkeiten bisher durch die Erfahrung noch immer bestätigt worden, so daß die Zuverlässigkeit des im folgenden entwickelten Rechenverfahrens als erwiesen gelten kann, wenn man die Ergebnisse mit der Kritik betrachtet, die auch Meßergebnissen gegenüber zur Vermeidung von Fehlbeurteilungen nötig ist.

So wird man überall, wo Spül- und Mischvorgänge von wesentlichem Einfluß sind, z. B. bei Vergasermaschinen, vorsichtig sein müssen. Hier kommt es außer auf die gut erfaßbare Luftverteilung auch sehr auf die Kraftstoffbewegung im Ansaugsystem an, und diese gehorcht viel undurchsichtigeren Gesetzen. Ebenso werden die der Rechnung zugrunde zu legenden Widerstandszahlen der stationären Strömung, die durch Ablösungserscheinungen bestimmt sind, nach wie vor durch den Versuch ermittelt werden müssen.

In allen Fällen wird eine Durchrechnung der Ladungswechselvorgänge eine Abgrenzung der einzelnen Einflüsse und eine vertiefte Einsicht in die Erscheinungen bringen, die auch die noch nötigen Versuche der Sphäre blinden Probierens entrückt.

Die zahlreichen Abbildungen dieses Teilbandes, insbesondere die rechnerischen Zeitlupenbilder, sollen ebenfalls das technische Gefühl für den Ablauf der Strömungen im Motor anschaulich vermitteln.

In einer seit 1944 im wesentlichen abgeschlossenen Arbeit [42] wurde ein Übergang gefunden vom hier behandelten schrittweisen Rechnen am Zylinder in Verbindung mit der Theorie fortschreitender Wellen in der Leitung zu der, besonders von Lutz [37, 38] ausgebauten Theorie der stehenden Wellen und dabei eine wesentliche Vereinfachung und Verallgemeinerung der Ansätze erreicht. Das Verfahren verwendet die Darstellung harmonischer Schwingungen durch komplexe Vektoren, gestattet, wenn nötig durch Iteration, durchaus wirklichkeitsgetreues Rechnen und läßt den Einfluß von Änderungen der Abmessungen des Leitungssystems auf dessen Verhalten gut erkennen, was für den Entwurf von Motoren wertvoll ist. Seine Aufnahme in diesen Teilband war deshalb ursprünglich vorgesehen, wurde dann aber aufgegeben, um den Umfang des Buches nicht weiter zu steigern und um eine aus dem übrigen geschlossenen Rahmen fallende, etwas abstraktere Darstellungsmethode zu vermeiden.

Der Teilband schließt mit einer Darstellung eines Modellverfahrens zur Nachbildung der Strömungsvorgänge im Motor durch Wasserwellen in offenen Gerinnen. Dieses Verfahren ermöglicht es, die Strömungsvorgänge im Motor während des Ladungswechsels mit mäßigem experimentellem Aufwand in ihrer Nachbildung so zu verlangsamen, daß sie vom Beschauer bequem verfolgt werden können. Die Verfasser sind der Meinung, daß das Verfahren breitere Anwendung bei der experimentellen Untersuchung von Ladungswechselvorgängen an Verbrennungsmotoren und instationären Strömungsvorgängen in anderen Maschinen verdient. Die theoretischen Grundlagen und die zur Auslegung der Modelle erforderlichen Beziehungen wurden daher ausführlich dargestellt.

Graz, im Januar 1949.

H. List G. Reyl.

Inhaltsverzeichnis.

A. Allgemeine Grundlagen.

I. Begriffsbestimmungen.

Zur Erfassung des Erfolges der Ladungswechselvorgänge und ihres Einflusses auf Leistung und Verbrauch der Maschine sind einige Begriffe festzulegen.

Der Erfolg des Ladungswechsels ist im wesentlichen durch die Menge der Ladung im Zylinder und ihren Gehalt an Abgasen vom vorhergehenden Arbeitsspiel bestimmt. Für die Energieumsetzung ist in zweiter Linie auch Druck, Temperatur, Schichtung und der Bewegungszustand der Ladung am Ende des Landungswechsels von Bedeutung.

Es ist zweckmäßig, die Ladungsmenge volumetrisch zu erfassen, also ihr Volumen bei einem bestimmten Bezugszustand zu bestimmen. Um die Kenngrößen unabhängig von der Zylindergröße zu machen, werden nicht absolute Volumen, sondern Bruchteile des Hubvolumens der Maschine angegeben.

Das Rechnen mit Gasvolumen an Stelle von Gasgewichten hat bei Kolbenmaschinen manche Vorteile. Die Arbeit bei der Volumsänderung der Gasladung in der Maschine ist vom Volumen und nicht vom Gasgewicht abhängig. Die Abgasgehalte, wie überhaupt die Zusammensetzung der Gase, werden im Orsatapparat volumetrisch gemessen. Auch die Verbrennungsrechnung läßt sich durch Einführung der zur vollständigen Verbrennung theoretisch notwendigen Luftmenge als Volumen bei festgelegtem Zustand (z. B. Normalzustand oder Außenzustand) leicht volumetrisch durchführen.

Beim Viertakt wird der Ladungswechsel durch die Kolbenbewegung bewirkt. Als Bezugszustand für die Erfolgsgrößen des Ladungswechsels dient bei selbstansaugender Maschine der Außenzustand. Bei Auflademaschinen sind die Lader zusätzliche Organe, deren Erfolgseinfluß getrennt von dem Erfolg des durch den Kolben bewirkten Landungswechsels erfaßt werden muß. Daher wird als Bezugszustand bei aufgeladenen Viertaktmotoren der Zustand vor dem Einlaßorgan gewählt, da die Ladung dem Zylinder mit diesem Zustand zur Verfügung gestellt wird.

Beim Zweitakt bewirkt die Spülpumpe den Ladungswechsel und ist, abgesehen von einigen Sonderausführungen, dazu unbedingt erforderlich. Daher ist der Bezugszustand bei Zweitaktmaschinen der Zustand vor der Spülpumpe, also im allgemeinen der Außenzustand.

Bei der wirklichen Maschine ist es im allgemeinen nicht möglich, die Abgase beim Ladungswechsel restlos zu entfernen, meist bleibt ein Rest vom vorangegangenen Arbeitsspiel im Zylinder zurück. Es ist daher zu unterscheiden zwischen der Frischladung (Luft beim Dieselmotor oder Gemisch beim Ottomotor) und der Gesamtladung, d. i. der Summe aus Frischladung und Abgasrest.

Die Frischluftmenge ist im wesentlichen maßgebend für die Brennstoffmenge, die im Zylinder verbrannt werden kann und damit für die Wärmemenge, die durch die

Verbrennung entsteht. Diese Wärmemenge verteilt sich auf die gesamte arbeitende Gasmenge. Sie wird durch die in Band 2 behandelten Arbeitsvorgänge zum Teil in mechanische Arbeit umgesetzt.

Der Erfolg des Ladungswechsels kann durch folgende Größen eindeutig erfaßt werden:

Setzt man das nach dem Ladungswechsel im Zylinder befindliche Frischladungsvolumen im Bezugszustand ins Verhältnis zum Hubvolumen, so erhält man den Liefergrad λ_l.

Bezeichnet man den volumetrisch bestimmten Abgasgehalt der Ladung mit a, so wird die Gesamtladung im Bezugszustand als Bruchteil des Hubvolumens:

$$\lambda_g = \frac{\lambda_l}{1-a}$$

oder bei gespülten Motoren mit $(1-a) = \lambda_s$ als Spülgrad:

$$\lambda_g = \frac{\lambda_l}{\lambda_s}$$

Wenn nicht anders angegeben, so wird für die Untersuchungen als normaler Außenzustand trockene Ladung mit den Zustandsgrößen $p_o = 1$ kg/cm², $T_o = 288^0$ K vorausgesetzt. Werden Größen für diesen normalen und für einen davon abweichenden Außenzustand gleichzeitig verwendet, so werden die für normalen Außenzustand (1 at 288^0 K) geltenden im folgenden mit n gekennzeichnet. Es ist mit T_o, p_o als gegebener Außenzustand und p_d als Dampfdruck des Wasserdampfes in der Ladung dann für eine selbstsaugende Viertaktmaschine

$$\lambda_{ln} = \frac{288}{T_o} \cdot \frac{p_o - p_d}{1,0} \cdot \lambda_l \tag{1}$$

und

$$\lambda_{gn} = \frac{288}{T_o} \cdot \frac{p_o - p_d}{1,0} \cdot \frac{\lambda_l}{1-a} \tag{1a}$$

Diese beiden Größen kennzeichnen die im Zylinder vorhandene Frisch- bzw. Gesamtladungsmenge, aber nicht mehr die Güte des Ladungswechsels, diese ist allein durch λ_l, λ_s und λ_g bestimmt.

Bei aufgeladenen Viertaktmotoren wird die Ladung vor dem Eintritt in den Zylinder durch einen Lader vorverdichtet. Bezeichnet man in diesem Fall mit der Aufladezahl λ_a das Verhältnis der spezifischen Gewichte vor dem Einlaßventil und vor dem Lader, so ist der Liefergrad der aufgeladenen Maschine bezogen auf den Außenzustand:

$$\lambda_{lo} = \lambda_a \cdot \lambda_l,$$

die Gesamtladung bezogen auf den Außenzustand:

$$\lambda_{go} = \lambda_a \cdot \frac{\lambda_l}{1-a} \text{ oder } \lambda_{go} = \lambda_a \cdot \frac{\lambda_l}{\lambda_s}.$$

Auch hier ist die Güte des Ladungswechsels allein durch λ_l und λ_g bzw. λ_s gekennzeichnet.

Bei einem von 1 at und 15° C abweichenden Außenzustand (p_o, T_o) erhält man die auf Normalzustand bezogenen Kenngrößen aus:

$$\lambda_{ln} = \lambda_a \cdot \frac{288}{T_o} \cdot \frac{p_o - p_d}{1,0} \cdot \lambda_{lo} \tag{2}$$

$$\lambda_{gn} = \lambda_a \cdot \frac{288}{T_o} \cdot \frac{p_o - p_d}{1,0} \cdot \frac{\lambda_{lo}}{1-a} \tag{2a}$$

λ_{ln} bzw. λ_{gn} sind direkte Maße für die im Zylinder befindlichen Gasgewichte. Diese Größen erhalten dadurch besondere Bedeutung, daß in erster Annäherung die Innenleistung des Motors den arbeitenden Gasgewichten verhältig ist.

Beim Zweitakt werden die Abgase durch die frische Ladung oder durch dieser vorgelagerte Spülluft verdrängt. Dieser Spülvorgang verläuft nie vollständig, ein Abgasrest a bleibt stets zurück. Zur Kennzeichnung der Reinheit der Gesamtladung, also des qualitativen Erfolges der Spülung, benützt man den Spülgrad $\lambda_s = 1 - a$.

Die Gesamtladungsmenge ist wieder durch λ_g gegeben, die Frischladungsmenge im Zylinder wieder durch den Liefergrad $\lambda_l = \lambda_g \cdot \lambda_s$ bestimmt. Gesamtladung und Liefergrad bezieht man wie beim Viertakt auf das gesamte Hubvolumen und läßt die Verkleinerung des wirksamen Hubvolumens durch die Schlitze unberücksichtigt.

Die Grenzen zwischen aufgeladenen und nicht aufgeladenen Zweitaktmaschinen sind nicht scharf gezogen, da bei der Zweitaktmaschine infolge der Drosselung in den Auslaßschlitzen der Druck zu Beginn der Verdichtung im allgemeinen etwas höher als der Außendruck ist. Unter Umständen können Schwingungen in der Auspuffleitung aber auch eine Absenkung des Druckes unter den Außendruck verursachen. Es ist daher zweckmäßig, die gleichen Bezeichnungen für die aufgeladenen und die nicht aufgeladenen Maschinen zu verwenden. λ_g und λ_l wird im allgemeinen auf den Zustand vor der Spülpumpe, also auf den Außenzustand, bezogen. Eine Ausnahme machen in dieser Hinsicht Höhenmotoren.

Weicht der Außenzustand vom Normalzustand ab, so verwendet man wieder die Beziehungen (1, 1a), um Maße für die arbeitenden Gasgewichte zu erhalten.

Bei Zweitaktmotoren und bei aufgeladenen Viertaktmotoren mit Totraumspülung wird von der Spülpumpe bzw. vom Lader mehr Ladung angesaugt als nach dem Ladungswechsel als Frischladung im Zylinder bleibt, da während der Spülung ein Teil der Frischladung, der Spülverlust, mit den Abgasen ausströmt. Es ist in diesen Fällen zu unterscheiden zwischen dem Luft- oder allgemein Ladungsaufwand Λ_0 (beim Außenzustand) oder Λ (beim Zustand vor dem Zylinder) das ist der Ladungsmenge in Bruchteilen des Hubvolumens, die insgesamt zugeführt werden muß, und dem Liefergrad λ_l, der Frischladungsmenge, die im Zylinder bleibt.

Bei Flugmotoren können beim Höhenflug die Erfolgsgrößen des Ladungswechsels auf zwei Zustände bezogen werden, nämlich

1. auf den jeweiligen Außenzustand in der Höhe H km (p_H, T_H),
2. auf den normalen Bodenzustand ($p_0 = 1.033$ at, $t_0 = 15^0$ C).

Der Außenzustand ist in Abhängigkeit von der Höhe gegeben.

Zwischen dem Bodenzustand in Meereshöhe, im Mittel mit $p_0 = 1{,}033$ at und $T_0 = 288^0$ C angenommen, und dem Zustand in der Höhe besteht das Dichteverhältnis

$$\delta_H = \frac{\rho_0}{\rho_H}$$

Führt man beim Viertakt die Begriffe Überladezahl $\lambda_ü$ als Verhältnis der Dichte der Ladung im Zustand vor dem Zylinder zu der im Außenzustand bei 0 km Höhe (Bodenzustand) ein, so ist, wenn die Aufladezahl λ_a wieder dem Verhältnis der Dichten der Ladung im Zustand vor dem Zylinder zu der im Außenzustand entspricht,

$$\lambda_a = \delta_H \cdot \lambda_ü$$

Der Liefergrad bezogen auf den Außenzustand λ_{lH} wird dann

$$\lambda_{lH} = \lambda_a \cdot \lambda_l$$

Der Liefergrad bezogen auf den Bodenzustand ist

$$\lambda_{l0} = \lambda_ü \cdot \lambda_l$$

Bezieht man beim Zweitakt wieder λ_g und λ_l aus den früher angegebenen Gründen auf den Zustand vor der Spülpumpe, also auf den Außenzustand, so sind die auf den Bodenzustand bezogenen Kenngrößen des Ladungswechsels, mit denen im allgemeinen zu rechnen sein wird,

$$\lambda_{go} = \frac{\lambda_g}{\delta_H} \text{ und } \lambda_{lo} = \frac{\lambda_l}{\delta_H}$$

Da der Bodenzustand festliegt, ist λ_{lo} ein direktes Maß für die im Zylinder arbeitende Frischgasmenge und damit angenähert auch für die Innenleistung des Motors.

II. Zusammenhänge zwischen Ladungswechsel, Wirkungsgrad und Leistung.

1. Der Einfluß des Ladungswechsels auf den Wirkungsgrad.

Der Ladungswechsel im weiteren Sinn umfaßt alle Vorgänge zwischen dem Beginn des Ausströmens der Abgase aus dem Zylinder und dem Beginn der Verdichtung in demselben. Ermittelt man die Erzeugung und den Verbrauch von mechanischer Energie durch diese Vorgänge, so erhält man den unmittelbaren Einfluß des Ladungswechsels auf den Wirkungsgrad der Maschine. Einen mittelbaren Einfluß auf den Wirkungsgrad hat der Ladungswechsel dadurch, daß der Anfangszustand der Ladung zu Beginn der Verdichtung (p_1, T_1) von ihm abhängt und dieser Anfangszustand wieder den Wirkungsgrad beeinflußt.

Der mittelbare Einfluß des Ladungswechsels auf den Wirkungsgrad wird im Band 2 eingehend behandelt, die nachfolgenden Ausführungen beschränken sich auf den unmittelbaren Einfluß.

a) Ladungswechselarbeit im Zylinder.

Um die Arbeitsaufnahme oder die Arbeitsleistung des Ladungswechsels im Zylinder zu ermitteln, vergleicht man die vollkommene oder die wirkliche Maschine mit einer Maschine, in der ein Kreisprozeß ohne Ladungswechsel nach Abb. 1 verwirklicht wird. Die Differenz der Arbeitsflächen der Diagramme einer wirklichen Maschine mit Ladungswechsel gegenüber einer solchen mit einem Diagramm nach Abb. 1 ist L_l, der zugehörige Wirkungsgradeinfluß des Ladungswechsels als additives Glied $\triangle\eta_l$. Die entsprechenden Größen einer volkommenen Maschine sind L_{lv} und $\triangle\eta_{lv}$. Wenn nicht anders vermerkt, werden L_l und L_{lv} auf 1 Mol arbeitende Ladung vor der Verbrennung bezogen.

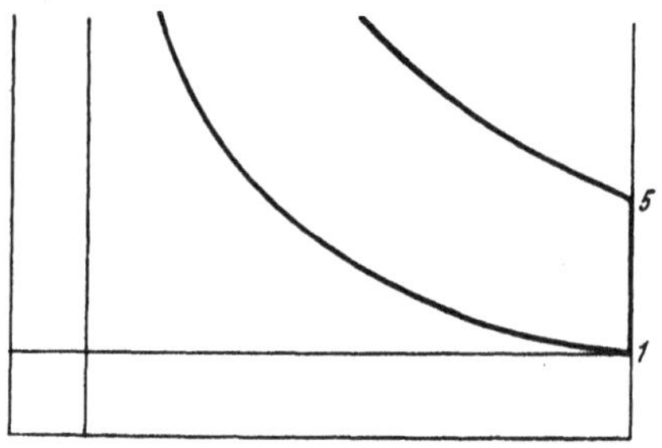

Abb. 1. Diagramm ohne Ladungswechsel.

Viertakt. a) ohne Aufladung. Bei der vollkommenen Maschine schrumpft die Arbeitsfläche des Ladungswechsels nach Abb. 2 zu einer Linie 1 2' zusammen. Bei der wirklichen Maschine ist die Arbeitsfläche nach Abb. 3 im allgemeinen negativ, wenn nicht ausnahmsweise durch günstig liegende Schwingungen in der Auspuffleitung ein verlustfreier oder arbeitsleistender Ladungswechsel bewirkt wird.

Es ist dann $$\triangle \eta_l = -\frac{A L_l}{B_M H_u} \quad (3)$$

B_M ist die Kraftstoffmenge in kg je 1 Mol Gesamtladung vor der Verbrennung, H_u der Heizwert bezogen auf die Mengeneinheit.

Die negative Fläche ist im allgemeinen klein, vergrößert sich jedoch bei gedrosseltem Einsaugen, also z. B. bei Teillasten von Maschinen mit Füllungsregelung. Die Wirkungsgradeinbuße durch den Ladungswechsel kann dann erheblich sein.

β) mit Aufladung. Die vorverdichtete Ladung strömt in der vollkommenen Maschine mit dem Ladedruck $p_L = p_1$ ein, die Abgase mit dem Druck p_o aus der Maschine. Dadurch entsteht eine positive Arbeitsfläche nach Abb. 4. Bei der wirklichen Maschine verkleinert sich diese Arbeitsfläche infolge der Drosselung in den Steuerquerschnitten nach Abb. 5.

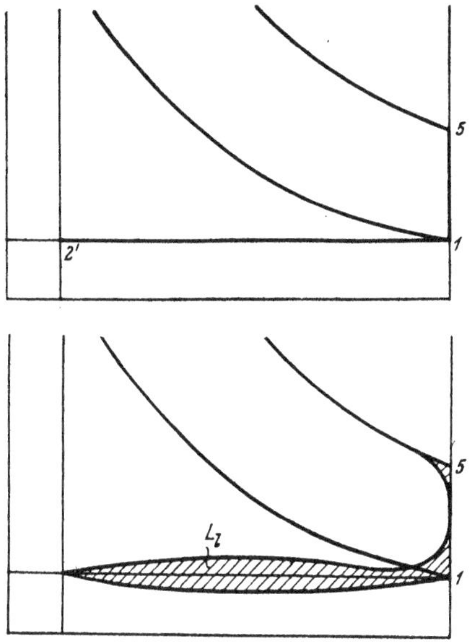

Abb. 2 u. 3. Ladungswechseldiagramm des vollkommenen und des wirklichen, nicht aufgeladenen Viertaktmotors.

Zweitakt. Nach Band 4/II ist es für Leistungsberechnungen zweckmäßig, als Bezugshubraum des Zweitaktmotors nach Abb. 6a das Volumen beim Abschluß des Zylinders (Beginn der Verdichtung) zu nehmen. Für normale Schlitzsteuerungen ist der Bezugshubraum daher $V_h (1 - \sigma_a)$, mit σ_a als relativer Auslaßschlitzlänge. Für Aufladesteuerungen mit σ_{ab} als Kolbenweg vom u. T. beim Abschluß des Zylinders ist der Bezugshubraum $V_h (1 - \sigma_{ab})$. Man erhält eine Ladungswechselarbeit, welche der schraffierten Fläche in Abb. 6a entspricht.

Zum Vergleich von Viertakt- und Zweitaktdiagrammen ist die Ladungswechselarbeit L_l nach Abb. 6b auf den vollen Hubraum zu beziehen, dazu ist die Verdichtungs- und Expansionslinie bis zum unteren Totpunkt adiabatisch zu verlängern.

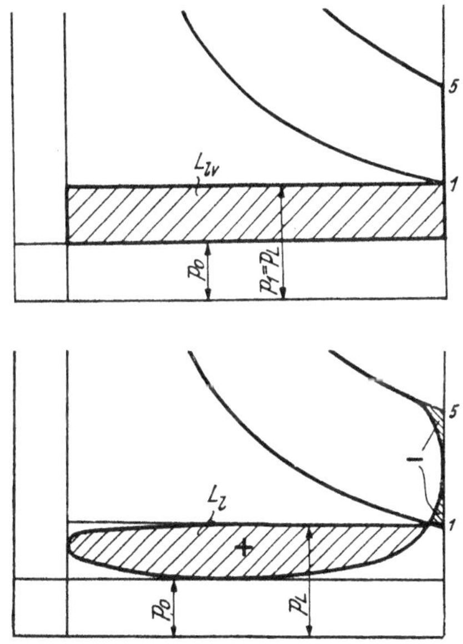

Abb. 4 u. 5. Ladungswechseldiagramm des vollkommenen und des wirklichen aufgeladenen Viertaktmotors.

b) Arbeitsaufwand für Spülpumpen und Lader.

Zum Antrieb der Spülpumpen von Zweitaktmotoren und der Lader von aufgeladenen Viertaktmotoren wird entweder ein Teil der mechanischen Arbeit der Maschine abgezweigt (mechanischer Antrieb) oder die Energie der Abgase benützt (Abgasantrieb). Der Arbeitsbedarf des Laders wird dort gemessen, wo der Lader an das Triebwerk der Maschine oder an die Abgasturbine anschließt. Die vorzuverdichtende Ladungsmenge entspricht dem Luft- oder Ladungsaufwand Λ_o.

Die Laderarbeit je 1 Mol vorverdichteter Luft bzw. Gemisch sei L_{La}. Die auf 1 Mol im Zylinder befindlicher Gesamtladung entfallende Laderarbeit ist demnach

$$\frac{\Lambda_o}{\lambda_{go}} \cdot L_{La}$$

und die dadurch verursachte Wirkungsgradeinbuße

$$\triangle\eta_{La} = \frac{\Lambda_o}{\lambda_{go}} \cdot \frac{A \,.\, L_{La}}{B_M\, H_u} \tag{4}$$

Der Ausdruck gilt sowohl für den aufgeladenen Viertakt, wie auch für den Zweitakt.

c) Arbeitsgewinn durch Ausnutzung der Abgasenergie.

Die Abgase einer Verbrennungskraftmaschine haben bei der Eröffnung des Auslaßquerschnittes noch einen beträchtlichen Überdruck. Bei der Entspannung auf Außendruck können sie Arbeit leisten. Dazu kann ein zweiter Zylinder nachgeschaltet werden (Verbundwirkung), oder es kann kinetische Energie erzeugt und in Abgasturbinen oder in anderen Einrichtungen, z. B. Schubdüsen bei Flugzeugen usw., in mechanische Arbeit umgesetzt werden.

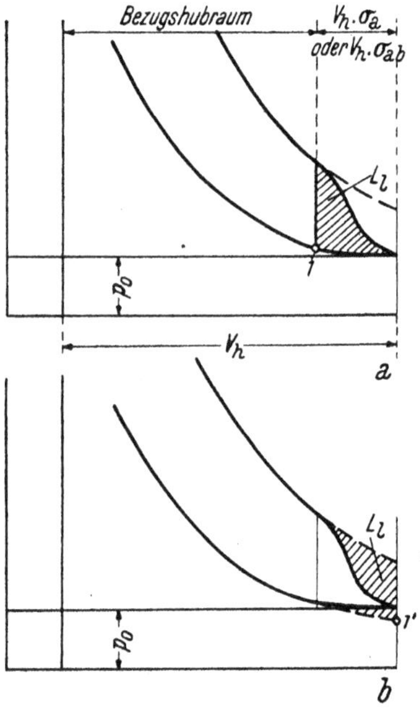

Abb. 6a u. 6b. Ladungswechseldiagramm des wirklichen Zweitaktmotors.

Wird dadurch die mechanische Arbeit L_{ab} je 1 Mol arbeitender Ladung vor der Verbrennung erzeugt, so entsteht eine Wirkungsgradverbesserung

$$\triangle\eta_{ab} = \frac{A\, L_{ab}}{B_M\, H_u} \tag{5}$$

Bei Ausnützung der Abgasenergie hat der Kolben beim Ausschub, verglichen mit dem Freiauspuff, vielfach einen erhöhten Gegendruck zu überwinden, die Abgase werden gestaut. In diesem Fall verändert sich $\triangle\eta_l$ gegenüber einer Maschine ohne Ausnützung der Abgasenergie im Sinne einer Wirkungsgradabnahme.

Die bis jetzt gebräuchlichste Art der Ausnützung der Abgasenergie ist die Verwendung von Abgasturboladern, bei denen der Lader von der Abgasturbine angetrieben wird. Theoretisch, und bei entsprechenden Anordnungen auch bei wirklichen Maschinen, kann die Abgasturbine jedoch darüber hinaus noch Energieüberschüsse geben, welche die Leistung der Maschine beträchtlich erhöhen können.

d) Gesamteinfluß des Ladungswechsels auf den Wirkungsgrad.

Bezeichnet man sinngemäß nach Band 2 mit η_{i-l} den Innenwirkungsgrad der Maschine ohne Ladungswechsel, so ist der Gesamtwirkungsgrad der Maschine

$$\eta_{i\,ges} = \eta_{i-l} + \triangle\eta_l - \triangle\eta_{La} + \triangle\eta_{ab} \tag{6}$$

oder mit $\eta_i = \eta_{i-l} + \triangle\eta_l$:

$$\eta_{i\,ges} = \eta_i - \triangle\eta_{La} + \triangle\eta_{ab} \tag{7}$$

Bei Maschinen mit mechanisch angetriebenem Lader ohne Ausnützung der Abgasenergie wird dieser Ausdruck

$$\eta_{i\,ges} = \eta_i - \triangle\eta_{La} \tag{8}$$

Bei Maschinen mit durch Abgasturbinen angetriebenem Lader wird wegen $L_{La} = L_{ab}$:

$$\eta_{i\,ges} = \eta_i$$

wobei der Einfluß eines Rückstaues durch die Abgasturbine auf $\triangle\eta_l$ und damit auf η_i bei Vergleichen zu berücksichtigen ist.

Durch diese Darstellung wird der Einfluß des Ladungswechsels auf den Wirkungsgrad in Teileinflüsse zergliedert. Er ist dadurch in seinen Einzelheiten klar überblickbar.

2. Der Einfluß der Ladungswechselarbeiten auf die Leistung.

Mit den Arbeiten der Ladungswechselvorgänge im Zylinder L_l, des Laders L_{La} und der Abgasmaschine L_{ab} in kgm/Mol erhält man für die entsprechenden, auf das Hubvolumen des Zylinders bezogenen, mittleren Drücke:

$$p_l = \frac{L_l}{V_1} \cdot \frac{\varepsilon}{\varepsilon - 1} \cdot 10^{-4} \quad \mathrm{kg/cm^2} \tag{9}$$

$$p_{La} = \frac{L_{La}}{V_1} \cdot \frac{\varepsilon}{\varepsilon - 1} \cdot 10^{-4} \quad \mathrm{kg/cm^2} \tag{10}$$

$$p_{ab} = \frac{L_{ab}}{V_1} \cdot \frac{\varepsilon}{\varepsilon - 1} \cdot 10^{-4} \quad \mathrm{kg/cm^2} \tag{11}$$

Darin ist das Zylindervolumen für 1 Mol Gesamtladung im unteren Totpunkt $V_1 = V_h \cdot \frac{\varepsilon}{\varepsilon - 1}$, ε das Verdichtungsverhältnis. Mit diesen Ausdrücken und mit dem Mitteldruck der mechanischen Reibung p_r ergeben sich folgende Beziehungen für den Nutzdruck:

Viertakt ohne Aufladung:

$$p_{e\,ges} = p_{i-l} + p_l - p_r + p_{ab} \quad \mathrm{kg/cm^2} \tag{12}$$

Viertakt mit Aufladung und Zweitakt:

$$p_{e\,ges} = p_{i-l} + p_l - p_r - p_{La} + p_{ab} \quad \mathrm{kg/cm^2} \tag{13}$$

p_{i-l}, der Innendruck ohne Ladungswechselarbeit, kann aus den thermodynamischen Beziehungen für den Arbeitsvorgang im Zylinder und den Gütegrad erhalten werden.

III. Der Ladungswechsel der vollkommenen Maschine.

Wie bei den Arbeitsvorgängen, ist es auch beim Ladungswechsel zweckmäßig, die Untersuchung bei den Vorgängen in der vollkommenen Maschine zu beginnen und damit die zwar unerreichbaren, jedoch nach Möglichkeit anzustrebenden Grenzen ihres Erfolges festzulegen.

1. Der Erfolg des Ladungswechsels und der Ladungsaufwand.

Der Begriff der vollkommenen Maschine, der in Band 2 umschrieben ist, setzt voraus, daß beim Ladungswechsel die Abgase restlos entfernt und der Zylinder vollständig mit frischer Ladung vom Bezugszustand gefüllt wird. Dabei wird also angenommen, daß auch die Abgase im Verdichtungsraum durch frische Ladung verdrängt werden. Der Bezugszustand ist bei nicht aufgeladenen Viertakt- und bei Zweitaktmaschinen der Außenzustand, bei aufgeladenem Viertakt der Endzustand der isothermischen Verdichtung auf den Ladedruck.

Bei aufgeladenen Zweitaktmaschinen kann angenommen werden, daß der Zylinder zu Beginn der Verdichtung mit isothermisch auf Spüldruck verdichteter Ladung gefüllt ist.

Die Verdrängung der Abgase erfolge in allen Fällen so, daß keine Verluste an frischer Ladung entstehen. Für nicht aufgeladene Viertakt- und für Zweitaktmaschinen wird

$$\Lambda_{ov} = \lambda_{gv} = \lambda_{lv} = \frac{\varepsilon}{\varepsilon - 1}$$

Für aufgeladene Viertaktmaschinen erhält man

$$\Lambda_{ov} = \lambda_{gov} = \frac{\varepsilon}{\varepsilon - 1} \cdot \lambda_a$$

Die einströmende Ladungsmenge bleibt im Zylinder und ist gleich der arbeitenden Gasmenge.

2. Der Einfluß des Ladungswechsels auf den Wirkungsgrad.

a) Der Einfluß der Ladungswechselarbeit im Zylinder.

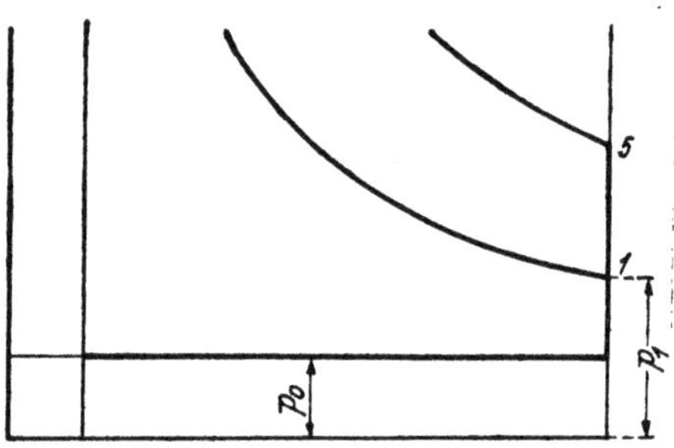

a

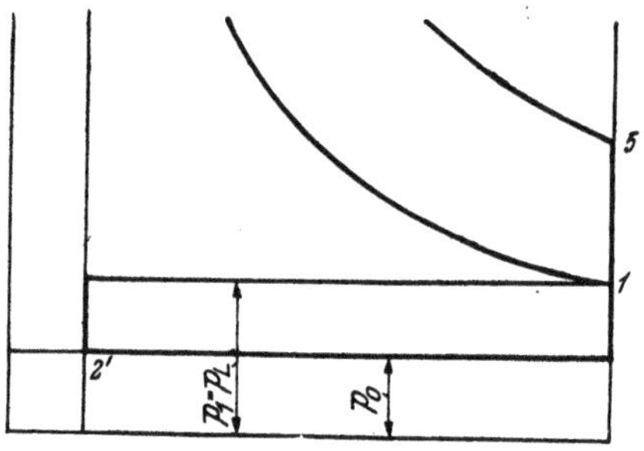

b

Abb. 7a und 7b. Ladungswechseldiagramme des vollkommenen Viertaktmotors mit Aufladung.

α) Viertakt. Beim nicht aufgeladenen, ungedrosselten Viertakt ist nach Seite 4 $\Delta \eta_{lv} = 0$.

Beim aufgeladenen Viertakt kann der Ladungswechsel nach mehreren Verfahren durchgeführt werden:

1. V e r f a h r e n. Erfolgt die Spülung des Verdichtungsraumes und das Ansaugen bei normalem Druck und wird die Ladung erst am unteren, kurbelseitigen Totpunkt verdichtet, so wird nach Abb. 7a $\Delta \eta_{lv} = 0$. Diese Ladungsweise setzt voraus, daß nach Beendigung des natürlichen Einsaugens ein außerhalb des Zylinders liegender Kolben noch Ladung nachschiebt, bis diese auf $p_L = p_1$ verdichtet ist.

2. V e r f a h r e n. Wird gleich nach der Spülung des Verdichtungsraumes, also im Punkt 2 der Abb. 7b, die Ladung im Zylinder durch einen außen liegenden Kolben verdichtet und die weitere Ladung unter dem Druck $p_L = p_1$ in den Zylinder geschoben, so entsteht nach Abb. 7b eine positive Arbeitsfläche des Ladungswechsels:

$$L_{lv} = (p_1 - p_o) \cdot V_h \cdot 10^4 \quad \text{kgm/Mol} \tag{14}$$

und eine Wirkungsgraderhöhung

$$\Delta \eta_{lv} = \frac{A\,(p_1 - p_o)\,V_h}{B_M\,H_u} \cdot 10^4 \tag{14a}$$

Die Verfahren 1 und 2 erfordern ein bestimmtes zeitliches Zusammenspiel zwischen Motor- und Laderkolben, das im allgemeinen auch bei der vollkommenen Maschine nicht vorausgesetzt werden kann.

3. V e r f a h r e n. Wirklichkeitsnäher soll künftig angenommen werden, daß der Abgasrest im Verdichtungsraum mit Ladung vom Druck $p_L = p_1$ verdrängt wird. Der Lader fördert dann unabhängig vom Motor Ladung p_L in einen großen

Zwischenbehälter, der die Druckschwankungen infolge der periodischen Entnahme ausgleicht. Wie im nächsten Abschnitt dargestellt wird, ist die Laderarbeit bei diesem Verfahren etwas größer. Im Motor selbst entsteht wieder ein Diagramm nach Abb. 7b, und der Wirkungsgradeinfluß ist gleich wie unter 2. Ausdruck (14, 14a).

Durch das positive $\triangle\eta_{lv}$ wird der Wirkungsgrad des Zylinders mit Aufladung größer als ohne Aufladung. Der indirekte Einfluß des Ladungswechsels auf den Wirkungsgrad, die Veränderung der Energieumsetzung durch die Erhöhung des Anfangsdruckes p_1 ist nach Band 2 im allgemeinen gering. Zum Vergleich mit der unaufgeladenen Maschine kommt natürlich nur der Gesamtwirkungsgrad in Betracht, der auch die Laderarbeit berücksichtigt.

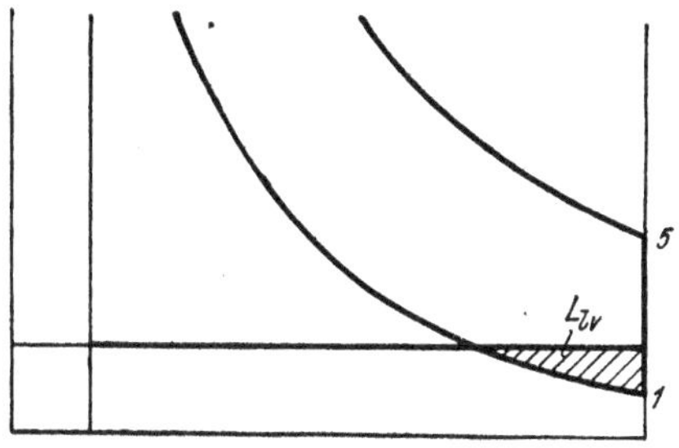

Abb. 8. Ladungswechseldiagramm eines vollkommenen Viertaktmotors mit Rückschubregelung.

Bei Füllungsregelung kann die Füllungsveränderung bei Teillasten durch Rückschub der Ladung durch das länger geöffnete Einsaugventil oder durch vorzeitigen Abschluß desselben bewirkt werden. Man erhält im ersten Fall ein Diagramm mit einer Arbeitsfläche L_{lv} nach Abb. 8 und einen Wirkungsgradverlust durch den Ladungswechsel von $\triangle\eta_{lv} = -\frac{A\,L_{lv}}{B_M\,H_u}$. Diese Art der Regelung erfordert eine Veränderung der Ventilöffnungszeiten mit der Belastung, die aus konstruktiven Gründen meist nicht in Betracht gezogen werden kann.

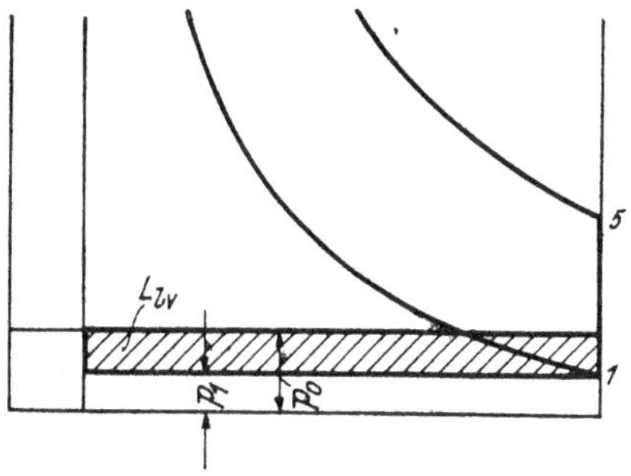

Abb. 9. Ladungswechseldiagramm eines vollkommenen Viertaktmotors mit Drosselregelung.

Man verändert die Füllung daher fast immer durch ein Drosselorgan in der Einsaugleitung und kann für die entsprechende vollkommene Maschine nach Abb. 9 konstanten Druck $p_1 < p_0$ beim Einsaugen annehmen. In diesem Fall ist die Arbeitsverlustfläche des Ladungswechsels wesentlich größer:

$$L_{lv} = -V_h\,(p_o - p_1)\,10^4 \quad \text{kgm/Mol} \tag{15}$$

und der Wirkungsgradeinfluß des Ladungswechsels

$$\triangle\eta_{lv} = -\frac{A\,(p_o - p_1)\,V_h}{B_M\,H_u} \cdot 10^4 \tag{15a}$$

β) Zweitakt. Es entspricht dem Begriff der vollkommenen Maschinen, daß Vorausströmen und Spülung in unendlich kurzer Zeit, also bei stillstehendem Kolben, erfolgen. Es wird daher $\triangle\eta_{lv} = 0$.

b) Arbeitsaufwand für Lader und Spülpumpen.

Der vollkommene Lader verdichtet im allgemeinen isothermisch, um der Maschine ein möglichst großes Ladungsgewicht zuzuführen. Bei sehr tiefen Außentemperaturen kann die Rücksicht auf die Zündung es erfordern, auch für die vollkommene Maschine adiabatische oder polytropische Vorverdichtung in Betracht zu ziehen. Die Ausführungen in diesem Abschnitt beziehen sich auf isothermische Vorverdichtung.

Die Laderarbeit für eine aufgeladene Viertaktmaschine hängt von den im vorhergehenden Abschnitt besprochenen Ladeverfahren ab.

1. V e r f a h r e n. Der Gaswechsel erfolgt unter Außendruck, die Vorverdichtung der Ladung nach Beendigung desselben. Die Laderarbeit entspricht der in Abb. 10 hervorgehobenen Fläche. Der Lader ist in dieser und in den beiden folgenden Abbil-

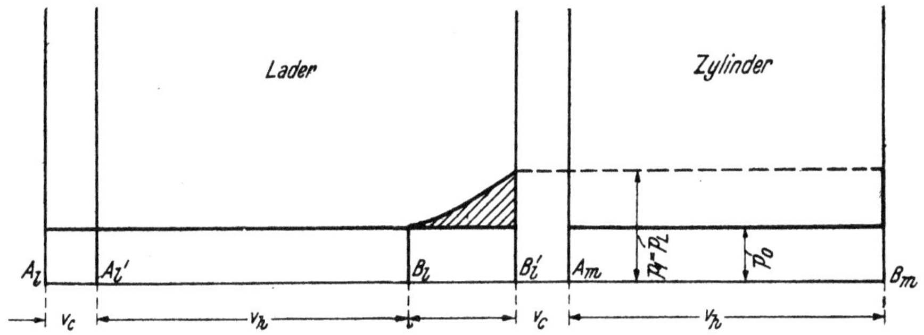

Abb. 10.

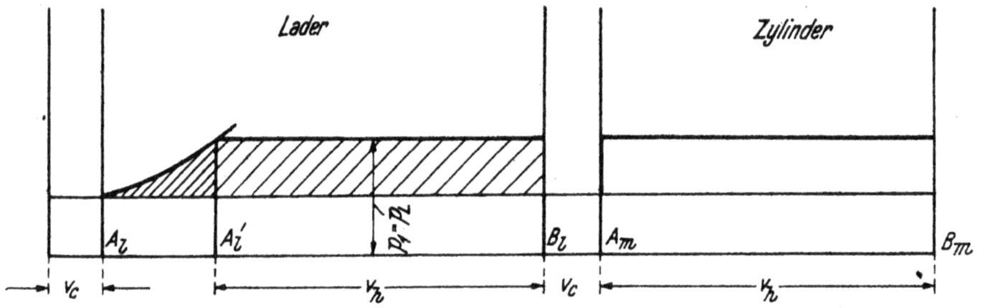

Abb. 11.

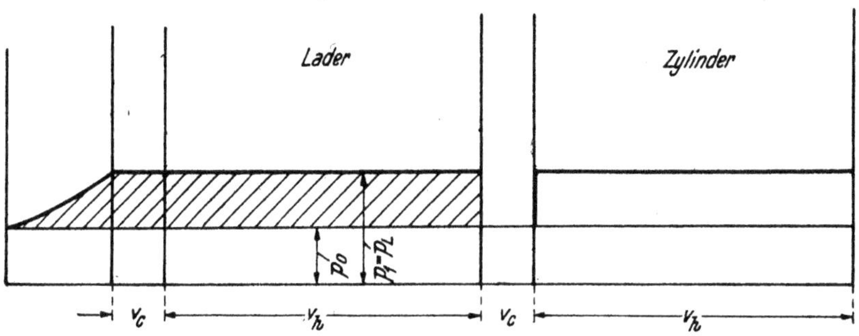

Abb. 12.

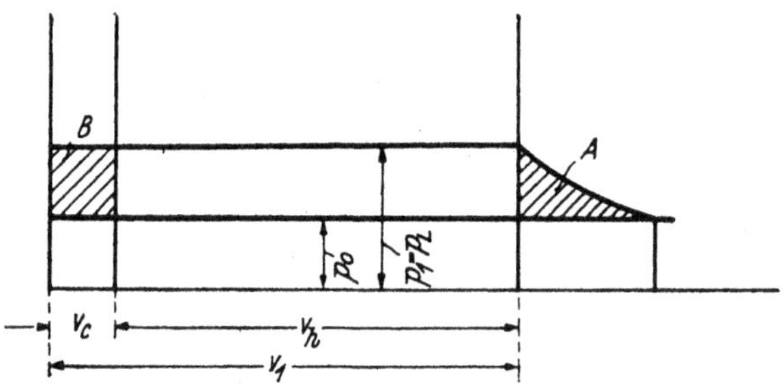

Abb. 13.

dungen als Kolbenverdichter dargestellt. Zwischen Laderkolben und Motorkolben ist folgendes Zusammenspiel erforderlich: Der Laderkolben bewegt sich, wenn der Motorkolben den oberen Totpunkt A_m nach dem Ausschubhub erreicht hat, zunächst von A_l auf A_l', dadurch wird der Verbrennungsraum bei dem Druck p_o ausgespült. Dann bewegen sich Lader- und Motorkolben unter gleicher Verdrängung bzw. Freigabe von Volumen nach B_l bzw. B_m. Der Zylinder wird mit Ladung vom Außendruck gefüllt und diese dann vom Laderkolben zwischen B_l und B_l' verdichtet, während der Motorkolben in B_m stillsteht.

Der Einfluß der Laderarbeit auf den Wirkungsgrad ist

$$\triangle \eta_{Lav} = \frac{A\,L_{Lav}}{B_M\,H_u} \tag{16}$$

Die Laderarbeit wird bei isothermischer Verdichtung

$$L_{Lav} = V_1 \,.\, p_1 \left[\ln\left(\frac{p_1}{p_o}\right) + \frac{p_o}{p_1} - 1\right] 10^4 \quad \text{kgm/Mol} \tag{17}$$

2. V e r f a h r e n. Zuerst wird der Verbrennungsraum gespült, dann der Auslaß abgeschlossen und die Ladung nach Abb. 11 durch Bewegung des Laderkolbens von A_l nach A_l' bei in A_m stillstehendem Motorkolben verdichtet. Der Koordinatenanfangspunkt liegt während der Verdichtung in A_m. Dann bewegen sich Lader- und Motorkolben ohne Änderung des zwischen ihnen eingeschlossenen Raumes nach B_l bzw. B_m.

Die Laderarbeit wird in diesem Falle:

$$L_{Lav} = V_h\,(p_1 - p_o)\,10^4 + V_1\,p_1 \left[\ln\left(\frac{p_1}{p_o}\right) + \frac{p_o}{p_1} - 1\right] 10^4 \quad \text{kgm/Mol} \tag{18}$$

3. V e r f a h r e n. Die Ladung gelangt hier vom Anfang an mit dem Ladedruck $p_L = p_1$ in den Zylinder. Ein Zusammenspiel zwischen Lader und Motorkolben ist bei Einschaltung eines Ausgleichsbehälters nicht erforderlich. Während der Spülung wird die eintretende Ladung gedrosselt. Die Temperaturerhöhung durch Drosselung und nachfolgende Verdichtung von p_0 auf p_1 ist durch Kühlung der Ladung ausgeglichen zu denken.

Die Laderarbeit wird nach Abb. 12

$$L_{Lav} = V_1\,p_1 \ln\left(\frac{p_1}{p_o}\right) 10^4 \quad \text{kgm/Mol} \tag{19}$$

Gegenüber der im Zylinder rückgewonnenen Arbeit ergibt sich folgender Arbeitsverlust durch Mehraufwand für den Lader:

V e r f a h r e n 1 u n d 2

$$L_{lv} - L_{Lav} = - V_1\,p_1 \left[\ln \frac{p_1}{p_o} + \frac{p_o}{p_1} - 1\right] 10^4 \quad \text{kgm/Mol} \tag{20}$$

V e r f a h r e n 3

$$L_{lv} - L_{Lav} = V_1 \cdot \frac{\varepsilon - 1}{\varepsilon}\,(p_1 - p_o)\,10^4 - V_1\,p_1 \ln\left(\frac{p_1}{p_o}\right) 10^4 \quad \text{kgm/Mol} \tag{21}$$

Nach Abb. 13 ist die Differenz zwischen Laderarbeit und rückgewonnener Ladungswechselarbeit im ersten und zweiten Fall die Arbeitsfläche A, im dritten Fall die Arbeitsflächen A + B, also infolge der nichtumkehrbaren Durchführung des Ladungswechsels größer.

In Abb. 14 sind die Arbeiten A und B und die Laderarbeit beim Verfahren 3 (Kurve C) in kcal/Mol in Abhängigkeit vom Ladedruck dargestellt. Den weiteren Ausführungen wird zur besseren Annäherung an die wirklichen Verhältnisse der Ladungswechsel nach Verfahren 3 zugrunde gelegt.

Nach Seite 9 ist für die a u f g e l a d e n e und die n i c h t a u f g e l a d e n e Z w e i t a k t m a s c h i n e $\triangle \eta_{lv} = 0$.

Bei Motoren ohne Aufladung ist für die Spülpumpe $L_{Lav} = 0$, daher auch $L_v - L_{Lav} = 0$. Der Ladungswechsel hat auf den Wirkungsgrad keinen Einfluß.

Der Ladungswechsel der aufgeladenen, vollkommenen Zweitaktmaschine kann nach zwei Verfahren erfolgen:

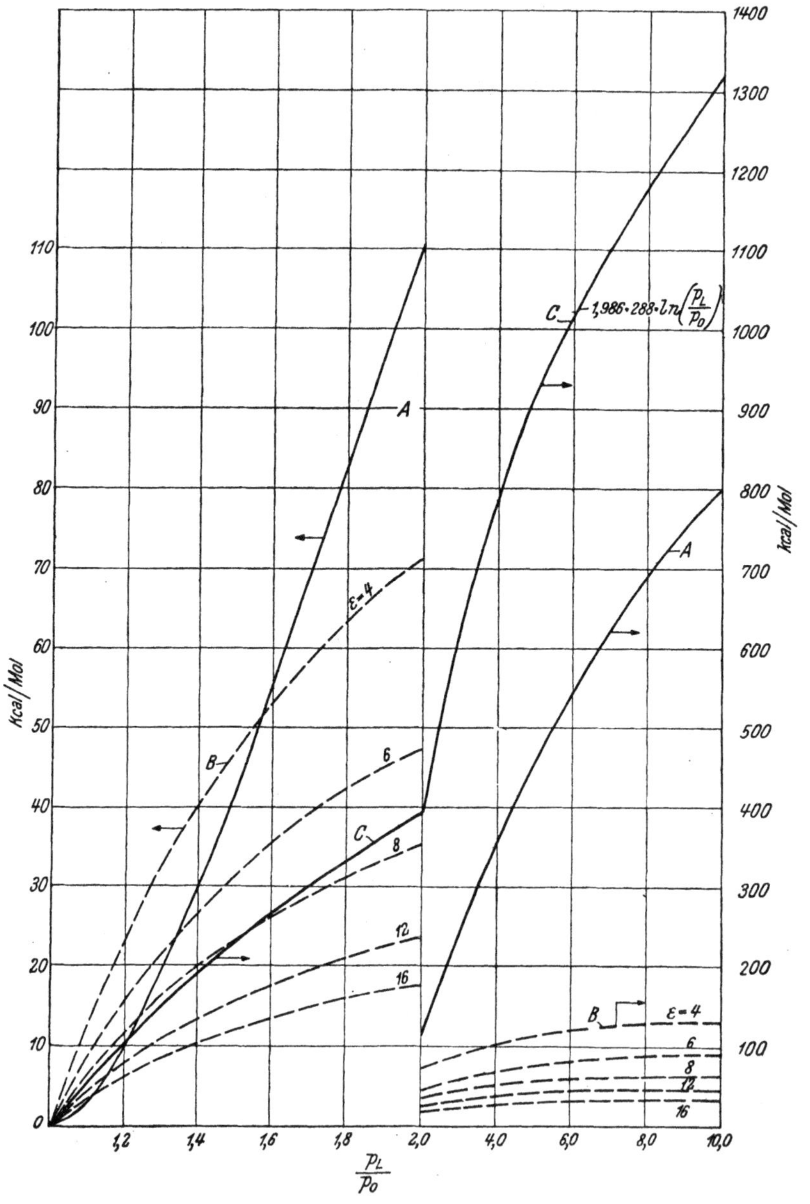

Abb. 14. Arbeiten A und B nach Abb. 13. Laderarbeit beim Verfahren 3 (Kurve C).

Verfahren 1. Bei entsprechendem Zusammenspiel von Lader und Motor werden die Abgase zuerst verdrängt und dann die neue Ladung verdichtet. Die Laderarbeit entspricht der Fläche A in Abb. 13. Der Wirkungsgradverlust durch den Ladungswechsel ist

$$\Delta \eta_{Lav} = \frac{A\,L_{Lav}}{B_M\,H_u} \qquad (22)$$

Verfahren 2. Beim Spülen und Laden mit der vorverdichteten Ladung entsteht eine Laderarbeit nach Abb. 14, Kurve C, die wesentlich größer ist als beim Verfahren 1. Es wird

$$L_{Lav}' = V_1\, p_1 \ln\left(\frac{p_1}{p_0}\right) 10^4 \quad \text{kgm/Mol} \qquad (22a)$$

Der Ladungswechsel erfolgt bei dieser Art der Spülung nicht umkehrbar, der Gasstrom wird im Auslaß gedrosselt.

c) Arbeitsgewinn durch Ausnützung der Abgasenergie.

Würde man die gespannten Abgase zu Beginn des Auspuffhubes bei stillstehendem Motorkolben in einen zweiten Zylinder leiten und sie dort unter Arbeitsleistung auf den Außendruck p_0 entspannen, so kann im zweiten Zylinder die in Abb. 15 schraffierte Arbeitsfläche erhalten werden. Die gleiche Arbeit ließe sich natürlich auch gewinnen,

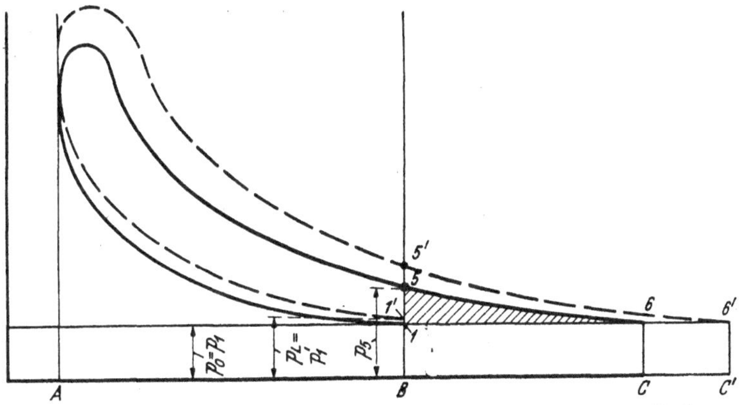

Abb. 15. Durch Ausnützung der Abgasenergie theoretisch gewinnbare Arbeit.

wenn der Arbeitshub des Motors A B um das Stück B C verlängert würde, jedoch der Verdichtungs- und Ansaughub A B bliebe. Die Ausführung einer solchen verlängerten Expansion ist im allgemeinen deswegen nicht zweckmäßig, weil die gewonnene Mehrarbeit den Mehraufwand an Hubvolumen und damit an Werkstoff meist nicht lohnt. Außerdem wird der Leistungsgewinn durch die mit den Zylinderabmessungen zunehmende Reibungsarbeit wesentlich geschmälert. Die Ausdehnung in zwei Zylindern (Verbundwirkung), von denen der nachgeschaltete mit niederen Drücken arbeitet, daher ein leichteres Triebwerk erhalten kann, wurde schon von D i e s e l versucht, führte aber bis heute zu keinem praktischen Erfolg.

Mit steigendem Expansionsenddruck p_5 wird auch die Abgasarbeitsfläche größer. Da nun p_5 für sonst gleiche Verhältnisse annähernd proportional dem Anfangsdruck p_1 zu Beginn der Verdichtung ist, wird die Abgasarbeitsfläche mit steigender Aufladung größer. Während aber die Arbeitsfläche des Zylinderdiagramms nur in der Druckrichtung proportional p_1 wächst, nimmt die Abgasarbeitsfläche nach Abb. 15 in beiden Richtungen, daher auch im Verhältnis zur Fläche des Zylinderdiagramms zu. D i e B e d e u t u n g d e r A u s n ü t z u n g d e r A b g a s e n e r g i e w ä c h s t d a h e r m i t d e r H ö h e d e r A u f l a d u n g.

Die Arbeitsfläche der vollkommenen Abgasmaschine, bezogen auf ein Mol Ladung vor der Verbrennung, ist:

$$A\, L_{ab\,v} = \delta \cdot (u_5 - u_6) - A\, p_0 (V_6 - V_5)\, \delta\, 10^4 \qquad (23)$$

Darin ist δ das Molverhältnis vor und nach der Verbrennung und u die innere Energie je Mol Abgas.

u_5 ist dem Druck p_5, u_6 dem Druck $p_6 = p_o$ zugeordnet. Die Kurve 5 bis 6 ist eine Adiabate. Nach Band 2 gilt für die Adiabate unter Verwendung der dort erläuterten Temperaturfunktionen f (t):

$$f(t_5) + AR \,.\, \ln V_5 = f(t_6) + AR \,.\, \ln V_6$$

Setzt man an Stelle von V_5 und V_6 den Druck und die Temperatur ein und für $A\,R = 1{,}986$ kcal/Mol °C, so enthält der Ausdruck

$$f(t_6) + 1{,}986 \,.\, \ln(T_6) = f(t_5) + 1{,}986 \ln(T_5) - 1{,}986 \,.\, \ln\left(\frac{p_5}{p_6}\right) \tag{24}$$

das bekannte Druckverhältnis. Trägt man $f(t) + 1{,}986 \ln(T)$ an Stelle von f (t) in Abhängigkeit von der Temperatur auf, so läßt sich aus T die Expansionsendtemperatur T_6 und u_6 ermitteln.

Das Endvolumen ist

$$V_6 = V_5 \left(\frac{p_5}{p_6}\right)^{\frac{1}{\varkappa}} \tag{25}$$

$AL_{ab\,v}$ kann daher mit (23) berechnet werden.

Wenn nicht sehr große Genauigkeit verlangt wird, kann das folgende Näherungsverfahren Anwendung finden.

Nach Band 2 ist der Wirkungsgrad der vollkommenen Maschine ohne Berücksichtigung des Ladungswechsels für Luftüberschußzahlen $\lambda \geqq 1$, wenn mit ' die der Ladung vor der Verbrennung zugeordneten Größen, mit 1 der Beginn der Verdichtung, mit 5 das Ende der Expansion bezeichnet wird,

$$\eta_{v-1} = \frac{B_M H_u + u_1' - u_5 \delta}{B_M H_u}.$$

Daraus wird

$$\delta \,.\, u_5 = (1 - \eta_{v-1})\, B_M H_u + u_1' \tag{26}$$

Mit den mittleren spez. Wärmen ist

$$\delta \,.\, C_{vm} \Big/_0^{t_5} \,.\, t_5 = (1 - \eta_{v-1})\, B_M H_u + C'_{vm} \Big/_0^{t_1} \,.\, t_1$$

Das letzte Glied ist immer klein, der Fehler daher nicht groß, wenn

$$\frac{1}{\delta} C'_{vm} \Big/_0^{1} \sim C_{vm} \Big/_0^{5} = C_{vm}$$

gesetzt wird. Damit wird $\delta\, C_{vm}(T_5 - T_1) = (1 - \eta_{v-1})\, B_M H_u$ und

$$\frac{T_5}{T_1} = \frac{p_5}{p_1} \cdot \frac{1}{\delta} = 1 + \frac{(1 - \eta_{v-1}) \,.\, B_M H_u}{\delta\, C_{vm} T_1}$$

Setzt man $b = \frac{B_M H_u}{C_{vm} T_1}$, so wird $\frac{p_5}{p_o} = [\delta + b(1 - \eta_{v-1})] \left(\frac{p_1}{p_o}\right) = a.$ (27)

Die Abgasmaschinenleistung ist nach (23) mit $C_{vm} \Big/_6^{5} \sim C_{vm}$ und $p_6 = p_o$:

$$AL_{ab\,v} = \delta \,.\, C_{vm}\, T_5 \left(1 - \frac{T_6}{T_5}\right) - A\,R\,T_5\,\delta \left(\frac{T_6}{T_5} - \frac{p_o}{p_5}\right)$$

Nun ist $\frac{T_5}{T_6} = a^{\frac{\varkappa - 1}{\varkappa}}$ und $T_5 = T_1 \cdot \frac{p_5}{p_o} \frac{p_o}{p_1} \frac{1}{\delta}$, daher $AL_{ab\,v}$ endgültig:

$$A\,L_{ab\,v} = C_{vm}\,T_1\,\frac{p_o}{p_1}\left[a - \varkappa\,a^{\frac{1}{\varkappa}} + \varkappa - 1\right]\text{kcal/Mol} \quad (28)$$

Die Werte von $C_{vm}\Big/_0^{t_5} = C_{vm}'$ und $\varkappa = 1 + \frac{1{,}986}{C_{vm}}$ können z. B. den u—T-Tafeln in Band 2, nach Ermittlung von $\frac{T_5}{T_1}$ entnommen werden.

Diese Tafeln gelten für den Kraftstoff $C_n\,H_{2n}$ (H_u = 10.425 kcal/kg), der auch den folgenden Berechnungen zugrunde gelegt ist.

Der Einfluß der Ausnützung der Abgasenergie auf den Wirkungsgrad ist:

$$\triangle\eta_{ab\,v} = \frac{1}{b}\,\frac{p_o}{p_1}\left[a - \varkappa\,a^{\frac{1}{\varkappa}} + \varkappa - 1\right] \quad (29)$$

$\triangle\eta_{ab\,v}$ ist danach von η_{v-1}, b und $\frac{p_1}{p_o}$ abhängig.

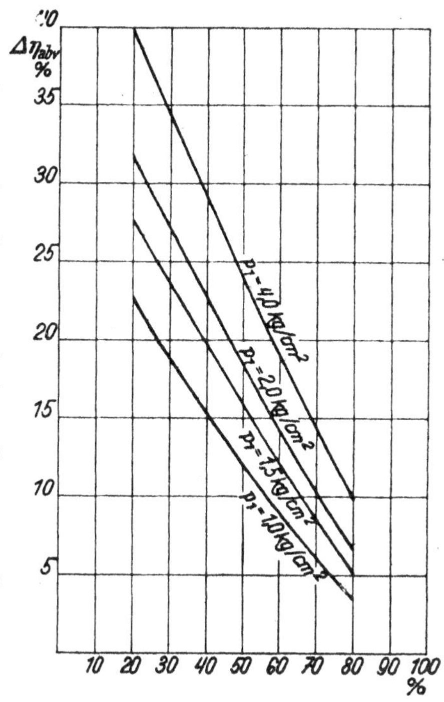

Abb. 16. Wirkungsgradgewinn durch Ausnützung der Abgasenergie. Vollkommener Ottomotor. $\lambda = 1{,}0$. Abhängigkeit von η_{v-1}.

Für den Luftüberschuß $\lambda = 1$ (Ottomotor) ist in Abb. 16 der Wirkungsgradgewinn $\triangle\eta_{abv}$ in Abhängigkeit von η_{v-1} für $p_o = 1$ kg/cm² dargestellt.

Bei hohen Aufladungen und niederen Zylinderwirkungsgraden ist der theoretisch mögliche Gewinn durch Ausnützung der Abgasenergie beträchtlich.

Einen Überblick über theoretisch mögliche Wirkungsgradsteigerungen durch Ausnützung der Abgasenergie geben weiter die folgenden Beispiele:

$\triangle\eta_{ab\,v}$ eines Ottomotors sinkt nach Abb. 17 mit zunehmendem Verdichtungsverhältnis ε entsprechend der Verbesserung von η_{v-1}. Die Verbesserung des Gesamtwirkungsgrades durch Ausnutzung der Abgasenergie nimmt nach Abbildung 18 mit der Aufladung zu.

Die Abb. 19 und 20 zeigen die Wirkungsgradverbesserung für Dieselmotoren ohne Aufladung. Auch hier ist nach Abb. 21 die Wirkungsgraderhöhung durch Abgasausnützung bei hoch aufgeladenen Maschinen bedeutend.

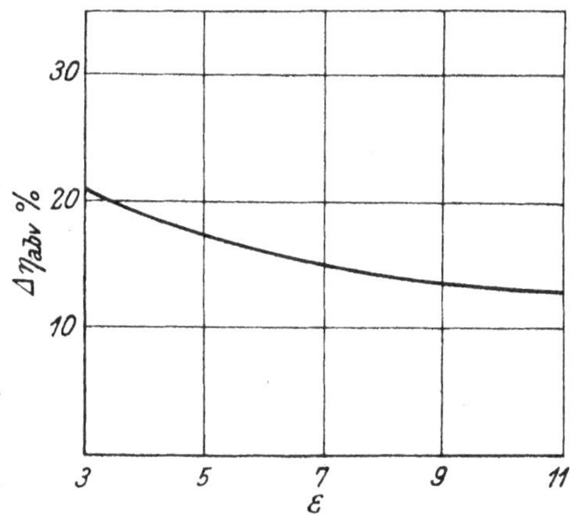

Abb. 17. Wirkungsgradgewinn durch Ausnützung der Abgasenergie. Vollkommener Ottomotor. $\lambda = 1{,}0$. Abhängigkeit von ε.

Die in diesem Abschnitt dargestellten Beziehungen für die Abgasarbeit gelten für Viertakt- und Zweitaktmotoren.

d) Der Gesamtwirkungsgrad der vollkommenen Maschine unter Berücksichtigung von Ladungswechselarbeit, Laderarbeit und Abgasmaschinenarbeit.

α) Nicht aufgeladener Viertakt ohne Abgasausnützung.

Der Ladungswechsel hat hier keinen Einfluß auf den Wirkungsgrad, wenn das Ansaugen ungedrosselt erfolgt.

Bei gedrosselt ansaugendem Viertakt ist

$$\eta_v = \eta_{v-1} - \frac{A\,(p_o - p_1)\,V_h\,.\,10^4}{B_M\,H_u} \tag{30}$$

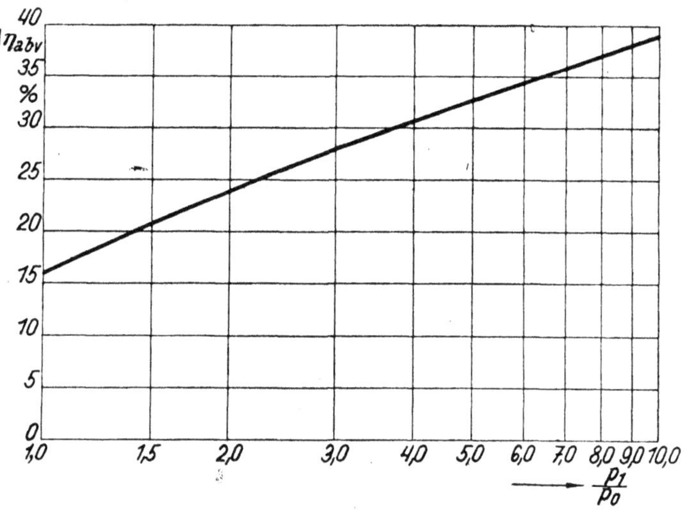

Abb. 18. Wirkungsgradgewinn durch Ausnützung der Abgasenergie. Vollkommener Ottomotor. $\lambda = 1{,}0$, $\varepsilon = 6{,}0$. Abhängigkeit vom Ladedruck.

β) Aufgeladener Viertaktmotor ohne Abgasausnützung.

(Mechanisch vom Motor angetriebener Lader).

Beim nicht umkehrbar durchgeführten Ladungswechsel vergrößert sich der Verlust nach Seite 11. Der Gesamtwirkungsgrad ist:

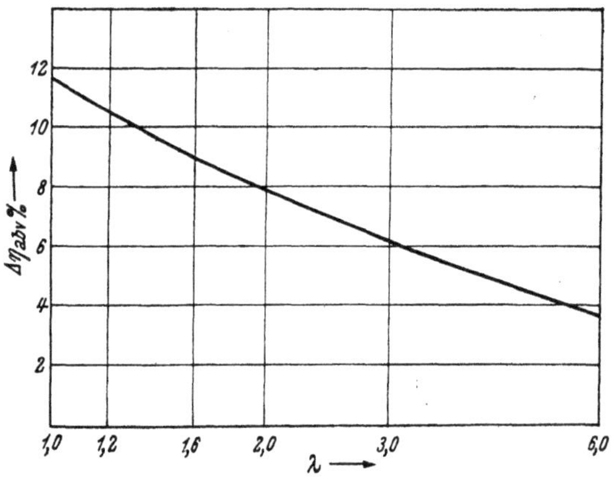

Abb. 19. Wirkungsgradgewinn durch Ausnützung der Abgasenergie. Vollkommener Dieselmotor. $\varepsilon = 14$. Abhängigkeit vom Luftüberschuß λ.

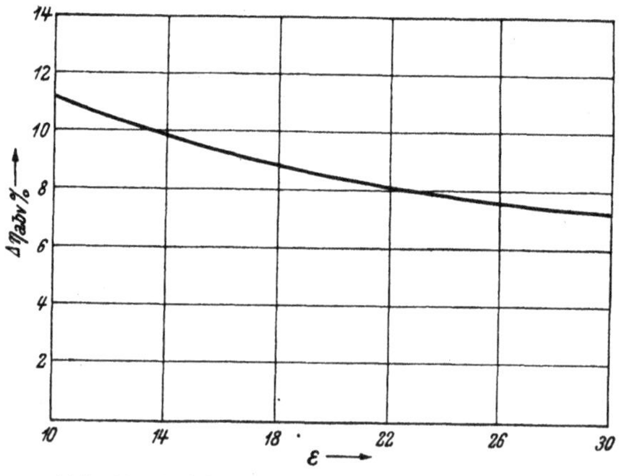

Abb. 20. Wirkungsgewinn durch Ausnützung der Abgasenergie. Vollkommener Dieselmotor $\lambda = 1{,}4$. Abhängigkeit vom Verdichtungsverhältnis ε.

$$\eta_{v\,ges} = \eta_v - \triangle\eta_{Lav} = \eta_{v-1} - \frac{A\,.\,V_1\,p_1}{B_M\,H_u}\left[\ln\left(\frac{p_1}{p_o}\right) + \frac{p_o}{p_1} - 1\right]10^4 - \frac{A\,V_1}{\varepsilon\,B_M\,H_u}(p_1 - p_o)\,10^4 \tag{31}$$

Das zweite und das dritte Glied ist unter Benützung von Abb. 14 zu ermitteln. Abb. 22 zeigt den Wirkungsgradverlust durch die Aufladung für bestimmte Fälle von Otto- und Dieselmotoren.

γ) Zweitaktmotor.

Bei nicht umkehrbarem Ladungswechsel (Verfahren 3, Seite 11) ist

$$\eta_{v\,ges} = \eta_v - \triangle\eta_{Lav} = \eta_v - \frac{A \,.\, p_1 V_1}{B_M H_u} \cdot \ln \left(\frac{p_1}{p_o}\right) . 10^4 \tag{32}$$

Das zweite Glied des Ausdrucks ist mit Abb. 14 zu ermitteln.

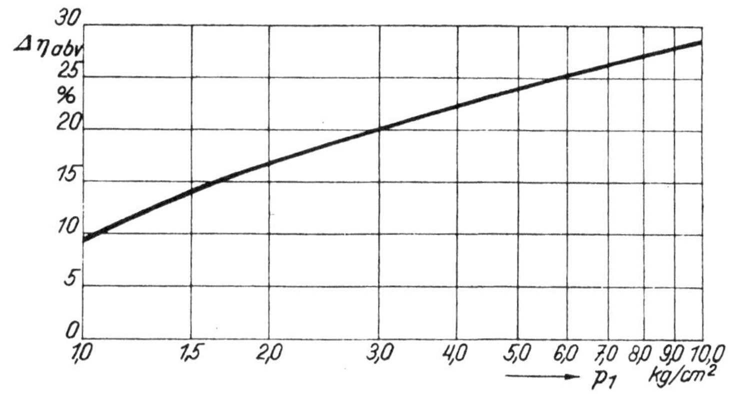

Abb. 21. Wirkungsgradgewinn durch Ausnützung der Abgasenergie. Vollkommener Dieselmotor $\varepsilon = 14$, $\lambda = 1{,}4$. Abhängigkeit vom Ladedruck.

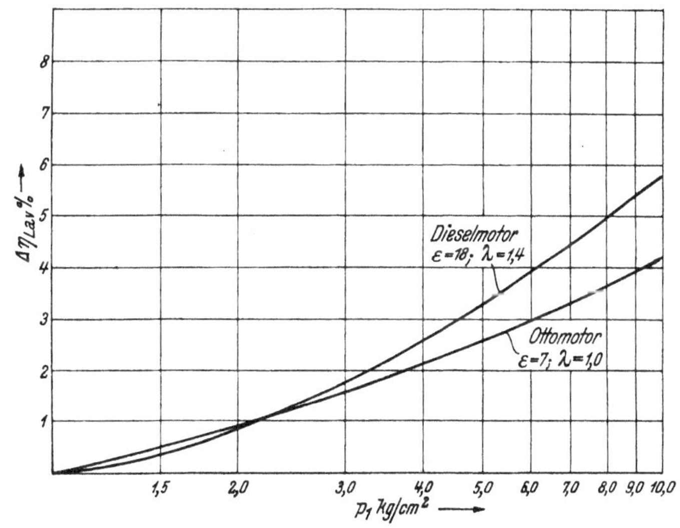

Abb. 22. Wirkungsgradverlust durch die Aufladung mit mechanisch angetriebenem Lader. Vollkommener Dieselmotor $\varepsilon = 18$, $\lambda = 1{,}4$. Vollkommener Ottomotor $\varepsilon = 7{,}0$, $\lambda = 1{,}0$,

δ) Der nicht aufgeladene Viertaktmotor mit Ausnützung der Abgasenergie.

Es ist

$$\eta_{v\,ges} = \eta_v + \triangle\eta_{ab\,v} = \eta_v + \frac{A \,.\, L_{ab\,v}}{B_M H_u} \tag{33}$$

Der Gesamtwirkungsgrad wird durch die Abgasausnützung im allgemeinen wesentlich verbessert. Abb. 23 zeigt die Verhältnisse für einen Ottomotor mit $\lambda = 1{,}0$, Abb 24 für einen Dieselmotor mit $\lambda = 1{,}4$. Entsprechend dem kleineren Zylinderwirkungsgrad η_v ist der Gewinn durch die Ausnützung der Abgasenergie beim Ottomotor größer als beim Dieselmotor.

ε) Die aufgeladene Viertaktmaschine mit Ausnützung der Abgasenergie.

Der Gesamtwirkungsgrad der aufgeladenen Maschine ist:

$$\eta_{v\,ges} = \eta_{v-1} + \triangle\eta_{lv} - \triangle\eta_{Lav} + \triangle\eta_{ab\,v} \tag{34}$$

Für einen Ottomotor mit $\varepsilon = 6{,}0$, $\lambda = 1{,}6$, erhält man die in Abb. 25 dargestellten Gesamtwirkungsgrade, die bis 73 Prozent bei $p_1 = 10$ at ansteigen.

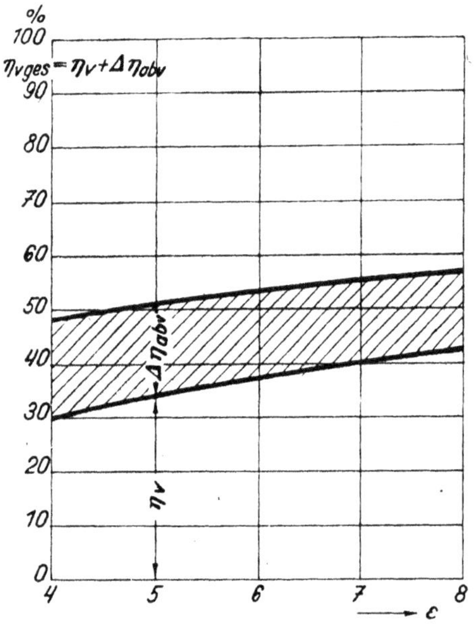

Abb. 23. $\eta_{v\,ges}$ für einen nicht aufgeladenen, vollkommenen Ottomotor. $\lambda = 1{,}0$ Abhängigkeit von ε.

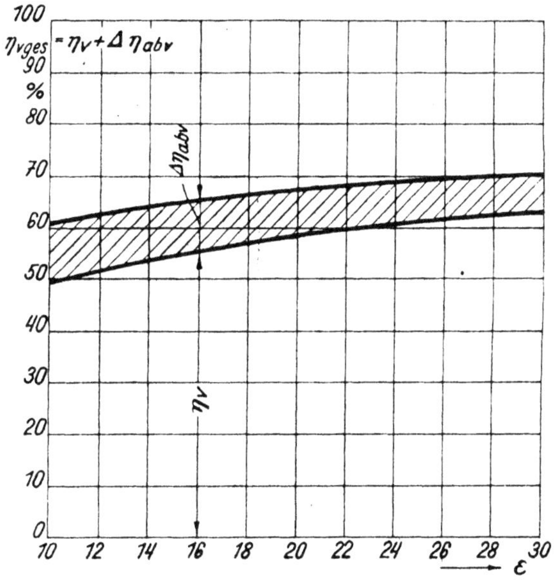

Abb. 24. $\eta_{v\,ges}$ für einen nicht aufgeladenen, vollkommenen Dieselmotor. $\lambda = 1{,}4$. Abhängigkeit von ε.

Für einen Dieselmotor mit $\varepsilon = 14$, $\lambda = 1{,}4$, zeigt Abb. 26 die bedeutende Steigerung des Gesamtwirkungsgrades durch die Abgasausnützung, der bei einer Aufladung von $p_1 = 4$ at bereits 72,5 Prozent erreicht. Dabei werden durch Ausnützung der Abgasenergie 37 Prozent der im Motor erzeugten Arbeit zusätzlich gewonnen. Hohe Aufladung mit Ausnutzung der Abgasenergie ist daher ein aussichtsreicher Weg zur besseren Ausnützung des Kraftstoffs, dem sich zwar zur Zeit noch erhebliche technische Schwierigkeiten entgegenstellen, der aber schon beschritten wird. Die Ausnützung der Abgasenergie kann grundsätzlich in Abgasturbinen, Kolbenmaschinen, bei Flugzeugen auch durch Schubdüsen, erfolgen.

Treibt man nur den Lader durch Abgasenergie an, nützt also diese nur teilweise aus, so ergibt sich ein Gewinn an Arbeit AL_{lv}. Dieser ist

$$A\,L_{lv} = A\,V_1\,\frac{\varepsilon - 1}{\varepsilon}\,(p_1 - p_0)\,10^4 \text{ kcal/Mol} \tag{35}$$

Mit $T_1 = 288$ wird

$$A\,L_{lv} = 572 \cdot \frac{\varepsilon - 1}{\varepsilon} \cdot \left(1 - \frac{p_0}{p_1}\right) \text{ kcal/Mol} \tag{35a}$$

Der Gesamtwirkungsgrad ist daher:

$$\eta_{v\,ges} = \eta_{v-l} + \Delta\eta_{lv} = \eta_{v-l} + \frac{572}{B_M H_u} \cdot \frac{\varepsilon - 1}{\varepsilon} \cdot \left(1 - \frac{p_o}{p_1}\right) \tag{36}$$

In Abb. 25 und 26 sind auch die Gesamtwirkungsgrade für diese teilweise Ausnützung der Abgasenergie angegeben.

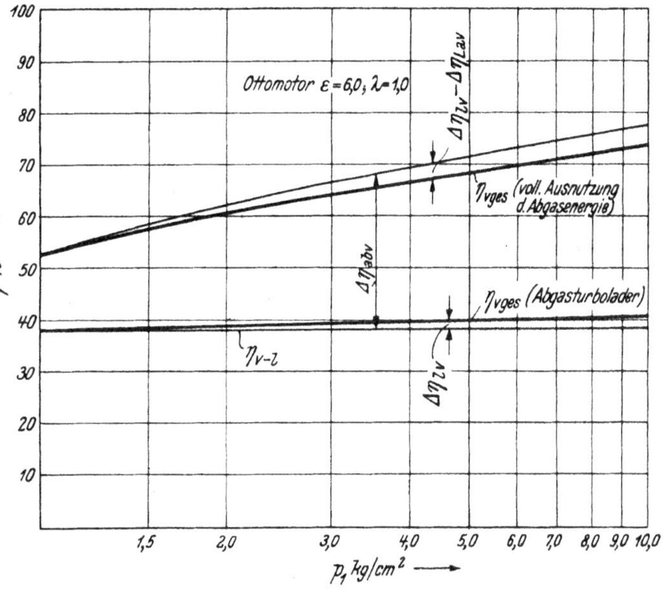

Abb. 25. $\eta_{v\,ges}$ eines vollkommenen Ottomotors $\varepsilon = 6{,}0$, $\lambda = 1{,}0$ bei vollständiger Ausnützung der Abgasenergie und bei Betrieb mit Abgasturbolader.

ζ) Der Zweitaktmotor mit Ausnutzung der Abgasenergie.

Der Gesamtwirkungsgrad wird:

$$\eta_{v\,ges} = \eta_v - \frac{A\,p_1 V_1}{B_M H_u} \cdot \ln\left(\frac{p_1}{p_o}\right) + \frac{A L_{ab\,v}}{B_M H_u} \tag{37}$$

3. Der Einfluß des Ladungswechsels auf die Leistung.

Für den Mitteldruck der vollkommenen Maschine erhält man unter Berücksichtigung des Ladungswechsels aus den Entwicklungen des vorhergehenden Abschnitts die folgenden Beziehungen:

a) Nicht aufgeladener Viertaktmotor ohne Abgasausnützung.

Ohne Drosselung hat der Ladungswechsel keinen Einfluß auf die Leistung. Mit Drosselung wird:

$$p_v = p_{v-l} + \frac{L_{lv}}{V_1} \cdot \frac{\varepsilon}{\varepsilon - 1} \cdot 10^{-4}\ \mathrm{kg/cm^2} \tag{38}$$

L_{lv} ist negativ einzusetzen.

b) Aufgeladener Viertaktmotor ohne Abgasausnützung.

Bei nicht umkehrbar ausgeführtem Ladungswechsel wird:

$$p_{v\,ges} = p_{v-l} - p_1 \left[\ln\left(\frac{p_1}{p_o}\right) + \frac{p_o}{p_1} - 1\right] \frac{\varepsilon}{\varepsilon - 1} - (p_1 - p_o) \frac{1}{\varepsilon - 1}\ \mathrm{kg/cm^2} \tag{39}$$

c) Zweitaktmotor.

Bei nicht umkehrbarem Ladungswechsel ist:

$$p_{v\,ges} = p_v - \frac{\varepsilon}{\varepsilon - 1}\, p_1 \ln\left(\frac{p_1}{p_o}\right) \ \text{kg/cm}^2 \tag{40}$$

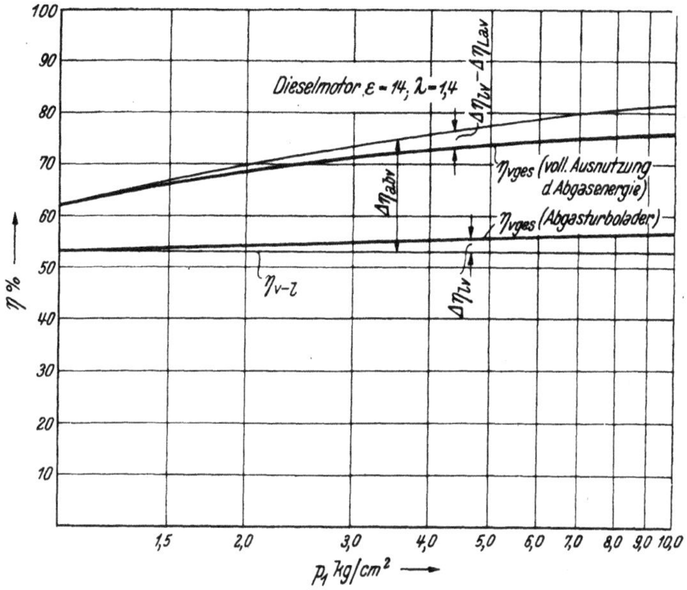

Abb. 26. $\eta_{v\,ges}$ eines vollkommenen Dieselmotors $\varepsilon = 14$, $\lambda = 1{,}4$ bei vollständiger Ausnützung der Abgasenergie und bei Betrieb mit Abgasturbolader.

d) Nicht aufgeladener Viertaktmotor mit Ausnutzung der Abgasenergie.

Es ist

$$p_{v\,ges} = p_v + \frac{L_{ab\,v}}{V_1}\,\frac{\varepsilon}{\varepsilon - 1} \cdot 10^{-4} \ \text{kg/cm}^2 \tag{41}$$

e) Aufgeladener Viertaktmotor mit Ausnutzung der Abgasenergie

Bei nicht umkehrbarem Ladungswechsel ist:

$$p_{v\,ges} = p_v - \frac{\varepsilon}{\varepsilon - 1}\, p_1 \cdot \ln\left(\frac{p_1}{p_o}\right) + \frac{L_{ab\,v}}{V_1} \cdot \frac{\varepsilon}{\varepsilon - 1} \cdot 10^{-4} \ \text{kg/cm}^2 \tag{42}$$

Darin ist $p_v = p_{v-l} + (p_1 - p_o)$

Wenn die Abgasmaschine nur den Lader antreibt, wird

$$p_{v\,ges} = p_v$$

f) Zweitaktmotor mit Ausnutzung der Abgasenergie.

$$p_{v\,ges} = p_v - \frac{\varepsilon}{\varepsilon - 1}\, p_1 \ln\left(\frac{p_1}{p_o}\right) + \frac{L_{ab\,v}}{V_1} \cdot \frac{\varepsilon}{\varepsilon - 1} \cdot 10^{-4} \ \text{kg/cm}^2 \tag{43}$$

4. Die vollkommene Maschine bei abnormalem Außenzustand, der Höhenmotor.

Weicht der Außenzustand vom normalen Außenzustand (1 at, 288° K) ab, so ändert sich η_{v-l} entsprechend den Angaben in Band 2. Damit ändert sich auch $\Delta\eta_{ab\,v}$. Zur Bestimmung von $\Delta\eta_{ab\,v}$ können wieder die im Abschnitt 2 c mitgeteilten Verfahren benützt werden. In den Ausdrücken für $\triangle\eta_{lv}$ und $\triangle\eta_{Lav}$ läßt sich $V_1p_1 = RT_1$ einsetzen. Bei gleichem Aufladeverhältnis $\frac{p_1}{p_o}$ sind diese beiden Wirkungsgradteile daher der absoluten Anfangstemperatur T_1 direkt proportional. Damit lassen sich die Gesamtwirkungsgrade aufgeladener Motoren mit und ohne Ausnützung der Abgasenergie aus den bisherigen Angaben ermitteln.

Eine besondere Behandlung erfordert der vollkommene Höhenmotor. An Stelle der schwankenden Zustandswerte der Atmosphäre werden hier zweckmäßig Mittel-

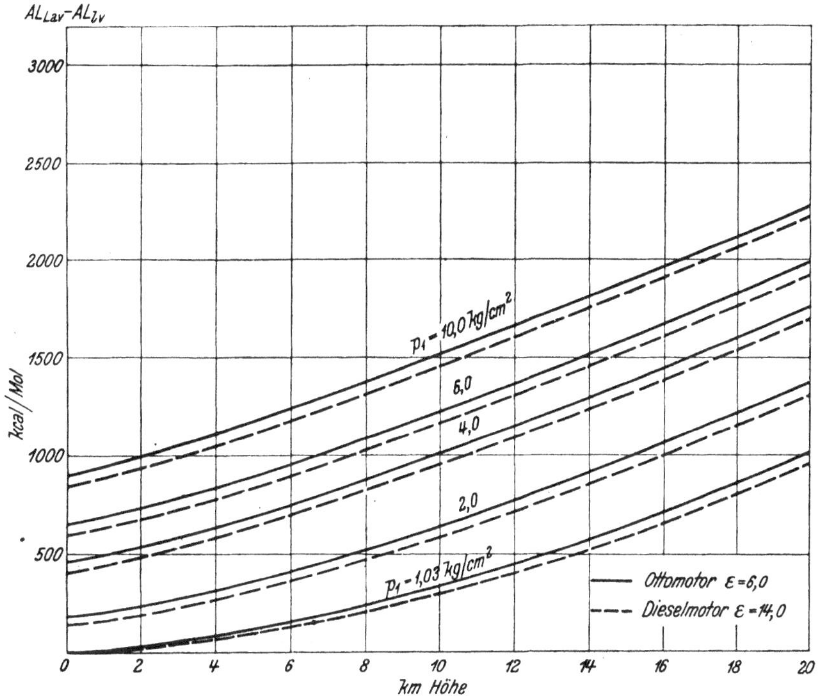

Abb. 27. Ladeverlust AL_{La}—AL_{lv} des vollkommenen Viertakthöhenmotors.

werte, die „Internationale Normalatmosphäre" der Commission Internationale de Navigation Aerienne (Cina), der Untersuchung zugrundegelegt.

Die Normalatmosphäre zerfällt in zwei Zonen, die Troposphäre von 0 bis 11 km Höhe und die Stratosphäre von 11 km Höhe aufwärts.

Der Zustand am Meeresspiegel ist entsprechend der Normalatmosphäre

$$T_o = 288^0\,K\ (15^0\,C)$$
$$p_1 = 1,033\ kg/cm^2$$
$$\gamma_o = 1,225\ kg/m^3$$

Für den Zustand in der Troposphäre gelten in Abhängigkeit von der Höhe H km die folgenden Gleichungen:

$$t = 15 - 6,5\,H\ {}^0C$$
$$\frac{p}{p_o} = \left(1 - \frac{6,5\,H}{288}\right)^{5.26}$$
$$\frac{\gamma}{\gamma_o} = \left(1 - \frac{6,5\,H}{288}\right)^{4.26}$$

Für die Stratosphäre gilt:

$$t = \text{konst} = -56{,}5^{\circ}\text{C}$$

$$\log\left(\frac{p_{11}}{p}\right) = \log\left(\frac{\gamma_{11}}{\gamma}\right) = \frac{H-11}{14{,}6}$$

Zahlentafel 1 enthält die entsprechenden Zustandsgrößen.

Motoren ohne Aufladung kommen als Höhenmotoren nicht in Betracht. Infolge des bedeutenden Abfalls des spez. Gewichtes der Luft mit der Höhe würde z. B. bei einer Höhe von 18 km das vom Zylinder angesaugte Luftgewicht — wenn die Luft die Außentemperatur behält — nur ein Zehntel des Gewichtes beim Ansaugen am Boden betragen, dadurch würde auch die innere Leistung annähernd im gleichen Verhältnis vermindert. Der nicht aufgeladene Motor wäre daher in dieser Höhe nicht einmal mehr in der Lage, seine Reibungsleistung aufzubringen. Es ist daher notwendig, Höhenmotoren aufzuladen.

Zahlentafel 1.

„INA“- Werte nach DIN 5450

Höhe H km	Temperatur t °C	Temperatur T °K	Druck p kg/cm²	Wichte γ kg/m³	Verhältniszahlen $\frac{T}{T_0}$	Verhältniszahlen $\frac{p}{p_0}$	Verhältniszahlen $\frac{\gamma}{\gamma_0} = \frac{\rho}{\rho_0}$
0	15,00	288,00	1,0332	1,226	1,0000	1,0000	1,0000
1	8,50	281,50	0,9164	1,112	0,9774	0,8870	0,9075
2	2,00	275,00	0,8106	1,007	0,9548	0,7845	0,8215
3	— 4,50	268,50	0,7148	0,9094	0,9323	0,6918	0,7421
4	— 11,00	262,00	0,6284	0,8194	0,9097	0,6082	0,6686
5	— 17,50	255,50	0,5507	0,7363	0,8872	0,5330	0,6008
6	— 24,00	249,00	0,4810	0,6598	0,8646	0,4655	0,5384
7	— 30,50	242,50	0,4186	0,5896	0,8420	0,4051	0,4811
8	— 37,00	236,00	0,3629	0,5252	0,8194	0,3512	0,4286
9	— 43,50	229,50	0,3133	0,4664	0,7968	0,3033	0,3806
10	— 50,00	223,00	0,2694	0,4127	0,7743	0,2608	0,3368
11	— 56,50	216,50	0,2306	0,3639	0,7517	0,2232	0,2969
12	— 56,50	216,50	0,1970	0,3108	0,7517	0,1906	0,2536
13	— 56,50	216,50	0,1682	0,2654	0,7517	0,1628	0,2166
14	— 56,50	216,50	0,1437	0,2267	0,7517	0,1391	0,1850
15	— 56,50	216,50	0,1227	0,1936	0,7517	0,1188	0,1580
16	— 56,50	216,50	0,1048	0,1653	0,7517	0,1014	0,1349
17	— 56,50	216,50	0,08949	0,1412	0,7517	0,08662	0,1152
18	— 56,50	216,50	0,07643	0,1206	0,7517	0,07397	0,0984
19	— 56,50	216,50	0,06528	0,1030	0,7517	0,06318	0,08404
20	— 56,50	216,50	0,05575	0,08796	0,7517	0,05396	0,07177

Es liegen die gleichen Verhältnisse vor, wie sie früher bei der aufgeladenen Maschine festgelegt wurden, mit einer Ausnahme: Es ist der Ermittlung von Laderarbeit und Anfangszustand auch für die vollkommene Maschine nicht mehr isothermische Verdichtung zugrunde zu legen, denn ein Arbeitsvorgang in so niedriger Temperaturlage läßt sich in bezug auf Zündung und Verbrennung nicht mehr durchführen. Es wird daher bei den weiteren Ausführungen polytropische Verdichtung angenommen, durch die jeweils der Anfangszustand ($p_0 = 1{,}033$ kg/cm², $T_0 = 288^{0}$ K) des Arbeitsvorganges der vollkommenen Maschine in Meereshöhe erreicht wird.

Man nennt die Höhe, bis zu welcher der zulässige Ladedruck p_L noch erreicht werden kann, die Gleichdruckhöhe des Höhenmotors. Die Vorverdichtung auf Bodendruck (1,033) nennt man Aufladung des Motors. Eine Erhöhung des Ladedruckes p_L über 1,033 at bezeichnet man vielfach als Überladung. Der Arbeitsvorgang im Zylinder — ohne Berücksichtigung der Ladungswechselarbeit — gibt in der Gleichdruckhöhe die gleiche Arbeit wie am Meeresspiegel. Für die Überladung, die Erhöhung des Druckes über 1,033 kg/cm², wird wieder isothermische Zustandsänderung im Lader vorausgesetzt.

Der vollkommene Höhenmotor wird im folgenden mit und ohne Ausnützung der Abgasenergie als Viertakt- und als Zweitaktmotor behandelt.

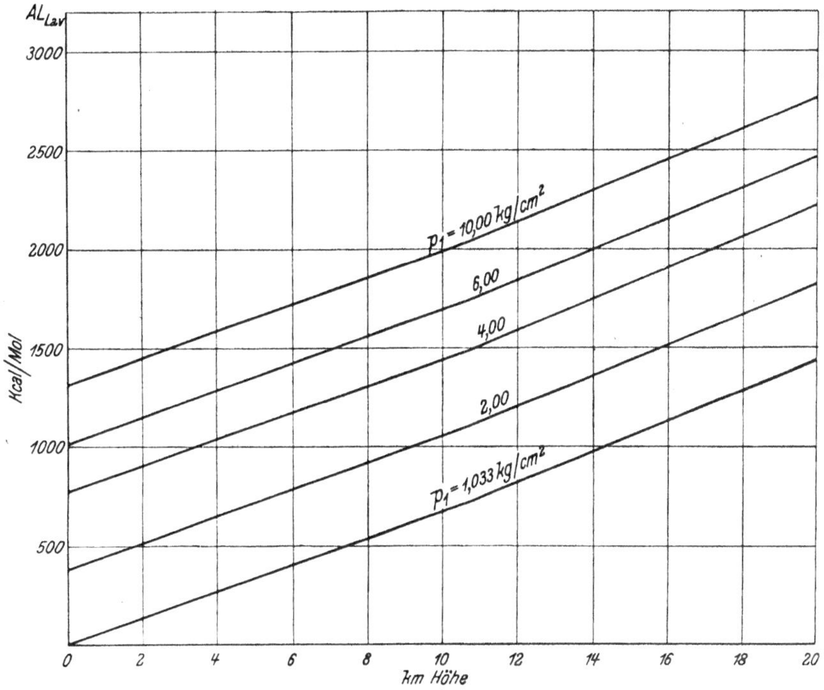

Abb. 28. Ladeverlust AL_{Lav} des vollkommenen Zweitakthöhenmotors.

Die Laderarbeit für die Aufladung ist mit T_H, p_H als Außenzustand in H km Höhe, $T_1 = T_o$, $p_1 = p_o$ als Zustand am Boden:

$$AL_{Lav} = \frac{m}{m-1} AR\,(T_o - T_H) \text{ kcal/Mol}$$

Nun ist: $$\frac{T_o}{T_H} = \left(\frac{p_o}{p_H}\right)^{\frac{m-1}{m}} \text{ und daher } \frac{m}{m-1} = \frac{\log\left(\frac{p_o}{p_H}\right)}{\log\left(\frac{T_o}{T_H}\right)}$$

Für die Troposphäre findet man mit den früheren Ausdrücken

$$AL_{Lav} = 67{,}9\,H \text{ kcal/Mol} \tag{44}$$

Für die Aufladung in der Stratosphäre wird

$$AL_{Lav} = 78{,}5\,H - 117{,}5 \text{ kcal/Mol} \tag{45}$$

Bei Überladung kommt hiezu noch die Arbeit

$$AV_1\,p_1 \,.\, \ln\left(\frac{p_1}{p_o}\right) = 572 \,.\, \ln\left(\frac{p_1}{p_o}\right)$$

Aus Abb. 14 läßt sich diese Arbeit entnehmen.

Durch den Ladungswechsel wird die Arbeit

$$AL_{lv} = 572 \cdot \frac{\varepsilon - 1}{\varepsilon}\left(1 - \frac{p_H}{p_1}\right) \text{ kcal/Mol} \qquad (46)$$

bei aufgeladenem und überladenem Viertaktmotor rückgewonnen.

Daher gilt für den Arbeitsverlust durch den Ladungswechsel beim Viertakt

Troposphäre:

$$AL_{Lav} - AL_{lv} = 67{,}9\,H + 572 \cdot \ln\left(\frac{p_1}{p_o}\right) - 572 \cdot \frac{\varepsilon - 1}{\varepsilon}\left(1 - \frac{p_H}{p_1}\right) \text{ kgm/Mol} \qquad (47)$$

In dieser und in den folgenden drei Gleichungen fällt bei Aufladung auf Bodendruck das Glied $572 \,.\, \ln\left(\frac{p_1}{p_o}\right)$ wegen $p_1 = p_o$ weg.

Stratosphäre:

$$AL_{Lav} - AL_{lv} = 78{,}5\,H - 117{,}5 + 572 \ln\left(\frac{p_1}{p_o}\right) - 572 \cdot \frac{\varepsilon - 1}{\varepsilon}\left(1 - \frac{p_H}{p_1}\right) \text{ kcal/Mol} \qquad (47a)$$

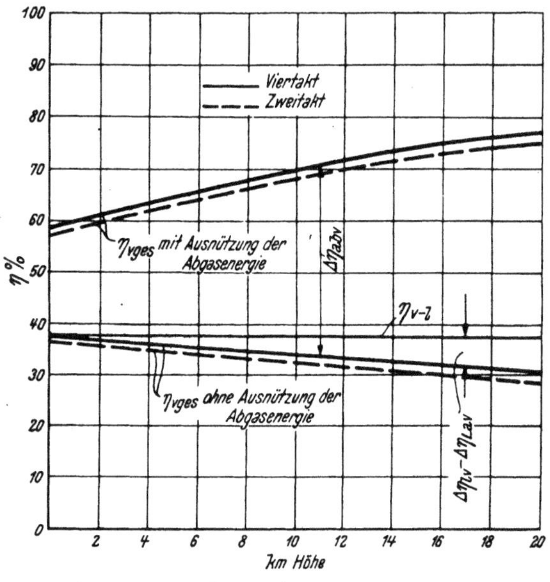

Abb. 29. $\eta_{v\,ges}$ des vollkommenen Ottomotors $\varepsilon = 6$, $\lambda = 1{,}0$, $p_1 = 2\,kg/cm^2$ in Abhängigkeit von der Höhe mit und ohne Ausnützung der Abgasenergie.

In Abb. 27 sind diese Arbeiten abhängig von der Höhe dargestellt.

Wird in einem Zweitaktmotor nach einem Vorschlag von Hansen [1] Spülluft und Aufladeluft getrennt verdichtet, so läßt sich die Spülung des vollkommenen Höhenmotors ohne Arbeitsverlust durchführen. Wird die Aufladeluft im unteren Totpunkt des Motors durch den Spülpumpenkolben verdichtet, so wird der Arbeitsaufwand gleich wie beim vollkommenen Viertaktmotor mit Aufladung, ist demnach Abb. 14 zu entnehmen.

Bei gemeinsamer Verdichtung von Spül- und Aufladeluft ist nach Seite 9 mit dem Rückgewinn auch nur eines Teiles der Laderarbeit nicht zu rechnen. Man erhält mit $L_{lv} = 0$ für die Troposphäre:

$$AL_{Lav} - AL_{lv} = 67{,}9\,H + 572 \,.\, \ln\left(\frac{p_1}{p_o}\right) \text{ kcal/Mol} \qquad (48)$$

für die Stratosphäre:

$$AL_{Lav} - AL_{lv} = 78{,}5\,H - 117{,}5 + 572 \cdot \ln\left(\frac{p_1}{p_o}\right) \text{ kcal/Mol} \qquad (48a)$$

Abb. 28 zeigt den Laderaufwand für die vollkommene Zweitaktmaschine, die mit gemeinsamer Verdichtung von Spül- und Aufladeluft arbeitet.

Die heute erreichbare Leistungsausbeute bei Ausnützung der Abgasenergie ist noch so weit von der theoretisch möglichen entfernt, daß auf eine sehr genaue Feststellung der letzteren verzichtet werden kann. Für den folgenden Überblick über die beim vollkommenen Höhenmotor erreichbaren Gesamtwirkungsgrade wurde die Abgasleistung daher mit den auf Seite 14 entwickelten Näherungsformeln ermittelt.

Als Beispiel wurden die Wirkungsgrade eines vollkommenen Ottomotors mit $\lambda = 1{,}0$, $\varepsilon = 6{,}0$ und eines vollkommenen Dieselmotors mit $\lambda = 1{,}4$, $\varepsilon = 14$ berechnet und für Vier- und Zweitaktverfahren in den Abb. 29 und 30 in Abhängigkeit von der Höhe dargestellt. In großen Flughöhen bedingt die große Laderarbeit, die nur zum Teil wiedergewonnen wird, ein starkes Abfallen des Wirkungsgrades, wenn der Lader mechanisch vom Motor angetrieben und die Abgasenergie nicht ausgenützt wird. Der Höhenmotor arbeitet dann wesentlich ungünstiger als der Bodenmotor. Die Verhältnisse werden gänzlich anders bei Ausnützung der Abgasenergie. Die Leistung der vollkommenen Abgasmaschine steigt mit zunehmender Flughöhe bedeutend an, wird in größeren Höhen gleich und größer als die Motorleistung und bewirkt eine wesentliche Verbesserung des Gesamtwirkungsgrades eines solchen Triebwerks. In den durchgerechneten Beispielen erreicht der vollkommene Ottohöhenmotor im Viertakt mit $\varepsilon = 6$, $\lambda = 1{,}0$ z. B. einen Wirkungsgrad von ~ 76 Prozent, der Viertaktdieselmotor mit $\varepsilon = 14$, $\lambda = 1{,}4$ einen Wirkungsgrad von ~ 80 Prozent in 20 km Flughöhe. Aus dieser Untersuchung ergibt sich klar die beim Höhenmotor anzustrebende Entwicklungsrichtung.

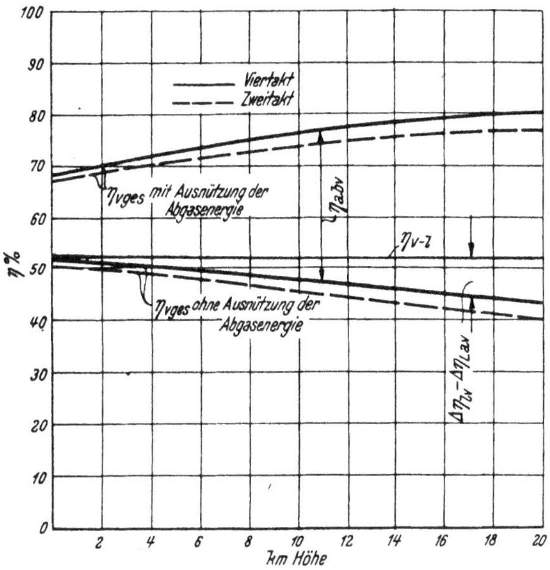

Abb. 30. $\eta_{v\,ges}$ des vollkommenen Dieselmotors $\varepsilon = 14$, $\lambda = 1{,}4$, $p_1 = 2\,\mathrm{kg/cm^2}$ in Abhängigkeit von der Höhe mit und ohne Ausnützung der Abgasenergie.

Es muß beim Höhenmotor getrachtet werden, einen möglichst großen Teil der Abgasenergie auszunützen. Gelingt dies, so arbeitet der Motor günstiger als am Boden, ohne daß höhere Verbrennungsdrücke auftreten.

Durch die Überladung wird an diesen grundsätzlichen Verhältnissen nichts geändert. Auf den Wirkungsgrad wirkt sie sich nur in kleinen Flughöhen wesentlich aus. Der Mitteldruck der Maschine wird durch Überladung natürlich wesentlich gesteigert, die Maschine daher besser ausgenützt, allerdings um den Preis einer höheren Beanspruchung des Triebwerkes.

Der Mitteldruck des vollkommenen Höhenmotors wird allgemein

$$p_{v\,ges} = p_{v-1} + \frac{\varepsilon}{\varepsilon - 1} \cdot \frac{10^{-4}}{V_1} (L_{lv} - L_{Lav} + L_{abv})\ \mathrm{kg/cm^2} \tag{49}$$

Darin ist:

$$V_1 = \frac{848 \,.\, 288}{p_1 \,.\, 10^4}\ \mathrm{m^3/Mol}$$

5. Folgerungen aus den Ergebnissen.

Die Entwicklung im Motorenbau strebt Steigerung der Hubraumausnützung, damit auch des Innendruckes p_i und Verbesserung der Kraftstoffausnützung an. Bei der vollkommenen Maschine wird p_v mit guter Annäherung proportional p_1. Der Innendruck läßt sich daher theoretisch beliebig steigern. Bei der wirklichen Maschine setzt neben der thermischen Beanspruchung, bei Ottomotoren Triebwerk und Kraftstoff, bei Dieselmotoren nur das Triebwerk der Aufladung infolge der steigenden Beanspruchung eine Grenze. Die Entwicklung im Motorenbau geht dahin, diese Grenze nach oben zu verschieben.

Ohne Ausnützung der Abgasenergie ist mit der Aufladung eine Verringerung des Wirkungsgrades verbunden. Eine gleichzeitige Steigerung von Hubraum- und Kraftstoffausnützung ist erst durch Ausnützung der Abgasenergie möglich. Dadurch lassen sich theoretisch erhebliche Verbesserungen des Wirkungsgrades erreichen. Eine teilweise Ausnützung der Abgasenergie zum Antrieb des Laders wird bereits vielfach ausgeführt, sie bringt eine wesentliche Steigerung der Motorleistung und im allgemeinen auch eine kleine Verbesserung des Wirkungsgrades. Bei Flugmotoren ist durch Verwendung von Abgasschubdüsen die Ausnützung eines, bei hohen Fluggeschwindigkeiten nicht unbeträchtlichen, Teiles der Abgasenergie auf einfache Art möglich.

Die für die vollkommene Maschine entwickelten Zusammenhänge zeigen, daß bei der weiteren Entwicklung im Motorenbau zur Erzielung von Leistungs- und Wirkungsgradsteigerungen Hochaufladung mit Ausnützung der Abgasenergie angewendet werden muß. In dem aus Lader, Kolbenmotor und Abgasmaschine bestehenden „zusammengesetzten" Motor wird bei der weiteren Verfolgung dieser Entwicklungsrichtung die Abgasmaschine einen steigenden Anteil an der Gesamtleistung übernehmen.

IV. Allgemeine Zusammenhänge zwischen Erfolg des Ladungswechsels und Leistung.

1. Viertakt ohne Aufladung. Zweitakt.

Der Zusammenhang zwischen dem Erfolg des Ladungswechsels und der Leistung wird zweckmäßig durch den Zusammenhang zwischen den Erfolgsgrößen λ_s, λ_g des Ladungswechsels und dem Innendruck p_{i-1} dargestellt.

Zwischen stündlichem Kraftstoffverbrauch B in kg oder m³ und dem Innendruck ohne Ladungswechselarbeit p_{i-1} besteht beim Viertakt die Beziehung:

$$p_{i-1} = \frac{427}{300} \cdot \frac{B.\ H_u}{n.\ V_h} \cdot \eta_{i-1} \ \text{kg/cm}^2 \qquad (50)$$

Darin ist V_h in Liter, H_u der untere Heizwert in kcal/kg bzw. kcal/m³ einzusetzen.

Unter Berücksichtigung von $$B = \frac{30\,n\,V_h\,\lambda_s\,\lambda_g}{10^3\,\lambda\,L_o} \qquad (51)$$

erhält man, wenn das Kraftstoffvolumen vernachlässigt werden kann, was bei flüssig eingebrachtem Kraftstoff zulässig ist, die Beziehung

$$p_{i-1} = 0{,}0427 \cdot \frac{H_u\,\eta_{i-1}}{\lambda\,L_o} \cdot \lambda_s\,\lambda_g \ \text{kg/cm}^2 \qquad (52)$$

Diese Beziehung gilt für Viertakt und Zweitakt.

Wegen $\eta_{i-1} = \frac{632}{b_{i-1} \cdot H_u}$ wird auch

$$p_{i-1} = 27 \cdot \frac{1}{L_o \lambda b_{i-1}} \cdot \lambda_s \lambda_g \text{ kg/cm}^2 \quad (52a)$$

L_0 ist der Luftbedarf in m^3 (Außenzustand) von 1 kg Kraftstoff. Wird der flüssige Kraftstoff dampfförmig eingebracht, so ist mit dem Volumen eines Mols Kraftstoffdampf im Außenzustand V_m

$$p_{i-1} = 0{,}0427 \cdot \frac{H_u \cdot \eta_{i-1}}{V_m/m + \lambda L_o} \cdot \lambda_s \lambda_g \text{ kg/cm}^2 \quad (52b)$$

wobei m das Molekulargewicht ist. Bei gasförmigen Kraftstoffen bezieht man die Kraftstoffwerte auf 1 m^3 (Außenzustand) und erhält dann:

$$p_{i-1} = 0{,}0427 \cdot \frac{H_u \cdot \eta_{i-1}}{1 + \lambda L_o} \cdot \lambda_s \lambda_g \text{ kg/cm}^2 \quad (52c)$$

λ ist in allen Fällen die Luftüberschußzahl, die aus der Abgasanalyse ermittelt wird, also das Verhältnis der F r i s c h l u f t m e n g e zu der theoretisch zur Verbrennung erforderlichen Luftmenge.

Für den Verbrennungsablauf ist jedoch im allgemeinen nicht die Frischluftmenge, sondern die Gesamtluftmenge maßgebend. Beide Mengen sind dann nicht gleich, wenn der Ladung vor der Verbrennung Abgase beigemischt sind ($\lambda_s < 1$) und die Abgase überschüssige Luft enthalten ($\lambda > 1$). Der Zusammenhang zwischen Frischluftmenge und Gesamtluftmenge läßt sich einfach finden. Bei f l ü s s i g e n Kraftstoffen mit vernachlässigbarem Kraftstoffvolumen ist:

die Luftmenge im Abgas je Einheit des Kraftstoffes $(\lambda - 1)\, L_o$,

die Gesamtmenge Abgas $V_o + (\lambda - 1) \cdot L_o$

mit V_o als Abgasmenge aus der Einheit des Kraftstoffes im Außenzustand bei $\lambda = 1$.

Der Luftgehalt im Abgas ist: $\frac{(\lambda - 1) \cdot L_o}{V_o + (\lambda - 1)\, L_o}$

Bei einem Spülgrad λ_s ist der Luftgehalt der Einheit des Zylindervolumens

$$\lambda_s + \frac{(\lambda - 1) \cdot L_o}{V_o + (\lambda - 1)\, L_o} \cdot (1 - \lambda_s)$$

Das Verhältnis der Gesamtluftmenge im Zylinder zur Frischluftmenge und daher auch der Luftüberschußzahl λ' (bezogen auf die Gesamtluftmenge) zur Luftüberschußzahl λ (bezogen auf die Frischluftmenge) ist

$$\frac{\lambda'}{\lambda} = 1 + \frac{\lambda - 1}{\frac{V_o}{L_o} + (\lambda - 1)} \cdot \frac{1 - \lambda_s}{\lambda_s} \quad (53)$$

Für g a s f ö r m i g e Kraftstoffe erhält man in gleicher Weise:

$$\frac{\lambda'}{\lambda} = 1 + \frac{\lambda - 1}{\lambda} \cdot \frac{1 - \lambda_s}{\lambda_s} \cdot \frac{1 + \lambda L_o}{V_o + (\lambda - 1)\, L_o} \quad (53a)$$

$\frac{V_o}{L_o}$ ist nur von der Art des Kraftstoffes abhängig und kann sinngemäß nach Band 2 ermittelt werden. Bei f l ü s s i g e n Kraftstoffen, bei denen $\frac{V_o}{L_o} \sim 1$ ist, vereinfacht sich der Ausdruck (53) und wird:

$$\lambda = 1 + \lambda_s (\lambda' - 1) \text{ bzw. } \lambda' = 1 + \frac{1}{\lambda_s} (\lambda - 1) \quad (53b)$$

Mit den Ausdrücken (53 b) kann bei allen flüssigen Kraftstoffen in den meisten Fällen genügend genau gerechnet werden. Geht man auf den früheren Ausdruck zurück, so hat man zu prüfen, ob Wasserdampf aus den Abgasen bei der Mischung ausgeschieden wird, ob demnach für V_0 das Volumen der feuchten Abgase oder ein zwischen diesem und dem Volumen der trockenen Abgase liegendes Volumen einzusetzen ist. Es wird in fast allen Fällen mit dem Volumen der feuchten Abgase gerechnet werden können. Man erhält für Dieselmotoren mit den Ausdrücken (52) und (53b)

$$p_{i-1} = 0{,}0427 \cdot \frac{H_u}{L_0} \cdot \eta_{i-1} \cdot \frac{\lambda_s \cdot \lambda_g}{1 + \lambda_s (\lambda' - 1)} \text{ kg/cm}^2 \qquad (54)$$

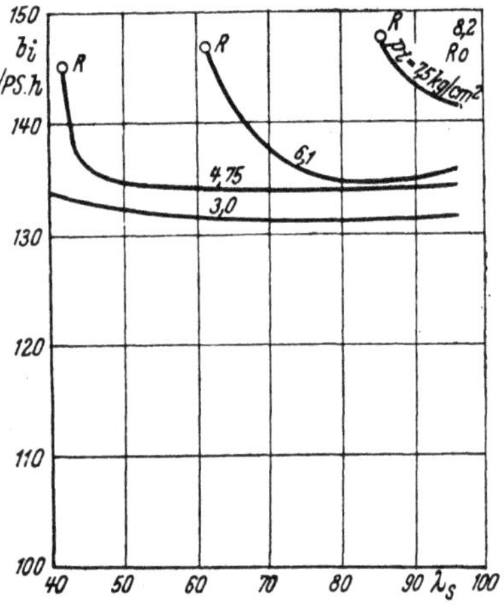

Abb. 31. Abhängigkeit des b_i vom Abgasgehalt der Ladung nach Versuchen an einem Dieselmotor mit Lufteinblasung (D = 292 mm, s = 440 mm, n = 210 U/min). Nach List.

Bei Ottomotoren ist für die Leistungsgrenze im allgemeinen $\lambda \leqq 1$, das heißt die Abgase enthalten keine Luft. Daher kann Ausdruck (52) verwendet werden.

An Stelle des Ausdruckes (54) kann auch bei Dieselmotoren für die kleinen Luftüberschußzahlen λ, die von neuzeitlichen Verbrennungsverfahren erreicht werden, oder für größere Werte von λ_s, wie sie bei Viertakt in der Regel, bei Zweitakt durch gute Spülung erzielt werden, der Ausdruck (52) benützt werden.

Die Leistungsgrenze von Dieselmotoren ist bei kleinen und bei langsamlaufenden großen Motoren im allgemeinen durch die Verbrennung gegeben.

Wie bekannt, entsteht bei unvollständiger Verbrennung im Dieselmotor Ruß, der durch Verschmutzen des Zylinderinnern, vor allem der Gleitflächen, den Betrieb gefährdet. Man bleibt daher mit der Belastung des Motors stets unter der Rauchgrenze.

Versuche von List an einem Viertaktdieselmotor (n = 200 U/min) mit Lufteinblasung [2] haben gezeigt, daß der Gesamtluftüberschuß an der Rauchgrenze nahezu unabhängig von λ_s ist. Untersuchungen von Hold [3] an einer Zweitaktmaschine (n = 500 U/min) mit direkter Einspritzung scheinen dieses Ergebnis zu bestätigen, so daß es zunächst für nicht sehr hohe Drehzahlen mit einiger Sicherheit verallgemeinert werden kann. Die Luftüberschußzahl an der Rauchgrenze λ_r', bezogen auf die Gesamtluftmenge, hängt vor allem vom Verbrennungsverfahren, aber auch von Hubraum, Drehzahl und Anfangszustand der Ladung ab. Bei den geringen Luftüberschüssen, welche neuzeitliche Verbrennungsverfahren an der Rauchgrenze benötigen, ist $\lambda_r' \sim \lambda_r$, so daß auch mit gleichbleibendem Frischluftüberschuß λ_r an der Rauchgrenze gerechnet werden kann.

λ_r' bzw. λ_r und η_{i-1} sind für jedes Verbrennungssystem durch den Versuch zu bestimmen. η_{i-1} hängt bei gegebenem Verbrennungssystem und Verdichtungsverhältnis vom Anfangszustand der Ladung, der Drehzahl, dem Luftüberschuß und dem Spülgrad λ_s ab. Die erstgenannten Einflüsse sind in Band 2 behandelt. Von besonderem Interesse ist für Zweitaktmotoren der Einfluß des Spülgrades auf η_{i-1}.

Bei den oben angeführten Versuchen von List [2] wurde der Abgasgehalt der Ladung dadurch verändert, daß der Frischladung dosierte Mengen Abgas zugesetzt wurden. Aus Abb. 31 zeigt sich, daß b_i an der Rauchgrenze nahezu unabhängig von λ_s ist. Eine weitere Auswertung der Ergebnisse ergab, daß η_{i-l} auch unter der Rauchgrenze nicht von λ_s beeinflußt wird. Das gleiche Ergebnis erhielt Hold [3] nach Abb. 32 bei einem Zweitaktmotor durch Beimischung von Abgasen zur Spülluft. Bei kleiner Belastung des Motors konnte die Spülluft bis auf einen (CO_2)-Gehalt von 4 %, entsprechend einem Spülgrad von $\lambda_s = 0{,}66$, mit Abgas angereichert werden, bis bei $\lambda = 1{,}3$ die Rauchgrenze erreicht wurde. Durch teilweisen Ersatz der Überschußluft durch Abgase wurde der Nutzverbrauch b_{e-La} (ohne Spülpumpe) bis zur

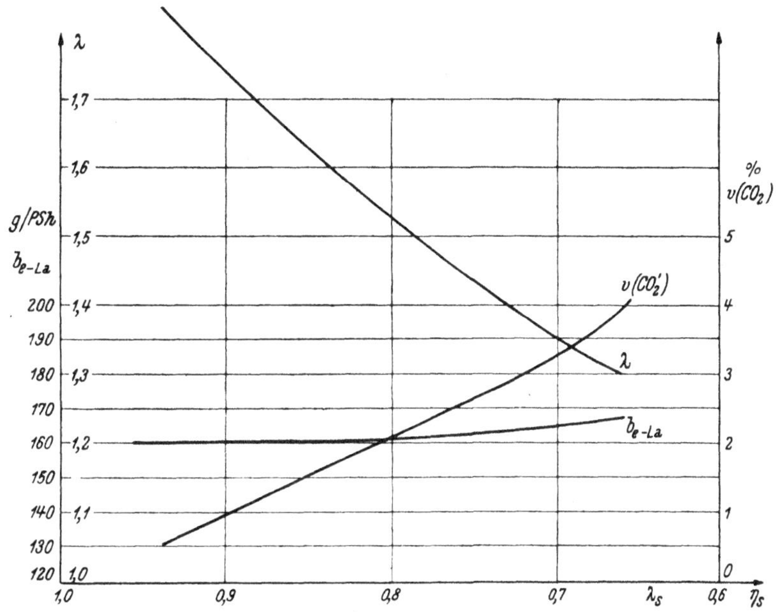

Abb. 32. Abhängigkeit des spez. Verbrauchs b_{e-La} (bei Fremdspülung) vom Spülgrad λ_s bei einem Zweitaktdieselmotor mit direkter Einspritzung (D=160 mm, s=260 mm, n=500 U/min). Nach Hold.

Rauchgrenze fast nicht geändert. Ohne zusätzliche Abgasbeimischung waren der Verbrauch und der Luftüberschuß bei $\lambda_s = 0{,}90$ gleich wie mit Abgasbeimischung bei $\lambda_s = 0{,}66$.

Der Bereich, in dem mit einem von λ_s unabhängigen η_{i-l} gerechnet werden kann, liegt noch nicht fest. Die beiden besprochenen Ergebnisse wurden an verhältnismäßig langsam laufenden Motoren erhalten. Es ist wahrscheinlich, daß bei schnelllaufenden Motoren der Brennstoffverbrauch mit abnehmendem Spülgrad ansteigt. Für diese Vermutung sprechen Beobachtungen an Schnelläufern und die Tatsache, daß die Abgasbeimischung den Zündverzug vergrößert und auch die Verbrennung verschleppt. Eine absolute Verlängerung der Brenndauer wirkt sich um so stärker auf die Energieumsetzung aus, je kürzer die für die Verbrennung zur Verfügung stehende Zeit an sich ist. Ein stärkerer Einfluß des Spülgrades auf η_{i-l} bei hohen Drehzahlen wäre damit durchaus zu erklären.

2. Viertaktmotor mit Aufladung.

Beim aufgeladenen Viertaktmotor wird der Liefergrad λ_l auf den Zustand vor dem Einlaßventil bezogen. Da L_0 bzw. L_0 und V_0 auf den Außenzustand bezogen sind, gilt für aufgeladene Motoren:

$$p_{i-l} = 0{,}0427 \cdot \frac{H_u \cdot \eta_{i-l}}{\lambda \cdot L_o} \cdot \lambda_l \cdot \frac{p_L}{p_o} \cdot \frac{T_o}{T_L} \text{ kg/cm}^2 \tag{55}$$

Wenn im Lader nach einer Polytrope mit dem Exponenten m verdichtet und die Ladung zwischen Lader und Einlaßventil nicht rückgekühlt wird, erhält man:

$$p_{i-l} = 0{,}0427 \cdot \frac{H_u \cdot \eta_{i-l}}{\lambda \cdot L_o} \cdot \lambda_l \cdot \left(\frac{p_L}{p_o}\right)^{\frac{1}{m}} \text{ kg/cm}^2 \tag{55a}$$

Nach Caroselli [4] besteht zwischen dem adiabatischen Wirkungsgrad des Laders η_{ad} und m angenähert die Beziehung

$$m \sim \frac{0{,}6}{\eta_{ad}} + 0{,}8 \tag{56}$$

Die Leistungsgrenzen des aufgeladenen Dieselmotors sind meist durch die Grenzen der tragbaren Wärmebelastung gegeben. Die Wärmebelastung ist gekennzeichnet durch die stündlich an das Kühlmittel übergehende Wärmemenge Q_w.

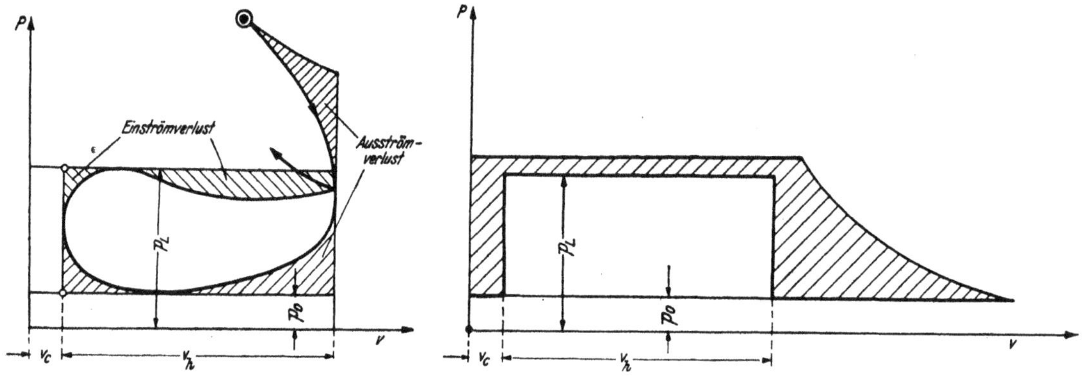

Abb. 33. Aufgeladener Viertaktmotor.
a) Ladungswechselverlust = Ausströmverlust + Einströmverlust;
b) Ladeverlust; p_L = Ladedruck vor dem Einlaßventil, p_o = Außendruck.

Q_w ist eine Funktion von p_L, T_L, Λ_o, λ_{lo}, η_{i-l} und p_r. Die Zusammenhänge zwischen Q_w und diesen Größen sind in Band 3 besprochen. Wenn der zulässige Wert von Q_w für die Maschine bekannt ist (z. B. durch Versuch ermittelt wurde), läßt sich bei bekannten Zusammenhängen p_L und λ an der Grenze der thermischen Belastung des Motors ermitteln. An dieser Wärmegrenze sind hohen Aufladungen p_L große Luftüberschußzahlen λ, kleinen Werten von p_L auch kleine Werte von λ zugeordnet. Unterhalb eines bestimmten Wertes von p_L wird das λ an der Wärmegrenze kleiner als das λ_r der Rauchgrenze, von da ab ist dann die Rauchgrenze für die Belastung maßgebend.

Bei Ottomotoren kann die Höhe der Aufladung, wie in Band 6 dargestellt ist, entweder durch thermische oder mechanische Beanspruchung oder dadurch begrenzt sein, daß klopfende Verbrennung auftritt.

V. Die Teilung der Verluste beim Ladungswechsel.

Zur Trennung der Einzelverluste beim Ladungswechsel führt man beim Viertakt $p_{lv} = p_L - p_o$, den Mitteldruck der Ladungswechselarbeit der vollkommenen Maschine, ein und erhält mit $p_i = p_{i-l} + p_l$

$$p_{e\,ges} = p_{i-1} - (p_{lv} - p_l) - (p_{La} - p_{lv}) + p_{ab} - p_r \quad (57)$$

In diesem Ausdruck entspricht $p_{lv} - p_l$ dem Verlust durch Unvollkommenheiten der Ladungswechselorgane des Zylinders. Dieser Ladungswechselverlust läßt sich nach Abb. 33a beim Viertaktmotor in einen Einströmverlust und einen Ausströmverlust trennen.

Der Ausdruck $p_{La} - p_{lv}$ kann als Ladeverlust bezeichnet werden. Dieser enthält die Verluste des vollkommenen Laders entsprechend der Flächensumme $A + B$ in Abb. 13, den Verlust durch Drosselung auf dem Weg vom Lader zum Einlaßventil und die Mehrarbeit durch nicht isothermische Verdichtung. Abb. 33b zeigt den Ladeverlust.

Beim Zweitakt ist, da $p_{lv} = 0$ wird,

$$p_{e\,ges} = p_{i-1} + p_l - p_{La} + p_{ab} - p_r$$

Wie schon erwähnt, wird beim Zweitakt durch den Ladungswechsel nahezu nichts von der Spülpumpenarbeit wiedergewonnen.

B. Die rechnerische Behandlung der Strömungsvorgänge beim Ladungswechsel.

I. Einleitung.

Wie List an einfachen Saugrohren [5], Pischinger [6, 7] und Reyl [8] an verwickelten Kanalsystemen gezeigt haben, sind die Strömungsvorgänge während des Ladungswechsels weitgehend rechnerisch erfaßbar. Es ist dabei allerdings auch bei einfachen Verhältnissen, wie z. B. dem Ansaugen des Zylinders durch ein glattes Saugrohr, unmöglich, geschlossene Lösungen der dafür geltenden Differentialgleichungen zu erhalten, aus denen die Beziehungen zwischen den einzelnen Größen, z. B. Rohrabmessungen, Steuerzeiten usw., und dem Liefergrad unmittelbar ersichtlich sind. Man ist stets gezwungen, die Differentialgleichungen schrittweise zu integrieren und die Einzellösungen den entsprechenden Randbedingungen anzupassen. Dadurch werden die Rechnungen im allgemeinen mühevoll. Bei verwickelten Systemen, wie verzweigten Saugrohren oder Spülsystemen mit hintereinander geschalteten, durch Rohrleitungen verbundenen Behältern, ist es nicht ganz leicht, sie übersichtlich zu gestalten. Die Ergebnisse sind jedoch im allgemeinen so aufschlußreich, daß sich die aufzuwendende Mühe in vielen Fällen lohnt und eine breite Anwendung dieses Verfahrens bei der Motorentwicklung zu empfehlen ist.

Es wurde daher im folgenden das an verschiedenen Stellen [5, 6, 7, 8, 9, 10, 11] zerstreut dargestellte Verfahren zusammengestellt, einheitlich durchgearbeitet und in Formen gebracht, die leichte Anwendung ermöglichen.

Meßtechnisch sind die Strömungsvorgänge des Ladungswechsels im allgemeinen nur durch summarische Mengenbestimmungen und durch Ermittlung des Druckverlaufes an verschiedenen Stellen des Kanalsystems erfaßbar. Wenn die damit erhaltenen Aufschlüsse genügen und Versuche überhaupt möglich sind, d. h., wenn es sich um Untersuchung ausgeführter Maschinen handelt, wird der Versuch der Rechnung vorzuziehen sein, da die Ergebnisse im allgemeinen rascher gewonnen werden können und ihre Wirklichkeitstreue bei sorgfältiger Durchführung der Messung außer Zweifel steht.

Wenn man die Strömungsverhältnisse rechnerisch untersucht, um einen vertieften Einblick in sie zu erhalten, ist eine Nachprüfung der Genauigkeit der Ergebnisse durch Mengen- und Druckmessungen zweckmäßig. Stimmt Rechnung und Messung in einzelnen Teilergebnissen überein, so ist es nahezu sicher, daß auch die übrigen Ergebnisse der Rechnung der Wirklichkeit entsprechen. So kann z. B. aus der Bestätigung des gerechneten Druckverlaufes durch die Messung an einer Stelle auf die Richtigkeit des Druckverlaufes an den übrigen Stellen und auch auf die Richtigkeit des berechneten Geschwindigkeitsverlaufes, welcher der Messung im allgemeinen nicht zugänglich ist, mit meist ausreichender Sicherheit geschlossen werden. Die Übereinstimmung der gerechneten und gemessenen Gesamtgasmenge, die einen Querschnitt während eines Arbeitsganges durchfließt, berechtigt zur Annahme, daß auch der berechnete zeitliche Verlauf der Durchströmung wirklichkeitsgetreu wiedergegeben wird.

Die durch den Versuch bestätigte Rechnung gibt einen Einblick in die Vorgänge, wie er in gleicher Vollständigkeit niemals durch den Versuch allein erhalten werden kann. Die Vorgänge rollen wie auf Zeitlupenfilmen vor dem Untersuchenden ab. Die Wertigkeit der einzelnen Einflüsse auf die Erfolgsgrößen des Ladungswechsels wird klar erkennbar. Durch Anwendung von Ähnlichkeitsbeziehungen, Wiederholung der Rechnung unter Veränderung einzelner Größen, wird es in vielen Fällen möglich sein, günstigste Verhältnisse rasch, unter Einsparung teurer Versuchsarbeit, zu erhalten. Durch wiederholte Anwendung des Rechenverfahrens erhält der Versuchsingenieur einen Einblick in die Vorgänge und ein Gefühl für ihre Abhängigkeiten, das ihn in vielen Fällen befähigen wird, die Zusammenhänge richtig zu beurteilen und, auch ohne das Rechenverfahren anwenden zu müssen, intuitiv die richtigen Maßnahmen zu gewollten Veränderungen im Ablauf der Vorgänge vorzuschlagen.

Im nachfolgenden wird ein kurzer Überblick über die zu behandelnden Aufgaben gegeben.

Am einfachsten ist die rechnerische Untersuchung von Ein- und Ausströmvorgängen am Zylinder dann, wenn der Druck der anschließenden Räume unveränderlich bleibt und die Längsausdehnung der an die Steuerquerschnitte anschließenden Kanäle so klein ist, daß die auftretenden Schwingungen vernachlässigt werden können. Dieser Fall ist beim unmittelbaren Einsaugen aus der freien Luft oder aus sehr großen Behältern und beim Ausströmen der Abgase in die freie Luft oder in sehr große Auspuffbehälter gegeben.

Ein Durchströmen des Zylinders, also gleichzeitiges Ein- und Ausströmen, wie es zum Beispiel bei der Spülung von Zweitakt- oder aufgeladenen Viertaktmotoren auftritt, läßt sich in diesem Fall ohne wesentliche zusätzliche Schwierigkeiten behandeln.

Etwas verwickelter wird die Rechnung, wenn Behälter vor oder nach, oder vor u n d nach dem Zylinder mittels kurzer Kanäle anschließen und die Behälter so klein sind, daß das periodische Ein- und Ausströmen oder Durchströmen in ihnen Druckschwankungen erzeugt, die nicht mehr vernachlässigt werden können. Die Untersuchung muß dann auf den Druckverlauf in den Behältern ausgedehnt werden. Ist die Länge der Verbindungskanäle vernachlässigbar klein, so enthält das rechnerische Abbild des Systems keine Schwingungen. Die in den Behältern auftretenden Gasschwingungen können praktisch immer außer acht gelassen werden. In der Rechnung wirken sich dann Veränderungen, die im System an einer Stelle entstehen, gleichzeitig auf alle übrigen Stellen aus. Die Zusammenhänge werden durch ein System simultaner Gleichungen erfaßt, deren Lösung umständlich sein kann, wenn die Gleichungen nicht linearisiert werden.

Das Einschalten von einfachen Rohrleitungen nicht vernachlässigbarer Längsausdehnung bedeutet demgegenüber rechnerisch vielfach eine Vereinfachung. Durch die Rohrleitungen wird das System in einzelne Teile zerlegt. Diese senden sich gegenseitig durch die Rohrleitungen Druck- und Geschwindigkeitswellen zu. Es entstehen dadurch Schwingungen im System, die sich auf die Ladungswechselvorgänge stark auswirken können.

Pischinger [6, 12] hat als erster unter Benützung von Ansätzen Allievis [13] ein Verfahren entwickelt, nach dem die Vorgänge in den Rohrleitungen mit in vielen Fällen ausreichender Genauigkeit und meist durchaus tragbarem Zeitaufwand berechnet werden können. Er beschränkt sich dabei auf kleine Druckschwankungen und vernachlässigt die Rohrreibung. Das Verfahren läßt sich auch auf verwickelte Systeme mit Rohrverzweigungen ohne grundsätzliche Schwierigkeiten anwenden.

Die Vorgänge in Saugrohren von Ein- und Mehrzylindermaschinen, die Strömungen in verwickelten Auspuffsystemen lassen sich mit dem Verfahren von Pischinger mit meist sehr guter Wirklichkeitstreue berechnen, soweit nicht Druckwellen mit großen Amplituden von wesentlichem Einfluß auf den Ablauf der Strömungen sind.

Eine Erfassung der Fortpflanzung von Druck- und Geschwindigkeitsänderungen in Rohrleitungen ohne wesentliche Vereinfachungen ist grundsätzlich möglich, aber noch sehr verwickelt. Es kann jedoch erwartet werden, daß es in Kürze gelingen wird, auch die Druckschwankungen mit großen Amplituden durch Entwicklung eines praktisch ausreichend einfach zu handhabenden Verfahrens der ingenieurmäßigen Rechnung zugänglich zu machen. Die neuere Forschung auf dem Gebiet der Gasdynamik, vor allem die Darstellung der einschlägigen Strömungsvorgänge durch Sauer [14], zeigt dazu aussichtsvolle Wege.

Das in der Folge dargelegte Verfahren zur Behandlung nichtstationärer Strömungen läßt sich auch auf andere Arten von Kolbenmaschinen, wie Dampfmaschinen, Kolbenverdichter, und auf entsprechende Vorgänge in anderen Maschinen anwenden. Es ist zu erwarten, daß z. B. die Behandlung der Dampfwechselprobleme bei raschlaufenden Dampfmaschinen, von Ein- und Ausströmvorgängen bei raschlaufenden Kolbenverdichtern die Entwicklung dieser Maschinen in gleicher Weise zu fördern vermag, wie die Anwendung des Verfahrens den Verbrennungskraftmaschinenbau gefördert hat.

II. Systeme ohne Rohrleitung.

1. Einströmen in den Zylinder bei unveränderlichem Außendruck.

a) Allgemeines.

Dieser Fall ist beim Viertakt während des Einsaughubes, beim Zweitakt mit Aufladung aus einem sehr großen Spülbehälter während des Aufladens, also bei geschlossenen Auslaß- und geöffneten Einlaßquerschnitten verwirklicht.

Im Viertaktmotor ist der Einlaßschalter, meist ein Einlaßventil, zwangsläufig gesteuert, sein offener Querschnitt vom Kurbelwinkel abhängig. Der nach abwärts gehende Kolben saugt Ladung, z. B. Luft, in den Zylinder.

Bei der rechnerischen Erfassung der Einströmvorgänge kann angenommen werden, daß die kinetische Energie des Gases im engsten Steuerquerschnitt nach demselben nicht in Verdichtungsarbeit, sondern durch Wirbelung im Zylinder in Wärme umgesetzt wird. Das Gas nimmt außerdem nach dem Einströmen von den Zylinderwänden Wärme auf. Dieser Wärmeaustausch mit der Wand kann durch verschiedene Ansätze in seiner Einwirkung auf den Druckverlauf berücksichtigt werden.

Zur Vereinfachung bei den Ansätzen wird nach dem Steuerquerschnitt sofortige Umsetzung der kinetischen Energie in Wärme vorausgesetzt, demnach das Einströmen als Drosselvorgang behandelt, bei dem die Temperatur vor- und nachher zunächst gleich bleibt.

Die Druckänderung im Zylinder entsteht:

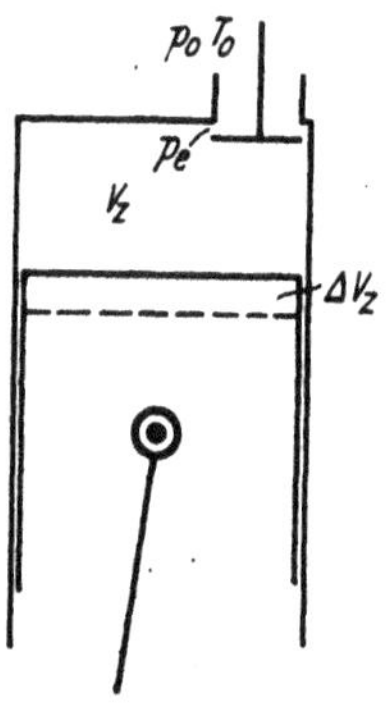

Abb. 34.

1. Infolge Volumsänderung des Zylinderinhaltes durch die Kolbenbewegung,
2. durch Einströmen von Ladung,
3. infolge des Wärmeüberganges auf die Ladung.

Zur Aufstellung der Differentialgleichung für den Einströmvorgang ist es am einfachsten, die in Wirklichkeit gleichzeitig stattfindenden Teilvorgänge nach 1 bis 3 so zu betrachten, als ob sie sich zeitlich getrennt und voneinander unabhängig abspielen würden.

Die Druckänderungen nach 1 und 2 sind demnach als adiabatisch verlaufend anzunehmen. Man erhält durch Differenzieren der Adiabatengleichung $pv^{\varkappa} = C$ folgenden Zusammenhang zwischen Druck- und Volumsänderung:

$$\frac{dp}{p} = -\varkappa \frac{dv}{v} = -\varkappa \frac{dV}{V}$$

Wenn sich daher das Zylindervolumen V_z infolge der Kolbenbewegung um dV_z vergrößert und gleichzeitig das Volumen dV_e durch das Einlaßventil einströmt, so ergibt sich eine Druckänderung

$$\frac{dp_{1+2}}{p_z} = -\frac{\varkappa}{V}(dV_z - dV_e)$$

Bis zum engsten Querschnitt q des Stroms im Einlaßventil, Abb. 34, erfolgt die Zustandsänderung adiabatisch. Entsprechend dem Druck p_e in diesem Querschnitt ist die Temperatur:

$$T_e = T_o \left(\frac{p_e}{p_o}\right)^{\frac{\varkappa - 1}{\varkappa}}$$

Beim überkritischen Einströmen ist $p_e > p_z$, bei unterkritischem Einströmen $p_e = p_z$. Durch Verwirbelung der Strömungsenergie steigt die Temperatur des eintretenden Gases, wenn von der Vermischung mit dem Zylinderinhalt zunächst abgesehen wird, auf die Außentemperatur T_o. Ist w die Geschwindigkeit im Querschnitt q, so ist q.w.dt das im Zeitdifferential durch den Querschnitt q strömende Volumen. Im Zylinder nimmt der Strom den Zustand p_z, T_o an, daher ist

$$dV_e = q \cdot w \cdot \frac{p_e}{p_z} \cdot \left(\frac{p_o}{p_e}\right)^{\frac{\varkappa - 1}{\varkappa}} \cdot dt \tag{58}$$

Die Durchflußzahl ist durch Reduktion des geometrischen Querschnitts auf q berücksichtigt.

Die bisher nicht berücksichtigte Vermischung der neu eintretenden Ladung mit dem Zylinderinhalt ändert bekanntlich nichts mehr an den Druckverhältnissen, solange die Gaskonstanten und spezifischen Wärmen von Zylinderinhalt und einströmender Ladung gleichgesetzt werden können. Die Mischung kann daher näherungsweise außer Betracht bleiben.

Für die Druckänderung durch den Wärmeübergang erhält man

$$\frac{d\,p_3}{p_z} = \frac{d\,T_w}{T_z}$$

Dabei sind Volumen und Gasgewicht als unverändert anzunehmen. Mit Q_w in der Zeiteinheit auf die Ladung übergehender Wärme wird

$$d\,T_w = \frac{d\,Q_w}{c_v\,G_z}$$

Darin ist G_z das Gewicht des Zylinderinhaltes. Man erhält nun abschließend durch Einsetzen der Teilglieder die gesamte Änderung des Zylinderdruckes

$$\frac{d\,p_z}{p_z} = \frac{\varkappa}{V_z} \cdot \left[q \cdot w \cdot \frac{p_e}{p_z} \cdot \left(\frac{p_o}{p_e}\right)^{\frac{\varkappa - 1}{\varkappa}} \cdot d\,t - dV_z \right] + \frac{d\,Q_w}{G_z \cdot c_v \cdot T_z} \tag{59}$$

Für unterkritisches Einströmen, bei $\frac{p_z}{p_o} > \left(\frac{2}{\varkappa + 1}\right)^{\frac{\varkappa}{\varkappa - 1}}$, ist $p_e = p_z$.

Für w gilt allgemein der Ausdruck

$$w = \sqrt{\frac{2\,g \cdot \varkappa}{\varkappa - 1} \cdot 10^4 \cdot p_o \cdot v_o \cdot \left[1 - \left(\frac{p_z}{p_o}\right)^{\frac{\varkappa - 1}{\varkappa}}\right]}$$

wenn der Druck p, wie in Hinkunft immer, in kg/cm² eingesetzt wird.
Mit $10^4 \,.\, p_o \,.\, v_o = R \,.\, T_o$ gilt auch

$$w = \sqrt{2\,g \,.\, R \,.\, T_o} \sqrt{\frac{\varkappa}{\varkappa - 1} \cdot \left[1 - \left(\frac{p_z}{p_o}\right)^{\frac{\varkappa - 1}{\varkappa}}\right]} \tag{60}$$

In der Thermodynamik der stationären Gasströmung ist die Größe

$$\psi = \sqrt{\frac{2\,g \,.\, \varkappa}{\varkappa - 1} \cdot \left[\left(\frac{p_z}{p_o}\right)^{\frac{2}{\varkappa}} - \left(\frac{p_z}{p_o}\right)^{\frac{\varkappa + 1}{\varkappa}}\right]} \tag{61}$$

gebräuchlich. Sie bestimmt das durch einen Querschnitt q hindurchtretende sekundliche Gasgewicht G nach der Beziehung:

$$G = q \,.\, \gamma_o \,.\, \psi \sqrt{R \,.\, T_o}$$

Führt man ψ ein, so wird

$$w = \psi \cdot \sqrt{R \cdot T_o} \cdot \left(\frac{p_o}{p_z}\right)^{\frac{1}{\varkappa}} \tag{62}$$

Zahlenwerte von ψ sind Tabelle I im Anhang zu entnehmen.

Sinkt der Zylinderdruck p_z unter den kritischen Mündungsdruck

$$p_{ekr} = p_o \left(\frac{2}{\varkappa + 1}\right)^{\frac{\varkappa}{\varkappa - 1}}$$

im Einströmquerschnitt, dann stellt sich bekanntlich im engsten Querschnitt p_{ekr} ein. Daher ist in obigen Formeln für alle Druckverhältnisse, bei denen

$$\frac{p_z}{p_o} < \frac{p_{ekr}}{p_o}$$

statt $\frac{p_z}{p_o}$ der konstante Wert $\frac{p_{ekr}}{p_o} = \left(\frac{2}{\varkappa + 1}\right)^{\frac{\varkappa}{\varkappa - 1}}$ einzusetzen. Man erhält bei überkritischem Einströmen für die Geschwindigkeit im engsten Querschnitt

$$w = w_{kr} = \sqrt{2g \cdot R \cdot T_o} \cdot \sqrt{\frac{\varkappa}{\varkappa + 1}} \tag{60a}$$

Aus der Formel für die Schallgeschwindigkeit a in einem Gas

$$a = \sqrt{\varkappa \cdot g \cdot R \cdot T} \tag{63}$$

folgt der später gelegentlich benützte Zusammenhang

$$\sqrt{2g \, . \, R \, . \, T_o} = \sqrt{\frac{2}{\varkappa}} \cdot a_o \tag{63a}$$

Damit ergibt sich die kritische Strömungsgeschwindigkeit zu

$$w_{kr} = a_o \cdot \sqrt{\frac{2}{\varkappa + 1}}$$

daher gleich der Schallgeschwindigkeit beim Zustand im engsten Querschnitt.

Es ist oft bequem, zu schreiben

$$w = u \cdot \sqrt{T_o} \tag{64}$$

wobei
$$u = \sqrt{2g \cdot R} \cdot \sqrt{\frac{\varkappa}{\varkappa - 1} \cdot \left[1 - \left(\frac{p_z}{p_o}\right)^{\frac{\varkappa - 1}{\varkappa}}\right]} \tag{64a}$$

für $R = 29{,}3$ der Tabelle II im Anhang in Abhängigkeit von $\frac{p_1}{p_2} = \frac{p_o}{p_z}$ zu entnehmen und für andere Werte R leicht im Verhältnis $\sqrt{R/29{,}3}$ umzurechnen ist.

Für die weitere Rechnung ist es zweckmäßig, bei unterkritischem Druckverhältnis den Ausdruck

$$\frac{\varkappa}{\varkappa - 1} \cdot \left[1 - \left(\frac{p_2}{p_1}\right)^{\frac{\varkappa - 1}{\varkappa}}\right]$$

allgemein durch den Ansatz

$$\left(\frac{p_1}{p_2}\right)^{\frac{\nu}{\varkappa}} \cdot \left(1 - \frac{p_2}{p_1}\right)$$

anzunähern, weil damit die Strömungsgeschwindigkeit als Funktion des Druckgefälles $p_1 - p_2$ in der Drosselstelle gegeben ist. Der Ansatz entspricht der Formel

$$w = \sqrt{2g \cdot v_m \cdot 10^4 \cdot (p_1 - p_2)}$$

die eine Erweiterung der Strömungsgleichung für inkompressible Flüssigkeiten darstellt, mit

$$v_m = v_1 \left(\frac{p_1}{p_m}\right)^{\frac{1}{\varkappa}}$$

und

$$p_m = p_1^{(1-\nu)} \cdot p_2^{\nu}$$

Für $\nu = 0{,}5$ ist $p = \sqrt{p_1 p_2}$, gleich dem geometrischen Mittel aus p_1 und p_2; diese Formel ergibt beim kritischen Druckverhältnis für $\varkappa = 1{,}4$ eine um 0,8 % zu große Geschwindigkeit. Setzt man den Näherungswert $\nu = 0{,}474$, dann bleiben die Abweichungen der Geschwindigkeit im ganzen unterkritischen Bereich, das kritische Druckverhältnis eingeschlossen, kleiner als 0,2 Prozent des wahren Wertes, und zwar für alle Polytropen von der Adiabate mit $\varkappa = 1{,}4$ bis zur Isotherme mit $\varkappa = 1$ einschließlich. Demnach gilt

$$w = \sqrt{2g \cdot R \cdot T_1} \cdot \sqrt{1 - \frac{p_2}{p_1} \cdot \left(\frac{p_1}{p_2}\right)^{\frac{\nu}{2\varkappa}}} \text{ mit } \nu = 0{,}474$$

oder auch

$$w = \sqrt{2g \cdot R \cdot T_1} \cdot p_1^{\frac{\nu-\varkappa}{2\varkappa}} \cdot p_2^{\frac{-\nu}{2\varkappa}} \cdot \sqrt{p_1 - p_2} \tag{60b}$$

und

$$w = u \cdot \sqrt{T_1}$$

mit

$$u = \sqrt{2g \cdot R} \cdot p_1^{\frac{\nu-\varkappa}{2\varkappa}} \cdot p_.^{\frac{-\nu}{2\varkappa}} \cdot \sqrt{p_1 - p_2} \tag{64b}$$

Ist das Druckverhältnis $\frac{p_2}{p_1}$ kleiner als der kritische Wert $\frac{p_2}{p_1} = \left(\frac{2}{\varkappa + 1}\right)^{\frac{\varkappa}{\varkappa - 1}}$, so ist dieser in die Formeln einzusetzen.

Erleidet das Gas *vor* dem Drosselquerschnitt *adiabatische* Druckänderungen, dann ändert sich die Temperatur

$$T_1 = T_{1\,red.} \cdot p_1^{\frac{\varkappa-1}{\varkappa}}$$

mit dem Druck p_1, während die reduzierte Temperatur $T_{1\,red}$, die dem Druck von 1 at entspricht, konstant bleibt. In solchen Fällen ist es zweckmäßig, den Einfluß des Druckes p_1 auf T_1 in die schon vorhandene Potenz von p_1 einzubeziehen und

$$w = \sqrt{2g \cdot R \cdot T_{1\,red.}} \cdot p_1^{\frac{\nu-1}{2\varkappa}} \cdot p_2^{\frac{-\nu}{2\varkappa}} \cdot \sqrt{p_1 - p_2} \tag{60c}$$

zu schreiben. Dabei wird $T_{1\,red}$ aus einem beliebigen vorgegebenen Zustand p, T vor der Drosselstelle durch

$$T_{1\,red} = T \cdot \frac{1}{p^{\frac{\varkappa-1}{\varkappa}}}$$

errechnet.

Führt man diese Ausdrücke in die Differentialgleichung für die Druckänderung im Zylinder ein, so wird für *unterkritisches* Einströmen, da $p_e = p_z$ ist,

$$\frac{dp_z}{p_z} = \frac{\varkappa}{V_z} \cdot \left[q \cdot w \cdot \left(\frac{p_o}{p_z}\right)^{\frac{\varkappa - 1}{\varkappa}} \cdot dt - dV_z \right] + \frac{dQ_w}{G_z \cdot c_v \cdot T_z}$$

und mit den oben angegebenen Ausdrücken für w:

$$\frac{dp_z}{p_z} = \frac{\varkappa}{V_z} \cdot \left[q \cdot u \cdot \sqrt{T_o} \cdot \left(\frac{p_o}{p_z}\right)^{\frac{\varkappa - 1}{\varkappa}} \cdot dt - dV_z \right] + \frac{dQ_w}{G_z \cdot c_v \cdot T_z}$$

oder

$$\frac{dp_z}{p_z} = \frac{\varkappa}{V_z} \cdot \left[q \cdot \sqrt{2g \cdot R \cdot T_o} \cdot p_o^{\frac{\varkappa + \nu - 2}{2\varkappa}} \cdot p_z^{\frac{-2\varkappa - \nu + 2}{2\varkappa}} \cdot \sqrt{p_o - p_z} \cdot dt - dV_z \right] +$$

$$+ \frac{dQ_w}{G_z \cdot c_v \cdot T_z}$$

Für unterkritisches und überkritisches Einströmen gilt:

$$\frac{dp_z}{p_z} = \frac{\varkappa}{V_z} \cdot \left[q \cdot \psi \cdot \sqrt{R \cdot T_o} \cdot \left(\frac{p_o}{p_z}\right) \cdot dt - dV_z \right] + \frac{dQ_w}{G_z \cdot c_v \cdot T_z}$$

wobei im überkritischen Bereich im Ausdruck für ψ nach Gleichung (61)

$$p_{ekr} = p_o \left(\frac{2}{\varkappa + 1}\right)^{\frac{\varkappa}{\varkappa - 1}}$$

statt p_z zu setzen ist, womit sich

$$\psi = \left(\frac{2}{\varkappa + 1}\right)^{\frac{1}{\varkappa - 1}} \cdot \sqrt{\frac{2g \cdot \varkappa}{\varkappa + 1}} \qquad (61a)$$

ergibt. Im Faktor $\frac{p_o}{p_z}$ ist stets p_z zu setzen.

Für die von der Wand übergehende Wärme Q_w gilt bei bekannter oder angenommener Wärmeübergangszahl α_w kcal/°C . m². h:

$$dQ_w = \frac{\alpha_w}{3600} \cdot F \cdot (T_w - T_z) \cdot dt.$$

Mit $G_z \cdot T_z = 10^4 \cdot \frac{p_z \cdot V_z}{R}$ wird der Ausdruck (59):

$$\frac{dp_z}{p_z} = \frac{\varkappa}{V_z} \cdot \left[q \cdot w \cdot \left(\frac{p_o}{p_z}\right)^{\frac{\varkappa - 1}{\varkappa}} \cdot dt - dV_z \right] + \frac{F \cdot (T_w - T_z) \cdot R \cdot \alpha_w}{3600 \cdot V_z \cdot 10^4 \cdot p_z \cdot c_v} \cdot dt$$

Zur Auswertung durch punktweise Berechnung ist die laufende Ermittlung der Temperatur T_z erforderlich. Die Temperaturänderung der Zylinderladung rührt her:

1. von der Druckänderung,
2. vom Wärmeübergang,
3. von der Mischung der eintretenden Ladung mit dem Zylinderinhalt.

Solange man nur den Einfluß 1 berücksichtigt, verläuft der Vorgang adiabatisch. Man erhält den entsprechenden Anteil dT_1 der Temperaturänderung aus

$$\frac{dT_{z1}}{T_z} = \frac{\varkappa - 1}{\varkappa} \cdot \frac{dp_{ad}}{p_z}$$

wobei dp_{ad} dem adiabatischen Anteil der Druckänderung entspricht.

Es ist
$$\frac{d\,p_{ad}}{p_z} = \frac{\varkappa}{V_z} \cdot \left[w \cdot q \cdot \left(\frac{p_e}{p_z}\right) \cdot \left(\frac{p_o}{p_e}\right)^{\frac{\varkappa - 1}{\varkappa}} \cdot dt - dV_z \right]$$

Der Einfluß 2 gibt die Temperaturänderung
$$dT_{z2} = \frac{d\,Q_w}{c_v \,.\, G_z}$$

Die Mischungsregel schließlich gibt für den Einfluß 3
$$dT_{z3} = \frac{d\,G_z}{G_z} \cdot (T_o - T_z)$$

Die Summe der drei Temperaturänderungsanteile gibt den Ausdruck für die Temperaturänderung
$$\frac{d\,T_z}{T_z} = \frac{\varkappa - 1}{V_z} \cdot \left[w \cdot q \cdot \frac{p_e}{p_z} \cdot \left(\frac{p_o}{p_e}\right)^{\frac{\varkappa - 1}{\varkappa}} \cdot dt - dV_z \right] + \frac{d\,Q_w}{c_v \,.\, G_z \,.\, T_z} + \frac{d\,G_z}{G_z} \cdot \left(\frac{T_o}{T_z} - 1\right) \qquad (65)$$

Man spart Rechenarbeit, wenn man statt T_z das von den adiabatischen Druckänderungen unbeeinflußte
$$T_{z\,red} = T_z \cdot \frac{1}{p_z^{\frac{\varkappa - 1}{\varkappa}}}$$
berechnet, denn es ist
$$\frac{d\,T_{z\,red}}{T_{z\,red}} = \frac{d\,T_z}{T_z} - \frac{\varkappa - 1}{\varkappa} \cdot \frac{d\,p_z}{p_z};$$
nach Einsetzen der Ausdrücke (65) und (59) für $\frac{d\,T_z}{T_z}$ und $\frac{d\,p_z}{p_z}$ fällt $\frac{d\,p_{ad}}{p_z}$ heraus.

Man erhält so
$$\frac{d\,T_{z\,red}}{T_{z\,red}} = \frac{d\,Q_w}{c_p \,.\, G_z \,.\, T_{z\,red} \,.\, p_z^{\frac{\varkappa - 1}{\varkappa}}} + \frac{d\,G_z}{G_z} \cdot \left[\frac{T_{o\,red}}{T_{z\,red}} \cdot \left(\frac{p_o}{p_z}\right)^{\frac{\varkappa - 1}{\varkappa}} - 1 \right] \qquad (66)$$

Der Wärmeübergang während des Ladungswechsels ist kaum erforscht, so daß über die Wärmeübergangszahl nur unsichere Angaben gemacht werden können.

Der Einfluß des Wärmeüberganges auf den Druckverlauf ist nicht sehr groß, es ist daher zulässig, ihn in der Rechnung mit einem vereinfachten Ansatz zu berücksichtigen.

Wenn man annimmt, daß Wärme von der Wand nur auf das einströmende Teilchen übergeht und dieses auf die Temperatur $\tau_e \,.\, T_o$ erhitzt, so erhält man die vereinfachten Ausdrücke:
$$\frac{d\,p_z}{p_z} = \frac{\varkappa}{V_z} \cdot \left[\tau_e \cdot q \cdot w \cdot \frac{p_e}{p_z} \cdot \left(\frac{p_o}{p_e}\right)^{\frac{\varkappa - 1}{\varkappa}} \cdot dt - dV_z \right] \qquad (59a)$$
und
$$\frac{d\,T_z}{T_z} = \frac{\varkappa - 1}{V_z} \cdot \left[\tau_e \cdot w \cdot q \cdot \frac{p_e}{p_z} \cdot \left(\frac{p_o}{p_e}\right)^{\frac{\varkappa - 1}{\varkappa}} \cdot dt - dV_z \right] + \frac{d\,G_z}{G_z} \cdot \left(\frac{\tau_e T_o}{T_z} - 1\right) \qquad (65a)$$

Die versuchsmäßige Bestimmung von τ_e ist in den Teilen II und III behandelt.

Geht man wieder zur auf 1 at reduzierten Temperatur $T_{z\,red}$, über, so ist

$$\frac{dT_{z\,red}}{T_{z\,red}} = \frac{dG_z}{G_z} \cdot \left[\tau_e \cdot \frac{T_{o\,red}}{T_{z\,red}} \cdot \left(\frac{p_o}{p_z}\right)^{\frac{\varkappa - 1}{\varkappa}} - 1\right] \tag{66a}$$

Noch einfacher wird die Rechnung, wenn die Zustandsänderung im Zylinder isotherm angenommen wird. Das setzt voraus, daß jedes Teilchen beim Einströmen auf die Temperatur T_z erhitzt wird und daß der Zylinderinhalt in einem Wärmeaustausch mit der Wand steht, der die Temperaturänderungen durch die Druckänderungen ausgleicht. Mit dieser Annahme erhält man

$$\frac{dp_z}{p_z} = \frac{1}{V_z} \cdot \left[\tau_e \cdot q \cdot w \cdot \frac{p_e}{p_z} \cdot \left(\frac{p_o}{p_e}\right)^{\frac{\varkappa - 1}{\varkappa}} \cdot dt - dV_z\right], \text{ mit } \tau_e = \frac{T_z}{T_o}; \tag{59b}$$

T_z ist konstant.

Es ist zweckmäßig, an Stelle der absoluten Flächen, Räume und Zeiten geeignete Verhältniswerte einzuführen. Man erhält dadurch Ähnlichkeitsbeziehungen zwischen Motoren verschiedener Größe und Drehzahlen. Es ist naheliegend, die Räume auf das Hubvolumen zu beziehen. Es sei

$$V_z = z \cdot V_h$$

Die Steuerquerschnitte werden bei Ventilsteuerungen in eng begrenztem Verhältnis zur Kolbenfläche $\frac{D^2 \pi}{4}$ stehen. Der freie Steuerquerschnitt bei ausgebautem Ventil sei $\beta \cdot \frac{D^2 \pi}{4}$, der geometrische Querschnitt bei einem bestimmten Ventilhub $\sigma \cdot \beta \cdot \frac{D^2 \pi}{4}$, der wirksame Querschnitt $\mu \,.\, \sigma \,.\, \beta \,.\, \frac{D^2 \pi}{4}$. Dann ist μ eine Durchflußzahl, die erfahrungsgemäß aus Messungen bei stationärer Strömung ermittelt werden kann. Man hat also in die vorigen Gleichungen

$$q = \mu \,.\, \sigma \,.\, \beta \,.\, \frac{D^2 \pi}{4}$$

einzusetzen.

Das Relativmaß für die Zeit ist der Kurbelwinkel. Es ist

$$\alpha = 6 \,.\, n \,.\, t^0\,\mathrm{KW}$$

mit n als Umdrehungszahl je Minute, t in sek.

Mit diesen Ausdrücken und $V_h = s\,\frac{D^2 \pi}{4}$ (s=Kolbenhub) wird die Differentialgleichung für die Druckänderung:

$$\frac{dp_z}{p_z} = \frac{\varkappa}{z} \cdot \left[\frac{\tau_e \,.\, w \,.\, \beta \,.\, \mu \,.\, \sigma}{6 \,.\, n \,.\, s} \cdot \frac{p_e}{p_z} \cdot \left(\frac{p_o}{p_e}\right)^{\frac{\varkappa - 1}{\varkappa}} \cdot d\alpha - dz\right]$$

Im Kolbenmaschinenbau werden Steuerquerschnitte meist durch Wahl einer mittleren Gasgeschwindigkeit w_m bemessen. w_m ist die Geschwindigkeit, die ein nicht elastisches Medium bei voll geöffnetem, einschnürungslosem Steuerquerschnitt haben würde, wenn der Kolben sich mit der mittleren Geschwindigkeit $c_m = \frac{s \,.\, n}{30}$ bewegt.

Es ist

$$w_m = \frac{s \,.\, n}{30 \,.\, \beta} \tag{67}$$

Bei Schlitzsteuerung von Zweitaktmotoren bezieht man die Steuerquerschnitte zweckmäßig auf die Zylindermantelfläche, in der die Schlitze angebracht sind. Es ist dann

$$q = \beta . D . \pi . s . \mu . \sigma . \sin\gamma$$

γ berücksichtigt ein schräges Einströmen nach Abb. 35.

Man erhält den gleichen Ausdruck wie für den Viertakt, wenn

$$w_m = \frac{D . n}{120 . \beta . \sin\gamma} \tag{67a}$$

gesetzt wird. w_m ist die mittlere Geschwindigkeit in einem Schlitz von der Breite $\beta . D . \pi$ und der Länge gleich dem Hub, γ der Winkel der zu dem Schlitz führenden Kanäle mit der Zylinderachse.

Damit wird die Differentialgleichung für die Druckänderung:

$$\frac{d p_z}{p_z} = \frac{\varkappa}{z} \cdot \left[\frac{\tau_e . w . \mu . \sigma}{180\, w_{me}} \cdot \frac{p_e}{p_z} \cdot \left(\frac{p_o}{p_e}\right)^{\frac{\varkappa - 1}{\varkappa}} . d\alpha - dz \right] \tag{59c}$$

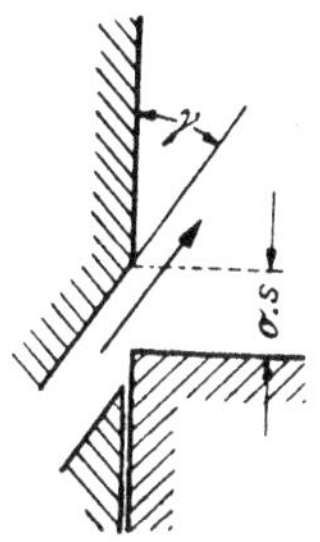

Abb. 35.

Für unterkritisches Einströmen wird:

$$\frac{d p_z}{p_z} = \frac{\varkappa}{z} \cdot \left[\frac{\tau_e . \mu\sigma . u . \sqrt{T_o}}{180\, w_{me}} \cdot \left(\frac{p_o}{p_z}\right)^{\frac{\varkappa - 1}{\varkappa}} . d\alpha - dz \right]$$

oder

$$\frac{d p_z}{p_z} = \frac{\varkappa}{z} \cdot \left[\frac{\tau_e . \mu\sigma}{180\, w_{me}} \cdot \sqrt{2g . R . T_o} \cdot p_o^{\frac{\varkappa + \nu - 2}{2\varkappa}} \cdot p_z^{\frac{-2\varkappa - \nu + 2}{2\varkappa}} \cdot \sqrt{p - p_z} \cdot d\alpha - dz \right]$$

Für unter- und überkritisches Einströmen benützt man die Form:

$$\frac{d p_z}{p_z} = \frac{\varkappa}{z} \cdot \left[\frac{\tau_e . \psi\sqrt{RT_o} . \mu . \sigma}{180 . w_{me}} \cdot \frac{p_o}{p_z} \cdot d\alpha - dz \right]$$

Soll der Schlitzquerschnitt f in den Ausdrücken aufscheinen, so ist an Stelle von $\frac{\mu . \sigma}{180 w_m}$ die Gruppe $\frac{\mu f}{6 . V_h . n}$ (f in m^2 und V_h in m^3) einzusetzen. Vielfach ist f in cm^2, V_h in l gegeben, in diesem Fall ist $\frac{\mu \sigma}{180 w_m}$ durch $\frac{\mu f}{60 . V_h . n}$ zu ersetzen.

Die Gleichung für die wirkliche Geschwindigkeit w enthält nur die Außentemperatur $p_o . v_o = RT_o$ und das Druckverhältnis. Bei gleichem T_o, gleicher Aufheizungszahl τ_e, gleichem Öffnungsverlauf $\mu\sigma = f(\alpha)$ des Steuerquerschnitts, ist der Druckverlauf demnach für gleiches w_{me} bei allen Maschinen gleich. Daher ist w_{me} eine Kennzahl der Steuerung und es ist begründet, bei der Bemessung von Steuerungen von Erfahrungswerten für w_{me} auszugehen.

Das angesaugte Luftvolumen vom Außenzustand ist

$$d V_o = \frac{v_o}{v_e} \cdot q \cdot w \cdot d t$$

Zwischen den spezifischen Volumen im Steuerquerschnitt v_e und im Außenzustand v_o besteht die Beziehung

$$\frac{v_o}{v_e} = \left(\frac{p_e}{p_o}\right)^{\frac{1}{\varkappa}}$$

Daher wird

$$V_o = \int q . w \cdot \left(\frac{p_e}{p_o}\right)^{\frac{1}{\varkappa}} \cdot d t$$

oder mit dem Liefergrad $\lambda_l = \frac{V_o}{V_h}$ und den übrigen Verhältniszahlen

$$\lambda_l = \int_{\alpha_1}^{\alpha_2} \left(\frac{p_e}{p_o}\right)^{\frac{1}{\varkappa}} \cdot \frac{w \,.\, \mu\sigma}{180 \,.\, w_{me}} \cdot d\alpha \tag{68}$$

Demnach wird bei gleichem Öffnungsgesetz und gleichem w_{me} der Liefergrad unabhängig von Zylindergröße und Drehzahl.

Bei der punktweisen Berechnung des Druckverlaufes verwendet man eine Differenzengleichung an Stelle der Differentialgleichung.

Beim einfachsten, aber am wenigsten genauen Verfahren berechnet man die Druckänderung p_z für einen kleinen Zeitraum $\triangle\alpha$ aus den bekannten Werten p_z' und w' am Beginn des Zeitraums aus der Gleichung:

$$\frac{\triangle p_z}{p_z'} = \frac{\varkappa}{z''} \cdot \left[\frac{\tau_e (\mu\sigma)'' \,.\, w'}{180 \,.\, w_{me}} \cdot \frac{p_e'}{p_z'} \cdot \left(\frac{p_o}{p_e'}\right)^{\frac{\varkappa - 1}{\varkappa}} \cdot \triangle\alpha - \triangle z\right] \tag{69}$$

Für z und $\mu\sigma$ können die Werte in der Mitte des Zeitraums verwendet werden.

Reyl [8] verwendet zur Erhöhung der Genauigkeit die Geschwindigkeit w'' in der Mitte des Zeitraumes $\triangle\alpha$ und errechnet sie als Endwert des Teilintervalls $\frac{\triangle\alpha}{2}$ mittels der quadratischen Gleichung, die sich nach Entfernen von p_z'' aus

$$p_z'' - p_z' = \tilde{p}_z'' \cdot \frac{\varkappa}{z''} \cdot \left[\frac{\tau_e (\mu\sigma)'' \,.\, w''}{180 \,.\, w_{me}} \cdot \frac{\tilde{p}_e''}{\tilde{p}_z''} \cdot \left(\frac{p_o}{\tilde{p}_e''}\right)^{\frac{\varkappa - 1}{\varkappa}} \cdot \frac{\triangle\alpha}{2} - \frac{\triangle z}{2}\right] \tag{70}$$

und $$w''^2 = 2g \,.\, R \,.\, T_o \,.\, p_o^{\frac{\nu - \varkappa}{\varkappa}} \,.\, \tilde{p}_z''^{\frac{-\nu}{\varkappa}} \,.\, (p_o - p_z'')$$

ergibt, verfährt jedoch im unterkritischen Bereich nach Seite 100 so, daß nicht w'' selbst, sondern unmittelbar die gesuchte Zylinderdruckänderung erhalten wird.

Es bedeuten $\tilde{p}_z''$ und $\tilde{p}_e''$ geeignete Näherungswerte für p_z'' und p_e'', die für die Mitte des betrachteten Intervalls vorerst noch unbekannt sind. Bei der meist geringfügigen Änderung dieser Größen im Vergleich zu ihrem Augenblickswert, genügt es, als Näherungswert den Anfangswert für das Intervall zu setzen; sonst extrapoliert man den bisherigen Druckverlauf oder wiederholt die Rechnung, indem man das im ersten Rechnungsgang erhaltene p_z'' als Näherungswert $\tilde{p}_z''$ benützt.

Man erhält so $\frac{\triangle p_z}{2} = p_z'' - p_z'$ für den halben Zeitraum $\frac{\triangle\alpha}{2}$ und durch Verdoppeln die Druckänderung $\triangle p_z = p_z''' - p_z'$ für den ganzen Zeitraum $\triangle\alpha$.

Pischinger [6] erhöht die Genauigkeit der Rechnung in folgender Weise: Es wird linearer Verlauf von w und $\mu\sigma$ im Intervall angenommen. Dann ist wieder mit $'''$ für das Ende des Zeitabschnittes

$$p_z''' - p_z' = \frac{\varkappa \tilde{p}_z''}{z''} \cdot \left[\frac{\tau_e}{180 \,.\, w_m} \cdot \frac{\tilde{p}_e''}{\tilde{p}_z''} \cdot \left(\frac{p_o}{\tilde{p}_e''}\right)^{\frac{\varkappa - 1}{\varkappa}} \cdot \int_0^{\triangle\alpha} \sigma\mu \,.\, w \,.\, d\alpha - \triangle z\right]$$

Bei linearem Verlauf von w und $\mu\sigma$ ist das Integral

$$\int_0^{\Delta\alpha} w \cdot \mu\sigma \cdot d\alpha = (\mu\sigma_I \cdot w' + \mu\sigma_{II} \cdot w''') \cdot \Delta\alpha$$

Darin ist

$$\left.\begin{aligned} \mu\sigma_I &= \frac{1}{3}\left(\mu\sigma' + \frac{\mu\sigma'''}{2}\right) \\ \mu\sigma_{II} &= \frac{1}{3}\left(\mu\sigma''' + \frac{\mu\sigma'}{2}\right) \end{aligned}\right| \qquad (71)$$

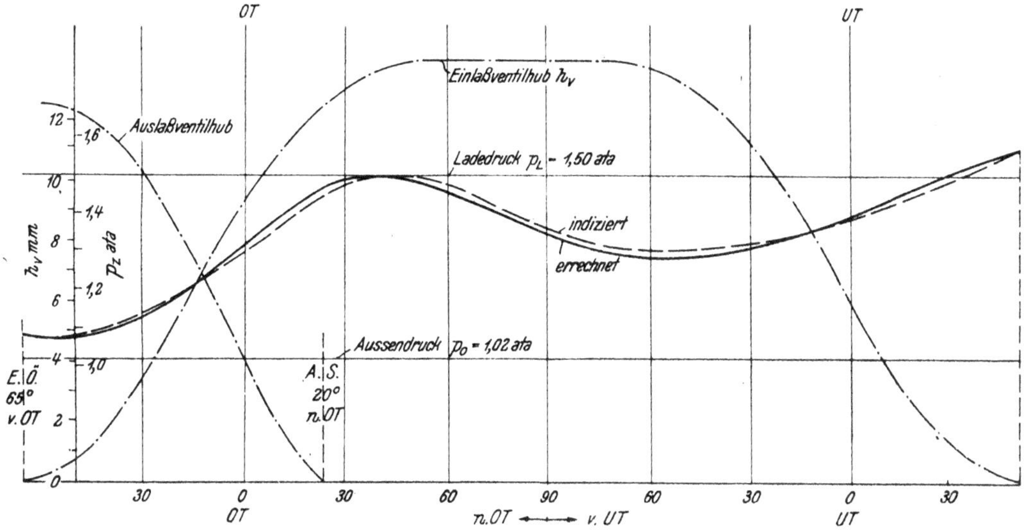

Abb. 36. Gerechneter und gemessener Druckverlauf während des Einsaugens bei einem Viertaktmotor mit Aufladung.

Mit dem früheren Ausdruck für die Geschwindigkeit erhält man

$$w'^2 - w'''^2 = \frac{\varkappa \tilde{p}_z''}{z''}\left[\frac{\tau_e}{180 \cdot w_m} \cdot \frac{\tilde{p}_e''}{\tilde{p}_z''} \cdot \left(\frac{p_o}{\tilde{p}_e''}\right)^{\frac{\varkappa-1}{\varkappa}} \cdot \Delta\alpha \cdot (\mu\sigma_I \cdot w' + \mu\sigma_{II} \cdot w''') - \Delta z\right] \cdot 2g \cdot R \cdot T_o \cdot p_o^{\frac{\nu-\varkappa}{\varkappa}} \cdot \tilde{p}_z''^{\,\frac{-\nu}{\varkappa}} \qquad (71a)$$

Aus dieser Gleichung läßt sich w''' ermitteln. Aus w''' erhält man p_z'''.

Je nach der geforderten Genauigkeit und der Größe der Veränderung des Druckes im Zeitraum wählt man eines der angegebenen Verfahren. In den folgenden Ausführungen wird im allgemeinen die von Reyl angegebene Auswertung benützt.

Trägt man w, p_z und $\mu\sigma$ in Abhängigkeit von α auf, so läßt sich

$$\frac{d\lambda_l}{d\alpha} = \left(\frac{p_e}{p_o}\right)^{\frac{1}{\varkappa}} \cdot \frac{w}{180 \cdot w_m} \cdot \mu\sigma \qquad (68a)$$

für jeden Zeitpunkt ermitteln und daraus durch graphische Integration der Liefergrad bestimmen. Die Kurve

$$\frac{d\lambda_l}{d\alpha} = f(\alpha)$$

ist das Einströmgesetz. Seine Kenntnis kann z. B. für die Beurteilung von Mischvorgängen von Bedeutung sein.

Abb. 36 zeigt das Ergebnis einer Berechnung des Druckverlaufes während des Ansaugvorganges eines aufgeladenen Motors. Der Vergleich zwischen gerechnetem und indiziertem Druckverlauf zeigt die hohe Genauigkeit, mit welcher die Berechnung die Vorgänge erfaßt. Die Größe des Intervalls wurde bei der Berechnung mit 10^0 KW angenommen.

Auch die Übereinstimmung zwischen berechnetem und gemessenem Liefergrad ist nach Abb. 37 sehr gut.

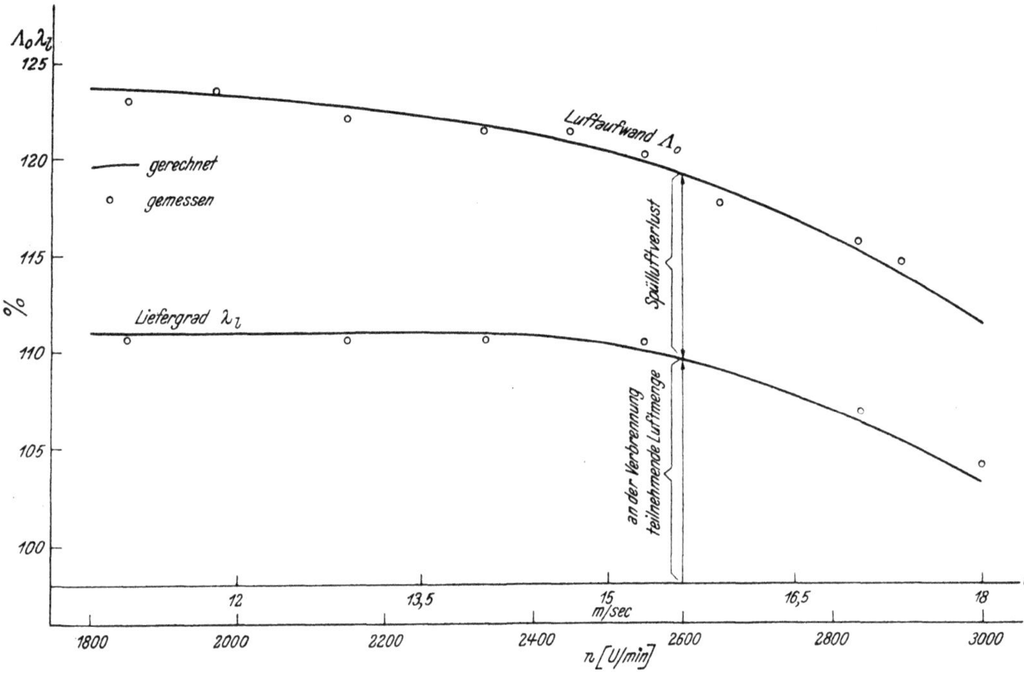

Abb. 37. Gerechnete und gemessene Liefergrade eines aufgeladenen Flugmotors.

b) Einfluß der Veränderung des Außenzustandes und der Erwärmungszahl auf den Liefergrad.

Die Differentialgleichung für den Zylinderdruck ermöglicht die Beurteilung des Einflusses einer Veränderung einzelner Größen des Außenzustandes und der Erwärmungszahl τ_e auf den Druckverlauf im Zusammenhang mit der Drehzahl bei gegebenem Öffnungsgesetz $\sigma = f(\alpha)$.

α) Änderung des Außendruckes.

Setzt man $p_z = p_0 \cdot p_z^*$, so erscheint sowohl in der Differentialgleichung für den Druckverlauf wie auch im Ausdruck für die Geschwindigkeit w nur das Druckverhältnis p^*.

Daraus folgt, daß sich bei einer Veränderung des Außendruckes p_z im gleichen Verhältnis ändert. Der Liefergrad wird daher durch p_0 nicht beeinflußt. Das angesaugte Luftgewicht ist dem Außendruck verhältig.

β) Änderung der Außentemperatur.

Der Ausdruck für die Geschwindigkeit läßt sich nach Gl. (64) schreiben $w = u \cdot \sqrt{T_0}$. Die Geschwindigkeit ist daher der Wurzel aus der Temperatur verhältig. Damit wird das erste Glied in der Klammer auf der rechten Seite der Differentialgleichung (59c)

$$\frac{1}{180 \cdot w_{me}} \cdot \tau_e \cdot u \cdot \sqrt{T_o} \cdot \frac{p_e}{p_z} \cdot \left(\frac{p_o}{p_e}\right)^{\frac{\varkappa - 1}{\varkappa}} \cdot \mu\,\sigma \cdot d\,\alpha$$

Eine Erhöhung der Temperatur von T_{o1} auf T_{o2} wirkt sich demnach so aus, als ob w_{me1} auf

$$w_{me2} = w_{m1} \cdot \sqrt{T_{o1}/T_{o2}} \tag{72}$$

herabgesetzt worden wäre.

Rechnet man die Liefergrade λ_l für eine Reihe von Werten w_{me} bei gleichbleibendem Außenzustand und gleichbleibenden Steuerungsverhältnissen, so erhält man die Liefergradkennlinie, welche die Abhängigkeit des Liefergrades von w_{me} und damit auch von der Motordrehzahl zeigt. Sie kann durch Liefergradmessungen am Motor bei verschiedenen Drehzahlen erhalten werden und hat ungefähr den in Abb. 38 dargestellten Verlauf.

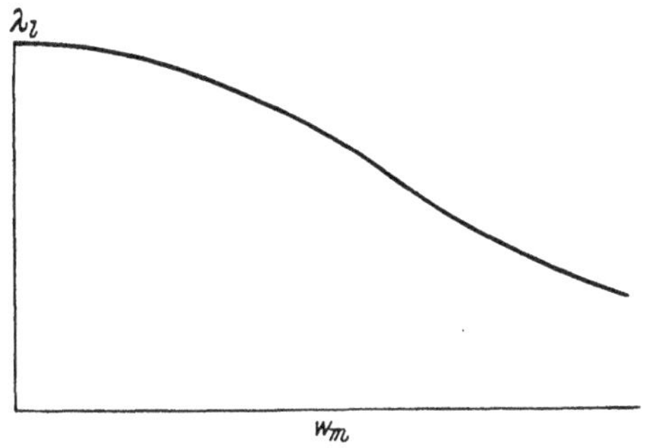

Abb. 38. Liefergradkennlinie eines Viertaktmotors.

Die Veränderung des Liefergrades bei einer Erhöhung der Außentemperatur und gleichbleibender Drehzahl läßt sich aus der Kennlinie entnehmen. Aus der für die Temperatur T_{o1} berechneten oder durch Messung bestimmten Liefergradkennlinie kann ein Liefergrad bei der Temperatur T_{o2} als

$$w_{me2} = w_{me1} \cdot \sqrt{T_{o1}/T_{o2}}$$

zugeordneter Wert ermittelt werden. w_{me1} entspricht darin der wirklichen Motordrehzahl.

Die Veränderung des Ladungsgewichtes, welches für die indizierte Leistung maßgebend ist, wird

$$\frac{G_2}{G_1} = \frac{\lambda_{l2} \cdot T_{o1}}{\lambda_{l1} \cdot T_{o2}} \tag{73}$$

Da bei $T_{o1} < T_{o2}$ das Verhältnis der Liefergrade im allgemeinen größer als 1 ist, wird

$$\frac{G_2}{G_1} > \frac{T_{o1}}{T_{o2}}$$

Die ungünstige Wirkung einer Temperaturerhöhung der angesaugten Frischladung auf das Ladungsgewicht wird also zum Teil durch eine Erhöhung des Liefergrades ausgeglichen.

γ) Änderung der Aufheizungszahl τ_e.

Die Aufheizung der Ladung nach dem Einströmen wirkt auf den Druckverlauf wie eine Veränderung von w_{me}.

Setzt man in der Differentialgleichung (59c)

$$w_{me2} = w_{me1} \cdot \frac{\tau_1}{\tau_2} \tag{74}$$

und rechnet an Stelle von w_{me1} mit w_{me2}, so erhält man den der Aufheizungszahl τ_2 zugeordneten Druckverlauf.

Der Liefergrad ist

$$\lambda_{l2} = \frac{\tau_1}{\tau_2} \cdot \int \cdot \left(\frac{p_e}{p_o}\right)^{\frac{1}{\varkappa}} \cdot \frac{w}{180 \cdot w_{me} \frac{\tau_1}{\tau_2}} \cdot \mu\,\sigma \cdot d\,\alpha \tag{75}$$

Man erhält den Liefergrad für τ_2, wenn man aus der Kennlinie, die für τ_1 gezeichnet sei, den $w_{me2} = w_{me1} \cdot \frac{\tau_1}{\tau_2}$ entsprechenden Wert (λ_l) entnimmt und mit $\frac{\tau_1}{\tau_2}$ multipliziert.

Abb. 39 zeigt die graphische Ermittlung. Es ist bei mit wachsendem w_{me} abfallender Kennlinie und $\tau_2 > \tau_1$

$$\frac{\lambda_{l2}}{\lambda_{l1}} > \frac{\tau_1}{\tau_2}$$

Der Einfluß der Erwärmung auf den Liefergrad ist daher geringer als dem Verhältnis der Erwärmungszahlen entspricht.

Aus der Liefergradlinie $\lambda_l = f(w_{me})$ einer Steuerung mit gleichbleibendem Eröffnungsgesetz können demnach Schlüsse auf verschiedene Betriebseigenschaften gezogen werden. Bei einigen Anwendungen im Teil III wird die Liefergradkennlinie benützt werden.

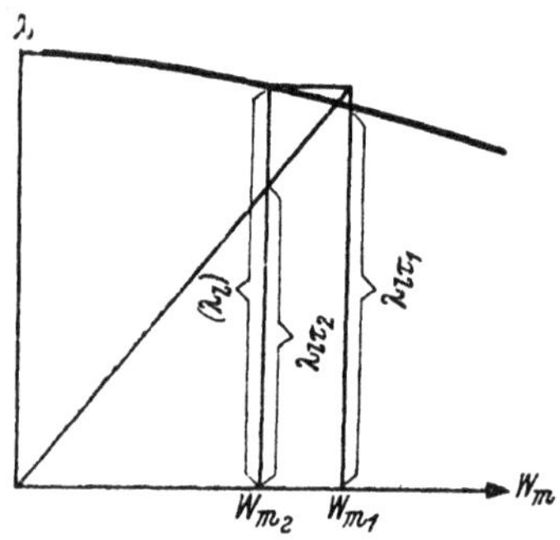

Abb. 39. Ermittlung des Liefergrades aus der Liefergradkennlinie bei Veränderung der Aufheizzahl τ_e.

c) Die während des Einsaugens zugeführte Wärme.

Aus der Differentialgleichung für den Druckverlauf läßt sich die während des Einlaßvorganges zugeführte Wärme ermitteln. Vorausgesetzt wird wieder die vollständige Umwandlung der Strömungsenergie in Wärme nach dem Eintritt des Gasstromes in den Zylinder.

Die von der Wand zugeführte Wärme ergibt sich nach Gleichung (59) mit

$$G_z \cdot T_z = 10^4 \cdot \frac{p_z \cdot V_z}{R}$$

$$dQ_w = \frac{c_v}{R} \cdot 10^4 \cdot V_z \cdot dp_z + \frac{\varkappa \cdot c_v}{R} \cdot 10^4 \cdot p_z \cdot dV_z - \frac{\varkappa \cdot c_v}{R} \cdot 10^4 \cdot p_z \cdot w \cdot q \frac{p_e}{p_z} \cdot \left(\frac{p_0}{p_e}\right)^{\frac{\varkappa - 1}{\varkappa}} \cdot dt$$

und nach Integration und Umwandlungen zu:

$$Q_w = A \cdot p_0 \cdot 10^4 \cdot V_h \cdot \left[\int_{\alpha'}^{\alpha''} \cdot \frac{p_z}{p_0} \cdot dz + \frac{1}{\varkappa - 1} \cdot \left(\frac{p_z''}{p_0} \cdot z'' - \frac{p_z'}{p_0} \cdot z'\right) - \frac{\varkappa}{\varkappa - 1} \cdot \lambda_l \right] \qquad (76)$$

Die durch Wirbelung zugeführte Wärme ist:

$$Q_R = \frac{A}{v_0} \cdot V_h \cdot \int \frac{w^2}{2g} \cdot \frac{d\lambda_l}{d\alpha} \cdot d\alpha ; \qquad (V_h \text{ in } m^3) \qquad (77)$$

Sie läßt sich aus dem Einströmgesetz und aus dem Geschwindigkeitsverlauf ermitteln.

Q_w läßt sich allein aus Druckverlauf und Liefergrad bestimmen. Das gleiche gilt von Q_R, da die Geschwindigkeit w nur vom Druckverhältnis $\frac{p_z}{p_0}$ und von dem bekannten Außenzustand abhängt und aus w und p_z auch das Einströmgesetz

$$\frac{d\lambda_l}{d\alpha} = f(\alpha)$$

ermittelt werden kann.

d) Energiebilanz des Einströmvorganges.

Zu manchen Fragen gibt die Energiebilanz des Einströmvorganges die erforderlichen Aufschlüsse.

Die Energiezufuhr in den Zylinder beim Einströmen des Gewichtes dG ist

$$(A \cdot p_0 \cdot 10^4 \cdot v_0 + u_0) \cdot dG$$

mit u_0 als innerer Energie je 1 kg bei der Temperatur t_0. Addiert man hiezu die Energiezufuhr dQ_w durch Wärmeübergang von der Wand und subtrahiert die an den Kolben abgegebene Arbeit $A \cdot dL$, so ergibt sich die Änderung an innerer und kinetischer Energie des Gases im Zylinder. Es ist daher

$$(A \cdot p_o \cdot 10^4 \cdot v_o + u_o) \cdot dG + dQ_w - A \cdot dL = dU_z + A \cdot dL_K$$

U_z ist die innere Energie der Zylinderladung, L_K ihre kinetische Energie.

Integriert man über den ganzen Einlaßvorgang, so ist, wenn mit $'$ der Beginn, mit $''$ das Ende gekennzeichnet wird und G_r die Restgasmenge vom vorangegangenen Arbeitsspiel, G die eingeströmte Frischgasmenge bedeutet,

$$(A \cdot p_o \cdot 10^4 \cdot v_o + u_o) \cdot G + Q_w - A \cdot L = u_z'' \cdot (G_r + G) - u_z' \cdot G_r + A \cdot (L_k'' - L_k')$$

oder $$G \cdot (u_z'' - u_o) = A \cdot (G \cdot 10^4 \cdot p_o \cdot v_o - L) + Q_w + G_r \cdot (u_z' - u_z'') - A \cdot (L_k'' - L_k')$$

Nun ist $G = \frac{V_h \cdot \lambda_1}{v_o}$ und $L = V_h \cdot p_{zm} \cdot 10^4$ mit p_{zm} als mittlerem Druck während des Einströmens. Daher ist

$$u_z'' - u_o = c_v \cdot (T_z'' - T_o) =$$

$$= A \cdot 10^4 \cdot v_o \cdot \left(p_o - \frac{p_{zm}}{\lambda_1}\right) + \frac{Q_w}{G} + \frac{G_r}{G} \cdot (u_z' - u_z'') - \frac{A}{G} \cdot (L_K'' - L_k) \tag{78}$$

Der Unterschied der kinetischen Energien $L_K'' - L_K'$ kann meist vernachlässigt werden. Man sieht aus dieser Gleichung, daß es auch ohne Wärmeübergang und ohne heißes Restgas zu einer Temperaturerhöhung beim Einströmen kommen kann, wenn $\left(p_o - \frac{p_{zme}}{\lambda_1}\right) > 0$ ist.

Für die kalte Maschine, also beim Anlassen, ist $u_z' \sim u_z''$ und $Q_w = 0$. Man erhält daher für das Anlassen

$$T_z'' - T_o = (\varkappa - 1) \cdot T_o \cdot \left(1 - \frac{p_{zm}}{\lambda_1 \cdot p_o}\right) \tag{78a}$$

erzielt also eine Temperaturerhöhung, wenn der Mitteldruck p_{zme} beim Einströmen durch starkes Drosseln am Anfang des Saughubes niedrig gehalten wird und man durch volles Öffnen des Steuerquerschnittes am Schluß desselben trotzdem einen hohen Liefergrad erzwingt. J e n d r a s s i k [15] nutzt diesen Effekt zur Erleichterung des Anlassens aus.

So würde z. B. bei $T_o = 288^0$ K und einer Drosselung auf $p_{zm} = 0{,}7$ ata beim Einsaugen und $\lambda_1 = 1{,}0$ sich $T_z'' - T_o = 0{,}4 \cdot 288 \cdot (1 - 0{,}7) \sim 34^0$ ergeben.

Ein gleichmäßiges Drosseln während des Einsaugens bis zum Ende würde keine Temperaturerhöhung bewirken, denn es würde in gleichem Maße mit p_{zm} auch der Liefergrad verringert werden.

2. Ausströmen aus dem Zylinder.

a) Allgemeines.

Die Differentialgleichung für den Druckverlauf im Zylinder während des Ausströmens erhält man aus der Gleichung (59c), indem man das Vorzeichen des Strömungsgliedes ändert und berücksichtigt, daß der Druck p_a im Steuerquerschnitt niederer ist als der Zylinderdruck, demnach das abfließende Volumen beim Zustand im Zylinder bei adiabatischer Expansion nur den Bruchteil $\left(\frac{p_a}{p_z}\right)^{\frac{1}{\varkappa}}$ des durch den Strömungsquerschnitt gehenden Volumens einnimmt.

Für überkritisches Druckverhältnis wird der Druck im Steuerquerschnitt p_{kr}, für unterkritisches Druckverhältnis gleich dem Außendruck p_o.

Für den überkritischen Bereich gilt:

$$\frac{d p_z}{p_z} = -\frac{\varkappa}{z} \cdot \left[\frac{w_{kr}}{180 \, . \, w_{ma}} \cdot \left(\frac{p_{kr}}{p_z}\right)^{\frac{1}{\varkappa}} \cdot \mu \sigma \, . \, d\alpha + dz \right]$$

und mit dem Ausdruck w sinngemäß nach Gl. (62)

$$\frac{d p_z}{p_z} = -\frac{\varkappa}{z} \cdot \left[\frac{\psi}{180 \, . \, w_{ma}} \cdot \sqrt{R T_z} \, . \, \mu \sigma \, . \, d\alpha + dz \right] \tag{79}$$

Hier ist $\psi = \left(\frac{2}{\varkappa + 1}\right)^{\frac{1}{\varkappa - 1}} \cdot \sqrt{\frac{2g \, . \, \varkappa}{\varkappa + 1}}$ konstant, hingegen ist bei hohem Druckgefälle μ vom Druckgefälle abhängig, wie z. B. Nusselt [16] an Blenden gezeigt hat.

Soll diese Differentialgleichung durch den Übergang zu endlichen Differenzen schrittweise integriert werden, z. B. wenn sich nach wenigen überkritischen Intervallen weitere unterkritische anschließen, die man punktweise rechnen muß, so ergibt sich für den Zeitabschnitt $\triangle \alpha$ die Druckänderung:

$$\triangle p_z = p_z''' - p_z' = -\left(p_z' + \frac{1}{2} \triangle p_z\right) \cdot \frac{\varkappa}{z''} \cdot \left[\frac{\psi}{180 \, . \, w_m} \cdot \sqrt{R \tilde{T}_z''} \cdot (\mu' \sigma)'' \, . \, \triangle \alpha + \triangle z \right]$$

und daraus der Zylinderdruck am Ende des Intervalls:

$$p_z''' = p_z' + \triangle p_z = p_z' \cdot \frac{1 - (\varkappa / 2 z'') \, . \, [(\psi / 180 \, w_{ma}) \, . \, \sqrt{R T_z'} (\mu' \sigma)'' \triangle \alpha + \triangle z]}{1 + (\varkappa / 2 z'') \, . \, [(\psi / 180 \, w_{ma}) \, . \, \sqrt{R T_z'} \, . \, (\mu' \sigma)'' \triangle \alpha + \triangle z]} \tag{80}$$

Dabei genügt es im allgemeinen, statt T_z'', der Temperatur in Intervallmitte, die bekannte Anfangstemperatur T_z' im Intervall einzusetzen, wie es hier geschehen ist, und $(\mu' \sigma)''$ für die Querschnittsöffnung in Intervallmitte, aber beim Druckverhältnis $\frac{p_z'}{p_o}$ zu Beginn des Intervalls zu bestimmen. Die relative Änderung dieser Größen während des Intervalls ist nämlich viel kleiner als die des Zylinderdruckes, so daß nur dieser berücksichtigt wird.

Die Differentialgleichung (79) läßt sich aber auch geschlossen integrieren, solange die Zylindertemperatur T_z mit dem Zylinderdruck durch das Gesetz

$T_z = T_z' \cdot \left(\frac{p_z}{p_z'}\right)^{\frac{m-1}{m}}$ verbunden ist — also keine Mischungsvorgänge auftreten — wenn man die Druckabhängigkeit der Durchflußzahl μ durch eine Druckpotenz annähert. Man setzt

$$\mu = \mu' \, . \, \left(\frac{p_z}{p_z'}\right)^n$$

wo n[1] passend zu bestimmen ist, und erhält

$$\mu \, . \, \sqrt{T_z} = \mu' \, . \, \sqrt{T_z'} \left(\frac{p_z}{p_z'}\right)^k$$

---

[1] Man trägt μ für ein σ, das ungefähr dem Zeitmittelwert während des überkritischen Ausströmens entspricht, in Abhängigkeit von p_z logarithmisch auf und nähert diese Kurve durch eine Gerade an. Ihre Neigung ergibt n.

wobei $$k = \frac{m-1}{2m} + n$$

T'_z und p'_z sind dabei die Anfangswerte beim Beginn des **Auslaßöffnens**, μ' die zum jeweiligen σ gehörige Durchflußzahl, bezogen auf den Anfangsdruck p'_z.
Damit kann man die Differentialgleichung (79) in der Form schreiben

$$\left(\frac{p'_z}{p_z}\right)^k \cdot \frac{1}{p_z} \cdot \frac{d p_z}{d\alpha} = -\frac{\varkappa}{z} \cdot \frac{\psi \sqrt{R T'_z}}{180\, w_{ma}} \cdot \mu' \sigma - \frac{\varkappa}{z} \cdot \frac{dz}{d\alpha} \cdot \left(\frac{p'_z}{p_z}\right)^k$$

Führt man die Hilfsgröße $y = \left(\frac{p'_z}{p_z}\right)^k$ ein, so stellt dies eine lineare Differentialgleichung für y dar. Sie hat die Form

$$\frac{dy}{d\alpha} = A \cdot y + B$$

$$\text{mit } A = k \frac{\varkappa}{z} \cdot \frac{dz}{d\alpha} \text{ und } B = \frac{k \cdot \varkappa}{180} \cdot \frac{\psi}{w_{ma}} \cdot \sqrt{R T'_z} \cdot \frac{\mu' \sigma}{z}$$

Die Lösung ist $y = e^{\int A d\alpha} \cdot \left(\int_{\alpha'}^{\alpha} e^{-\int A d\alpha} \cdot B \cdot d\alpha + y' \right)$ mit dem Anfangswert $y' = 1$

beim Kurbelwinkel α'. Wegen $\int A \cdot d\alpha = k \cdot \varkappa \cdot \ln \frac{z}{z'}$ ergibt sich $e^{\int A d\alpha} = \left(\frac{z}{z'}\right)^{k\varkappa}$

$$\text{und } y = \left(\frac{z}{z'}\right)^{k\varkappa} \cdot \left[\frac{k \cdot \varkappa}{180} \cdot \frac{\psi}{w_{ma}} \cdot \sqrt{R T'_z} \cdot z'^{k\varkappa} \cdot \int_{\alpha'}^{\alpha} \frac{\mu' \cdot \sigma}{z^{1+k\varkappa}} \cdot d\alpha + 1 \right]$$

Der Wert $\frac{k \cdot \varkappa}{180} \cdot \frac{\psi}{w_{ma}} \cdot \sqrt{R T'_z} \cdot z'^{k\varkappa} = K$ ist konstant, die Größen z und $\mu'\sigma$ sind für jede Kurbelstellung gegeben und das Integral $\int \frac{\mu'\sigma}{z^{1+k\varkappa}} d\alpha$ daher graphisch auswertbar (α in °KW einsetzen!).

Somit erhält man abschließend für den Zylinderdruck p_z beim Kurbelwinkel α

$$p_z = p'_z \cdot y^{-\frac{1}{k}} = p'_z \cdot \left(\frac{z'}{z}\right)^{\varkappa} \cdot \frac{1}{\left[1 + K \cdot \int_{\alpha'}^{\alpha} \frac{\mu'\sigma}{z^{1+k\varkappa}} \cdot d\alpha \right]^{\frac{1}{k}}} \tag{81}$$

Für das unterkritische Druckgefälle kann wie früher für den Zeitabschnitt $\triangle \alpha$ mit dem Mittelwert von w gerechnet werden, der dem Wert w'' am Ende des halben Intervalls $\frac{\triangle \alpha}{2}$ entspricht. Es ist

$$p''_z - p'_z = -\frac{\varkappa}{z''} \cdot \tilde{p}''_z \left[\frac{w''}{180\, w_{ma}} \cdot \left(\frac{p_0}{\tilde{p}''_z}\right)^{\frac{1}{\varkappa}} \cdot (\mu\sigma)'' \cdot \frac{\triangle \alpha}{2} + \frac{\triangle z}{2} \right] \tag{82}$$

Darin ist wieder nach Gl. (60b)

$$w''^2 = 2g \cdot R \cdot \tilde{T}''_z \cdot p_0^{\frac{-\nu}{\varkappa}} \cdot \tilde{p}''^{\frac{\nu-\varkappa}{\varkappa}}_z \cdot (p''_z - p_0)$$

wenn T_z für das Ende des vorhergehenden Intervalls berechnet worden ist, wobei dieser Wert T'_z als Näherungswert $\tilde{T}''_z$ wohl stets genügen wird.

Bei adiabatischen oder auch polytropischen Zustandsänderungen im Zylinder setzt man besser nach Gl. (60c)

$$w''^2 = 2g \cdot R \cdot T_{z\,red} \cdot \tilde{p}_z''^{\frac{\nu-1}{\varkappa}} \cdot p_o^{\frac{-\nu}{\varkappa}} \cdot (p_z'' - p_o)$$

da dann $T_{z\,red} = \dfrac{T_z}{p_z^{\frac{\varkappa-1}{\varkappa}}}$ für den ganzen Ausströmvorgang konstant ist und nur einmal für ein Wertepaar p_z, T_z berechnet zu werden braucht.

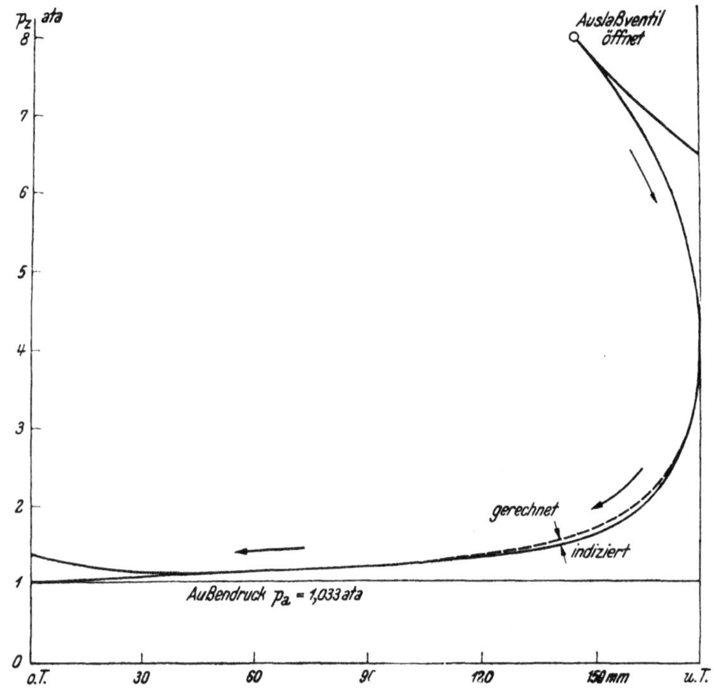

Abb. 40. Gerechneter und gemessener Zylinderdruckverlauf während des Ausströmens für einen aufgeladenen Ottomotor.

Auch bei Mischvorgängen kann nach Gl. (66a) $T_{z\,red}$ schrittweise bestimmt und der Endwert eines Intervalls als Näherungswert für das folgende Intervall verwendet werden.

Durch Entfernen von p_z erhält man wieder eine quadratische Gleichung nach w''. Etwas genauer wird für den ganzen Zeitraum $\triangle\alpha$ nach Pischinger [6]

$$\frac{p_z'' - p_z'}{\tilde{p}_z''} = -\frac{\varkappa}{z''} \cdot \left[\frac{1}{180\,w_{ma}} \cdot \left(\frac{p_o}{\tilde{p}_z''}\right)^{\frac{1}{\varkappa}} \cdot (\mu\,\sigma_I \cdot w' + \mu\,\sigma_{II} \cdot w'') \cdot \triangle\alpha + \triangle z\right]; \qquad (83)$$

$\mu\sigma_I$ und $\mu\sigma_{II}$ ist wieder nach Seite 43 zu rechnen.

Man erhält durch Einsetzen des Näherungsansatzes (60 b, c) für w wieder eine quadratische Gleichung für w''^2 und mit dem daraus ermittelten Wert von w'' den Druck p'' am Ende des Intervalls.

Auch beim Auslaßvorgang hat sich, z. B. nach Abb. 40, bisher stets gute Übereinstimmung zwischen Rechnung und Messung ergeben.

b) Der Einfluß von Druck- und Temperaturänderungen auf das Ausströmen.

α) Veränderung des Druckes.

Wenn $\frac{p_z}{p_o}$ zu Beginn des Ausströmens gleich bleibt, so ist für unterkritisches Ausströmen auch der verhältnismäßige Druckverlauf $\frac{p_z}{p_o} = f(\alpha)$ gleich, wenn die übrigen Verhältnisse ungeändert bleiben. Eine Veränderung des Außendruckes bewirkt dann bei sonst gleichbleibenden Verhältnissen (gleichem Luftüberschuß usw.) eine Veränderung des Zylinderdruckes p_z zu Beginn des Ausströmvorganges im gleichen Verhältnis. Daher wird der Druckverlauf $\frac{p_z}{p_o} = f(\alpha)$ durch eine Veränderung des Außendruckes während des unterkritischen Ausströmens nicht beeinflußt.

Bei überkritischem Ausströmen ist $p_z = f(\alpha)$ von dem Außendruck unabhängig, eine Veränderung des Außendruckes wirkt sich dann nur über den Einfluß auf den Druck zu Beginn des Ausströmens auf den Zylinder aus.

β) Veränderung der Temperatur.

Änderungen der Außentemperatur, ohne Änderung des Außendruckes, wirken sich über T_z zu Beginn der Vorausströmung auf den Druckverlauf aus. Eine Änderung von T_{z1} auf T_{z2} hat gleichen Einfluß wie eine Veränderung von w_{ma1} auf

$$(w_{ma2}) = w_{ma1} \cdot \sqrt{T_{z1}/T_{z2}}$$

wenn die Temperatur gleichbleibt.

γ) Die Energiebilanz des Ausströmvorganges.

Die Summe der vom Auspuffstrom im Ventilquerschnitt mitgeführten Energie und der dort geleisteten Verdrängungsarbeit

$$\int \left(u_a + A \cdot \frac{w_a^2}{2g} + A \cdot p_a \cdot 10^4 \cdot v_a\right) \cdot dG$$

muß gleich sein der Summe aus der Energieänderung des Zylinderinhalts und der vom Kolben abgegebenen Arbeit, vermindert um die an die Wände abgegebene Wärme. Daher ist, mit G_r als Ladungsrest am Ende des Auspuffs, G als ausgeschobener Ladungsmenge und den Zeichen ′ für Beginn und ″ für Ende des Ausströmvorganges:

$$\int_{\alpha'}^{\alpha''} \left(u_a + A \cdot \frac{w_a^2}{2g} + A \cdot p_a \cdot 10^4 \cdot v_a\right) \cdot dG = u_z' \cdot (G + G_r) - u_z'' \cdot G_r + A \cdot L - Q_w$$

Dieser Ausdruck ermöglicht die Bestimmung der während des Auspuffs an die Wände übergehenden Wärme Q_w. Man erhält dadurch den Beitrag, den der Auspuff zur Wärmebelastung des Motors liefert.

Die Energie des Abgasstromes bestimmt man am besten im Abgaskalorimeter. Verlassen die Gase das Kalorimeter mit dem Zustand, der durch $_{Kal}$ gekennzeichnet ist, und ist Q_{Kal} die im Kalorimeter abgeführte Wärme, so ist mit der zulässigen Annahme, daß die kinetische Energie innerhalb des Kalorimeters restlos in Wärme umgesetzt wird:

$$\int \left(u_a + A \cdot \frac{w_a^2}{2g} + A \cdot p_a \cdot 10^4 \cdot v_a\right) \cdot dG = Q_{Kal} + G \cdot (u_{Kal} + ART_{Kal})$$

Damit wird nun

$$Q_w = (u_z' - u_{Kal}) \cdot G + G_r \cdot (u_z' - u_z'') - G \cdot A \cdot R \cdot T_{Kal} + A \cdot L - Q_{Kal} \qquad (84)$$

G ist aus dem Liefergrad oder aus Luftüberschuß- und Kraftstoffmessungen bekannt.

u_z' ergibt sich aus der Druck-Indizierung nach Band 2. T_{Kal} und u_{Kal} erhält man durch Messung der Abgastemperatur bei Austritt aus dem Kalorimeter.

AL ist die algebraische Summe der in Abb. 41 schraffierten Flächen des Indikatordiagramms. G_r erhält man aus Druck und Volumen am Ende des Ausschiebens nach Schätzung der entsprechenden Temperatur, durch letztere auch u_z''. Fehler wirken sich wegen der Kleinheit von G_r nur geringfügig aus. Wenn genaue Feststellungen fehlen, kann die vor dem Kalorimeter gemessene Abgastemperatur angenommen werden.

Die während des Auspuffs übergehende Wärme trägt erheblich zur Wärmebelastung des Motors bei. Ein Vergleich der bei verschiedenen Steuerungsbauarten erhaltenen Werte ermöglicht eine Wertung der Steuerungen in bezug auf die Wärmebelastungen, die zusätzlich durch den Auspuff verursacht werden. Maßgebend für den Wärmeübergang ist das Strömungsfeld, das durch den Auspuff im Zylinder entsteht und von der Ausführung und Lage der Steuerungsorgane abhängt. Für die Beurteilung der Wärmebelastung des Motors ist wesentlich, an welche Teile die Wärme vor allem übergeht. Eine an sich geringe Wärmeabgabe an einen bereits durch die Arbeitsvorgänge thermisch hoch beanspruchten Bauteil kann die Motorleistung eher begrenzen, als wenn ein absolut größerer Wärmebetrag an weniger empfindlichen Stellen abgeführt wird.

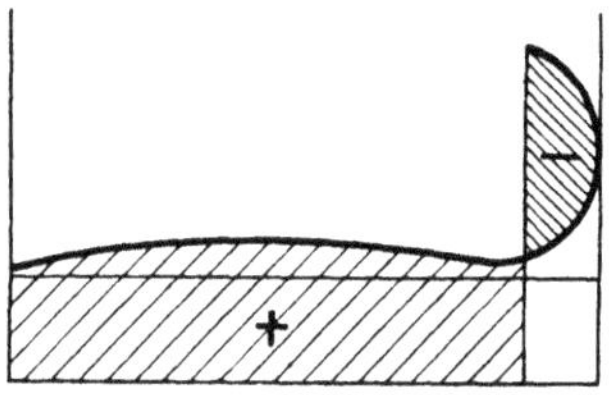

Abb. 41. Kolbenarbeit während Vorauspuff und Ausschieben.

Wenn Abgasturbinen nachgeschaltet werden, interessiert die Temperatur der Abgase. Mit auf 0° C bezogenen kalorischen Zustandsgrößen gilt für die mittlere Abgastemperatur t_A:

$$c_p\Big/_0^{t_A} \cdot t_A + A \cdot R \cdot 273 = t_z' \cdot c_v\Big/_0^{t_z'} + \frac{G_r}{G} \cdot \left(c_v\Big/_0^{t_z'} \cdot t_z' - c_v\Big/_0^{t_z''} \cdot t_z''\right) + \frac{AL - Q_w}{G}$$

Nun ist: $$A \cdot L = A \cdot V_h \cdot 10^4 \cdot p_{zma}; \quad V_h = \frac{G \cdot R \cdot T_z'}{p_z' \cdot 10^4} \cdot \frac{1}{z'}$$

p_{zma} ist der Mitteldruck des gesamten Auspuffvorganges. Daraus wird mit $q_w = \dfrac{Q_w}{G}$:

$$c_p\Big/_0^{t_A} \cdot t_A = t_z' \cdot c_v\Big/_0^{t_z'} + \frac{G_r}{G}\left(c_v\Big/_0^{t_z'} \cdot t_z' - c_v\Big/_0^{t_z''} \cdot t_z''\right) + \frac{A \cdot R \cdot T_z'}{p_z'} \cdot p_{zma} \cdot \frac{1}{z'} - q_w - A \cdot R \cdot 273 \tag{85}$$

Für überschlägige Berechnungen kann q_w vernachlässigt werden. Mit weiteren Vernachlässigungen erhält man sehr einfache Beziehungen. Das Glied mit G_r ist klein gegenüber den übrigen Gliedern, werde daher vernachlässigt. Weiter ist

$$\frac{T_z'}{p_z'} \approx \frac{T_{z1}}{p_{z1}}$$

worin das Zeichen 1 den Zustand zu Beginn der Verdichtung kennzeichnet. Mit der Annahme $p_{z1} = p_{zma}$ und $T_{z1} \cdot \dfrac{1}{z'} = 273^0$ erhält man

$$c_p\Big/_0^{t_A} \cdot t_A = t_z' \cdot c_v\Big/_0^{t_z'}; \quad t_A = \frac{c_v\Big/_0^{t_z'}}{c_p\Big/_0^{t_A}} \cdot t_z' \tag{86}$$

Man sieht daraus, daß t_A wesentlich kleiner ist als t_z' und zu diesem annähernd im Verhältnis der spez. Wärme bei konstantem Druck und konstantem Volumen steht.

Aus der Energiebilanz des Arbeits- und Ladungswechselvorganges läßt sich die mittlere (kalorimetrische) Abgastemperatur t_A auf geläufige Kennwerte des Motors und Verhältniszahlen zurückführen.

Im allgemeinen Fall der gespülten Maschine (aufgeladener Zweitakt oder Viertakt) strömen aus dem Zylinder $\Lambda_o - \lambda_{lo}$ Teile Frischluft (Spülverlust) und $\delta\,\lambda_{lo}$ Teile Abgase.

Setzt man nach Band 2, φ_w als Bruchteil der entwickelten Wärme, der während der Arbeitsvorgänge übergeht, ferner φ_{wl} als Bruchteil der während des Ladungswechsels im Zylinder und φ_{wt} als Bruchteil der nach dem Zylinder bis zur Temperaturmeßstelle übergehenden Wärme, so ist

$$t_A = \frac{\Lambda_o \,.\, C_p \Big/_{0}^{t_{o,L,s}} \cdot t_{o,L,s} + 0{,}902 \,.\, H_u \,.\, p_i \,.\, b_i \,.\, [\eta_u (1 - \varphi_w - \varphi_{wl} - \varphi_{wt}) - \eta_i]}{C_p \Big/_{0}^{t_A} [\Lambda_o + \lambda_{lo} \,.\, (\delta - 1)]} \tag{87}$$

oder auch

$$t_A = \frac{\frac{\Lambda_o}{\lambda_{lo}} \cdot C_p \Big/_{0}^{t_{o,L,s}} \,.\, t_{o,L,s} + \frac{24{,}4 \,.\, H_u}{\lambda \,.\, L_o} \cdot [\eta_u (1 - \varphi_w - \varphi_{wl} - \varphi_{wt}) - \eta_i]}{C_p \Big/_{0}^{t_A} \cdot \left[\frac{\Lambda_o}{\lambda_{lo}} + \delta - 1\right]} \tag{87a}$$

Für $t_{o,L,s}$ ist bei selbstansaugenden Viertaktmotoren die Außentemperatur t_o, bei aufgeladenen Viertaktmotoren die Ladetemperatur t_L, bei Zweitaktmotoren die Spültemperatur t_S zu setzen.

In dem Ausdruck (87 a) ist $24{,}4\,m^3$ das Molvolumen beim normalen Außenzustand (1 at, 15° C), auf den auch L_o bezogen ist.

$$C_p \Big/_{0}^{t_{o,L,s}}, \quad C_p \Big/_{0}^{t_A}$$

sind die mittleren spezifischen Wärmen je 1 Mol von Frischladung und dem mit dem Spülluftverlust gemischten Abgas.

Erfahrungswerte für φ_w enthält Band 2 (2. Auflage), Erfahrungswerte für φ_{wl} und φ_{wt} fehlen und sollten gesammelt werden. N i e d e r m a y e r [17] fand an einem Zweitaktmotor (siehe auch Teil II) den Wert $\varphi_{wl} = 0{\cdot}1$. Im allgemeinen wird bis zur Gewinnung weiterer Unterlagen mit $\varphi_{wl} = 0{,}05$—$0{,}15$ gerechnet werden können.

Wenn die Ladeluft bzw. Spülluft durch den Motor verdichtet wird und ein Wärmeverlust durch Rückkühlung nicht entsteht, so ist mit $\triangle\eta_{La}$ als Wirkungsgradeinbuße durch den Lader- bzw. Spülpumpenantrieb.

$$t_A = \frac{\frac{\Lambda_o}{\lambda_{lo}} \cdot C_p \Big/_{0}^{t_o} \cdot t_o + \frac{24{,}4 \,.\, H_u}{\lambda L_o} \cdot [\eta_u (1 - \varphi_w - \varphi_{wl} - \varphi_{wt}) - \eta_i + \triangle\eta_{La}]}{C_p \Big/_{0}^{t_A} \cdot \left[\frac{\Lambda_o}{\lambda_{lo}} + (\delta - 1)\right]} \tag{87b}$$

Vielfach wird der Klammerausdruck im Zähler auch unmittelbar aus einer Wärmebilanz des Motors bestimmt. Er entspricht dem Bruchteil q_A der im Brennstoff zugeführten, chemisch gebundenen Wärme, die durch die Abgase abgeführt wird.

Man erhält dann mit der Vereinfachung $C_p\Big|_0^{t_o} \sim C_p\Big|_0^{t_A}$, die in Anbetracht der Kleinheit von t_o im allgemeinen zulässig ist,

$$c \cdot t_A - t_o = \frac{24{,}4 \cdot H_u \cdot q_a}{\lambda \cdot L_o \cdot C_p\Big|_0^{t_A}} \cdot \frac{\lambda_{lo}}{\Lambda_o} \tag{88}$$

Darin ist $c = 1 + (\delta - 1)\frac{\lambda_{lo}}{\Lambda_o}$. Für nicht gespülte Motoren ist $c = \delta$. Erfahrungswerte von q_a enthält Band 2 (2. Auflage) und Teil II.

3. Gleichzeitiges Ein- und Ausströmen.

a) Allgemeines.

Bei der Spülung des Zweitaktes nach Abb. 42 und des aufgeladenen Viertaktes mit überschneidenden Steuerzeiten sind Ein- und Auslaßquerschnitte gleichzeitig geöffnet. Unter der Wirkung eines Druckgefälles strömen die Gase durch den Zylinder. Neben den reinen Strömungsvorgängen ist hier auch die Mischung der Gase und die dadurch bedingte Temperaturänderung des Zylinderinhalts bei der Rechnung zu berücksichtigen.

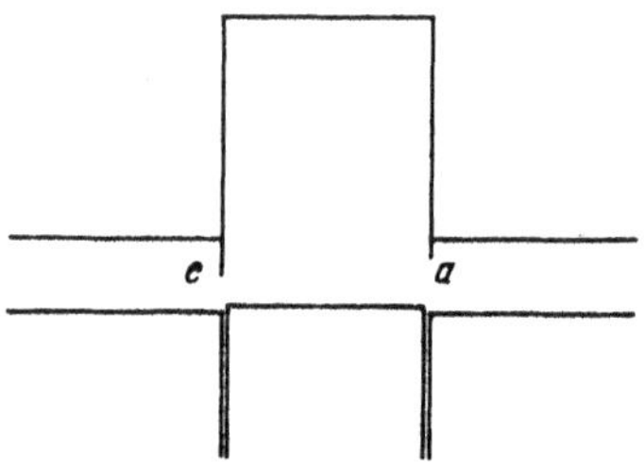

Abb. 42. Schema einer Zweitaktspülung.

Die Adiabatenexponenten der Abgase und der Frischladung sind wegen der Unterschiede in den spezifischen Wärmen im allgemeinen verschieden.

Für das Einströmen in den Zylinder ist mit dem Adiabatenexponenten der Frischladung zu rechnen. Für die Zustandsänderung im Zylinder und für das Ausströmen wäre der zunehmenden Beimischung von Frischladung entsprechend ein Adiabatenexponent anzunehmen, der sich vom Wert für die Abgase zu Beginn der Spülung bis annähernd zum Wert für reine Frischladung verändert. Das wäre jedoch nur ohne Wärmeübergang im Zylinder exakt oder dann, wenn dieser durch die Rechnung genau erfaßt werden könnte. Durch die Aufheizzahl τ_e wird der Wärmeübergang zum eintretenden Gasstrom nur sehr überschlägig berücksichtigt. Es ist daher im allgemeinen auch gerechtfertigt, zur Vereinfachung entweder mit einem Adiabatenexponenten $\varkappa_e$ für den eintretenden Gasstrom und einem mittleren Adiabatenexponenten $\varkappa_a$ für Zylinderinhalt und austretenden Gasstrom zu rechnen oder einen mittleren gleichbleibenden Adiabatenexponenten $\varkappa$ für den gesamten Gasstrom während des ganzen Spülvorgangs zu benutzen.

Die Differentialgleichung für die Druckänderung im Zylinder eines Zweitaktmotors erhält man durch Verbindung der Gleichungen für Ein- und Ausströmen

$$\frac{d p_z}{p_z} = \frac{\varkappa_a}{z}\left[\frac{\tau_e \cdot w_e}{180\, w_{me}} \cdot \frac{p_e}{p_z} \cdot \left(\frac{p_s}{p_e}\right)^{\frac{\varkappa_e - 1}{\varkappa_e}} \cdot \mu_e \sigma_e \cdot d\alpha - \frac{w_a}{180\, w_{ma}} \cdot \left(\frac{p_o}{p_z}\right)^{\frac{1}{\varkappa}} \cdot \mu_a \sigma_a \cdot d\alpha - dz\right] \tag{59d}$$

Darin bedeutet der Index s den gleichbleibenden Zustand im Spülbehälter vor dem Einlaßschlitz, o wieder den Außenzustand. Der Adiabatenexponent für Frischladung ist $\varkappa$; für Abgase $\varkappa_a$.

Der Übergang zur Differenzengleichung gibt für das ganze Intervall

$$\triangle p_z = p_z''' - p_z' = \tilde{p}_z'' \cdot \frac{\varkappa}{z} \cdot \left[\frac{\tau_e \cdot w_e''}{180\, w_{me}} \cdot \frac{\tilde{p}_e''}{\tilde{p}_z''} \cdot \left(\frac{p_s}{\tilde{p}_e''}\right)^{\frac{\varkappa - 1}{\varkappa}} \cdot (\mu\sigma)_e'' \cdot \triangle\alpha - \right.$$

$$\left. - \frac{w_a''}{180\, w_{ma}} \cdot \left(\frac{\tilde{p}_a''}{\tilde{p}_z''}\right)^{\frac{1}{\varkappa}} \cdot (\mu\sigma)_a'' \cdot \triangle\alpha - \triangle z \right] \tag{89}$$

Der Herleitung nach Seite 34 gemäß ist

$$\triangle V_e = \frac{\tau_e \cdot w_e''}{180\, w_{me}} \cdot \frac{\tilde{p}_e''}{\tilde{p}_z''} \cdot \left(\frac{p_s}{\tilde{p}_e''}\right)^{\frac{\varkappa - 1}{\varkappa}} \cdot (\mu\sigma)_e'' \cdot \triangle\alpha \tag{90}$$

das im Zeitelement $\triangle\alpha$ eintretende Gasvolumen, und zwar als Bruchteil des Hubvolumens V_h ausgedrückt. Es wird in Hinkunft kurz E i n t r i t t s e l e m e n t genannt. Dieses Volumen nimmt das eintretende Gasteilchen beim Druck p_z und der Temperatur T_s ein, das heißt n a c h der Verwirbelung der Strömungsenergie, aber v o r der Vermischung mit dem Zylinderinhalt.

Für die Spülung ist, wie im Teil II gezeigt wird, das auf das a u g e n b l i c k l i c h e Zylindervolumen $z \cdot V_h$ bezogene Gasvolumen

$$\triangle V_e^* = \frac{1}{z} \cdot \triangle V_e \tag{91}$$

maßgebend. Dieses wird als b e z o g e n e s E i n t r i t t s e l e m e n t bezeichnet.

Das Eintrittselement $\triangle V_e$ ergibt, auf Ansaugzustand umgerechnet, das im Intervall $\triangle\alpha$ eintretende Element $\triangle\Lambda_o$ des Luftaufwandes

$$\triangle\Lambda_o = \triangle V_e \cdot \frac{T_o}{T_s} \cdot \frac{p_z}{p_o} \tag{92}$$

Analog wird das im Zeitelement $\triangle\alpha$ ausströmende Gasvolumen bei Zylinderzustand, als Bruchteil von V_h ausgedrückt,

$$\triangle V_a = \frac{w_a''}{180\, w_{ma}} \cdot \left(\frac{\tilde{p}_a''}{\tilde{p}_z''}\right)^{\frac{1}{\varkappa}} \cdot (\mu\sigma)_a'' \cdot \triangle\alpha \tag{90a}$$

A u s t r i t t s e l e m e n t und

$$\triangle V_a^* = \frac{\triangle V_a}{z} \tag{91 a}$$

bezogenes A u s t r i t t s e l e m e n t genannt.

$\frac{\triangle V_e}{\triangle\alpha} \cdot \frac{p_z}{p_s}$ ist das je Grad Kurbelwinkel einströmende Gasvolumen beim Zustand im Spülbehälter vor dem Zylinder, $\frac{\triangle V_a}{\triangle\alpha} \cdot \frac{p_z}{p_o}$ das entsprechende ausströmende Gasvolumen beim Gegendruck p_o nach dem Zylinder, nachdem es durch Verwirbelung seiner Strömungsenergie wieder seine Zylindertemperatur T_z vor der Drosselung im Auslaßquerschnitt angenommen hat.

Trägt man $\frac{\triangle V_e}{\triangle\alpha} \cdot \frac{p_z}{p_s}$ bzw. $\frac{\triangle V_a}{\triangle\alpha} \cdot \frac{p_z}{p_o}$ für jedes Intervall auf (Abb. 43), so stellt jedes Einzelrechteck das auf p_s bzw. p_o umgerechnete Eintritts- bzw. Austrittselement $\triangle V_e \cdot \frac{p_z}{p_s}$ bzw. $\triangle V_a \cdot \frac{p_z}{p_o}$ dar, und die Fläche unter der so erhaltenen Treppenkurve entspricht dem insgesamt ein- bzw. ausgeströmten Gasvolumen, als Bruchteil des Hubvolumens V_h ausgedrückt, beim Zustand des Spül- bzw. Auspuffbehälters.

Ersetzt man die Stufenlinie durch einen stetigen Linienzug, so gibt dessen Verlauf das Ein- bzw. Ausströmgesetz an, aus dem für jeden Augenblick das je Grad Kurbelwinkel überströmende, auf V_h bezogene Gasvolumen zu entnehmen ist.

Nach Einführen des bezogenen Ein- und Austrittselements $\triangle V_e^*$ und $\triangle V_a^*$ gilt für die Druckänderung im Intervall

$$\triangle p_z = \tilde{p}_z'' \cdot \varkappa \cdot \left[\triangle V_e^* - \triangle V_a^* - \frac{\triangle z}{z''}\right] \tag{89a}$$

Sie setzt sich zusammen aus dem Eintrittseinfluß $\tilde{p}_z'' \cdot \varkappa \cdot \triangle V_e^*$, dem Austrittseinfluß $\tilde{p}_z'' \cdot \varkappa \cdot \triangle V_a^*$ und dem Kolbeneinfluß $\tilde{p}_z'' \cdot \varkappa \cdot \frac{\triangle z}{z''}$.

Ein- und Austrittseinfluß sind wegen Gl. 89 der zunächst noch unbekannten Überströmgeschwindigkeit w_e'' bzw. w_a'' in Intervallmitte verhältig. Es ist daher zweckmäßig, w“ aus den $\triangle V_e^*$ und $\triangle V_a^*$ bestimmenden Gleichungen (90), (91) herauszuheben und für den Eintrittseinfluß

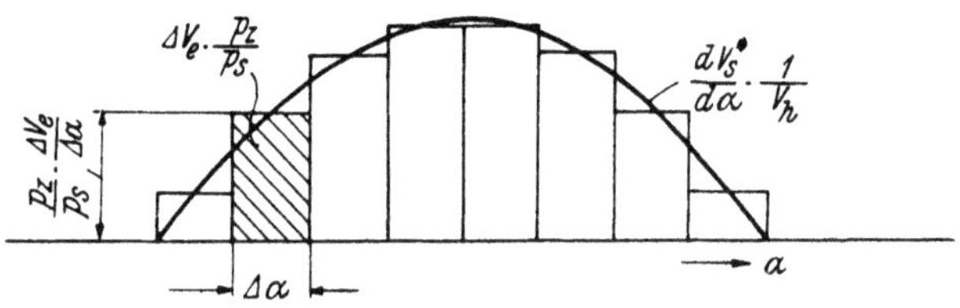

Abb. 43. Einströmgesetz.

$$\tilde{p}_z'' . \varkappa . \triangle V_e^* = 2 B_e . w_e'' \tag{93}$$

für den Austrittseinfluß $\tilde{p}_z'' \cdot \varkappa \cdot \triangle V_a^* = 2 B_a \cdot w_a''$ zu schreiben.

Die Faktoren $B_e = \frac{1}{2} \cdot \tilde{p}_z'' \cdot \varkappa \cdot \frac{\triangle V_e^*}{w_e''}$ und entsprechend B_a ergeben demnach, mit der Überströmgeschwindigkeit w multipliziert, jeweils den halben Eintritts- bzw. Austrittseinfluß bis Intervallmitte, so daß gilt

$$\frac{1}{2} \triangle p_z = p_z'' - p_z' = B_e . w_e'' - B_a . w_a'' - \tilde{p}_z'' \cdot \varkappa \cdot \frac{\triangle z}{2 z''} \tag{89b}$$

Der Buchstabe B soll andeuten, daß diese Faktoren, sinngemäß angewandt, allgemein die Druckänderungen durch Überströmvorgänge für Behälter, also auch Zylinder, bestimmen, und zwar von Intervallanfang bis Intervallmitte.

Mit den Gl. (90), (91) für Ein- und Austrittselement folgt aus Gl. (93) für Einströmen:

$$B_e = \frac{\varkappa . \tau_e}{180\, w_{me}} \cdot \frac{\triangle\alpha}{2} \cdot \frac{(\mu\sigma)_e''}{z''}\, \tilde{p}_e''^{\frac{1}{\varkappa}} \cdot \tilde{p}_s^{\frac{\varkappa-1}{\varkappa}}$$

für Ausströmen: (94)

$$B_a = \frac{\varkappa}{180\, w_{ma}} \cdot \frac{\triangle\alpha}{2} \cdot \frac{(\mu\sigma)_a''}{z''} \cdot \tilde{p}_a''^{\frac{1}{\varkappa}} \cdot \tilde{p}_z''^{\frac{\varkappa-1}{\varkappa}}$$

was vollkommen den Ausdrücken entspricht, die auf Seite 42 und 49 als Faktoren von w'' auftreten. Für unterkritisches Druckverhältnis ist $p_e = p_z$ und $p_a = p_o$, für überkritisches

$$p_{ekr} = p_s \left(\frac{2}{\varkappa + 1}\right)^{\frac{\varkappa}{\varkappa - 1}} \quad \text{und} \quad p_{akr} = p_z \left(\frac{2}{\varkappa + 1}\right)^{\frac{\varkappa}{\varkappa - 1}}$$

zu setzen.

Bei überkritischem Ein- und Ausströmen in einem der Steuerquerschnitte ist w_e bzw. w_a nur von dem Außenzustand bzw. dem Zustand im Zylinder abhängig und innerhalb eines kleinen Zeitraumes nicht bzw. nur wenig veränderlich. In der Differenzengleichung

$$\frac{\triangle p_z}{2} = p_z'' - p_z' = B_e \cdot w_e'' - B_a \cdot w_a'' - \tilde{p}_z'' \cdot \frac{\triangle z}{2z''}$$

kann daher für das überkritische Überströmen die Geschwindigkeit

$$w_{kr} = \sqrt{2g \cdot R \cdot T_1'} \cdot \sqrt{\frac{\varkappa}{\varkappa + 1}}$$

zu Beginn des Zeitraumes angesetzt werden. Es gilt dann für den Vorgang, der unterkritisch erfolgt:

$$w_e''^2 = 2g \cdot R \cdot T_s \cdot p_s^{\frac{\nu - \varkappa}{\varkappa}} \cdot \tilde{p}_z''^{\frac{-\nu}{\varkappa}} \cdot (p_s - p_z'')$$

bzw.

$$w_a''^2 = 2g \cdot R \cdot \tilde{T}_z'' \cdot \tilde{p}_z''^{\frac{\nu - \varkappa}{\varkappa}} \cdot p_0^{\frac{-\nu}{\varkappa}} \cdot (p_z'' - p_0)$$

oder

$$w_a''^2 = 2g \cdot R \cdot T_{z\,red} \cdot \tilde{p}_z''^{\frac{\nu - 1}{\varkappa}} \cdot p_0^{\frac{-\nu}{\varkappa}} \cdot (p_z'' - p_0)$$

Man erhält damit wieder eine quadratische Gleichung nach w_e'' oder w_a'', die wie früher für das Ein- oder Ausströmen allein gelöst wird. Für z, σ_e und σ_a sind die Mittelwerte während des Zeitabschnittes einzusetzen. $\triangle z$ ist wieder die verhältnismäßige Volumsänderung im gesamten Zeitraum $\triangle\alpha$. Die Druckänderung während $2\left(\frac{\triangle\alpha}{2}\right)$ ist $2(p_z'' - p_z')$.

Bei unterkritischem Ein- und Ausströmen führt die Verbindung der drei Gleichungen für die Druckänderung und die Geschwindigkeiten zu einer Gleichung vierten Grades für w_e'' oder w_a''.

Das einfachste Verfahren besteht darin, die Druckänderung im Zeitabschnitt mit den bekannten Anfangswerten w_e' und w_a' zu Beginn des Zeitabschnittes zu rechnen. Die Anwendbarkeit dieses vereinfachten Verfahrens muß von Fall zu Fall geprüft werden. Es versagt vor allem dann, wenn die Summe der Absolutwerte von Ein- und Austrittseinfluß wesentlich größer ausfällt als der Druckabfall in einem der Überströmquerschnitte.

In allen Fällen führt folgendes Verfahren zum Ziel: Der Zeitabschnitt sei wieder $2 \cdot \left(\frac{\triangle\alpha}{2}\right)$. Die Größen zu Beginn desselben sind wieder mit $'$, die in der Mitte demnach mit $''$ bezeichnet.

Setzt man in

$$p_z'' - p_z' = B_e \cdot w_e'' - B_a \cdot w_a'' - \tilde{p}_z'' \cdot \varkappa \cdot \frac{\triangle z}{2z''}$$

$$w_e'' = \sqrt{2g \cdot R \cdot T_s} \cdot p_s^{\frac{\nu - \varkappa}{2\varkappa}} \cdot \tilde{p}_z''^{\frac{-\nu}{2\varkappa}} \cdot \sqrt{p_s - p_z''}$$

und

$$w_a'' = \sqrt{2g \cdot R \cdot \tilde{T}_z''} \cdot \tilde{p}_z''^{\frac{\nu - \varkappa}{2\varkappa}} \cdot p_0^{\frac{-\nu}{2\varkappa}} \cdot \sqrt{p_z'' - p_0}$$

und faßt zusammen

$$B_p = B \cdot \sqrt{2g \cdot R \cdot T_1} \cdot p_1^{\frac{\nu - \varkappa}{2\varkappa}} \cdot p_2^{\frac{-\nu}{2\varkappa}} \qquad (96)$$

so erhält man schließlich

$$p_z'' - p_z' + \tilde{p}_z'' \cdot \varkappa \cdot \frac{\triangle z}{2z''} = B_{Pe} \cdot \sqrt{p_s - p_z''} - B_{Pa} \cdot \sqrt{p_z'' - p_o}$$

oder

$$p_z'' - c = a \sqrt{p_s - p_z''} - b \sqrt{p_z'' - p_o} \tag{95}$$

Analog zu B, das mit der Geschwindigkeit w multipliziert den halben Ein- bzw. Austrittseinfluß ergibt, ist B_P ein Faktor, der mit der Wurzel aus dem Druckgefälle $p_1 - p_2$ den halben Ein- bzw. Austrittseinfluß bestimmt. Aus den Gl. (94) und (96) folgt für Einströmen

$$B_{Pe} = \frac{\varkappa \tau_e}{180\, w_{me}} \cdot \frac{\triangle \alpha}{2} \cdot \frac{(\mu\sigma)_e''}{z''} \sqrt{2g \cdot R \cdot T_s} \cdot p_s^{\frac{\varkappa + \nu - 2}{2\varkappa}} \cdot \tilde{p}_e''^{\,\frac{2-\nu}{2\varkappa}} \tag{96a}$$

für Ausströmen

$$B_{Pa} = \frac{\varkappa}{180\, w_{ma}} \cdot \frac{\triangle \alpha}{2} \cdot \frac{(\mu\sigma)_a''}{z''} \cdot \sqrt{2g \cdot R \cdot \tilde{T}_z''} \cdot \tilde{p}_z''^{\,\frac{\varkappa + \nu - 2}{2\varkappa}} \cdot \tilde{p}_a''^{\,\frac{2-\nu}{2\varkappa}} \tag{96b}$$

Bei unterkritischem Druckgefälle ist $p_e = p_z$ bzw. $p_a = p_o$, bei überkritischem ist

$$p_{ekr} = p_s \left(\frac{2}{\varkappa + 1}\right)^{\frac{\varkappa}{\varkappa - 1}} \text{ bzw. } p_{akr} = p_z \cdot \left(\frac{2}{\varkappa + 1}\right)^{\frac{\varkappa}{\varkappa - 1}} \text{ einzusetzen.}$$

Verwendet man für den Ausströmvorgang unter der Wurzel $T_{z\,red}$ statt T_z, so ist der Exponent von $\tilde{p}_z''$ um $\frac{\varkappa - 1}{2\varkappa}$ zu erhöhen, so daß dann in B_{Pa} statt $\tilde{p}_z''^{\,\frac{\varkappa + \nu - 2}{2\varkappa}}$ die Potenz $\tilde{p}_z''^{\,\frac{2\varkappa + \nu - 3}{2\varkappa}}$ steht.

Die Auflösung von Gleichung (95) erfolgt recht einfach graphisch durch Probieren. Man zeichnet nach Abb. 44 über p_z'' als Abszisse die der linken Seite entsprechende Gerade. Setzt man ferner in der rechten Seite einmal $p_z'' = p_s$ und einmal $p_z'' = p_o$, so erhält man zwei Punkte mit den Ordinaten $-b \cdot \sqrt{p_z'' - p_o}$ und $a \cdot \sqrt{p_s - p_z''}$. Ihre Verbindungslinie schneidet die der linken Seite entsprechende Gerade in einem Punkt, der im allgemeinen in der Nähe des richtigen Wertes liegt. Man berechnet mit diesem ersten Näherungswert $p_z''^{x}$ den Ausdruck auf der rechten Seite von (95) und legt dann durch den so gefundenen dritten und die zwei ersten Punkte eine Kurve und erhält in der Regel im Schnitt dieser Kurve mit der Geraden schon genügend genau den Wert von p_z''.

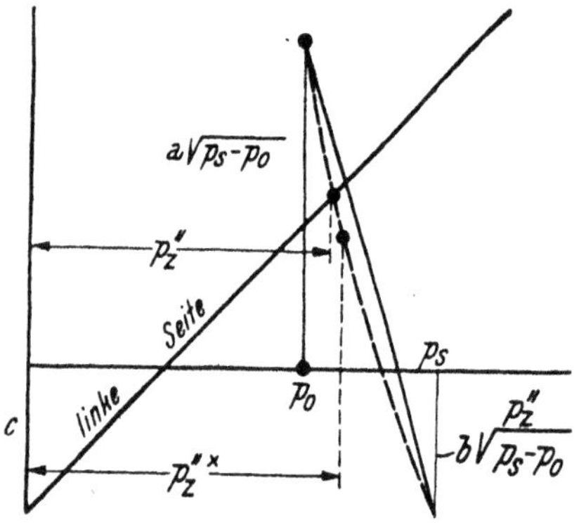

Abb. 44.

Eine weitere Möglichkeit der Auflösung durch Probieren ist auf Seite 117 beschrieben.

Am vielseitigsten verwendbar ist aber die im folgenden entwickelte Methode des Linearisierens der quadratischen bzw. Wurzeln enthaltenden Glieder, indem man den noch unbekannten Druck p_z'' unter der Wurzel durch einen zweckmäßig gewählten Näherungswert $\tilde{p}_z^1$ ersetzt und den Unterschied $p_z'' - \tilde{p}_z$ im linearen Glied einer damit abbrechenden Taylorreihe berücksichtigt. Dies läuft darauf hinaus, daß man die Staudruckparabel durch ihre Tangente in dem $\tilde{p}_z$ entsprechenden Punkt ersetzt.

Dann ist $\sqrt{p_s - p_z''} = \sqrt{p_s - \tilde{p}_z + \tilde{p}_z - p_z''}$ und mit $\tilde{\triangle}_e = p_s - \tilde{p}_z$

$$\sqrt{p_s - p_z''} \approx \sqrt{\tilde{\triangle}_e} + \frac{\tilde{p}_z - p_z''}{2\sqrt{\tilde{\triangle}_e}} = \frac{\tilde{\triangle}_e + p_s - p_z''}{2\sqrt{\tilde{\triangle}_e}};$$

ebenso ergibt sich mit $\tilde{\triangle}_a = \tilde{p}_z - p_o$

$$\sqrt{p_z'' - p_o} \approx \frac{\tilde{\triangle}_a + p_z'' - p_o}{2\sqrt{\tilde{\triangle}_a}}$$

Setzt man dies in

$$\triangle p_z = 2\,B_{Pe} \cdot \sqrt{p_s - p_z''} - 2\,B_{Pa} \cdot \sqrt{p_z'' - p_o} - p_z'' \cdot \varkappa \cdot \frac{\triangle z}{z''}$$

ein, so ergibt sich

$$\triangle p_z = \frac{B_{Pe}}{\sqrt{\tilde{\triangle}_e}} \cdot (p_s - p_z'' + \tilde{\triangle}_e) - \frac{B_{Pa}}{\sqrt{\tilde{\triangle}_a}} \cdot (p_z'' - p_o + \tilde{\triangle}_a) - p_z'' \cdot \varkappa \cdot \frac{\triangle z}{z''} \qquad (89c)$$

mit B_{Pe}, B_{Pa} nach Gl. (96a, b).

Wenn man die Glieder, die $p_z'' = p_z' + \frac{1}{2}\triangle p_z$ enthalten, zu

$$2\,A = \frac{B_{Pe}}{\sqrt{\tilde{\triangle}_e}} + \frac{B_{Pa}}{\sqrt{\tilde{\triangle}_a}} + \varkappa \cdot \frac{\triangle z}{z''} \qquad (97)$$

zusammenfaßt, folgt daraus für die Druckänderung im Zeitraum $\triangle\alpha$

$$\triangle p_z = \frac{B_{Pe}}{\sqrt{\tilde{\triangle}_e}} \,.\, (p_s + \tilde{\triangle}_e) + \frac{B_{Pa}}{\sqrt{\tilde{\triangle}_a}} \cdot (p_o - \tilde{\triangle}_a) - 2A \,.\, (p_z' + \frac{1}{2}\triangle p_z) \qquad (89d)$$

und mit den Abkürzungen

$$(B_e) = \frac{B_{Po}}{\sqrt{\tilde{\triangle}_e}} \cdot \frac{1}{1+A}; \quad (B_a) = \frac{B_{Pa}}{\sqrt{\tilde{\triangle}_e}} \cdot \frac{1}{1+A}; \quad (A) = \frac{1-A}{1+A} \qquad (97a)$$

für den Druck $p_z''' = p_z' + \triangle p_z$ am Ende des Intervalls

$$p_z''' = (A) \,.\, p_z' + (B_e) \,.\, (p_s + \tilde{\triangle}_e) + (B_a) \,.\, (p_o - \tilde{\triangle}_a) \qquad (98)$$

Für $\frac{B_P}{\sqrt{\tilde{\triangle}}}$ kann auch $\frac{B\sqrt{T} \cdot \tilde{u}}{\tilde{\triangle}}$ gesetzt werden, worin T die Temperatur des Einlaß- oder Auspuffstromes vor der Expansion im Steuerquerschnitt ist. Dabei ist $\tilde{u}$ der dem Druckverhältnis $\frac{p_s}{\tilde{p}_z}$ bzw. $\frac{\tilde{p}_z}{p_o}$ zugeordnete Wert aus Tabelle II.

Die einmal für einen Wert $\bar{p}_s$ und $\bar{p}_o$ ermittelten Faktoren (A), (B_e) und (B_a) gestatten die nachträgliche Berücksichtigung des Einflusses von Schwankungen des Spüldruckes p_s oder des Gegendruckes p_o auf den Zylinderdruck, denn die Abweichung des neu zu bestimmenden Zylinderdruckes p_z, der den geänderten Werten p_s und p_o entspricht, ist durch

$$p_z''' - \bar{p}_z''' = (A) \,.\, (p_z' - \bar{p}_z') + (B_e) \,.\, (p_s - \bar{p}_s) + (B_a) \,.\, (p_o - \bar{p}_o) \qquad (99)$$

gegeben, wenn $\bar{p}_z$ der früher mit $\bar{p}_s$ und $\bar{p}_o$ ermittelte Druck ist. Man kann daher $(p_z - \bar{p}_z)$ als neue Veränderliche ebenso schrittweise berechnen wie früher $\bar{p}_z$. Dabei ist nur vorausgesetzt, daß das sich wirklich einstellende Druckgefälle in den Steuerquerschnitten von dem Näherungswert $\tilde{\triangle}$ nicht allzusehr abweicht, doch sind Unterschiede von einem Drittel des richtigen Wertes noch praktisch bedeutungslos.

Als Näherungswert $\tilde{\triangle}$ für den in Angriff zu nehmenden Rechenschritt liegt der Anfangswert $p_s - p_z'$ bzw. $p_z' - p_o$ am nächsten; bei stark veränderlichem Druckgefälle genügt diese Annahme aber oft nur für geringere Genauigkeitsansprüche. Dann ist es zweckmäßig, den bisherigen Druckverlauf bis zur Mitte des zu berechnenden Intervalls zu extrapolieren und das so erhaltene Druckgefälle als Näherungswert $\tilde{\triangle}$ einzusetzen. Nach Durchführung des Rechenschrittes zeigt der Vergleich von Annahme und Ergebnis, ob eine Wiederholung des Rechenschrittes mit einem verbesserten Näherungswert nötig erscheint Das wird nur ausnahmsweise in der Nähe der Intervalle, wo die Strömungsrichtung umschlägt, der Fall sein. Graphisch erfolgt die Extrapolation durch Verlängern der Druckkurve, geradlinig oder nach Gefühl; rechnerisch ist es bequem, anzunehmen, daß im behandelten Intervall das Verhältnis von Enddruck zu Anfangsdruck dasselbe ist wie im vorhergehenden Intervall, so daß der Mittelwert am Rechenschieber leicht aus dem Anfangswert p_z' und dem vorhergehenden $p_z^{(')}$ zu bilden ist: $p_z'' \simeq p_z' \cdot \sqrt{p_z'/p_z^{(')}}$.

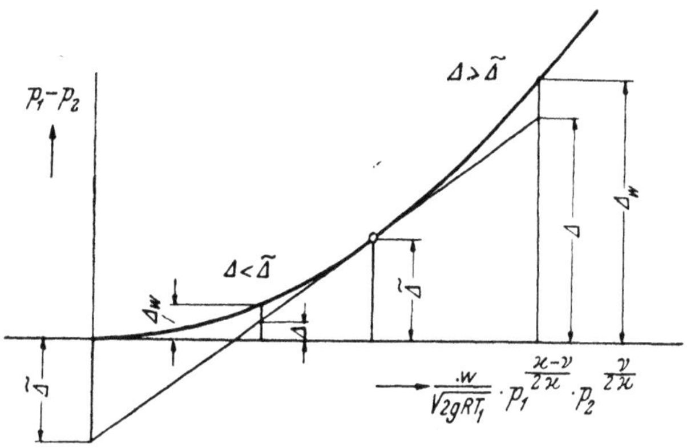

Abb. 45. Fehler bei Annäherung der Staudruckparabel durch ihre Tangente.

Im Umschlagpunkt der Strömung wird $\tilde{\triangle}_1 = 0$ und dementsprechend $\frac{B_P}{\sqrt{\tilde{\triangle}}} = \infty$.

Die Faktoren (A), (B_e), (B_a bleiben aber endlich, denn beim Grenzübergang wird nach (97) und (97a) $\lim\limits_{\tilde{\triangle}=\infty} (A) = -1$, ferner ist für den Querschnitt, wo $\triangle = 0$ ist, $\lim\limits_{\tilde{\triangle}=\infty} (B_1) = 2$ und für den anderen Überströmquerschnitt $\lim\limits_{\tilde{\triangle}=\infty} (B_2) = 0$.

Das Ergebnis von (98) $p_z''' = -p_z' + 2\,p_1$ bleibt sinnvoll, da $p_z'' = \frac{1}{2}\,(p_z''' + p_z') = p_1$ wird und der Druckabfall in Intervallmitte, wie angenommen, verschwindet.

In den Intervallen mit nichtverschwindendem Druckgefälle $\triangle$ ergeben sich aus den Abweichungen der Staudruckparabel von ihrer Tangente in dem angenommenen Punkt mit dem Druckabfall $\tilde{\triangle}$ folgende Richtlinien für eine allfällige Verbesserung des anzunehmenden Wertes $\tilde{\triangle}$, Abb. 45:

1. Fällt der errechnete Druckabfall $\triangle$ größer aus als das vorausgeschätzte $\tilde{\triangle}$, dann war $\tilde{\triangle}$ zu klein angenommen worden; bei gleicher Geschwindigkeit ist der wahre Wert $\triangle_w$ größer als $\triangle$; es genügt für den zweiten Rechnungsgang $\tilde{\triangle}_2 = \triangle$ zu setzen.

2. Fällt das Ergebnis $\triangle$ kleiner aus als die erste Annahme $\tilde{\triangle}$, dann ist $\tilde{\triangle}$ zu groß gewählt worden; der Wert $\triangle_w$ liegt zwischen $\tilde{\triangle}$ und $\triangle$. Für den zweiten Rechnungsgang setzt man einfach $\tilde{\triangle}_2 \approx \frac{\triangle + \tilde{\triangle}}{2}$. Wenn nahe am Umschlagpunkt das Ergebnis $\triangle$ das entgegengesetzte Vorzeichen annimmt wie das vorausgesetzte $\tilde{\triangle}$, gilt ebenfalls die vorstehende Regel.

Hat man für die Mitte eines Intervalls in einem der Steuerquerschnitte $\tilde{\triangle} = 0$ gesetzt, dann fehlt die Kontrolle, da das Ergebnis nach den vorhergehenden Feststellungen auf jeden Fall mit der Annahme übereinstimmt. Dies ist aber wegen der Kleinheit der möglichen Abweichung bedeutungslos, weil das Druckgefälle im vorhergehenden und im nachfolgenden Intervall mit beliebiger Genauigkeit errechnet werden kann.

Für die Zahlenrechnung günstigere Werte mit besserer Ausnützung der Rechenschiebergenauigkeit erhält man, wenn in Gleichung (89c) nur die Abweichungen der Drücke von einem konstanten Druck, z. B. p_o eingesetzt werden; man erhält

$$\triangle (p_z - p_o) = \frac{B_{Pe}}{\sqrt{\tilde{\triangle}_e}} \cdot [p_s - p_o - (p_z'' - p_o) + \tilde{\triangle}_e] - \frac{B_{Pa}}{\sqrt{\tilde{\triangle}_a}} \cdot (p_z'' - p_o + \tilde{\triangle}_a) -$$

$$- \varkappa \cdot \frac{\triangle z}{z''} \cdot (p_z'' - p_o + p_o)$$

Daraus folgt wieder nach Zusammenfassen der $p_z'' - p_o$ enthaltenden Glieder mit denselben Abkürzungen wie Seite 59

$$p_z''' - p_o = (A) \, . \, (p_z' - p_o) + (B_e) \, . \, (p_s - p_o + \tilde{\triangle}_e) - (B_a) \, . \, \tilde{\triangle} - \varkappa \frac{\triangle z}{z''} \cdot \frac{p_o}{(1 + A)} \tag{100}$$

Man vermeidet so Rechenungenauigkeiten, die bei kleinen Druckgefällen von gleicher Größenordnung ausfallen und ein konvergentes Rechnen vereiteln könnten. Schwierigkeiten können sich jedoch bei kleinen Werten von $\triangle$ dadurch ergeben, daß bei dem in (89b, c, d) und (98) verwendeten Ansatz von Reyl der geradlinige Verlauf von p_z im Intervall so angenommen ist, daß der mittlere Wert p_z'' dem wahren Wert möglichst nahe kommt, während der Endwert p_z''' linear extrapoliert wird. Dadurch können in besonders ungünstigen Fällen (sehr große Werte von $B/\sqrt{\tilde{\triangle}}$) Schwankungen von p_z''' um den wahren Wert, sogenannte „Rechenschwingungen", auftreten, die sich von Intervall zu Intervall übertragen.

Man unterdrückt dies durch Verkleinern des Intervalls $\triangle\alpha$ und damit von B_P, oder wirksamer, indem man die Extrapolation vermeidet. Man kann z. B. unter Beibehaltung der für das ganze Intervall $\triangle\alpha$ geltenden Formeln den Mittelwert p_z'' des ganzen Intervalls als Endwert des ersten Teilintervalls $\frac{\triangle\alpha}{2}$ auffassen und damit die Rechnung von $\frac{\triangle\alpha}{2}$ bis $3\frac{\triangle\alpha}{2}$ fortsetzen, wobei man wieder den Mittelwert p_z'' bei $2\frac{\triangle\alpha}{2}$ als Anfangswert p_z' für das Intervall $2\frac{\triangle\alpha}{2}$ bis $4\frac{\triangle\alpha}{2}$ auffaßt. Der Fehler, daß man die Teilintervalle $\frac{\triangle\alpha}{2}$ jeweils mit ihrer Endgeschwindigkeit statt mit der mittleren Geschwindigkeit rechnet, dürfte bei den hier wohl stets vorliegenden kleinen Druckgefällen $\triangle$ praktisch kaum ins Gewicht fallen.

Grundsätzlich frei von Rechenschwingungen ist der Ansatz von Pischinger Seite 43, da hier der den wahren Druckverlauf annähernde Linienzug durch die Endwerte p_z''' geht, statt durch p_z'' wie bei Reyl.

Es entspricht einem, durch Vernachlässigen der weniger wichtigen Veränderlichkeit von $\mu\sigma$ im Intervall, vereinfachten Pischingerschen Ansatz, wenn man in (89 b) w'' durch $\frac{1}{2}(w' + w''')$ ersetzt. Daraus läßt sich durch Linearisieren von w''' wie früher die (100) entsprechende Gleichung für p_z''' herleiten:

$$p_z''' - p_o = \frac{B_{Pe}}{1+A}\left[\sqrt{\triangle_e'} + \frac{1}{2\sqrt{\tilde{\triangle}_e'''}} \cdot (\tilde{\triangle}_e''' + p_s - p_o)\right] -$$

$$- \frac{B_{Pa}}{1+A} \cdot \left[\sqrt{\triangle_a'} + \frac{1}{2}\sqrt{\tilde{\triangle}_a'''}\right] + \frac{1}{1+A}(p_z' - p_o) - \frac{\varkappa}{2} \cdot \frac{\triangle z}{z''} \cdot \frac{p_z' + p_o}{1+A} \tag{100a}$$

Die bekannten Anfangswerte im Intervall sind durch $'$, die vorausgeschätzten Näherungswerte für das Intervallende sind durch $\tilde{\triangle}'''$ gekennzeichnet.

Das hier behandelte Linearisieren wendet man vor allem dann an, wenn nachträglich die Überlagerung von Schwankungen des Spüldruckes oder des Gegendruckes berücksichtigt werden soll. Eine einmalige Durchrechnung hingegen dürfte am einfachsten nach dem oben angegebenen Verfahren des systematischen Probierens erfolgen. Tritt jedoch, wie z. B. bei Viertakt, im wesentlichen nur Überströmen in einem Steuerquerschnitt auf, dann führt bei einmaliger Durchrechnung die später auf Seite 100 beschriebene Auflösung der quadratischen Gleichung am schnellsten zum Ziel. Für die wenigen Intervalle im Überschneidungsgebiet der Steuerzeiten wird man dann das früher erwähnte Probieren nach Seite 117 anwenden, um das Rechenverfahren nicht wechseln zu müssen.

Die für die Ermittlung des Luftaufwandes und des Spülverlaufes erforderlichen Größen $\triangle V_e$, $\triangle V_a$ bzw. $\triangle V_e^*$, $\triangle V_a^*$ erhält man aus B_{pe} und B_{pa} mittels:

$$\triangle V_e = \frac{2z''}{\varkappa p_z''} \cdot B_{Pe} \cdot \sqrt{p_s - p_z''}, \quad \triangle V_a = \frac{2z''}{\varkappa \cdot p_z''} \cdot B_{Pa} \cdot \sqrt{p_z'' - p_o} \tag{101a}$$

$$\triangle V_e^* = \frac{2}{\varkappa p_z''} \cdot B_{Pe} \cdot \sqrt{p_s - p_z''}, \quad \triangle V_a^* = \frac{2}{\varkappa p_z''} \cdot B_{Pa} \cdot \sqrt{p_z'' - p_o} \tag{101b}$$

$$\triangle \Lambda_o = \frac{2z''}{\varkappa \cdot p_o} \cdot B_{Pe} \cdot \sqrt{p_s - p_z''} \cdot \frac{T_o}{T_s} \tag{101c}$$

Um die Adiabate für den Auspuffstrom festzulegen, müssen Annahmen über die Mischung von Frischladung und Zylinderinhalt gemacht werden. Wie zahlreiche Untersuchungen an Motoren gezeigt haben, sind die Spülungen der Zylinder nahezu Verdünnungsspülungen. Bei diesen mischen sich Zylinderinhalt und eintretender Gasstrom sofort vollständig. Der Abgasstrom hat demnach jeweils die Zusammensetzung des Zylinderinhalts, die Adiabate seiner Zustandsänderung beginnt mit dem jeweiligen Zustand im Zylinder. Die Temperaturermittlung bei einem Verlauf der Spülung, der von einer Verdünnungsspülung stärker abweicht, wird im Teil II behandelt.

Für die Temperaturänderung im Zylinder erhält man unter der angenäherten

Annahme gleicher spez. Wärmen von eintretendem Gasstrom und Zylinderinhalt nach der auf Seite 39 ausgeführten Ableitung:

$$\frac{dT_z}{T_z} = \frac{\varkappa - 1}{\varkappa} \cdot \frac{d p_z}{p_z} - \frac{d G_e}{G_z} \cdot \left(\frac{T_z - \tau_e \cdot T_s}{T_z}\right);$$

nun ist $$d G_e = \frac{V_h \cdot w_e (\mu \sigma)_e p_z \cdot 10^4}{180 \, w_{me} R \cdot T_s} \cdot \left(\frac{p_s}{p_z}\right)^{\frac{\varkappa - 1}{\varkappa}} \cdot d\alpha$$

und $G_z = \dfrac{V_h \cdot z \cdot p_z \cdot 10^4}{R \cdot T_z}$. Die Gaskonstanten von eintretendem Gasstrom und Zylinderinhalt werden zur Vereinfachung gleichgesetzt. Damit wird:

$$\frac{dT_z}{T_z} = \frac{\varkappa - 1}{\varkappa} \cdot \frac{d p_z}{p_z} - \frac{w_e \cdot (\mu \sigma)_e}{180 \, w_{me}} \left(\frac{p_s}{p_z}\right)^{\frac{\varkappa - 1}{\varkappa}} \cdot \frac{1}{z} \cdot \left(\frac{T_z}{T_s} - \tau_e\right) \cdot d\alpha \tag{65b}$$

Mit T_z'', p_z'' für die Mitte des Zeitabschnittes $\triangle\alpha$ erhält man:

$$\frac{T_z'' - T_z'}{T_z''} = \frac{\varkappa - 1}{\varkappa} \cdot \frac{p_z'' - p_z'}{p_z''} - \frac{w_e'' \cdot (\mu \sigma)_e''}{180 \, w_{me}} \cdot \left(\frac{p_s}{p_z''}\right)^{\frac{\varkappa - 1}{\varkappa}} \cdot \frac{1}{z''} \cdot \left(\frac{T_z''}{T_s} - \tau_e\right) \cdot \frac{\triangle\alpha}{2} \tag{102}$$

Daraus läßt sich T_z'' rechnen.

Berücksichtigt man, daß $\dfrac{\triangle G_e}{G_z} = \triangle V_e^{\bullet} \cdot \dfrac{T_z}{T_s}$, weil das Eintrittselement nach Seite 55 den Druck, aber nicht die Temperatur mit dem Zylinderinhalt gemeinsam hat, so läßt sich auch kürzer schreiben

$$\frac{T_z'' - T_z'}{T_z''} = \frac{\varkappa - 1}{\varkappa} \cdot \frac{p_z'' - p_z'}{p_z''} - \frac{\triangle V_e^{\bullet}}{2} \cdot \left(\frac{\tilde{T}_z''}{T_s} - \tau_e\right) \tag{102a}$$

Will man $T_{z\,red}''$ verwenden, so erhält man nach Seite 40

$$\frac{T_{z\,red}'' - T_{z\,red}'}{T_{z\,red}''} = - \frac{\triangle V_e^{\bullet}}{2} \cdot \left(\frac{T_{z\,red}''}{T_s} \tilde{p}_z''^{\frac{\varkappa - 1}{\varkappa}} - \tau_e\right) \tag{103}$$

Setzt man in der Klammer, wo es wegen der Differenzbildung auf genauere Werte ankommt, $T_{z\,red}'' = T_{z\,red}' + \frac{1}{2} \triangle T_{z\,red}$, so ergibt sich

$$\triangle T_{z\,red} = - \frac{T_{z\,red}''}{2} \cdot \frac{\triangle V_e^{\bullet}}{1 + \dfrac{\triangle V_e^{\bullet}}{2} \cdot \dfrac{T_{z\,red}''}{T_s} \cdot \tilde{p}_z''^{\frac{\varkappa - 1}{\varkappa}}} \left(\frac{T_{z\,red}'}{T_s} \cdot \tilde{p}_z''^{\frac{\varkappa - 1}{\varkappa}} - \tau_e\right)$$

und, wenn man im Nenner wieder $T_{z\,red}''$ durch $T_{z\,red}'$ annähert,

$$\frac{T_{z\,red}'' - T_{z\,red}'}{T_{z\,red}''} = - \frac{\triangle V_e^{\bullet}}{2} \cdot \frac{1}{1 + \dfrac{\triangle V_e^{\bullet}}{2} \cdot \dfrac{T_{z\,red}'}{T_s} \cdot \tilde{p}_z''^{\frac{\varkappa - 1}{\varkappa}}} \cdot \left(\frac{T_{z\,red}'}{T_s} \cdot \tilde{p}_z''^{\frac{\varkappa - 1}{\varkappa}} - \tau_e\right) \tag{103 a}$$

Für $\varkappa$ kann der Adiabatenkoeffizient der Abgase eingesetzt werden.

Der Druckverlauf wird durch $\varkappa$ nicht wesentlich beeinflußt. Da die Wahl eines gleichbleibenden, der Adiabate entsprechenden $\varkappa$ infolge der Vernachlässigung des Wärmeüberganges zwischen Abgas und Zylinderwand ohnehin den wirklichen Verhältnissen nicht Rechnung trägt, kann auch zur Vereinfachung Ein- und Ausströmen mit dem gleichen Wert von $\varkappa$ gerechnet, also $\varkappa_e = \varkappa$ gesetzt werden. Wählt man dafür den etwas höheren Wert für den Einlaßstrom, so wird beim Abgasstrom der Wärmeübergang an die Wand zum Teil berücksichtigt.

Abb. 46 zeigt das Ergebnis einer Berechnung des Druckverlaufes während der Spülung eines Zweitaktmotors, wobei beim Vorauspuff mit zu großen Auslaßquerschnitten gerechnet worden ist.

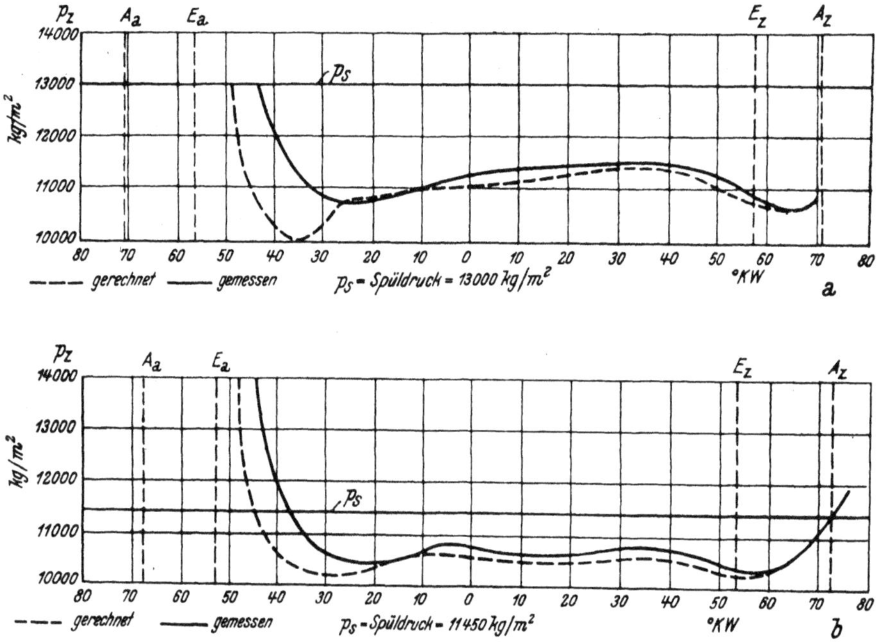

Abb. 46. Gemessener und gerechneter Druckverlauf während der Spülung eines Zweitaktmotors.

b) Einfluß einer Veränderung der allgemeinen Zustandlage.

Wenn sich alle Drücke im gleichen Verhältnis ändern, so bleibt der Verlauf $\frac{p_z}{p_0} = f \cdot (\alpha)$ gleich. Die Beziehungen der Temperaturen zueinander sind hier infolge der Mischungsvorgänge so verwickelt, daß sich allgemeine Zusammenhänge nicht ableiten lassen.

Bei gleichem Anfangs- und Außenzustand und gleichen Öffnungsgesetzen hängt der Druckverlauf im übrigen nur von w_{me} und w_{ma} ab.

c) Energiebilanz des Spülvorganges.

Berücksichtigt man die kinetische Energie L_k des Zylinderinhalts, so wird

$$d G_e \cdot \left(u_e + A \cdot p_e \cdot 10^4 \cdot v_e + A \cdot \frac{w_e^2}{2g}\right) - d G_a \cdot \left(u_a + A \cdot p_a \cdot 10^4 \cdot v_a + A \cdot \frac{w_a^2}{2g}\right) =$$

$$= d U_z + A \cdot d L_k + d Q_w + A \cdot d L$$

Darin ist wieder Q_w die an die Wände abgegebene Wärme, L die an den Kolben abgegebene Arbeit. Dieser Ansatz kann dazu benützt werden, um auf Grund von Messungen, durch welche die Zustandgrößen und Mengen des eintretenden und austretenden Gasstromes bestimmt wurden und des gemessenen Zylinderzustandes auf die übergegangene Wärmemenge zu schließen.

Integriert man zwischen Anfang und Ende des Ladungswechsels (Beginn Vorauspuff — Ende Spülung), so ist, wenn mit ′ die Größen bei Beginn des Vorauspuffs, mit ″ die Größen am Ende der Spülung gekennzeichnet werden:

$$G_e \left(u_e + A \,.\, p_e \,.\, 10^4 \,.\, v_e + A \cdot \frac{w_e^2}{2g} \right) - \int \left(u_a + A \,.\, p_a \,.\, 10^4 \,.\, v_a + A \cdot \frac{w_a^2}{2g} \right) \cdot d\,G_a =$$

$$= U_z'' - U_z' + A \,.\, L_k'' - A \,.\, L_k' + Q_w + A \,.\, L \tag{104}$$

Nun ist für Dieselmotoren bei B_H kg Brennstoffzufuhr je Hub

$$G_e + B_H = G_a \,; \quad G_z' = G_z'' + B_H$$

Die kinetische Energie im Zylinder L_K kann in Anbetracht ihres verhältnismäßig kleinen Wertes im allgemeinen vernachlässigt werden.

Bei adiabatischer Zustandsänderung im Einlaß ist

$$u_s + A \,.\, p_s \,.\, v_s = u_e + A \,.\, p_e \,.\, 10^4 \,.\, v_e + A \frac{w_e^2}{2g}$$

Wenn unmittelbar hinter den Auslaßschlitzen ein Abgaskalorimeter angebracht ist, in welchem den Gasen die Wärmemenge Q_{Kal} je Hub entzogen wird und mit „Kal" der Zustand des gleichmäßig vermischten Abgases nach dem Kalorimeter gekennzeichnet wird, so ist unter Vernachlässigung der kinetischen Energie nach dem Abgaskalorimeter die Wärmemenge, die während des Ladungswechsels an die Zylinderwände übergeht:

$$Q_w = G_e \,.\, (u_s + A \,.\, p_s \,.\, 10^4 \,.\, v_s) - (G_e + B_H) \,.\, (u_{Kal} + A \,.\, p_{Kal} \,.\, 10^4 \,.\, v_{Kal}) -$$

$$- G_z'' \,.\, u_z'' + (G_z'' + B_H) \,.\, u_z' - A \,.\, L - Q_{Kal} \tag{105}$$

Die Zustände u_z'' und u_z' können durch Auswertung des Druckdiagrammes erhalten werden. Es ist offenbar erwünscht, Q_w möglichst klein zu halten, um die Wärmebelastung der Maschine durch den Ladungswechsel nicht zu erhöhen. Die Verkleinerung von Q_w soll allerdings nicht durch ein großes u_z'' (starke Wärmeabgabe an die eintretende Ladung) erkauft werden, sondern durch eine günstige Führung des Auspuffstromes.

4. Die Einschaltung von Behältern in das Einström- und Ausströmsystem.

a) Allgemeines.

Vielfach sind in das beim Ladungswechsel durchflossene Kanalsystem Behälter eingeschaltet, um bestimmte Wirkungen, meist einen Ausgleich der Druckschwankungen, in einem Teil des Kanalsystems zu erzielen. Im nachfolgenden sei zunächst angenommen, daß diese Behälter durch Leitungen von vernachlässigbarer Länge mit den Ein- und Auslaßorganen des Zylinders verbunden sind.

Behälter in Einströmsystemen werden vor allem bei Zweitaktspülungen verwendet, um trotz Verschiedenheiten im zeitlichen Verlauf von Spülluftförderung durch die Spülpumpe (Gebläse) und Spülluftverbrauch durch den Motor, die Schwankungen des Spüldruckes innerhalb zulässiger Grenzen zu halten. Ein Sonderfall dieser Art ist ferner die Kurbelkastenspülung mit kurzer Überströmleitung. Bei Viertaktmotoren dienen vorgeschaltete Saugbehälter zur Geräuschdämpfung, sind aber meist durch so große Querschnitte mit der Außenluft verbunden, daß die Druckunterschiede zwischen Außenraum und Behälter vernachlässigt werden können.

Im Ausströmsystem sind Behälter zur Dämpfung der Auspuffstöße allgemein bei Vier- und Zweitaktmotoren in Verwendung. Abb. 47 zeigt ein Schema der nachfolgend besprochenen Kanalsysteme.

Die in Abb. 47 angeschriebenen Buchstaben und Zahlen geben die Bezeichnungen der Zustandsgrößen an der entsprechenden Stelle an. Wie bisher wird für den Zustand im Zylinder z, für den im Einlaß e und den im Auslaß a gesetzt. Dem Spülbehälter ist der Buchstabe s, dem Kurbelkasten k und dem Auspufftopf t zugeordnet. Die Rauminhalte der obengenannten Behälter in Bruchteilen des Hubraumes sind φ_s, φ_k, φ_t. Die Adiabatenkoeffizienten für das Einlaßsystem bis zum Zylinder sind $\varkappa_e$, im Zylinder und im Auslaß $\varkappa$.

b) Spülen eines Zylinders aus einem Spülbehälter bei Auspuff ins Freie oder in einen sehr großen Auspufftopf.

Es ist $p_a = p_o$. Der Spülbehälter hat gleichbleibenden Rauminhalt $\varphi_s \,.\, V_h$. Die Spülluft wird ihm durch eine Pumpe zugeführt. Bei einer Kolbenspülpumpe ist die Luftzufuhr bei kleinen Förderdrücken nahezu unabhängig von diesen. Bei direkter Kupplung mit dem Motor ist die zugeführte Luftmenge daher:

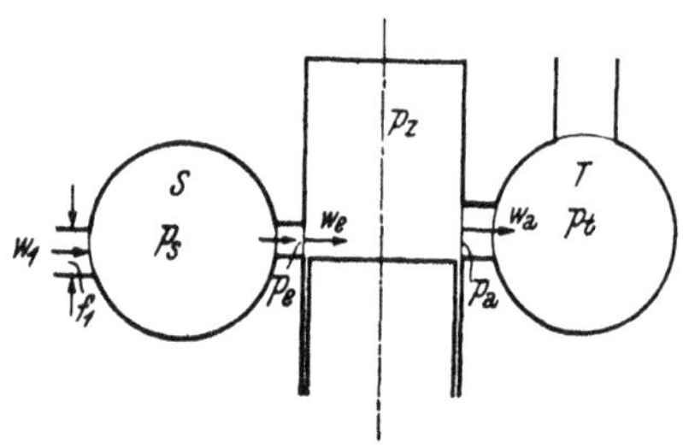

Abb. 47. Schema eines beim Ladungswechsel durchflossenen Kanalsystems. (Zweitaktmotor.)

$$\frac{dQ}{dt} = f(\alpha)$$

Bei Schleudergebläsen ist die zugeführte Luft bei gleichbleibender Drehzahl vom Förderdruck, hingegen nicht von der Kurbelstellung abhängig, es ist

$$\frac{dQ}{dt} = f(p_s)$$

Die Abhängigkeit ist durch die Kennlinie des Gebläses gegeben. Auch bei den Kapselgebläsen ist, wenn sie mit wesentlich höherer Drehzahl als der Motor laufen, die Förderung unabhängig von α, hingegen besteht eine, wenn auch im allgemeinen nicht sehr große Abhängigkeit der Förderung vom Druck, die aber meistens bei der Strömungsuntersuchung vernachlässigt werden kann.

Bei langsam laufenden Gebläsen mit ganzzahligem Übersetzungsverhältnis zum Motor ist aber auch bei Kapselgebläsen

$$\frac{dQ}{dt} = f(\alpha)$$

Für den Spülbehälter gilt bei unterkritischem Ausströmen die den Gleichungen (59 c) und (59 d), Seite 41 und 54, entsprechende Beziehung:

$$\frac{d\,p_s}{p_s} = \frac{\varkappa_e}{\varphi_s} \cdot \left[\frac{w_1 \,.\, d\alpha}{180\, w_{1m}} - \frac{w_e \,.\, (\mu\,\sigma)_e \,.\, d\alpha}{180\, w_{em}} \cdot \left(\frac{p_z}{p_s}\right)^{\frac{1}{\varkappa_e}}\right]$$

Für den Zylinder gilt:

$$\frac{d\,p_z}{p_z} = \frac{\varkappa}{z} \cdot \left[\frac{w_e \,.\, \tau_e}{180\, w_{em}} \cdot \left(\frac{p_s}{p_z}\right)^{\frac{\varkappa-1}{\varkappa}} \cdot (\mu\,\sigma)_e \,.\, d\alpha - \frac{w_a \,.\, (\mu\,\sigma)_a \,.\, d\alpha}{180\, w_{am}} \cdot \left(\frac{p_o}{p_z}\right)^{\frac{1}{\varkappa}} - dz\right]$$

Die mittlere Geschwindigkeit beim Eintritt in den Spülbehälter ist:

$$w_{1m} = \frac{F \cdot c_m}{f_1}$$

- F Kolbenfläche des Zylinders,
- c_m mittlere Kolbengeschwindigkeit,
- f_1 wirksamer Eintrittsquerschnitt in den Spülbehälter.

Bei gegebener Luftzufuhr zum Spülbehälter $\frac{dQ}{dt}$ (Q = Volumen im Zustand $p_s T_s$) wird: $w_1 = \frac{dQ}{dt} \cdot \frac{1}{f_1}$; daraus läßt sich w_1 je nach der Art des Gebläses in Abhängigkeit von p_s oder von α bestimmen.

Die Berechnungen werden sehr einfach, wenn die Druckänderungen klein sind oder die Zeitabschnitte klein genommen werden. Dann kann man unter den auf Seite 57 erörterten Umständen, die z. B. bei großen Behältern günstig liegen können, die bekannten Werte der Veränderlichen zu Beginn des Intervalls für dasselbe gelten lassen. Im allgemeinen wird man jedoch mit den Mittelwerten im Intervall rechnen müssen.

Wenn der Zeitabschnitt $2 \cdot \left(\frac{\triangle \alpha}{2}\right)$ angenommen wird und wieder ′ die Größen am Beginn, ″ die in der Mitte kennzeichnen, wird

$$\left.\begin{aligned} p_s'' - p_s' &= \frac{\varkappa_e \cdot p_s'}{\varphi_s} \cdot \left[\frac{w_1' \cdot \frac{\triangle \alpha}{2}}{180\, w_{1m}} - \frac{w_e''}{180\, w_{em}} \cdot \left(\frac{p_z'}{p_s'}\right)^{\frac{1}{\varkappa_e}} \cdot (\mu\sigma)_e'' \cdot \frac{\triangle \alpha}{2}\right] \\ p_z'' - p_z' &= \frac{\varkappa p_z'}{z} \cdot \left[\frac{w_e'' \cdot \tau_e}{180\, w_{em}} \cdot \left(\frac{p_s'}{p_z'}\right)^{\frac{\varkappa - 1}{\varkappa}} \cdot (\mu\sigma)_e'' \cdot \frac{\triangle \alpha}{2} - \frac{w_a''}{180\, w_{am}} \left(\frac{p_o}{p_z'}\right)^{\frac{1}{\varkappa}} \cdot (\mu\sigma)_a'' \cdot \frac{\triangle \alpha}{2} - \frac{\triangle z}{2}\right] \end{aligned}\right\} \tag{106}$$

Wie früher auf Seite 58 kann man dafür mit

$$C_s = p_s' \cdot \left(1 + \frac{\varkappa_e}{\varphi_s} \cdot \frac{w_1'}{180\, w_{1m}} \cdot \frac{\triangle \alpha}{2}\right), \quad C = p_z' \left(1 - \varkappa \cdot \frac{\triangle z}{2 \cdot z''}\right)$$

schreiben

$$\begin{aligned} p_s'' &= C_s - B_{Ps} \cdot \sqrt{p_s'' - p_z''} \\ p_z'' &= C + B_{Pe} \cdot \sqrt{p_s'' - p_z''} - B_{Pa} \cdot \sqrt{p_z'' - p_o} \end{aligned} \tag{106a}$$

wobei B_{Pe} nach Gleichung (96 a), B_{Pa} und B_{Ps} sinngemäß nach Gleichung (96 b) zu bestimmen sind.

Diese Gleichungen kann man durch Probieren lösen, indem man zunächst das Druckgefälle $\triangle_{ang} = p'' - p_z''$ annimmt, damit aus der ersten Gleichung p_s'' und $p_z'' = p_s'' - \triangle$ bestimmt und diese Werte auf der rechten Seite der zweiten Gleichung einsetzt. Der so errechnete Wert ergibt mit dem vorher erhaltenen p_s ein Druckgefälle $\triangle_{erg}$ als Ergebnis, das mit dem angenommenen $\triangle_{ang}$ im allgemeinen nicht übereinstimmt. Trägt man $\triangle_{erg}$ als Ordinate über $\triangle_{ang}$ als Abszisse auf und wiederholt den Vorgang mit einer anderen Annahme von $\triangle_{ang}$, dann gibt die Verbindungslinie beider so erhaltenen Punkte im Schnittpunkt mit der Geraden $\triangle_{erg} = \triangle_{ang}$ einen ersten Näherungswert für $\triangle$, Abb. 48. Bestimmt man damit nochmals ein $\triangle_{erg}$, so ergibt die Kurve durch die drei erhaltenen Punkte im Schnitt mit der genannten Geraden einen Wert für $\triangle$, bei dem Annahme und Ergebnis im allgemeinen genügende Übereinstimmung zeigen. Mit p_z'' und p_s'' erhält man die Druckänderung im ganzen Zeitabschnitt $\triangle \alpha$ zu $2 \cdot (p_z'' - p_z')$ und $2 \cdot (p_s'' - p_s')$.

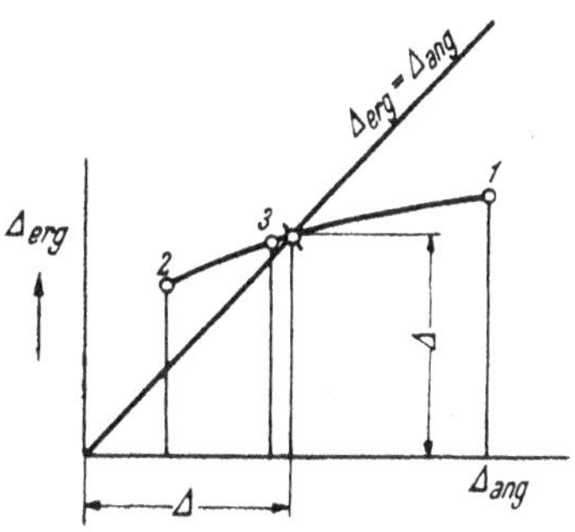

Abb. 48. Lösung von Gl. (106 a) durch Probieren.

Eine unmittelbare Lösung erhält man wieder durch Linearisieren. Dann sind die Druckänderungen im Spülbehälter und im Zylinder für den ganzen Zeitabschnitt $\triangle \alpha$

$$\triangle p_s = -\frac{2 \,.\, A_s}{1 + A_s} \cdot p_s' + \frac{B_{Ps}}{\sqrt{\tilde{\triangle}_e} \,.\, (1 + A_s)} \cdot \left(p_z' + \frac{1}{2} \triangle p_z - \tilde{\triangle}_e\right)$$

$$\triangle p_z = -\frac{2A}{1 + A} \cdot p_z' + \frac{B_{Pe}}{\sqrt{\tilde{\triangle}_e} \,.\, (1 + A)} \cdot \left(p_s' + \frac{1}{2} \triangle p_s + \tilde{\triangle}_e\right) + \frac{B_{Pa}}{\sqrt{\tilde{\triangle}_a} \,.\, (1 + A)} \cdot \left(p_o - \tilde{\triangle}_a\right) \qquad (106b)$$

mit

$$A_s = \frac{\varkappa_e}{\varphi_s} \cdot \frac{w_l'}{180\, w_{ml}} \cdot \frac{\triangle \alpha}{2} + \frac{B_{Ps}}{2 \,.\, \sqrt{\tilde{\triangle}_e}}$$

und

$$B_{Ps} = \frac{\varkappa_e}{\varphi_s} \cdot \frac{1}{180\, w_{me}} \cdot \frac{\triangle \alpha}{2} \,.\, \sqrt{2g \,.\, R \,.\, T_s'' \cdot (\sigma\mu)_e'' \cdot \tilde{p}_s''^{\,\frac{\varkappa + \nu - 2}{2\varkappa}} \,.\, \tilde{p}_z''^{\,\frac{2 - \nu}{2\varkappa}}} \qquad (106c)$$

B_{Pe} und B_{Pa} ergeben sich wie früher nach Gleichung (96 a, b).

Man extrapoliert den Verlauf von p_z und p_s und erhält damit $\tilde{p}_z$ und $\tilde{p}_s$, daraus $\tilde{\triangle}_e = \tilde{p}_s - \tilde{p}_z$ und $\tilde{\triangle}_a = \tilde{p}_z - p_o$ und wiederholt die Rechnung bei großen Abweichungen zwischen den errechneten $p_z' + \frac{\triangle p_z}{2}$ und $\tilde{p}_z$, bzw. $p_s' + \frac{\triangle p_s}{2}$ und $\tilde{p}_s$. In den meisten Fällen wird eine Wiederholung der Rechnung nicht erforderlich sein. Die Ausdrücke sind in $\triangle p_s$ und $\triangle p_z$ linear und lassen sich daher einfach lösen.

c) Kurbelkastenspülung.

Bei der Kurbelkastenspülung wirkt nach Abb. 49 der Motorkolben mit seiner Rückseite als Spülpumpenkolben, der Kurbelkasten als Arbeitsraum. Je nach der Ausbildung der Einlaßorgane in den Kurbelkasten unterscheidet man zwei Ausführungen, die getrennt behandelt werden müssen.

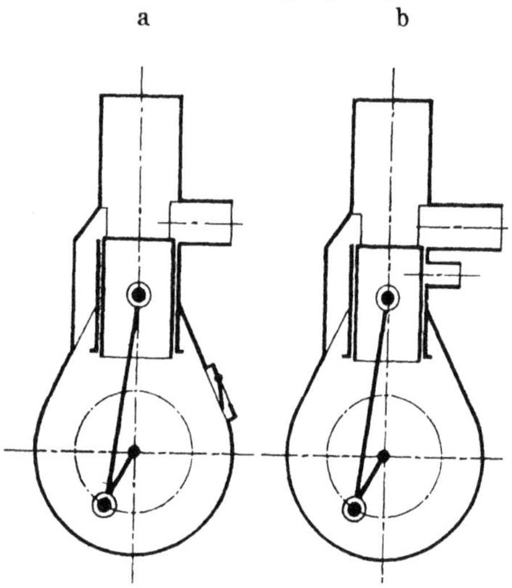

Abb. 49. Schema der Kurbelkastenspülung.

a) Wird nach Abb. 49a als Einlaßorgan ein selbsttätiges Ventil verwendet, das sich durch den Unterdruck beim Ansaugen öffnet, so entsteht im Kurbelkasten ein Druckverlauf nach Abb. 50. Beim Aufwärtsgang des Kolbens wird von 1 bis 2 angesaugt, dann beim Rückgang von 2 bis 3 verdichtet. Bei 3 gibt der Kolben die Einlaßschlitze frei, die Spülung beginnt und dauert, bis wieder die gleiche Kolbenstellung erreicht ist. Der Druck im Kurbelraum sinkt während der Spülung ab. Nach einer kurzen Expansion von 4 nach 1 öffnet das Einsaugventil. Die durchtretende Menge Q (Innenzustand) ist abhängig von $(p_o - p_k)$. Sie ist unter Berücksichtigung der Kleinheit des Druckunterschiedes

$$dQ = f \,.\, \mu\sigma \,.\, \sqrt{2g \,.\, R \,.\, T_o} \cdot \sqrt{p_o - p_k} \,.\, dt$$

Die Öffnungsweite σ des Querschnittes f hängt unter Vernachlässigung der Trägheit des Ventilplättchens ebenfalls von $(p_o - p_k)$ ab. Daher ist $dQ = \Phi\,(p_o - p_k) \,.\, dt$.

Die Abhängigkeit ist versuchsmäßig zu bestimmen und wird für die Rechnung als gegeben vorausgesetzt. Daraus wird, auf den vollen Öffnungsquerschnitt bezogen:

$$w_l = \frac{1}{f} \cdot \frac{dQ}{dt}$$

und die Druckänderung während des Einsaugens mit der Aufheizungszahl τ_k und mit

$$w_{ml} = \frac{F \cdot c_m}{f}: \quad \frac{d\,p_k}{p_k} = \frac{\varkappa_e}{\varphi_k} \cdot \left(\tau_k \cdot \frac{w_1 \cdot d\alpha}{180\, w_{ml}} - d\,\varphi_k\right)$$

Infolge der geringen Druckänderungen kann im allgemeinen genügend genau mit den Anfangswerten für den Zeitabschnitt gerechnet werden, wenn dieser genügend klein gewählt wird. Man erhält:

$$\frac{p_k'' - p_k'}{p_k'} = \frac{\varkappa_e}{\varphi_k} \cdot \left(\tau_k \cdot \frac{w_1' \cdot \triangle\alpha}{180\, w_{ml}} - \triangle\,\varphi_k\right) \tag{107}$$

Darin ist $w_1' = \frac{1}{f} \cdot \Phi\,(p_o - p_k'')$ durch Messungen bei stationärem Durchströmen in Abhängigkeit von $(p_o - p_k)$ ermittelbar.

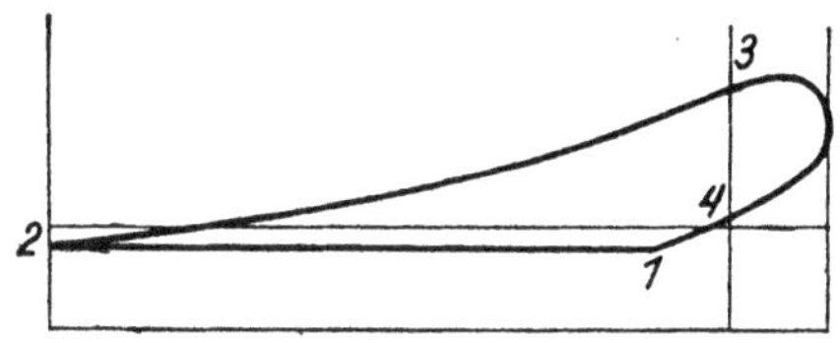

Abb. 50. Druckverlauf im Kurbelkasten bei selbsttätigem Saugventil.

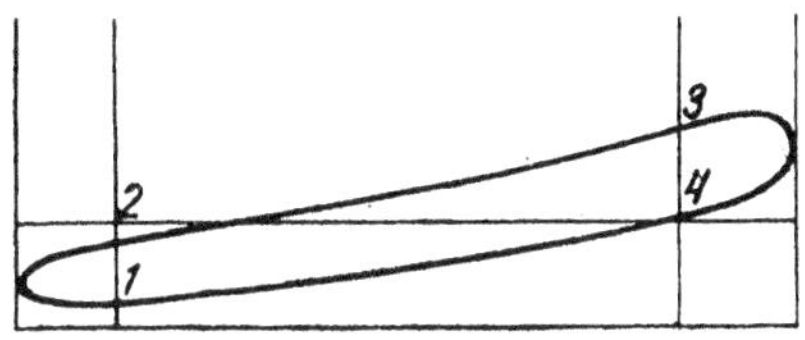

Abb. 51. Druckverlauf im Kurbelkasten bei vom Kolben gesteuertem Einlaß.

β) Wenn nach Abb. 49b der Einlaß in die Kurbelkastenpumpe durch den Kolben gesteuert wird, so findet nach Abb. 51 von 4 bis 1 eine Expansion des Kurbelkasteninhaltes statt, die adiabatisch angenommen wird. Für den Druck gilt demnach

$$p \cdot v^{\varkappa} = C$$

Das Einströmen von 1 bis 2 erfolgt durch die vom Kolben gesteuerten Schlitze, wobei w_{ml} nach Gl. (67 a) gerechnet wird. Man erhält:

$$\frac{d\,p_k}{p_k} = \frac{\varkappa_e}{\varphi_k} \cdot \left[\frac{\tau_k \cdot w_1}{180\, w_{ml}} \cdot \left(\frac{p_o}{p_k}\right)^{\frac{\varkappa_e - 1}{\varkappa_e}} \cdot \mu\sigma \cdot d\alpha - d\,\varphi_k\right]$$

$$w_1 = \sqrt{2g \cdot R \cdot T_o} \cdot p_o^{\frac{\nu - \varkappa_e}{2\varkappa_e}} \cdot p_k^{\frac{-\nu}{2\varkappa_e}} \cdot \sqrt{p_o - p_k}$$

Für den Zeitabschnitt $2 \cdot \left(\frac{\triangle\alpha}{2}\right)$ mit $''$ als Kennzeichnung der Mittelwerte gilt:

$$p_k'' - p_k' = \frac{\varkappa_e \cdot p_k'}{\varphi_k''}\left[\frac{\tau_k \cdot w_1''}{180\, w_{ml}} \cdot \left(\frac{p_o}{\tilde{p}_k''}\right)^{\frac{\varkappa_e - 1}{\varkappa_e}} \cdot (\mu\sigma)'' \cdot \frac{\triangle\alpha}{2} - \frac{\triangle\varphi_k}{2}\right] \tag{108}$$

$$w_1'' = \sqrt{2g \cdot R \cdot T_o} \cdot p_o^{\frac{\nu - \varkappa_e}{2\varkappa_e}} \cdot \tilde{p}_k''^{\frac{-\nu}{2\varkappa_e}} \cdot \sqrt{p_o - p_k''}$$

Die rechnerische Behandlung dieser beiden Gleichungen ist auf Seite 42 angegeben.

Von 2 bis 3 wird die Ladung im Kurbelkasten nach $p \cdot v^{\varkappa} = C$ verdichtet. Im Punkt 3 beginnt die Spülung. Während derselben erfolgt kein Einströmen in den Kurbelkasten, es gilt daher:

$$\frac{d\,p_k}{p_k} = -\frac{\varkappa_e}{\varphi_k} \cdot \left[\frac{w_e \cdot (\mu\sigma)_e}{180\, w_{me}} \cdot \left(\frac{p_z}{p_k}\right)^{\frac{1}{\varkappa_e}} \cdot d\alpha + d\varphi_k\right]$$

und für den Zylinder

$$\frac{d\,p_z}{p_z} = \frac{\varkappa}{z} \cdot \left[\frac{w_e \cdot \tau_e}{180\,w_{me}} \cdot (\mu\,\sigma)_e \cdot \left(\frac{p_k}{p_z}\right)^{\frac{\varkappa_e - 1}{\varkappa_e}} \cdot d\alpha - \frac{w_a}{180\,w_{ma}} \cdot (\mu\,\sigma)_a \cdot \left(\frac{p_o}{p_z}\right)^{\frac{1}{\varkappa}} \cdot d\alpha - dz\right]$$

Für die Mitte des Zeitabschnittes gilt:

$$\left.\begin{aligned} p_k'' - p_k' &= -\frac{\varkappa_e \cdot \tilde{p}_k''}{\varphi_k} \cdot \left[\frac{w_e'' \cdot (\mu\,\sigma)_e''}{180\,w_{em}} \cdot \left(\frac{\tilde{p}_z''}{\tilde{p}_k''}\right)^{\frac{1}{\varkappa_e}} \cdot \frac{\triangle\alpha}{2} + \frac{\triangle\varphi_k}{2}\right] \\ p_z'' - p_z' &= \frac{\varkappa \cdot \tilde{p}_z''}{z''} \cdot \left[\frac{w_e'' \cdot \tau_e}{180\,w_{em}} \cdot (\mu\,\sigma)_e'' \cdot \left(\frac{\tilde{p}_k''}{\tilde{p}_z''}\right)^{\frac{\varkappa_e - 1}{\varkappa_e}} \cdot \frac{\triangle\alpha}{2} - \frac{w_a''}{180\,w_{am}} \cdot (\mu\,\sigma)_a'' \cdot \left(\frac{p_o}{\tilde{p}_z''}\right)^{\frac{1}{\varkappa}} \cdot \frac{\triangle\alpha}{2} - \frac{\triangle z}{2}\right] \end{aligned}\right\} \quad (109)$$

Mit
$$w_e'' = \sqrt{2g \,.\, R \,.\, \tilde{T}_k'' \,.\, \tilde{p}_k''^{\frac{\nu - \varkappa_e}{2\varkappa_e}} \,.\, \tilde{p}_z''^{\frac{-\nu}{2\varkappa_e}}} \,.\, \sqrt{p_k'' - p_z''}$$

und
$$w_a'' = \sqrt{2g \,.\, R \,.\, \tilde{T}_z'' \,.\, \tilde{p}_z''^{\frac{\nu - \varkappa}{2\varkappa}} \,.\, p_o^{\frac{-\nu}{2\varkappa}}} \,.\, \sqrt{p_z'' - p_o}$$

erhalten die beiden Gleichungen die Form:

$$\left.\begin{aligned} p_k'' &= c_k - B_{Pk} \,.\, \sqrt{p_k'' - p_z''} \\ p_z'' &= B_{Pe} \,.\, \sqrt{p_k'' - p_z''} - B_{Pa} \,.\, \sqrt{p_z'' - p_o} + c \end{aligned}\right\} \quad (109\,a)$$

Ihre Auflösung ist auf Seite 67 besprochen.

Auch hier empfiehlt sich die Verwendung der linearisierten Gleichungen für die Druckänderung im Zylinder und im Kurbelkasten. Man erhält:

$$p_k''' = (A_k) \,.\, p_k' + (B_k) \,.\, \left(\frac{p_z' + p_z'''}{2} - \tilde{\triangle}_e\right) \quad (109b)$$

$$p_z''' = (A) \,.\, p_z' + (B_e) \,.\, \left(\frac{p_k' + p_k'''}{2} + \tilde{\triangle}_e\right) + (B_a) \,.\, (p_o - \tilde{\triangle}_a) \quad (109c)$$

Darin gelten für (A), (B_e), (B_a) die Gleichungen (96 a), (96 b) und (97 a) Seite 59, und ebenso ergibt sich sinngemäß

$$B_{Pk} = \frac{\varkappa}{180\,w_{me}} \cdot \frac{\triangle\alpha}{2} \cdot \frac{(\mu\,\sigma)_e''}{\varphi_k''} \cdot \sqrt{2g \,.\, R \,.\, \tilde{T}_k'' \cdot \tilde{p}_k''^{\frac{\varkappa_e + \nu - 2}{2\varkappa_e}} \cdot \tilde{p}_z''^{\frac{2 - \nu}{2\varkappa_e}}}$$

$$A_k = \frac{\varkappa_e}{2} \cdot \frac{\triangle\varphi_k}{\varphi_k''} + \frac{B_{Pk}}{2\sqrt{\tilde{\triangle}_e}}; \qquad (A_k) = \frac{1 - A_k}{1 + A_k}; \qquad (B_k) = \frac{B_{Pk}}{\sqrt{\tilde{\triangle}_e}\,(1 + A_k)}$$

Bezüglich einer Einführung von u und des Lösungsvorganges gelten die Ausführungen auf Seite 59.

Der Liefergrad λ_{lk} der Kurbelkastenspülpumpe ist

$$\lambda_{lk} = \frac{1}{180\,w_{m1}} \cdot \int_{\alpha_1}^{\alpha_2} w_1 \cdot \left(\frac{p_k}{p_o}\right)^{\frac{1}{\varkappa_e}} \cdot \mu\,\sigma \,.\, d\alpha$$

Darin sind α_1 und α_2 die dem Beginn und Ende des Einströmens zugeordneten Kurbelwinkel. Der Liefergrad der Kurbelkastenspülpumpe ist gleich dem Luft- bzw. Ladungsaufwand Λ_o des Motors.

Die Einströmvorgänge und die Liefergrade ändern sich nicht, wenn bei konstanter Temperatur alle Drücke in gleichem Verhältnis geändert werden.

d) Ausströmen aus einem Zylinder mit nachgeschaltetem Auspufftopf. (Gesamter Auspuff beim Viertakt, Vorauspuff beim Zweitakt).

Der Rauminhalt des Auspufftopfes ist $\varphi_t \cdot V_h$. Die Gase strömen aus dem Auspufftopf durch eine Öffnung mit gleichbleibendem Querschnitt f_2 in die Außenluft ab. Bei nachgeschalteter Auspuffturbine ist diese Öffnung die Düse. Die Druckänderung im Zylinder wird:

$$\frac{d\,p_z}{p_z} = \frac{-\varkappa}{z} \cdot \left[\frac{w_a}{180\,w_{am}} \cdot \left(\frac{p_a}{p_z}\right)^{\frac{1}{\varkappa}} \cdot (\mu\,\sigma)_a \,.\, d\,\alpha + d\,z\right]$$

p_a ist der Druck im Ausströmquerschnitt.

Für die Druckänderung im Topf gilt:

$$\frac{d\,p_t}{p_t} = \frac{\varkappa}{\varphi_t} \cdot \left[\frac{w_a}{180\,w_{am}} \cdot \frac{p_a}{p_t} \cdot \left(\frac{p_z}{p_a}\right)^{\frac{\varkappa-1}{\varkappa}} \cdot (\mu\,\sigma)_a \,.\, d\,\alpha - \frac{w_2 \,.\, \mu_2}{180\,w_{m2}} \cdot \left(\frac{p_o}{p_t}\right)^{\frac{1}{\varkappa}} \cdot d\,\alpha\right]$$

Darin ist $w_{m2} = \frac{F \cdot c_m}{f_2}$ und μ_2 die Durchflußzahl der Austrittsöffnung f_2.

Für unterkritisches Durchströmen beider Steuerquerschnitte erhält man für den Zeitabschnitt $2 \cdot \frac{\triangle\alpha}{2}$ mit $''$ zur Kennzeichnung der Werte in der Mitte:

$$p_z'' - p_z' = -\frac{\varkappa \,.\, \widetilde{p_z''}}{z} \cdot \left[\frac{w_a''}{180\,w_{am}} \cdot \left(\frac{p_t''}{\widetilde{p_z''}}\right)^{\frac{1}{\varkappa}} \cdot (\mu\,\sigma)_a'' \cdot \frac{\triangle\alpha}{2} + \frac{\triangle z}{2}\right]$$

$$p_t'' - p_t' = \frac{\varkappa \,.\, \widetilde{p_t''}}{\varphi_t} \cdot \left[\frac{w_a''}{180\,w_{am}} \cdot \left(\frac{\widetilde{p_z''}}{\widetilde{p_t''}}\right)^{\frac{\varkappa-1}{\varkappa}} \cdot (\mu\,\sigma)_a'' \cdot \frac{\triangle\alpha}{2} - \frac{w_2'' \,.\, \mu_2}{180\,w_{m2}} \cdot \left(\frac{p_o}{\widetilde{p_t''}}\right)^{\frac{1}{\varkappa}} \cdot \frac{\triangle\alpha}{2}\right]$$

Mit

$$w_a'' = \sqrt{2\,g \,.\, R \,.\, \widetilde{T_z''}} \,.\, \widetilde{p_z''}^{\frac{\nu-\varkappa}{2\varkappa}} \,.\, \widetilde{p_t''}^{\frac{-\nu}{2\varkappa}} \,.\, \sqrt{p_z'' - p_t''}$$

und

$$w_2'' = \sqrt{2\,g \,.\, R \,.\, \widetilde{T_t''}} \,.\, \widetilde{p_t''}^{\frac{\nu-\varkappa}{2\varkappa}} \,.\, p_o^{\frac{-\nu}{2\varkappa}} \,.\, \sqrt{p_t'' - p_o}$$

erhalten die Gleichungen die Form

$$\begin{aligned} p_z'' &= -B_{Pa} \,.\, \sqrt{p_z'' - p_t''} - \widetilde{p_z''} \,.\, \frac{\varkappa}{2} \,.\, \frac{\triangle z}{z''} + p_z' \\ p_t'' &= B_{Pte} \,.\, \sqrt{p_z'' - p_t''} - B_{Pta} \,.\, \sqrt{p_t'' - p_o} + p_t' \end{aligned} \tag{110}$$

und sind wie auf Seite 67 angegeben zu lösen.

Die entsprechenden linearisierten Ausdrücke, mit denen in den meisten Fällen gerechnet werden kann, sind

$$p_z''' = (A) \,.\, p_z' + (B_a) \,.\, \left(\frac{1}{2} \,.\, (p_t' + p_t''') - \widetilde{\triangle}_a\right)$$

und

$$p_t''' = (A_t) \,.\, p_t' + (B_{te}) \,.\, \left(\frac{1}{2} \,.\, (p_z' + p_z''') + \widetilde{\triangle}_a\right) + (B_{ta}) \,.\, (p_o - \widetilde{\triangle}_t) \tag{110a}$$

Daraus lassen sich die unbekannten Drücke p_z''' und p_t''' für das Ende des Zeitabschnittes $\triangle\alpha$ leicht bestimmen.

Im einzelnen ist $(A) = \frac{1-A}{1+A}$, $(B_a) = \frac{B_{Pa}}{\sqrt{\tilde{\triangle}_a} \cdot (1+A)}$

mit

$$B_{Pa} = \frac{\varkappa}{180\, w_{ma}} \cdot \frac{\triangle\alpha}{2} \cdot \frac{(\mu\,\sigma)_a''}{z''} \cdot \sqrt{2g \cdot R \cdot \tilde{T}_z''} \cdot \tilde{p}_z''^{\frac{\varkappa+\nu-2}{2\varkappa}} \cdot \tilde{p}_t''^{\frac{2-\nu}{2\varkappa}} \quad \text{und} \quad A = \frac{\varkappa}{2} \cdot \frac{\triangle z}{z''} + \frac{B_{Pa}}{2\sqrt{\tilde{\triangle}_a}}$$

wobei statt $\tilde{T}_z''$ auch $T_{z\,red}$ gesetzt werden kann und der Exponent von $\tilde{p}_z''$ dann um $\frac{\varkappa-1}{2\varkappa}$ auf $\frac{2\varkappa+\nu-3}{2\varkappa}$ zu erhöhen ist.

Ferner gilt

$$\left.\begin{aligned}
&(A_t) = \frac{1-A_t}{1+A_t}; \quad (B_{te}) = \frac{B_{P\,te}}{\sqrt{\tilde{\triangle}_a} \cdot (1+A_t)}; \quad (B_{ta}) = \frac{B_{P\,ta}}{\sqrt{\tilde{\triangle}_t} \cdot (1+A_t)} \\
&\text{mit} \quad B_{P\,te} = \frac{\varkappa}{180\, w_{ma}} \cdot \frac{\triangle\alpha}{2} \cdot \frac{(\mu\,\sigma)_a''}{\varphi_t} \cdot \sqrt{2g \cdot R \cdot \tilde{T}_z''} \cdot \tilde{p}_z''^{\frac{\varkappa+\nu-2}{2\varkappa}} \cdot \tilde{p}_t''^{\frac{2-\nu}{2\varkappa}} \\
&\phantom{\text{mit}} \quad B_{P\,ta} = \frac{\varkappa}{180\, w_{m2}} \cdot \frac{\triangle\alpha}{2} \cdot \frac{\mu_2}{\varphi_t} \cdot \sqrt{2g \cdot R \cdot \tilde{T}_t''} \cdot \tilde{p}_t''^{\frac{\varkappa+\nu-2}{2\varkappa}} \cdot p_o^{\frac{2-\nu}{2\varkappa}} \\
&\text{und} \quad A_t = \frac{1}{2\sqrt{\tilde{\triangle}_a}} \cdot B_{P\,te} + \frac{1}{2\sqrt{\tilde{\triangle}_t}} \cdot B_{P\,ta}
\end{aligned}\right\} \quad (110b)$$

Bei überkritischem Ausströmen aus dem Zylinder ist bei den nicht linearisierten Gleichungen in B_{Pa} und B_{Pte} ebenso wie in $\sqrt{p_z'' - p_t''}$ der Druck p_t'' durch $\tilde{p}_z'' \cdot \left(\frac{2}{\varkappa+1}\right)^{\frac{\varkappa}{\varkappa-1}}$ zu ersetzen, so daß die Ausströmgeschwindigkeit vom Druck im Auspufftopf unabhängig wird und der Austrittseinfluß daher mit Näherungswerten ($\tilde{p}_z''$ und $\tilde{T}_z''$) des Zylinderzustandes allein berechnet werden kann. Die Gleichung für den Auspufftopf erhält dann die Form

$$p_t'' = c_t - B_{P\,ta} \cdot \sqrt{p_t'' - p_o}$$

und läßt sich nach p_t'' auflösen, man kann aber auch für die Wurzel den linearisierten Näherungswert

$$\sqrt{p_t'' - p_o} \approx \frac{p_t'' - p_o + \tilde{\triangle}_t}{2\tilde{\triangle}_t}$$

nach Seite 59 anschreiben, so daß die Gleichung für p_t'' linear wird. Gleichung (110a) jedoch gilt im kritischen Gebiet nicht mehr unmittelbar, weil beim Linearisieren die Veränderlichkeit der Druckpotenzen in B_p vernachlässigt wurde.

e) Spülung eines Zylinders mit vorgeschaltetem Spülbehälter und nachgeschaltetem Auspufftopf.

Hier erhält man drei Differentialgleichungen für die Druckänderungen im Spülbehälter, Zylinder und Auspufftopf

$$\frac{d\,p_s}{p_s} = \frac{\varkappa_e}{\varphi_s} \cdot \left[\frac{w_1 \cdot d\alpha}{180\, w_{1m}} - \frac{w_e}{180\, w_{em}} \cdot \left(\frac{p_e}{p_s}\right)^{\frac{1}{\varkappa}} \cdot (\mu\,\sigma)_e \cdot d\alpha\right]$$

$$\frac{d p_z}{p_z} = \frac{\varkappa}{z} \cdot \left[\frac{w_e \cdot \tau_e}{180\, w_{em}} \cdot \frac{p_e}{p_z} \cdot \left(\frac{p_s}{p_e}\right)^{\frac{\varkappa-1}{\varkappa}} \cdot (\mu\, \sigma)_e \cdot d\alpha - \frac{w_a}{180\, w_{am}} \cdot \left(\frac{p_a}{p_z}\right)^{\frac{1}{\varkappa}} \cdot (\mu\, \sigma)_a \cdot d\alpha - d z \right]$$

$$\frac{d p_t}{p_t} = \frac{\varkappa}{\varphi_t} \cdot \left[\frac{w_a}{180\, w_{am}} \cdot \frac{p_a}{p_t} \cdot \left(\frac{p_z}{p_a}\right)^{\frac{\varkappa-1}{\varkappa}} \cdot (\mu\, \sigma)_a \cdot d\alpha - \frac{w_2 \cdot \mu_2}{180\, w_{m2}} \cdot \left(\frac{p_o}{p_t}\right)^{\frac{1}{\varkappa}} \cdot d\alpha \right]$$

Für den Zeitabschnitt $2 \cdot \left(\frac{\triangle \alpha}{2}\right)$ sind die mit $''$ gekennzeichneten Werte in der Mitte

$$p_s'' - p_s' = \frac{\varkappa_e \cdot \tilde{p}_s''}{\varphi_s} \cdot \left[\frac{w_1 \cdot \triangle \alpha}{180\, w_{m1} \cdot 2} - \frac{w_e''}{180\, w_{em}} \cdot \left(\frac{\tilde{p}_e''}{\tilde{p}_s''}\right)^{\frac{1}{\varkappa}} \cdot (\mu\, \sigma)_e'' \cdot \frac{\triangle \alpha}{2} \right]$$

$$p_z'' - p_z' = \frac{\varkappa \cdot \tilde{p}_z''}{z''} \cdot \left[\frac{w_e'' \cdot \tau_e}{180\, w_{em}} \cdot \frac{\tilde{p}_e''}{\tilde{p}_z''} \cdot \left(\frac{\tilde{p}_s''}{\tilde{p}_e''}\right)^{\frac{\varkappa-1}{\varkappa}} \cdot (\mu\, \sigma)_e'' \cdot \frac{\triangle \alpha}{2} - \right.$$

$$\left. - \frac{w_a''}{180\, w_{am}} \cdot \left(\frac{\tilde{p}_a''}{\tilde{p}_z''}\right)^{\frac{1}{\varkappa}} \cdot (\mu\, \sigma)_a'' \cdot \frac{\triangle \alpha}{2} - \frac{\triangle z}{2} \right]$$

$$p_t'' - p_t' = \frac{\varkappa \cdot \tilde{p}_t''}{\varphi_t} \cdot \left[\frac{w_a''}{180\, w_{am}} \cdot \frac{\tilde{p}_a''}{\tilde{p}_t''} \cdot \left(\frac{\tilde{p}_z''}{\tilde{p}_a''}\right)^{\frac{\varkappa-1}{\varkappa}} \cdot (\mu\, \sigma)_a'' \cdot \frac{\triangle \alpha}{2} - \frac{w_2 \cdot \mu_2}{180 w_{m2}} \cdot \left(\frac{p_o}{\tilde{p}_t''}\right)^{\frac{1}{\varkappa}} \cdot \frac{\triangle \alpha}{2} \right]$$

Das Einströmgesetz in den Spülbehälter und damit w_1 sei gegeben. Mit den Ausdrücken für die Geschwindigkeiten bei unterkritischem Einströmen:

$$w_e'' = \sqrt{2 g \cdot R \cdot \tilde{T}_s''} \cdot \tilde{p}_s''^{\,\frac{\nu-\varkappa}{2\varkappa}} \cdot \tilde{p}_z''^{\,\frac{-\nu}{2\varkappa}} \cdot \sqrt{p_s'' - p_z''}$$

$$w_a'' = \sqrt{2 g \cdot R \cdot \tilde{T}_z''} \cdot \tilde{p}_z''^{\,\frac{\nu-\varkappa}{2\varkappa}} \cdot \tilde{p}_t''^{\,\frac{-\nu}{2\varkappa}} \cdot \sqrt{p_z'' - p_t''}$$

$$w_2'' = \sqrt{2 g \cdot R \cdot \tilde{T}_t''} \cdot \tilde{p}_t''^{\,\frac{\nu-\varkappa}{2\varkappa}} \cdot \tilde{p}_o^{\,\frac{-\nu}{2\varkappa}} \cdot \sqrt{p_t'' - p_o}$$

erhalten die drei obigen Gleichungen die Form:

$$\begin{aligned} p_s'' &= c_s - B_{Ps} \cdot \sqrt{(p_s'' - p_z'')} \\ p_z'' &= B_{Pe} \cdot \sqrt{(p_s'' - p_z'')} - B_{Pa} \cdot \sqrt{p_z'' - p_t''} + c \\ p_t'' &= B_{Pte} \cdot \sqrt{p_z'' - p_t''} - B_{Pta} \cdot \sqrt{p_z'' - p_o} + c_t \end{aligned} \qquad (111)$$

Eine Auflösung ist möglich, indem man p_s'' und p_t'' durch Extrapolation der entsprechenden Druckkurven schätzt, aus der mittleren Gleichung ein vorläufiges p_z'' errechnet und dann aus der 1. und 3. verbesserte Werte von p_s'' und p_t'' ermittelt, mit denen die Rechnung wiederholt werden kann.

Das Verfahren ist umständlich und zeitraubend, daher ist die Rechnung mit den linearisierten Gleichungen vorzuziehen. Man erhält:

$$p_s''' = (A_s) \,.\, p_s' + (B_s) \,.\, \left(\frac{1}{2} \,.\, (p_z' + p_z''') - \widetilde{\triangle}_e\right)$$

$$p_z''' = (A) \,.\, p_z' + (B_e) \,.\, \left(\frac{1}{2} \,.\, (p_s' + p_s''') + \widetilde{\triangle}_e\right) + (B_a) \,.\, \left(\frac{1}{2} \,.\, (p_t' + p_t''') - \widetilde{\triangle}_a\right) \qquad (111a)$$

$$p_t''' = (A_t) \,.\, p_t' + (B_{te}) \,.\, \left(\frac{1}{2} \,.\, (p_z' + p_z''') + \widetilde{\triangle}_a\right) + (B_{ta}) \,.\, (p_o - \widetilde{\triangle}_t)$$

wobei wieder allgemein

$$(A) = \frac{1-A}{1+A}, \quad (B) = \frac{B_p}{\sqrt{\widetilde{\triangle}}\,(1+A)}$$

ist.

Darin ist A_s, B_{ps} nach Gleichung (106c), Seite 68, A_t, B_{Pte}, B_{Pta} nach Gleichung (110b), Seite 72 und A, B_{Pe}, B_{Pa} nach Gleichungen (97), (96a), (96b), Seite 59, und 58 einzusetzen.

Die drei in p_s''', p_z''' und p_t''' linearen Gleichungen ermöglichen eine einfache Berechnung dieser Drücke.

Der Rechnungsgang ist sinngemäß gleich wie früher bei anderen einfacheren Fällen angegeben. Man schätzt $\widetilde{p}_s$, $\widetilde{p}_z$ und $\widetilde{p}_t$ durch Extrapolation der entsprechenden Druckverläufe und ermittelt die Druckdifferenzen $\widetilde{\triangle}_e = \widetilde{p}_s - \widetilde{p}_z$, $\widetilde{\triangle}_a = \widetilde{p}_z - \widetilde{p}_t$ und $\widetilde{\triangle}_t = \widetilde{p}_t - p_o$. Nun werden aus den drei Gleichungen (111a) die Werte p_s''', p_z''' und p_t''' ermittelt. Bei großen Abweichungen zwischen $\widetilde{p}_s$ und $p_s' + \frac{1}{2} \triangle p_s$ usw. ist die Rechnung mit den im ersten Rechnungsgang erhaltenen Werten p_s'', p_z'' und p_t'' an Stelle von $\widetilde{p}_s$, $\widetilde{p}_z$ und $\widetilde{p}_t$ zu wiederholen. In den meisten Fällen wird die Wiederholung der Rechnung unterbleiben können.

IV. Vorgänge in den Rohrleitungen des beim Ladungswechsel durchflossenen Kanalsystems.

1. Allgemeines über die nicht stationäre Strömung in Rohren.

Unter der Voraussetzung eindimensionaler Strömung, also gleicher Geschwindigkeit aller in einem Querschnitt liegenden Gasteilchen, und einer dem Quadrat der Geschwindigkeit und dem Reibungsbeiwert r verhältigen Reibung gilt für ein Gaselement von der Länge dx bei der Verschiebung um das Wegelement w . dt für die Arbeit des Druckgefälles:

$$-\frac{\partial p}{\partial x} \cdot 10^4 \,.\, dx \,.\, w \,.\, dt = \frac{\gamma}{2g} \cdot dx \,.\, d\,(w^2) + \frac{\gamma}{g} \cdot w^2 \,.\, r \,.\, dx \,.\, w \,.\, dt$$

(p in kg/cm², Längeneinheit für die übrigen Größen ist das Meter). Das Druckgefälle liefert die Arbeit für die Erhöhung der kinetischen Energie und die Überwindung der Reibung.

Die Geschwindigkeit ist bei nichtstationärer Strömung von Ort und Zeit abhängig. Daher gilt

$$d \,.\, (w^2) = 2 \,.\, w \cdot \frac{\partial w}{\partial x} \cdot dx + 2 \,.\, w \cdot \frac{\partial w}{\partial t} \cdot dt$$

Damit erhält man mit w . dt = dx

$$-\frac{g}{\gamma} \cdot \frac{\partial p}{\partial x} \cdot 10^4 = w \cdot \frac{\partial w}{\partial x} + \frac{\partial w}{\partial t} + w^2 r$$

Die Änderung des Gasgewichtes in einem Raumelement von der Länge dx muß gleich der Differenz von eintretendem und austretendem Gasgewicht sein. Daher erhält man nach Abb. 52

$$\frac{\partial \gamma}{\partial t} + w \cdot \frac{\partial \gamma}{\partial x} + \gamma \cdot \frac{\partial w}{\partial x} = 0$$

Außer diesen Gleichungen gilt noch bei der Annahme polytroper Zustandsänderung

$$p \cdot \gamma^{-m} = \text{konst.}$$

m hängt von der Wärmezufuhr von außen und durch die Reibung ab. In den meisten Fällen kann die Wärmezufuhr vernachlässigt und $m = \varkappa = \frac{c_p}{c_v}$ gesetzt werden. Mit $v = \frac{1}{\gamma}$ wird dann:

$$-g \cdot v \cdot \frac{\partial p}{\partial x} \cdot 10^4 = w \cdot \frac{\partial w}{\partial x} + \frac{\partial w}{\partial t} + w^2 r$$

$$\frac{\partial p}{\partial t} + w \cdot \frac{\partial p}{\partial x} + p \cdot \varkappa \cdot \frac{\partial w}{\partial x} = 0 \qquad (112)$$

Die Gleichungen lassen sich nur näherungsweise lösen. Verfahren dazu haben List [5] und Pischinger [6] beschrieben. Die Rechnung ist jedoch so umständlich, daß sie zunächst keine praktische Bedeutung hat.

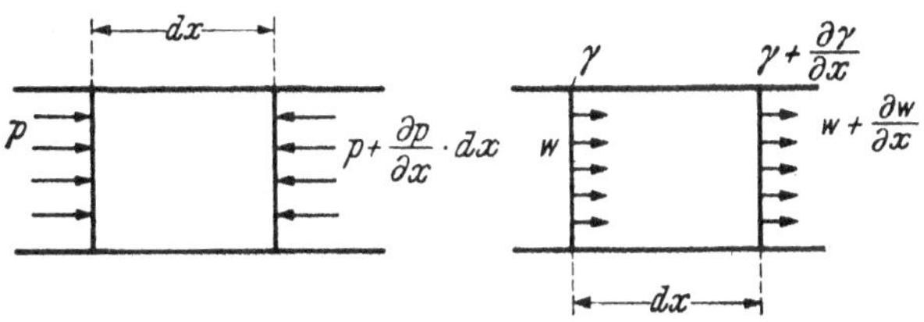

Abb. 52.

Auch bei den neueren Näherungslösungen nach dem Charakteristikenverfahren [18, 19, 20, 21] ist der Rechenaufwand so viel größer als bei der im folgenden behandelten „akustischen" Theorie schwacher Druckwellen, daß man so lange als nur möglich mit dieser auszukommen trachtet.

Für im Verhältnis zur Schallgeschwindigkeit kleine Geschwindigkeiten erhält man durch Vernachlässigen der „konvektiven" Glieder, welche die Geschwindigkeit als Faktor enthalten, und durch Vernachlässigung der Reibung aus Gleichung (112) die Wellengleichungen:

$$\frac{\partial w}{\partial t} = -g \cdot v \cdot \frac{\partial p}{\partial x} \cdot 10^4$$

$$\frac{\partial w}{\partial x} = -\frac{1}{p \cdot \varkappa} \cdot \frac{\partial p}{\partial t} \qquad (112a)$$

Für kleine Druckänderungen kann v und p in den Koeffizienten der Differentialgleichungen (112a) unveränderlich angenommen werden.

Pischinger wendet die d'Alembertsche Lösung der Wellengleichung an, wonach sich das allgemeine Integral der Gleichungen in folgender Form anschreiben läßt:

$$p = \bar{p} + \frac{1}{v} \cdot \left[F\left(t - \frac{x}{a}\right) - f\left(t + \frac{x}{a}\right)\right]$$

$$w = \bar{w} + \frac{g}{a} \cdot \left[F\left(t - \frac{x}{a}\right) + f\left(t + \frac{x}{a}\right)\right] \qquad (113)$$

Darin ist $a = \sqrt{\varkappa g \cdot p \cdot v \cdot 10^4}$ die Schallgeschwindigkeit, $\bar{p}$ und $\bar{w}$ sind der konstante Druck und die konstante Geschwindigkeit zu Beginn des Strömungsvorganges, denen sich die durch die zweiten Glieder gegebenen Druck- und Geschwindigkeitsschwankungen überlagern. $F\left(t-\frac{x}{a}\right)$ und $f\left(t+\frac{x}{a}\right)$ sind beliebige Funktionen der Argumente $t \pm \left(\frac{x}{a}\right)$.

Durch die geeignete Wahl der Funktionen F und f läßt sich die Lösung den gegebenen Randbedingungen anpassen.

Die Funktion $F\left(t-\frac{x}{a}\right)$ entspricht einer Welle, die mit der Geschwindigkeit a in der positiven x-Richtung läuft, da das Argument nach der Zeit $\triangle t$ an einer um $x = a \triangle t$ entfernten Stelle den gleichen Wert hat. Die Welle verändert demnach ihre Form nicht, sondern verschiebt sich nach Abb. 53 nur in der x-Richtung. Die Funktion $f \cdot \left(t+\frac{x}{a}\right)$ entspricht einer in der negativen x-Richtung laufenden Welle, da nach der Zeit $\triangle t$ das gleiche Argument an der Stelle $-\triangle x = a \,.\, \triangle t$ auftritt und daher dort die Welle die gleiche Amplitude hat.

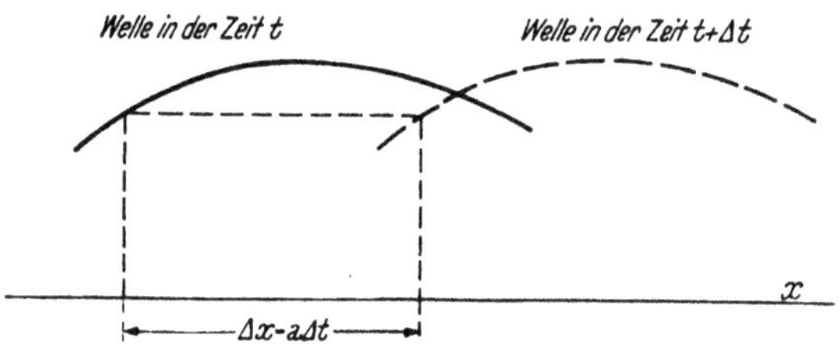

Abb. 53.

Pischinger setzt demnach Druck und Geschwindigkeit an jeder Rohrstelle aus drei Werten zusammen: aus den konstanten Werten $\bar{p}$ und $\bar{w}$, aus den in positiver x-Richtung laufenden „vorlaufenden" Wellen p_v, w_v und aus den Amplituden der in negativer x-Richtung fortlaufenden „rücklaufenden" Wellen p_r, w_r.

Demnach ist

$$\begin{aligned} p &= \bar{p} + p_v + p_r \\ w &= \bar{w} + w_v + w_r \end{aligned} \tag{113a}$$

mit

$$p_v = \frac{10^{-4}}{v} \cdot F\left(t-\frac{x}{a}\right); \quad p_r = -\frac{10^{-4}}{v} \cdot f\left(t+\frac{x}{a}\right)$$

und

$$w_v = \frac{g}{a} \,.\, F\left(t-\frac{x}{a}\right); \quad w_r = \frac{g}{a} \,.\, f\left(t+\frac{x}{a}\right) \tag{114}$$

Dabei ist zu beachten, daß w, w_v und w_r dann positiv sind, wenn die Geschwindigkeit in der positiven x-Richtung liegt. Bei der rücklaufenden Geschwindigkeitswelle entspricht demnach den positiven Amplituden w_r eine Strömungsgeschwindigkeit, die der Fortpflanzungsrichtung der Welle entgegengesetzt ist, da diese der positiven Geschwindigkeitsrichtung entgegenläuft.

Aus der allgemeinen Lösung der Differentialgleichung (114) folgt

$$v \,.\, p_v \,.\, 10^4 = \frac{a}{g} \,.\, w_v$$

$$v \,.\, p_r \,.\, 10^4 = -\frac{a}{g} \,.\, w_r$$

Setzt man die Gruppe $\frac{g\,v}{a}\, 10^4 = K$, so erhält man

$$p_v = \frac{1}{K} \,.\, w_v$$

$$p_r = -\frac{1}{K} \,.\, w_r \tag{114a}$$

Da wegen $a = \sqrt{\varkappa g . 10^4 p . v}$ der Ausdruck $\frac{g \cdot v}{a} \cdot 10^4 = \frac{a}{\varkappa p}$ ist, ergibt sich der sinnfällige Zusammenhang

$$\frac{p_v}{p} = \varkappa . \frac{w_v}{a}; \quad \frac{p_r}{p} = -\varkappa \frac{w_r}{a} \tag{114b}$$

Für die Berechnung ist K dem mittleren Zustand im Rohr entsprechend zu wählen. Mit $C = p_0^{\frac{1}{\varkappa}} \cdot v_0$ erhält man für die Veränderlichkeit von K mit p:

$$K = \left(\frac{1}{p}\right)^{\frac{\varkappa+1}{2\varkappa}} \cdot \sqrt{\frac{C . g}{\varkappa}} . 100$$

In vielen Fällen wird der $\bar{p}$, $\bar{v}$ zugeordnete Wert von K genügend genau sein.

Durch die abgeleiteten Beziehungen lassen sich die Drücke durch die Geschwindigkeiten und Geschwindigkeiten durch die Drücke darstellen. Es ist

$$p = \bar{p} + \frac{1}{K} . w_v - \frac{1}{K} . w_r \tag{115}$$

$$w = \bar{w} + K . p_v - K . p_r$$

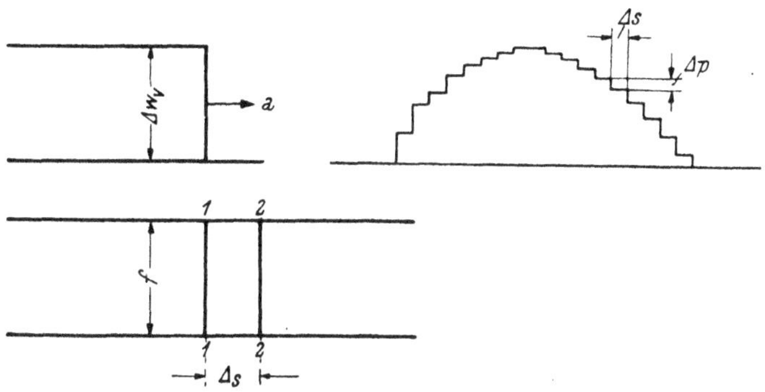

Abb. 54. Zusammenhang zwischen Δp und Δw bei vorlaufender Druck- und Geschwindigkeitswelle.

Die Differenz der Amplituden der vor- und rücklaufenden Geschwindigkeitswellen mit $\frac{1}{K}$ multipliziert, gibt demnach den veränderlichen Teil des Druckes; die Differenz der Amplituden der vor- und rücklaufenden Druckwellen mit K multipliziert den veränderlichen Teil der Geschwindigkeit.

Diese einfachen Zusammenhänge zwischen Druck und Geschwindigkeitswellen lassen sich auch in folgender Weise veranschaulichen:

Eine Geschwindigkeitswelle bewege sich in Richtung der positiven Geschwindigkeit durch das Rohr. Es kann angenommen werden, daß sie aus kleinen Geschwindigkeitsstufen besteht. Während sich nach Abb. 54 der Geschwindigkeitszuwachs Δw_v vom Querschnitt 1 bis zum Querschnitt 2 des Rohrstückes von der Länge Δs bewegt, wird der Inhalt desselben verdichtet, da durch den Querschnitt 1 im Zeitabschnitt Δt Gas mit der durchschnittlichen Geschwindigkeit w_{v1} einströmt, während durch 2 das Abströmen mit der kleineren Geschwindigkeit w_{v2} erfolgt. Die Durchlaufzeit der Geschwindigkeitszunahme durch das Rohrstück ist

$$\Delta t = \frac{\Delta s}{a}$$

Die in dieser Zeit hinzutretende Menge mit f als Rohrquerschnitt ist

$$\Delta V = f . (w_{v1} - w_{v2}) . \Delta t = f . \Delta w_v . \Delta t$$

Die Drucksteigerung ergibt sich aus der für kleine Differenzen angeschriebenen Adiabatengleichung

$$\frac{\Delta V}{V} = \frac{1}{\varkappa} . \frac{\Delta p}{p}$$

Man erhält mit $V = f . \Delta s$, $\frac{f . \Delta w_v . \Delta s}{f . \Delta s . a} = \frac{1}{\varkappa} . \frac{\Delta p}{p}$ also $\frac{\Delta w_v}{a} = \frac{1}{\varkappa} . \frac{\Delta p}{p}$.

$\Delta w_v = \frac{a}{\varkappa p} \cdot \Delta p_v$ entspricht wegen $10^4 \cdot \varkappa p = \frac{a^2}{g v}$ der früheren Beziehung $w_v = K \cdot p_v$.

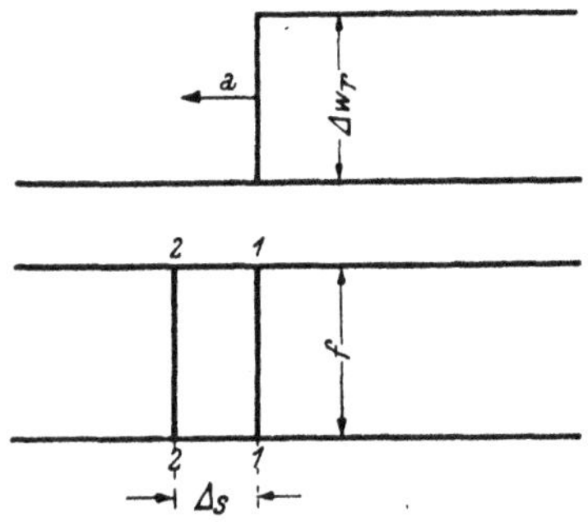

Abb. 55. Rücklaufende Geschwindigkeitswelle.

Mit der Geschwindigkeitsänderung $\triangle w$ eilt daher der Druckanstieg $\triangle p$ durch das Rohr. Vorlaufende Druck- und Geschwindigkeitswellen haben demnach die gleiche Form und die Druckwelle, als Bruchteil des jeweiligen Leitungsdruckes aufgefaßt, beträgt das $\varkappa$-fache der Geschwindigkeitswelle, wenn diese als Bruchteil der Schallgeschwindigkeit ausgedrückt wird.

Eine rücklaufende Welle mit dem Geschwindigkeitszuwachs $\triangle w_r$ nach Abb. 55 bewirkt eine Druckabsenkung, da während des Durcheilens des Geschwindigkeitsunterschiedes von rechts nach links ein Ausströmen aus dem Rohrelement durch den Querschnitt 1 erfolgt, während durch 2 weniger einströmt. Man erhält daher durch gleiche Überlegungen wie vorher

$$\frac{\triangle w_r}{a} = -\frac{\triangle p_r}{\varkappa p}$$

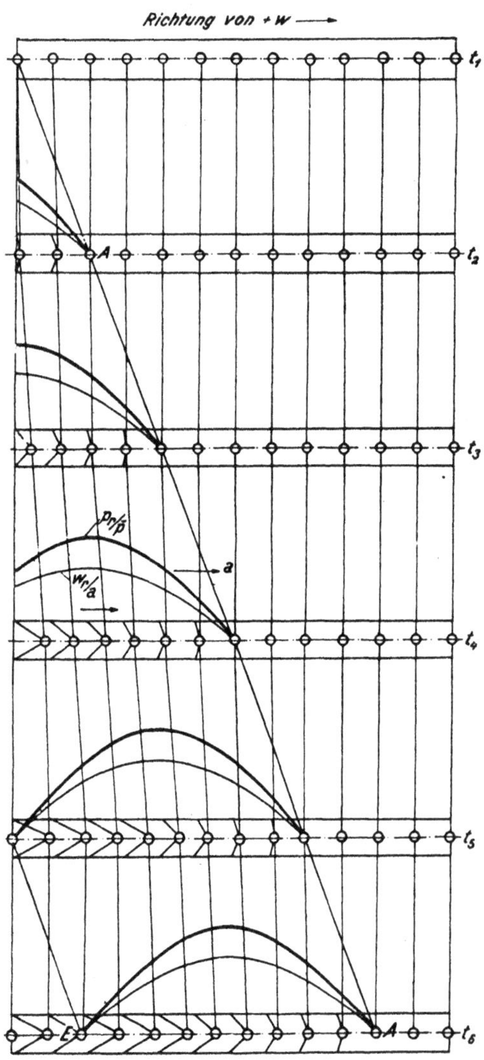

Abb. 56. Rechtslaufende Überdruckwelle. A = Wellenanfang, E = Wellenende.

Druck- und Geschwindigkeitswelle haben auch hier gleiche Form, jedoch verschiedenes Vorzeichen.

Allgemein ergibt sich: wenn die Fortpflanzungsrichtung mit der Geschwindigkeitsrichtung übereinstimmt, so ergibt sich eine Druckerhöhung mit der Geschwindigkeitszunahme, ist sie entgegengesetzt der Geschwindigkeitsrichtung, eine Druckabsenkung. Diese Wellen eilen mit Schallgeschwindigkeit im Rohr fort, ohne ihre Form zu ändern.

In Abb. 56 wird eine in der als positiv angenommenen Geschwindigkeitsrichtung von links nach rechts laufende Überdruckwelle p_r in den aufeinanderfolgenden Zeitpunkten t_1 bis t_6 gezeigt. An jedem Punkt der Rohrlänge ist als Ordinate der relative Überdruck $p_r / \bar{p}$ eingezeichnet, den die Welle für sich hervorruft, und zwar als Bruchteil des Ruhedruckes $\bar{p}$. Als zweite Ordinate ist die mit der Druckwelle verbundene Geschwindigkeitswelle eingetragen; sie gibt in jedem Leitungspunkt die Verschiebungsgeschwindigkeit $\frac{w}{a}$ der von der Welle erfaßten Gasteilchen an, und zwar als Bruchteil der Schallgeschwindigkeit a, mit der die Welle durch das Rohr läuft; dabei ist $\frac{w}{a} = \frac{1}{\varkappa} \cdot \frac{p_r}{\bar{p}}$. Bei den betriebsmäßig vorkommenden Strömungsvorgängen ist im allgemeinen die Wellengeschwindigkeit a ein Vielfaches der Teilchengeschwindigkeit w.

Die nach rechts laufende Überdruckwelle stößt die vor ihr liegenden Gasteilchen nach rechts, erteilt ihnen daher positive Geschwindigkeiten und ist deshalb mit einer positiven Geschwindigkeitswelle verbunden. Die Verschiebung eines Teilchens aus seiner Ruhelage unter dem Einfluß einer darüber hinweglaufenden Welle ist der Fläche unter der Geschwindigkeitswelle verhältig, vom Wellenanfang A bis zum Orte des Gasteilchens T gerechnet (Abb. 57). Es ist nämlich das Verschiebungselement $ds = w \cdot dt$; $dt = \frac{dl}{a}$; $s = \frac{1}{a} \cdot \int w \cdot dl$, wenn l die von der Welle durchlaufene Rohrlänge ist und die Grundannahme der hier behandelten Theorie schwacher Wellen beibehalten wird, daß die Verschiebung s der Teilchen gegenüber der Wellenlänge vernachlässigbar klein ist. Streng trifft dies nicht zu.

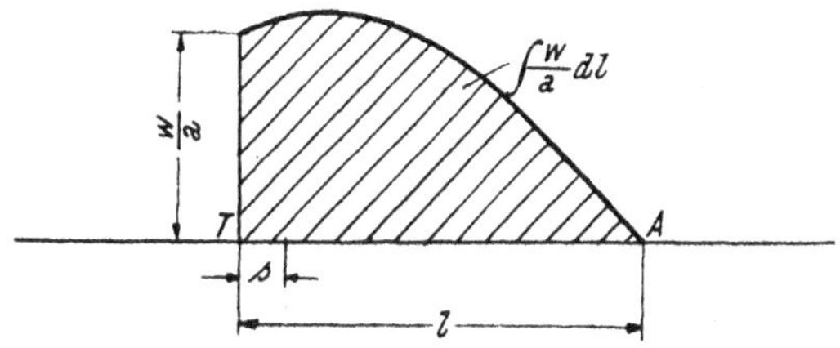

Abb. 57. Bestimmung der Teilchenverschiebung s aus der Geschwindigkeitswelle.

In Abb. 56 ist nun eine Folge von Augenblicksbildern der örtlichen Druck- und Geschwindigkeitsverteilung und der Teilchenverschiebungen wiedergegeben. Es sind einzelne Gasteilchen in ursprünglich gleichen Abständen als Vertreter herausgegriffen, die jeweils in ihrer augenblicklichen Lage eingezeichnet sind, wobei die zwei Verbindungsstriche ihre Ausgangslage im Rohr angeben. Vor der Welle ist das Gas noch in Ruhe, die einzelnen Teilchen liegen in ihrer Anfangsstellung und der Leitungsdruck entspricht dem Ruhedruck. Unter der vorrückenden Geschwindigkeitswelle haben die Gasteilchen um so größere Verschiebungen erlitten, je weiter links sie liegen, je größer das Wellenstück ist, das schon über sie hinweggelaufen ist. Die Verschiebung am Ende der Welle beträgt einen vollen Abstand. Hinter der Welle herrscht wieder Ruhe und der Druck $\bar{p}$, nur sind alle Gasteilchen um dasselbe Stück nach rechts verschoben, ihr gegenseitiger Abstand ist derselbe wie im ursprünglichen Ruhezustand. Im Bereich der Überdruckwelle hingegen haben sich die einzelnen Teilchen einander genähert, am stärksten unter dem Scheitel der Welle, weil sie sich schneller bewegen als die vor ihnen liegenden Gasteilchen. Diese

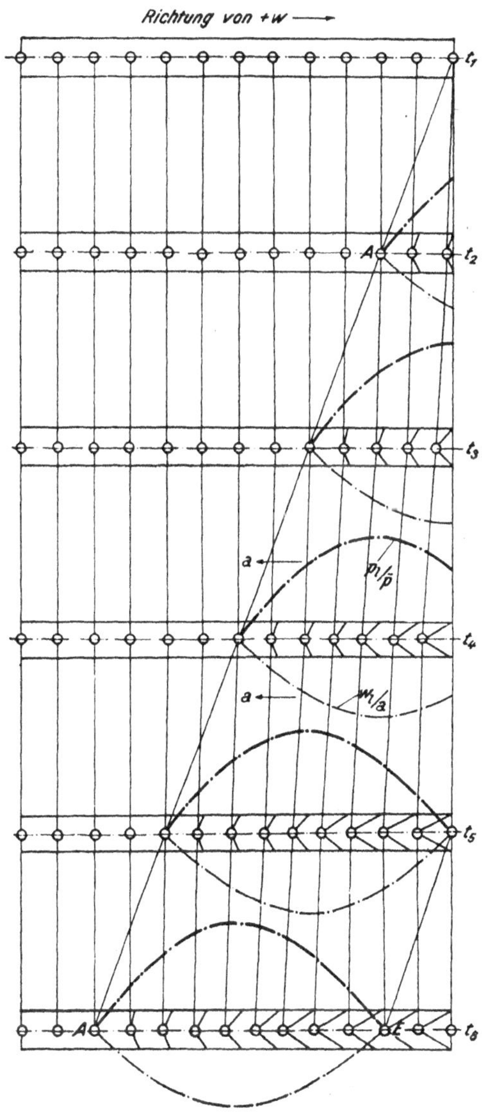

Abb. 58. Linkslaufende Überdruckwelle.

gegenseitige Annäherung und damit verbundene Verdichtung des Gases bewirkt die Drucksteigerung. Nach dem Wellenscheitel sinkt der Druck wieder allmählich ab, denn die Abstände der Teilchen vergrößern sich wieder, weil die vorderen eine größere Geschwindigkeit haben als die hinteren Gasteilchen.

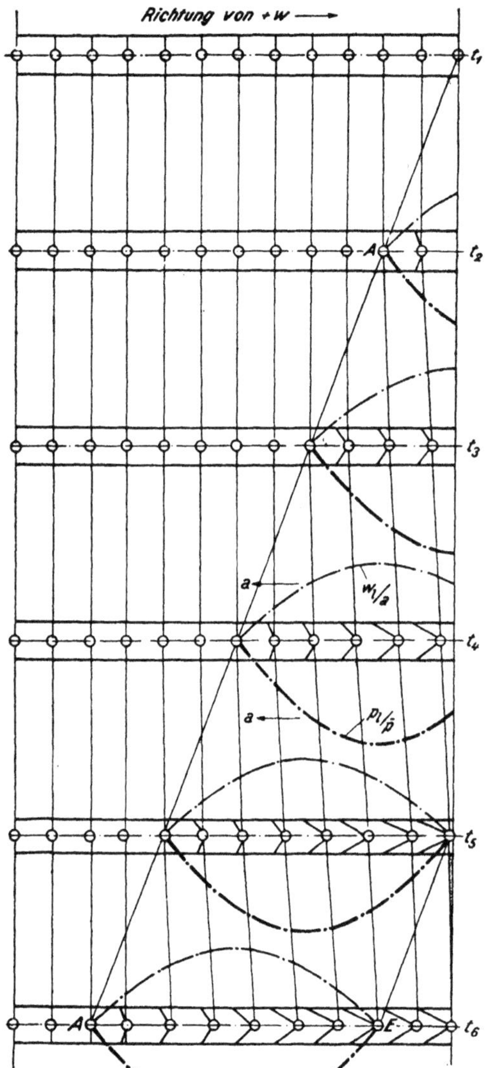

Abb. 59. Linkslaufende Unterdruckwelle.

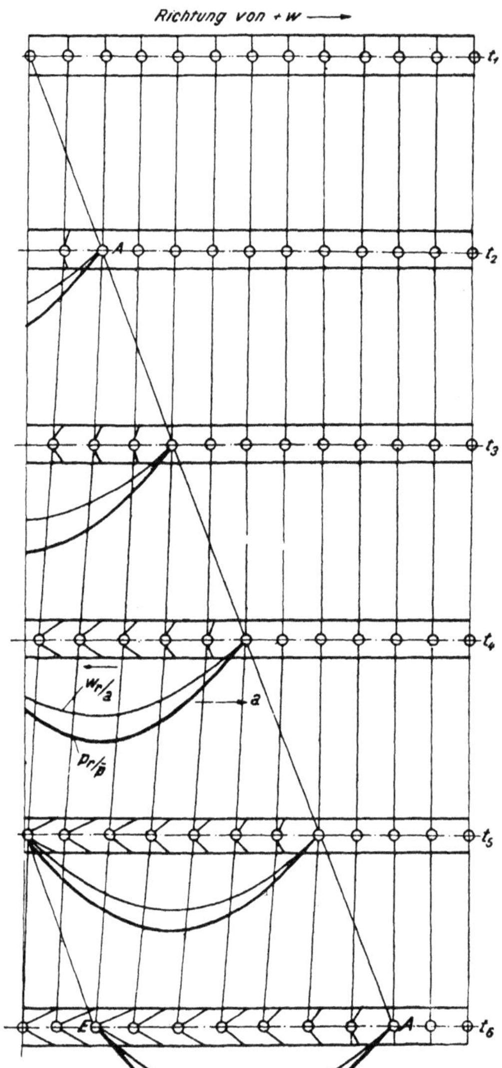

Abb. 60. Rechtslaufende Unterdruckwelle.

Die verschiedenen Lagen ein und desselben Gasteilchens sind untereinander durch einen Linienzug verbunden, der eine „Lebenslinie“ oder einen „Fahrplan“ für das betreffende Teilchen darstellt, d. h. in jedem Zeitpunkt den Aufenthaltsort angibt. Läßt man diese „Lebenslinie“ hinter einem horizontalen Schlitz in einer undurchsichtigen Wand von unten nach oben vorbeilaufen, so sieht man, wie die Striche sich im Schlitz mit einer den zugehörigen Teilchen entsprechenden Geschwindigkeit nach rechts verschieben, erhält also einen filmartigen Eindruck vom gleichzeitigen Bewegungsablauf der Gasteilchen in der Rohrleitung.

Wird wieder als positive Geschwindigkeitsrichtung die von links nach rechts gewählt und läuft eine Überdruckwelle nach links, der positiven Geschwindigkeitsrichtung entgegen (Abb. 58), dann verschiebt sie die von ihr erfaßten Gasteilchen nach links, erteilt ihnen also negative Geschwindigkeiten; Druckwelle und mit ihr gekoppelte Geschwindigkeitswelle haben verschiedenes Vorzeichen. Die Gasteilchen sind hier um so stärker nach links verschoben, je weiter rechts sie unter der Welle liegen. Hinter der Welle liegen alle Teilchen wieder um dasselbe Stück nach links verschoben, unter ihrem Scheitel haben sie wie früher ihre größte Annäherung erreicht.

Ist die der positiven Geschwindigkeitsrichtung nach l i n k s entgegenlaufende Welle eine U n t e r d r u c k w e l l e (Abb. 59), dann saugt sie die vor ihr liegenden Gasteilchen nach rechts, diese erhalten positive Geschwindigkeiten; wie im vorigen Fall haben Druck- und zugehörige Geschwindigkeitswelle entgegengesetzes Vorzeichen. Bei der Unterdruckwelle haben die Gasteilchen unter dem Wellenscheitel größere vom Wellenanfang weggerichtete Geschwindigkeiten als die in Wellenrichtung vor ihnen liegenden Teilchen, ihre gegenseitigen Abstände vergrößern sich daher zunächst und erreichen ihre Größtwerte unter dem Wellenscheitel; der größten Verdünnung entspricht hier der tiefste Leitungsdruck. Gegen das Wellenende zu steigt der Druck wieder an, weil das Gas dort langsamer abströmt als es unter dem Scheitel zuströmt. Hinter der Welle herrscht wieder der Ausgangszustand in der Leitung, doch sind alle Teilchen im vorliegenden Fall gleichmäßig nach rechts gerückt.

Läuft die U n t e r d r u c k w e l l e in der als positiv angenommenen Geschwindigkeitsrichtung nach r e c h t s (Abb. 60), dann setzt sie die von ihr erfaßten Gasteilchen nach links in Bewegung und erteilt ihnen daher negative Geschwindigkeiten; Druck und Geschwindigkeitswelle haben wie im ersten Fall gleiches Vorzeichen.

Die gegenseitige Überlagerung einer rechts- und einer linkslaufenden Überdruckwelle veranschaulicht Abb. 61.

Nach Gleichung (113 a) ist der resultierende Leitungsüberdruck gleich der algebraischen Summe der Druckwellen und die resultierende Strömungsgeschwindigkeit gleich der algebraischen Summe der Geschwindigkeitswellen. Die in Wahrheit gleichzeitig am selben Ort auftretenden Druck- und Geschwindigkeitswellen sind der Deutlichkeit wegen gesondert über der Rohrachse als Abszisse eingezeichnet. Als positive Geschwindigkeitsrichtung gilt wie bisher die von links nach rechts. Zunächst laufen im Zeitpunkt t_1 die beiden Wellen aufeinander zu; in den mittleren Leitungspunkten ist das Gas noch in Ruhe, die Gasteilchen liegen in ihrer Ausgangslage und der Leitungsdruck entspricht dem Ruhedruck; hinter den Wellen herrscht wieder Ruhe, nur sind die Gasteilchen um einen Teilungsabstand nach rechts bzw. links verschoben. Bis zur Begegnung beider Wellen im Zeitpunkt t_2 gelten für jede von ihnen sinngemäß die Überlegungen bei Abb. 56 und Abb. 58.

Nachdem die Wellen zusammengetroffen sind, steigt der Rohrdruck auf die Summe der einzelnen Wellendrucke, weil das Gas jetzt von beiden Seiten her verdichtet wird.

Der Treffpunkt P der Wellen bleibt in Ruhe, weil ihm gleich große Geschwindigkeiten nach rechts wie nach links erteilt werden, in den benachbarten Punkten ergibt sich die Geschwindigkeit als algebraische Summe der beiden Geschwindigkeitswellen, wobei zunächst links von P die positive Geschwindigkeit nach rechts rechts von P die negative Geschwindigkeit nach links überwiegt. Im Zeitpunkt t_4 haben beide Geschwindigkeitswellen sich gegenseitig aufgehoben, der ganze Rohrinhalt ist zur Ruhe gekommen, die Verdichtung hat in der Mitte ihr Höchstmaß

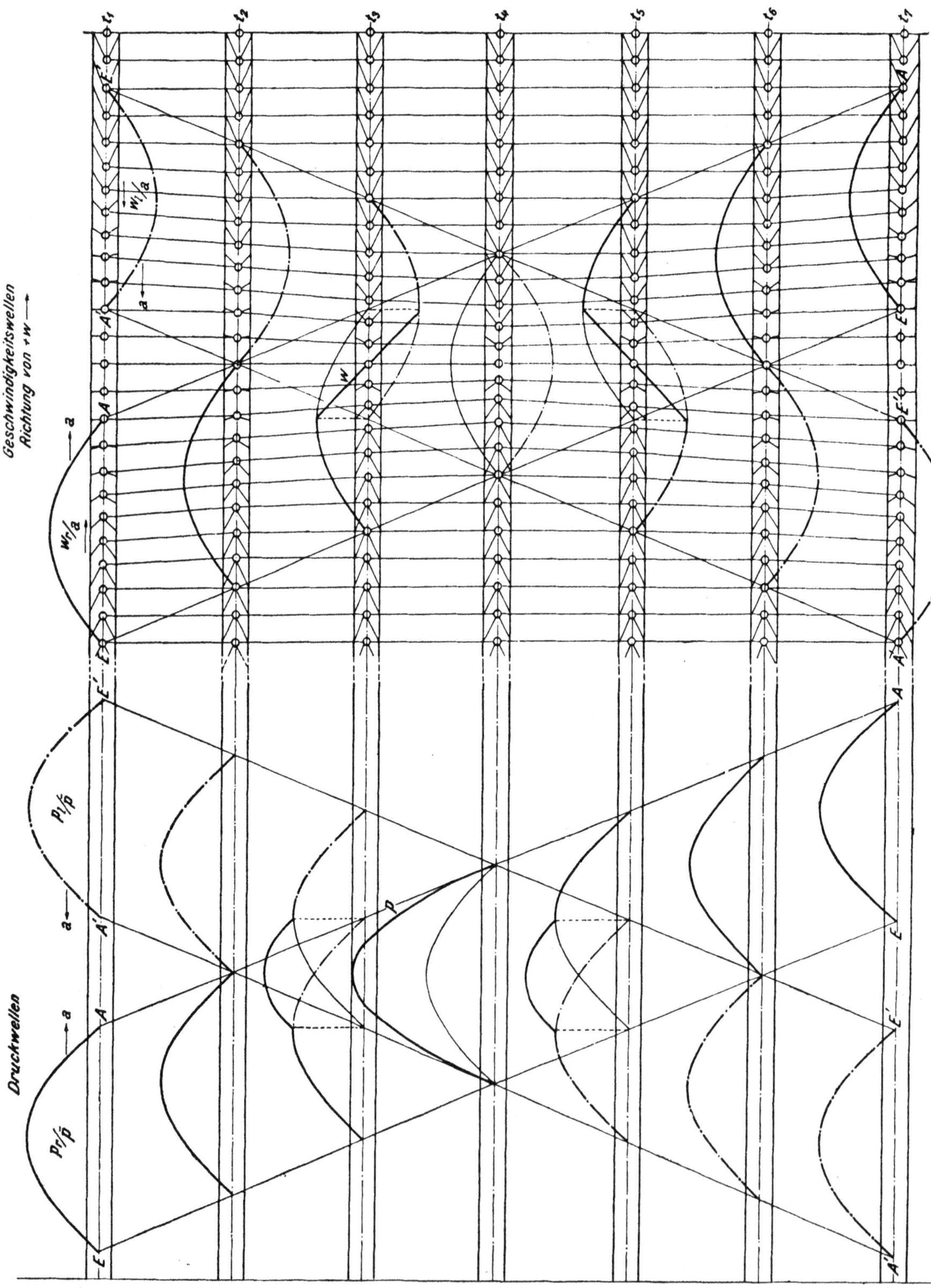

Abb. 61. Überlagerung rechts- und linkslaufender Überdruckwellen.

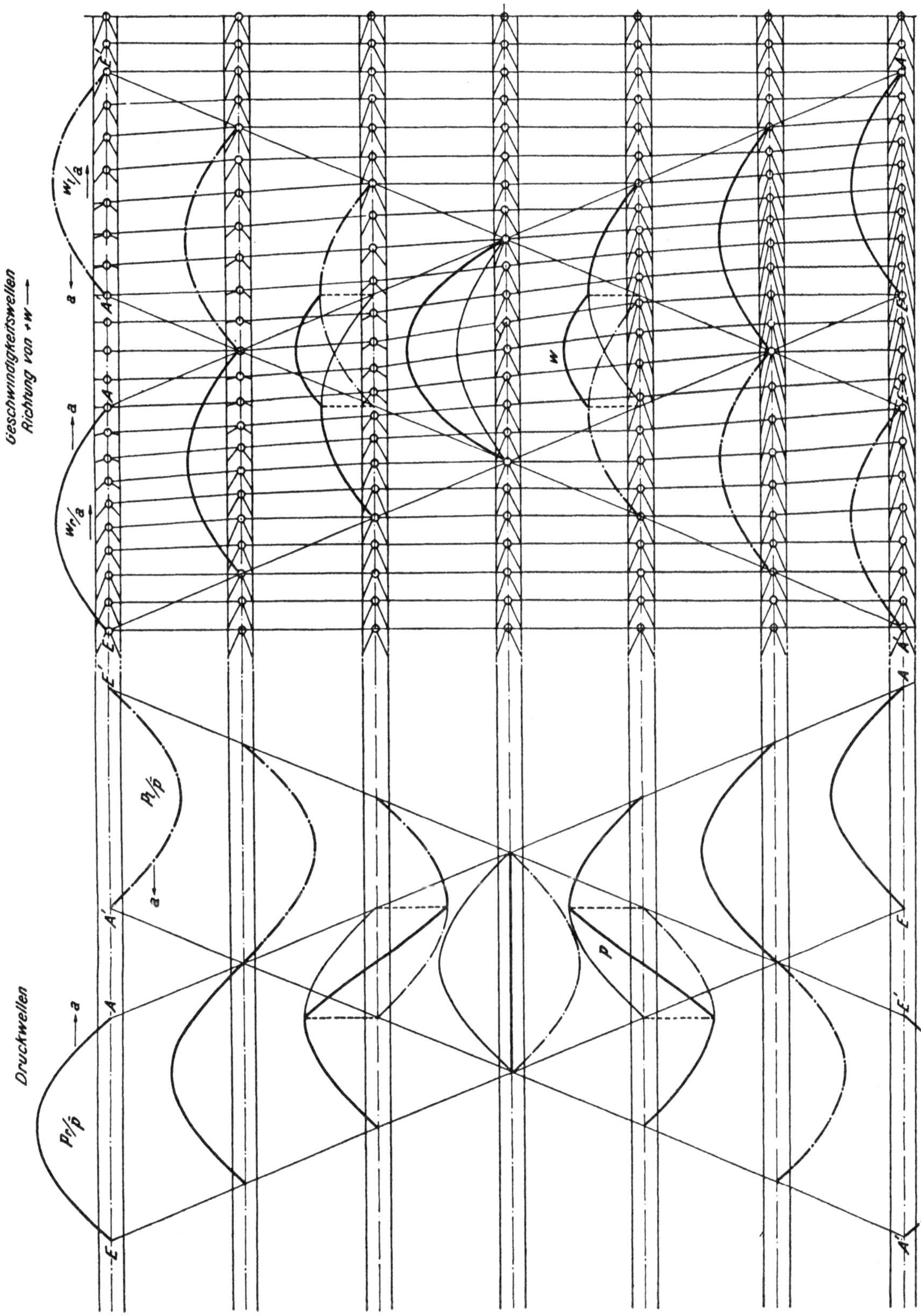

Abb. 62. Überlagerung einer rechtslaufenden Überdruck- mit einer linkslaufenden Unterdruckwelle.

erreicht, da die Teilchen sich hier am stärksten angenähert haben. Die weiterlaufenden Wellen haben im Zeitpunkt t_5 die Verdichtung teilweise wieder rückgängig gemacht und der Leitungsdruck sinkt im Punkt P und seiner Umgebung wieder ab, denn rechts davon überwiegt jetzt die positive, links die negative Geschwindigkeit und die Teilchen streben wieder auseinander. Bei t_6 trennen die Wellen sich wieder und lassen den Leitungsinhalt zwischen sich in seinem ursprünglichen ungestörten Zustand und in ursprünglicher Lage zurück, weil die Rechts- und Linksverschiebungen sich gegenseitig aufgehoben haben.

Ist die nach links laufende Welle eine Unterdruckwelle (Abb. 62), so „saugt" sie die vor ihr liegenden Teilchen an und setzt sie nach rechts in Bewegung, erzeugt demnach eine positive Geschwindigkeitswelle, ebenso wie die nach rechts vorlaufende Überdruckwelle, die die Gasteilchen vor sich herschiebt. Bei der Überlagerung der Wellen addieren sich daher die Geschwindigkeitsausschläge unmittelbar, die Druckausschläge algebraisch. Die Gasteilchen im Treffpunkt P der Wellen werden von beiden Wellen nach rechts beschleunigt und die Überdruckwelle daher abgebaut, weil z. B. im Zeitpunkt t_3 die Geschwindigkeit bei P größer geworden ist als die im Scheitel der Wellen. Aus demselben Grund wird die Unterdruckwelle aufgefüllt. Im Augenblick t_4 haben alle Teilchen gleiche Abstände voneinander angenommen, der Druck ist daher gleich $\bar{p}$ geworden. Im Zeitpunkt t_5 hat die höhere Geschwindigkeit in der Mitte eine weitere Verschiebung nach rechts und damit Verdichtung unter der rechtslaufenden und Verdünnung unter der linkslaufenden Welle hervorgerufen. Wenn die nun auseinanderlaufenden Wellen sich wieder getrennt haben, lassen sie den Rohrinhalt zwischen sich im Ausgangszustand, aber nicht mehr in der Ausgangslage, zurück, denn die Gasteilchen sind durch jede Welle um je einen Teilungsabstand nach rechts verschoben worden.

Bei der Überlagerung zweier Unterdruckwellen (Abb. 63) „saugt" die im Sinne der positiven Geschwindigkeitsrichtung vorlaufende Welle die Teilchen vor ihr nach links, ist daher mit einer negativen Geschwindigkeitswelle verbunden; die gegen die positive Geschwindigkeitsrichtung rücklaufende Unterdruckwelle saugt die Gasteilchen nach rechts, ihr entspricht daher eine positive Geschwindigkeitswelle. Die weiteren Überlegungen verlaufen analog zu den früheren.

Der Bewegungsvorgang in einem Rohr wird so eingeleitet, daß an einer Stelle desselben eine Druck- und eine Geschwindigkeitswelle (abgehende Wellen) ausgelöst wird. Die Wellen bewegen sich im Rohr und werden an den Unstetigkeitsstellen, wie Mündungen, Drosselstellen, Verzweigungen, im allgemeinen zum Teil rückgeworfen, zum Teil durchgelassen. Die rückgeworfene Welle gelangt als rücklaufende Welle wieder zum Ausgangsort zurück.

Die Laufzeit der Welle im Rohr von der Länge l beträgt l/a sek oder im relativen Zeitmaß des Motors, dem Kurbelwinkel, ausgedrückt, $6\,n \,.\, l/a\,^{0}$ KW. Die von einem Rohrende ausgehende Welle gelangt demnach $\frac{l}{a}$ sek oder $6\,n\,\frac{l}{a}\,^{0}$ KW später an das andere Rohrende.

Da sich die Wellenform bei der hier behandelten Theorie kleiner Druckwellen im Rohr selbst nicht ändert, müssen nur die Zusammenhänge in den Unstetigkeitsstellen untersucht werden. Dabei sind die Beziehungen zwischen den ankommenden Wellen, die der Unstetigkeitsstelle zugesandt werden, und den abgehenden Wellen, die sie wieder aussendet, festzustellen. Im weiteren werden die den zu- und abgehenden Wellen entsprechenden Größen mit „zu" und „ab" gekennzeichnet.

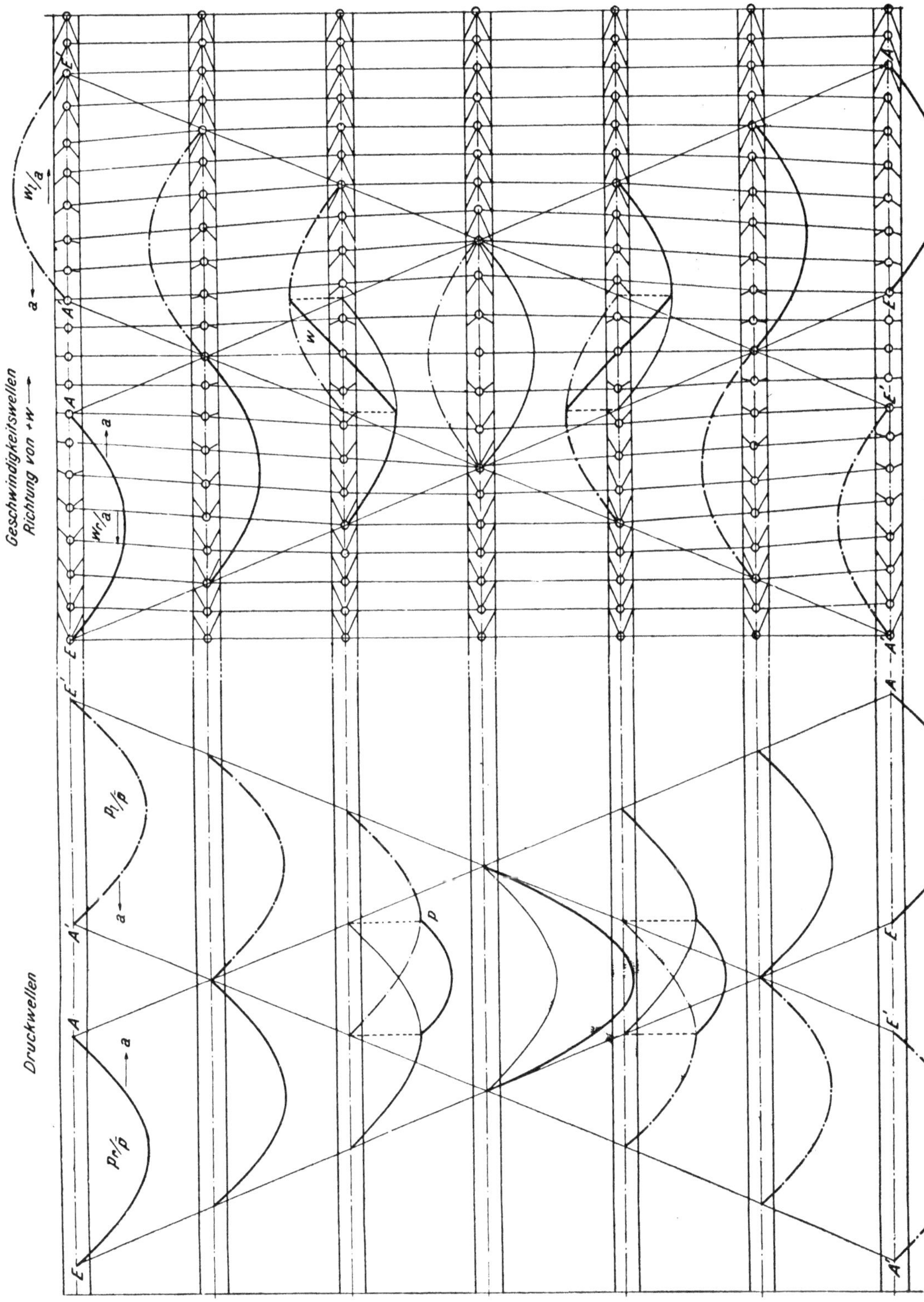

Abb. 63. Überlagerung rechts- und linkslaufender Unterdruckwellen.

Die Zusammenhänge zwischen zulaufender und abgehender Welle sind an einer Unstetigkeitsstelle allgemein dann ermittelbar, wenn entweder der Rohrdruck oder

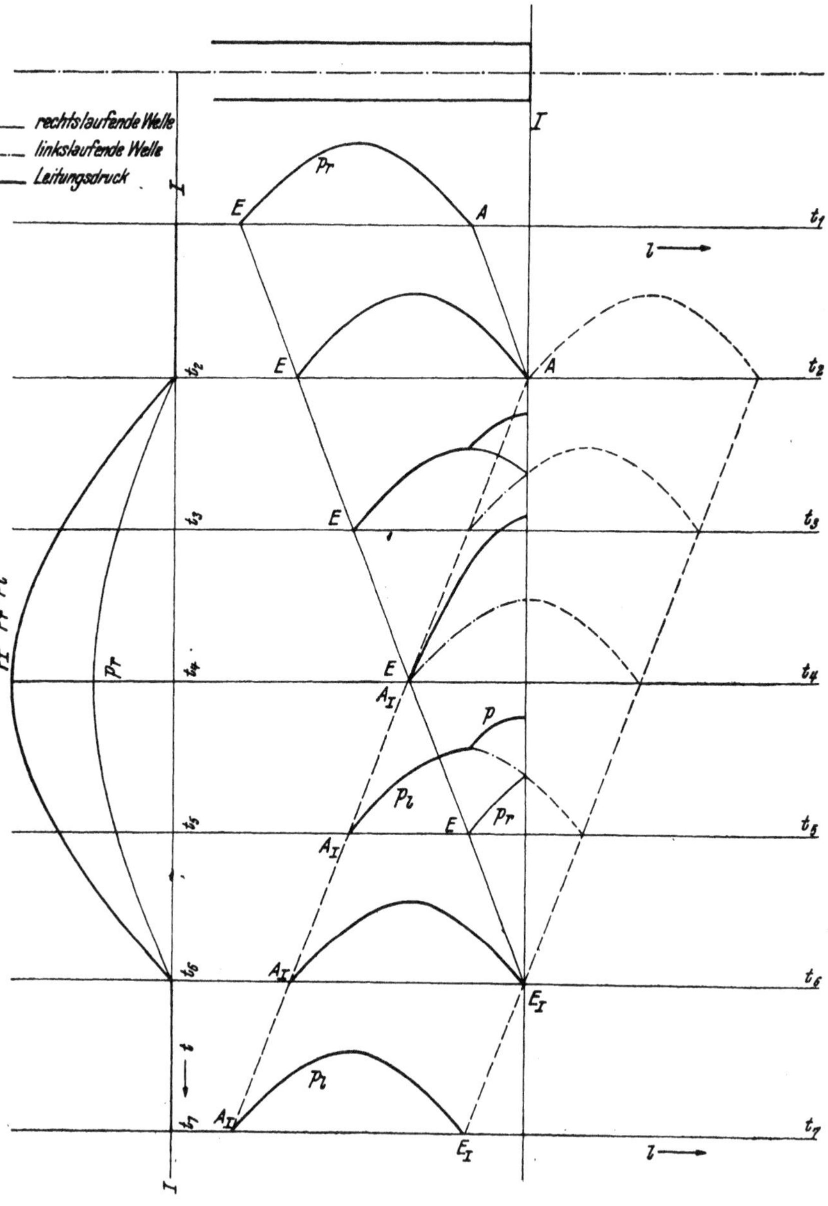

Abb. 64. Rückwurf einer Überdruckwelle am geschlossenen Rohrende I. A_I und E_I sind der an I rückgeworfene Wellenanfang A und das entsprechende Wellenende E.

die Strömungsgeschwindigkeit w an der betrachteten Stelle des Rohres gegeben sind. Aus den Gleichungen (113a) bzw. (115) erhält man durch Einsetzen von p_{ab} und p_{zu} an Stelle von p_r und p_v

$$p_{ab} = p - \bar{p} - p_{zu} \tag{116}$$

$$p_{ab} = p_{zu} \mp \frac{1}{K} \cdot (w - \bar{w}) \tag{117}$$

Das Minuszeichen gilt, wenn die Geschwindigkeit w in der Fortpflanzungsrichtung von p_{zu} zum betrachteten Punkt hin gerichtet ist. Im folgenden wird stets mit $\overline{w} = 0$ gerechnet.

Das allgemeine Rückwurfsgesetz kann demnach so ausgesprochen werden:

1. Die von irgend einem Punkt einer Rohrleitung nach einer Richtung ausgesandte Druckwelle ist gleich der an dem Punkte negativ zurückgeworfenen, aus der betrachteten Richtung ankommenden Welle, überlagert mit dem an der Stelle entstehenden Überdruck.

2. Die von irgend einem Punkt einer zylindrischen Rohrleitung nach einer Richtung ausgesandte Druckwelle ist gleich der positiv zurückgeworfenen, aus der betrachteten Richtung ankommenden Welle, überlagert mit der Druckwelle $p_E = \varkappa \cdot p \cdot \frac{w}{a}$, die ein mit der jeweiligen Strömungsgeschwindigkeit w in der Leitung mitbewegter Kolben an der Stelle erregen würde.

Je nachdem der Leitungsdruck oder die Strömungsgeschwindigkeit gegeben oder einfacher bestimmbar ist, verwendet man die eine oder die andere Betrachtungsart.

Aus diesen Betrachtungen folgt für das geschlossene Rohrende wegen $w = 0$:

$$p_{ab} = p_{zu}$$

$$w_{ab} = - w_{zu}$$

Die Druckwelle wird demnach positiv, die Geschwindigkeitswelle negativ reflektiert; der Druck am Rohrende ist $p = \overline{p} + 2\,p_{zu}$.

Es ist nach Abb. 64 so, als ob die zurückgeworfene linkslaufende Druckwelle p_l durch Spiegelung der ankommenden rechtslaufenden Druckwelle p_r am Rohrende entstehen würde. Die Überlagerung der beiden Wellenzüge ergibt den Rohrdruck. Außer den Augenblicksbildern der örtlichen Druckverteilung über die Rohrlänge für die Zeitpunkte t_1 bis t_7 ist der zeitliche Druckverlauf im Endquerschnitt I des Rohres eingezeichnet. Die an das geschlossene Ende anbrandende Druckwelle erzeugt eine Drucksteigerung auf das Doppelte ihres eigenen Wertes; die Strömungsgeschwindigkeit verschwindet zugleich mit der Differenz der ankommenden und zurückgeworfenen Druckwelle dauernd.

Für das offene Rohrende gilt wegen $\overline{p} = p$

$$p_{ab} = - p_{zu}$$

$$w_{ab} = w_{zu}$$

Die Druckreflexion erfolgt nach Abb. 65 negativ, die Geschwindigkeitsreflexion positiv.

Hier ist die zurückgeworfene Druckwelle schiefsymmetrisch zur ankommenden. Der Mündungsdruck bleibt dauernd unverändert, die Ausströmgeschwindigkeit steigt auf das Doppelte ihres Wertes in der ankommenden Geschwindigkeitswelle. Ein Maß für sie bildet die Differenz zwischen der ankommenden und abgehenden Druckwelle, die man aus der Zeichnung abgreifen kann.

Zwischen Druck, Geschwindigkeit und zulaufender Druckwelle besteht nach den Gleichungen (113a) und (117) der Zusammenhang:

$$p = \overline{p} + 2\,.\,p_{zu} \pm \frac{1}{K} \cdot w = p_B \pm \frac{1}{K} \cdot w \tag{118}$$

Darin ist $p_B = \overline{p} + 2\,.\,p_{zu}$ der von Reyl als Brandungsdruck bezeichnete Wert, der

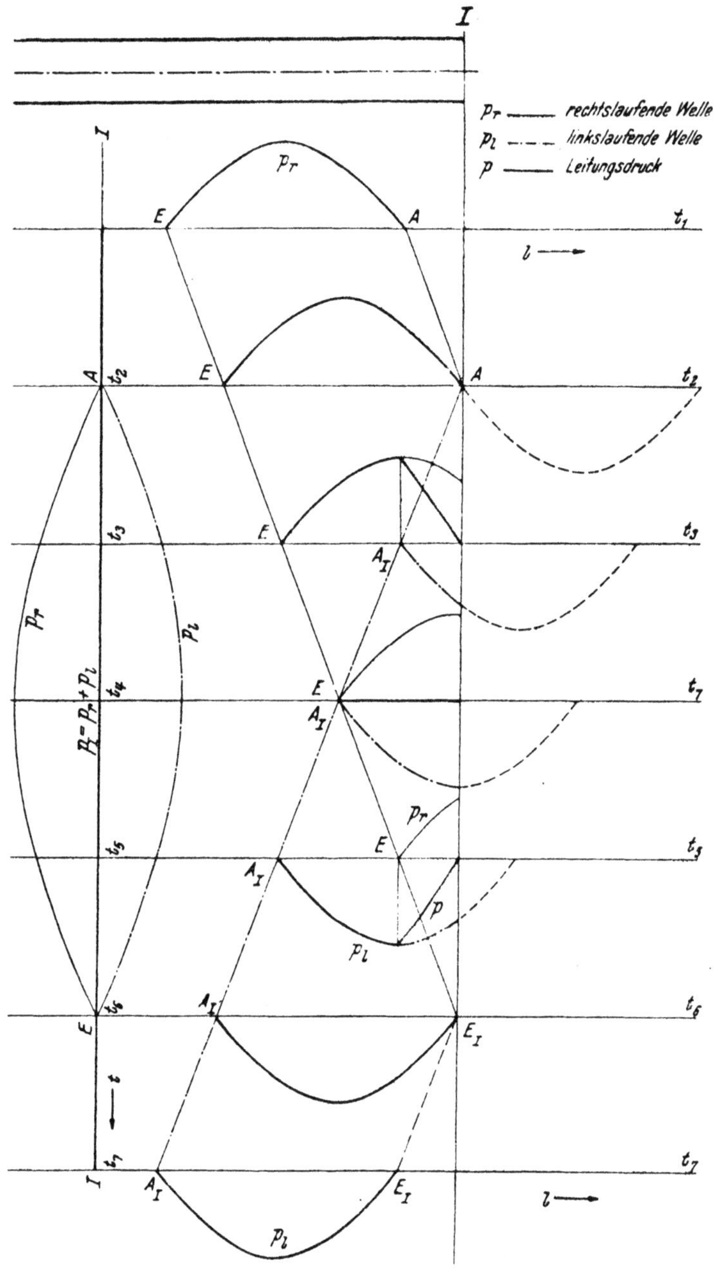

Abb. 65. Rückwurf einer Überdruckwelle an einer Rohrmündung. Rechts: Augenblicksbilder der örtlichen Druckverteilung. Links: Im zeitlichen Druckverlauf für den Mündungsquerschnitt I heben sich ankommende Überdruckwelle und rückgeworfene Unterdruckwelle auf, so daß der Mündungsdruck konstant bleibt.

sich bei geschlossenem Rohr einstellen würde. Das negative Vorzeichen des Geschwindigkeitsgliedes gilt für in der Laufrichtung der ankommenden Welle p_{zu} liegende Stromrichtung. Der Druck im Rohr besteht aus dem Brandungsdruck und aus einer der Geschwindigkeit verhältigen Drucksteigerung bei gegen die Laufrichtung von p_{zu} zufließendem und einer Drucksenkung, bei in der Laufrichtung von p_{zu} abfließendem Gas.

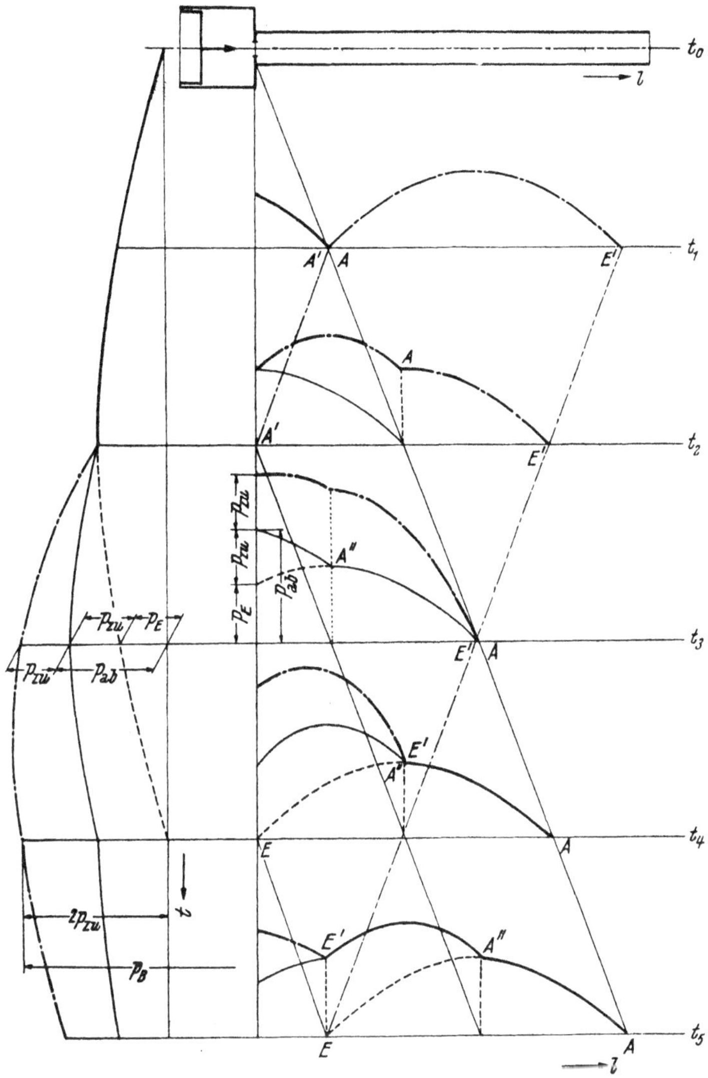

Abb. 66. Überlagerung der durch Einströmen in die Leitung erregten Überdruckwelle p_E mit der aus der Leitung ankommenden und dann am Zylinder zurückgeworfenen Überdruckwelle p_{zu}. Links: Zeitlicher Verlauf des Leitungsdruckes am Zylinder. Rechts: Örtliche Druckverteilung in der Leitung. Von t_0 bis t_2 ist der Leitungsdruck am Zylinder durch die erregte Welle allein gegeben, von t_2 bis t_4 durch erregte Welle plus Brandungsdruck. Ab t_4 ist er gleich dem Brandungsdruck. Im Zeitpunkt t_2 erreicht der Anfang A′ von p_{zu} den Zylinder und läuft nach dem Rückwurf als A″ in die Leitung zurück, bei t_4 verläßt das Ende E von p_E den Zylinder.

In Abb. 66 sei an einem Leitungsende z. B. durch einen Ausströmvorgang aus einem Zylinder (Einströmen in die Leitung), die Geschwindigkeit w im Rohr vorgeschrieben. Sie erregt für sich nach obiger Gleichung eine Druckschwankung $+\frac{1}{K}\cdot w$, die als Welle in die Leitung hinausläuft. Wandert nun andererseits eine Druckwelle p_{zu} aus der Leitung zum Zylinder, so überlagern sich zunächst die beiden Wellen in der Leitung; erreicht die Druckwelle den Zylinder, so würde ohne Ausströmvorgang durch den positiven Rückwurf der Brandungsdruck $p_B = \bar{p} + 2p_{zu}$ entstehen. In

Wahrheit überlagern sich Brandungsdruck p_B und erregende Druckschwankung $\frac{1}{K} \cdot w = p_E$. Zu der am Zylinder, wie an einem geschlossenen Rohrende, positiv zurückgeworfenen ankommenden Druckwelle tritt noch die durch den Überströmvorgang erregte Welle hinzu. Es gilt demnach:

$$p = p_B + p_E \tag{118a}$$

$$p_{ab} = p_{zu} + p_E \tag{117a}$$

Die hier nicht berücksichtigte Rückwirkung von p auf w und damit auf p_E wird später erörtert werden.

Die Längsschwingungen einer Gassäule entsprechen weitgehend denen eines elastischen Stabes, was von Pischinger [22] für die Lösung technisch wichtiger Aufgaben, z. B. die Berechnung von Schubstangen, ausgewertet wurde. Aus dieser Analogie soll nun die auf Seite 75 formal gegebene Fortpflanzungsgeschwindigkeit a der Druckwellen physikalisch abgeleitet werden.

Stößt man das Ende einer Stange vom Elastizitätsmodul E mit der Geschwindigkeit w an, so werden im Verlaufe der Ausbreitung der Gleichgewichtsstörung auch die Nachbarteilchen beschleunigt und verschoben. Im Zeitpunkt t ist der Stab bis zur Länge x zusammengedrückt, während $\triangle t$ wird das Stabstück von der Länge $a \,.\, \triangle t$ von der Welle erfaßt, beschleunigt und zusammengedrückt (Abb. 67). Die Verkürzung des Stabelementes ist $w \,.\, dt$, die relative Dehnung $\varepsilon = \frac{w \triangle t}{a \triangle t} = \frac{w}{a}$ und die dadurch entstehende Stabspannung $p = \varepsilon \cdot E = \frac{w}{a} \cdot E$. Die das Element beschleunigende Kraft ist $f \cdot p = f \cdot E \cdot \frac{w}{a}$ und die entsprechende Trägheitskraft

$$\frac{w}{\triangle t} \cdot \triangle m = \frac{w}{\triangle t} \cdot f \cdot \frac{\gamma}{g} \cdot a \,.\, \triangle t$$

Durch gleichsetzen der elastischen mit der Trägheitskraft erhält man als Bedingungsgleichung für die Ausbreitungsgeschwindigkeit $\frac{E}{a} = \frac{\gamma}{g} \cdot a$ oder $a = \sqrt{\frac{E \cdot g}{\gamma}}$, während die Größe von w herausfällt. Die Wellengeschwindigkeit a nimmt daher mit der Steifheit des Stabes zu und mit seiner Dichte ab.

Da allgemein $E = \frac{\triangle p}{\triangle l/l}$ und, nach Vervielfachen der Länge l mit dem Querschnitt f, auch $E = \frac{\triangle p}{\triangle V} \cdot V$ ist, folgt für Gase aus der Adiabatengleichung $\frac{\triangle p}{p} = \varkappa \cdot \frac{\triangle V}{V}$ der Elastizitätsmodul $E = \varkappa p$. Damit ergibt sich $a = \sqrt{\varkappa \,.\, g \,.\, p \,.\, v}$, also der auch früher erhaltene Wert.

Die kinetische Energie der von der Welle ergriffenen Stabteilchen ist je Volumseinheit $L_K = \frac{\gamma}{g} \cdot \frac{w^2}{2}$, die Formänderungsarbeit $L_F = \frac{p^2}{2\,E}$. Nun gilt nach früherem $p = \frac{w}{a} \cdot E$, so daß $L_K = \frac{\gamma}{2g} \cdot \frac{a^2 \cdot p^2}{E^2}$ oder, mit $a^2 = \frac{E \cdot g}{\gamma}$, auch $L_K = \frac{p^2}{2E} = L_F$, so daß kinetische und potentielle Energie der Teilchen, über welche die Welle hinwegläuft, gleich groß sind.

2. Rückwurf und Durchgang der Wellen an den Unstetigkeitsstellen der Leitung.

Die Unstetigkeitsstellen lassen sich einteilen in solche ohne Druckabfall und in solche, bei denen infolge von Drosselungen und Reibungen ein dem Quadrat der Geschwindigkeit verhältiger Druckabfall eintritt.

a) Unstetigkeitsstellen ohne Druckabfall, Rohrverzweigungen.

Treffen nach Abb. 68 z Abzweigungen mit den Querschnitten f_1 bis f_z in einem Punkt zusammen, so ist der Druck p für alle Rohrenden gleich, daher gilt für jeden Rohrzweig n

$$p = p_n = \bar{p} + 2 \,.\, p_{n\,zu} - \frac{w_n}{K}$$

Mit f_n multipliziert und addiert ergeben diese Gleichungen

$$p = \bar{p} + \frac{2 \,.\, \sum\limits_{n=1}^{z} p_{n\,zu} \,.\, f_n}{\sum\limits_{n=1}^{z} f_n} \qquad (119)$$

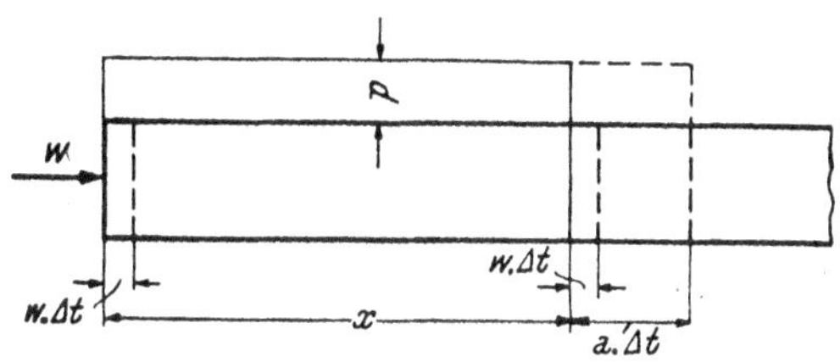

Abb. 67. Verhältnisse an einem am Ende angestoßenen Stab.

denn infolge der Kontinuität wird $\Sigma f \,.\, w = 0$.
Wenn die Rohre gleichen Querschnitt haben, ist

$$p = \bar{p} + \frac{2}{z} \sum_{n=1}^{n=z} p_{n\,zu} \qquad (119a)$$

Die in einen Rohrzweig n abgehende Welle erhält man aus Gleichung (113a) zu

$$p_{n\,ab} = p - \bar{p} - p_{n\,zu}$$

nachdem p aus Gleichung (119) berechnet wurde.

Für den Einfluß einer einzelnen Welle im Leitungszweig n ergibt sich durch Nullsetzen der übrigen Wellen

$$p - \bar{p} = \frac{2 f_n}{F + f_n} \cdot p_{zu\,n} \qquad (119b)$$

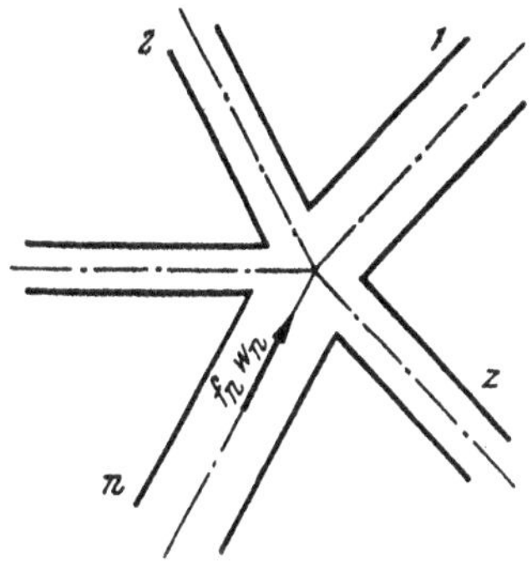

Abb. 68. Rohrverzweigung.

wenn F den Gesamtquerschnitt aller übrigen Rohrzweige bedeutet; man erhält an der Verzweigung denselben Druck wie bei einer Querschnittsänderung von f_n auf F. Die im Zweig n zurücklaufende Welle ist

$$p_{ab\,n} = \frac{2 f_n}{F + f_n} \cdot p_{zu\,n} - p_{zu\,n} = \frac{f_n - F}{f_n + F} \cdot p_{zu\,n} \qquad (119c)$$

in allen übrigen Rohren läuft die Druckwelle mit derselben Größe $\frac{2 \cdot f_n}{f_n + F} \cdot p_{zu\,n}$ weiter wie in einem einzelnen Rohr nach der Querschnittsänderung von f_n auf F, eine Folge der für kleine Wellen getroffenen Annahme, daß in der Einmündung aller Rohrzweige der gemeinsame Knotendruck p herrscht.

In Abb. 69 treffen drei Rohrzweige gleichen Querschnitts im Punkt II zusammen. Eine vom Zweitaktzylinder I ausgehende Welle $p_{zu\,I}$ erreicht nach 140° KW die Verzweigung und bewirkt dort nach Gleichung (119a) eine Druckschwankung von zwei Dritteln ihres eigenen Wertes: $p - \bar{p} = \frac{2}{3} \cdot p_{zu\,I}$. Nach der allgemein gültigen Beziehung $p_{ab} = (p - \bar{p}) - p_{zu}$ läuft sowohl nach III als auch nach IV die Druckwelle $p_{ab\,III} =$

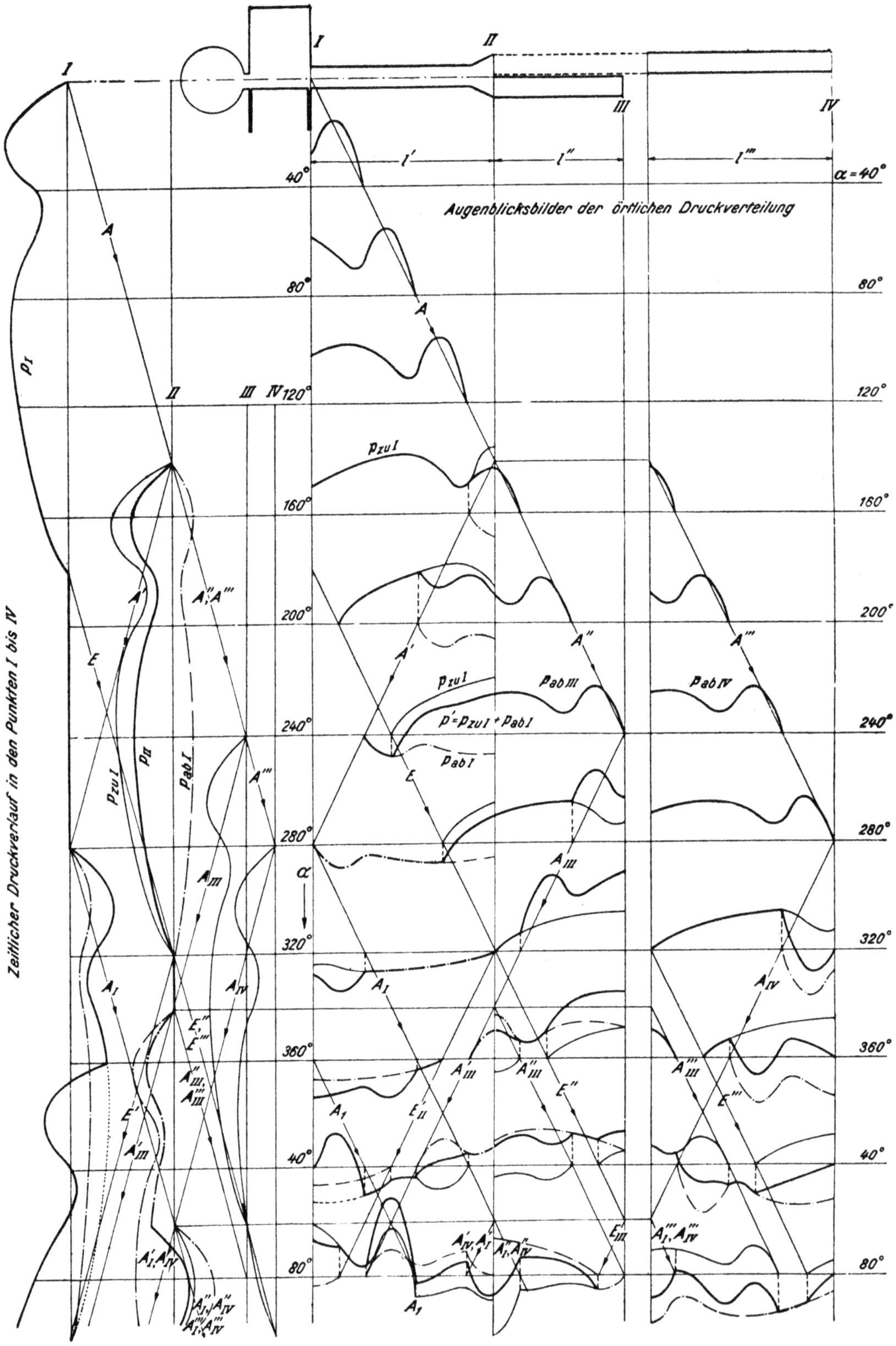

Abb. 69. Rückwurf an einer Rohrverzweigung. Rechtslaufende Welle fein voll, linkslaufende fein strichpunktiert gezeichnet. Druckverlauf voll, wenn nur durch linkslaufende Welle erzeugt, dann kräftig strichpunktiert. Links sind bei III und IV nur die ankommenden Wellen eingezeichnet; der Leitungsdruck ist bei IV konstant gleich dem Außendruck, bei III ergibt er sich durch Verdoppeln der Druckwelle. A, E sind Anfang und Ende der im ersten Arbeitsspiel vom Zylinder erregten Welle, bei A_1 beginnt die Welle im zweiten Arbeitsspiel. Die von der Verzweigung II nach I gesandte Welle wird durch ′, die nach III gesandte durch ″ und die nach IV gesandte durch ‴ gekennzeichnet. Der Zeiger I, III, IV weist auf den vorhergehenden Rückwurf an I, III oder IV hin. Z. B. ist A_{III} der bei 240° KW an III zurückgeworfene Wellenanfang, der sich nach seinem Eintreffen bei II in die drei Zweige A'_{III}, A''_{III} und A'''_{III} teilt.

$p_{ab\,IV} = \frac{2}{3} \cdot p_{zu\,I}$ weiter und die Welle $p_{ab\,I} = \frac{2}{3} \cdot p_{zu\,I} - p_{zu\,I} = -\frac{1}{3} \cdot p_{zu\,I}$ zurück nach I. Diese überlagert sich der ursprünglich vom Zylinder kommenden Welle. Die Wellenlaufzeiten und damit die Rohrlängen sind dabei der Deutlichkeit wegen länger angenommen, als sie im allgemeinen praktisch vorkommen. Im Zeitpunkt 240° KW hat die im Rohr II—III weiterlaufende Welle das geschlossene Rohrende erreicht und wird dort positiv zurückgeworfen; die Welle im Zweig II—IV erreicht bei 280° KW das offene Rohrende und wird dort negativ zurückgeworfen. Ebenfalls bei 280° KW erreicht die bei II zurückgeworfene Welle den Zylinder, wo positiver Rückwurf stattfindet. Die von III reflektierte Druckwelle erreicht bei 340° KW wieder die Verzweigung II. Hier werden wieder je $^2/_3$ der ankommenden Welle nach I und IV weitergesandt und $-^1/_3$ nach III zurückgeworfen. Ab 360° KW schließlich wird im Rohrzweig I—II außer den Druckschwankungen durch die an II und I reflektierten Wellen eine zusätzliche Druckwelle durch den nun folgenden Auspuffvorgang erregt, die sich wie in Abb. 66 den anderen überlagert. Im nächsten Zeitpunkt treffen in II gleichzeitig Wellen aus allen drei Rohrzweigen ein, und das Weiterverfolgen jeder Einzelwelle für sich wird unübersichtlich.

Im Gegensatz zu der bisher stärker betonten, an sich anschaulicheren Darstellung durch eine Folge von Augenblicksbildern der örtlichen Druckverteilung bleibt die Ermittlung des zeitlichen Ablaufes für die einzelnen Leitungspunkte stets einfach. Man bildet aus den bereits bekannten, im Knotenpunkt II eintreffenden Wellen nach Gleichung (119a) den resultierenden Druck und erhält mit $p_{ab} = p - \bar{p} - p_{zu}$ für jeden Rohrzweig die abgehende Welle, die schon alle Teilwellen enthält. Nach dem Rückwurf an I, III oder IV kehren sie zum Knotenpunkt II zurück, wodurch die ankommenden Wellen für einen neuen Zeitabschnitt $2\alpha_L$, gleich der Laufzeit hin und zurück im kürzesten Rohrzweig, bekannt sind.

Ist bei den Rohrzweigen 1 bis z′ die zulaufende Welle p_{zu}, bei den Querschnitten z′ + 1 bis z die Geschwindigkeit w gegeben, so erhält man den Druck an der Verzweigungsstelle aus folgenden Beziehungen:

Aus der Kontinuität ergibt sich

$$\sum_{n=1}^{n=z'} f_n \cdot w_n = - \sum_{n=z'+1}^{n=z} f_n \cdot w_n, \text{ da } \sum_{n=1}^{n=z} f_n \cdot w = 0$$

Daraus folgt für den Knotendruck aus Gleichung (117) und (116)

$$p = \bar{p} + \frac{2}{\sum_{n=1}^{n=z'} f_n} \cdot \sum_{n=1}^{n=z'} f_n \cdot p_{n\,zu} + \frac{1}{K \cdot \sum_{n=1}^{n=z'} f_n} \cdot \sum_{n=z'+1}^{n=z} f_n \cdot w_n \tag{120}$$

Die ankommenden Druckwellen erzeugen für sich eine Druckschwankung wie an einer Verzweigung mit z′-Rohren, dazu kommt eine weitere Druckänderung infolge des durch die Querschnitte f'_{z+1} bis f_z überströmenden sekundlichen Gasvolumens. Diese Druckschwankung fällt gleich groß aus, wenn dasselbe sekundliche Gesamtvolumen am Ende eines einzelnen Rohres überströmt, dessen Querschnitt gleich ist der Summe der Rohrquerschnitte f_1 bis f'_z.

Eine Anwendung dieser Gleichung ergibt sich z. B. bei seitlich angeregter Rohrleitung nach Abb. 70, wo ein Zweitaktzylinder in eine durchlaufende Auspuffleitung ausbläst.

Für Punkt I in Abb. 70, als Verzweigungspunkt mit zwei Rohren und gegebener

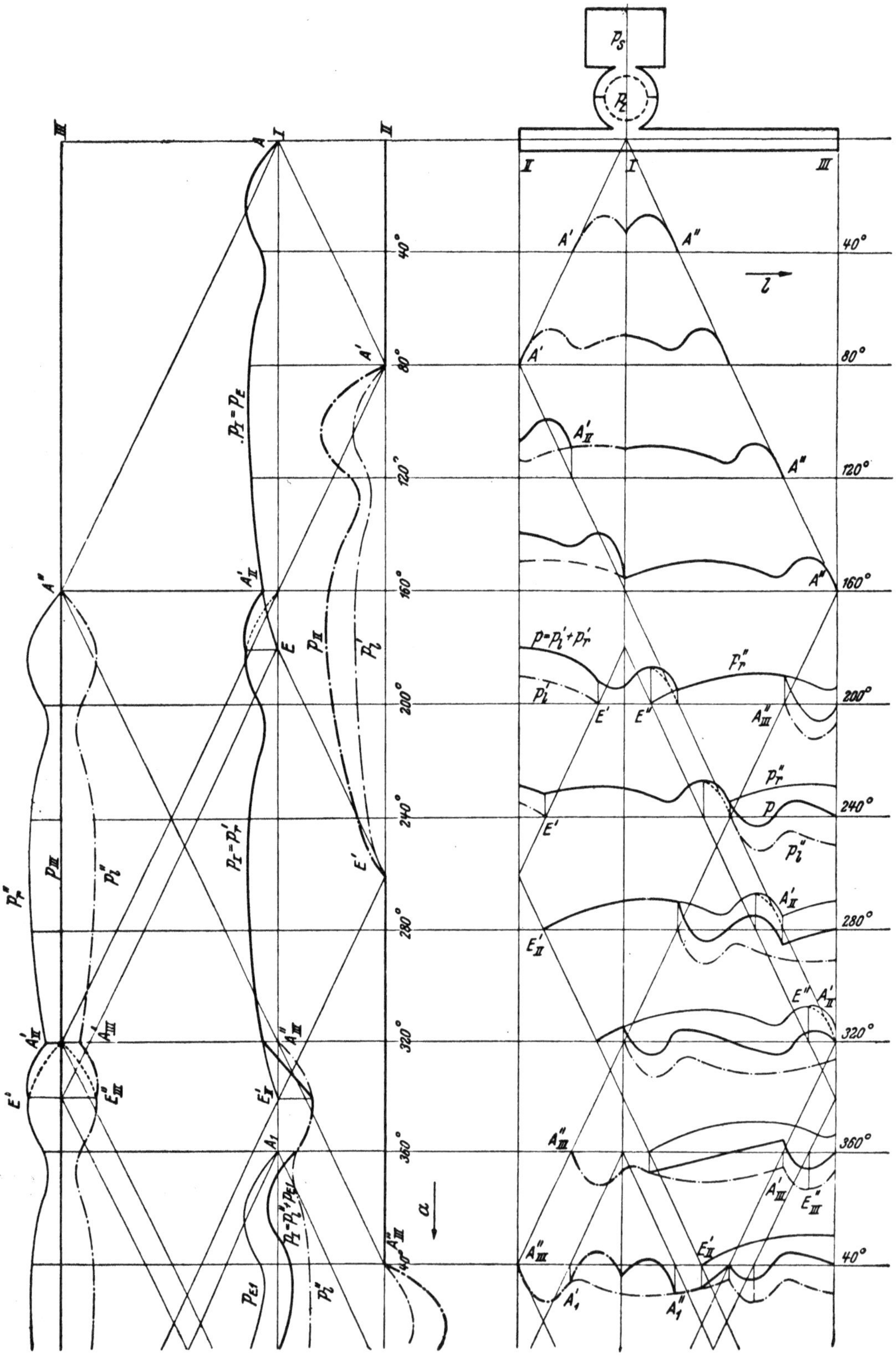

Abb. 70. Rohrleitung mit seitlicher Anregung. Bei II geschlossenes Rohrende, bei III offene Mündung. Links: Zeitlicher Verlauf des Leitungsdruckes für die Punkte I bis III. Rechts: Augenblicksbilder der örtlichen Druckverteilung. Fein voll: rechtslaufende Druckwelle p_r. Fein strichpunktiert: linkslaufende Druckwelle p_l. Stärker gezeichnet: Zugehörige Leitungsdrücke. Von I nach links ausgesandter Wellenzug durch ′, nach rechts abgehende Welle durch ″ gekennzeichnet. Rückwurf an II und III durch entsprechende Zeiger angedeutet. Z. B. entspricht dem Wellenanfang A′ nach dem Rückwurf an II A'_{II}, aus p'_l entsteht dadurch p'_r. Bis 160° KW ist der Leitungsdruck p_I am Zylinder durch die Anregung p_E allein gegeben, bis 180° überlagert sich p_E und die an II positiv zurückgeworfene Welle p'_r, bis 320° ist p'_r allein maßgebend, dann wirken bis 340° p'_r und die durch negativen Rückwurf von p''_r an III entstehende Welle p''_l zusammen, und ab 360° wird der Leitungsdruck p_I durch p''_l und die im nächsten Arbeitsspiel erregte Welle p_E' bestimmt.

zusätzlicher Zuströmgeschwindigkeit aufgefaßt, folgt aus Gleichung (120) $p - \bar{p} = \frac{2}{2}(p_{zu\,II} + p_{zu\,III}) + \frac{1}{2} \cdot \frac{w}{K}$, wenn w die auf den einfachen Rohrquerschnitt bezogene Zuströmgeschwindigkeit aus dem Zylinder ist. Die aus II oder III kommenden Druckwellen erzeugen für sich in I denselben Druck wie in einem durchlaufenden Rohr; die erregende Druckschwankung $\frac{1}{2} \cdot \frac{w}{K}$ ist nur halb so groß wie in Abb. 69, weil sie sich auf den doppelten Querschnitt ausbreitet. Der an II reflektierte Teil der vom Zylinder erregten Welle erreicht diesen bei 160° KW wieder und läuft von da, mit der anregenden Welle überlagert, weiter zur Mündung III, wo er bei 320° KW anlangt. Die an der Mündung negativ reflektierte anregende Welle erreicht den Zylinder wieder bei 320° KW und das Rohrende II bei 40°, nachdem bei 180° das Ende der ursprünglich erregten Welle den Zylinder verlassen hat. Ab 360° überlagert sich vor dem Zylinder die an II negativ zurückgeworfene Druckwelle mit der neu hinzutretenden Anregung $p_{E\,I}$ vom folgenden Auspuffvorgang.

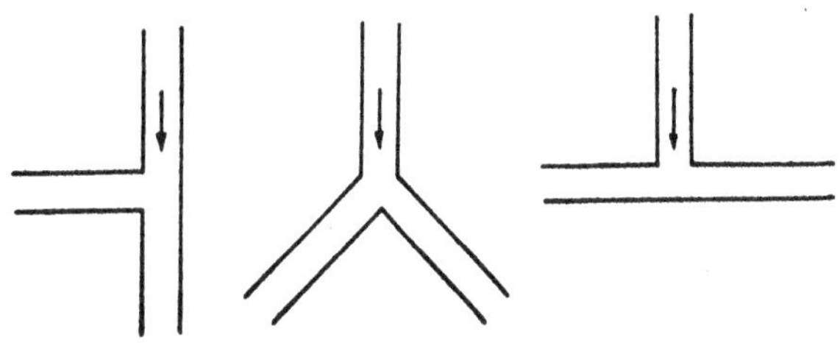

Abb. 71. Rohrverzweigungen mit gleichem Rückwurfgesetz.

Solange die örtlichen Druckunterschiede im Rohrquerschnitt, die die Größenordnung des Staudruckes haben, vernachlässigbar sind, was im Bereiche der Wellen kleiner Amplituden zutrifft, sind die Verzweigungen nach Abb. 71 gleichwertig.

Bei sehr kurzer Rohrleitung ist die Verfolgung der zahlreichen Rückwürfe zeitraubend.

Wenn die Rohrleitung zwischen zwei Verzweigungen so kurz ist, daß die Laufzeit der Welle in ihr vernachlässigt werden kann, so sind die Drücke in den beiden Verzweigungen I und II jeweils gleich, und es ist so zu rechnen, als ob beide Knoten in einen einzigen mit entsprechend höherer Zahl der Leitungszweige zusammenfielen.

Bei kleiner, aber nicht vernachlässigbarer Laufzeit kann die zwischen den beiden Knoten I und II laufende Welle $p_{zu\,I}$ bzw. $p_{zu\,II}$ eliminiert werden. Man erhält zunächst in irgend einem betrachteten Augenblick t für den Druck im Knoten I, Abb. 72,

$$p_I = \bar{p} + 2 \cdot \frac{\sum\limits_{nI} f_n \cdot p_{n\,zu}}{\sum\limits_{nI} f_n + f_v} + 2 \cdot \frac{f_v \cdot p_{zu\,I}}{\sum\limits_{nI} f_n + f_v} = \bar{p} + 2\,S_I + 2\,\varphi_I \cdot p_{zu\,I} \qquad (121)$$

Die Summen $\sum\limits_{nI}$ sind über alle im Knoten I zusammentreffenden Rohrzweige zu erstrecken, ausgenommen die Verbindungsleitung selbst. Die in den einzelnen Zweigen von außen, also abgesehen von der Verbindungsleitung mit dem Querschnitt f_v, ankommenden Wellen p_{zu} sind als bekannt vorauszusetzen. Im folgenden wird nun abgekürzt:

$$S_I = \frac{\sum\limits_{nI} f_n \cdot p_{n\,zu}}{\sum\limits_{nI} f_n + f_v}\,; \quad \varphi_I = \frac{f_v}{\sum\limits_{nI} f_n + f_v} \qquad (121a)$$

Die gleichen Abkürzungen S_{II}, φ_{II} gelten für den Knoten II. Für S_I und S_{II} wird während der Dauer des betrachteten Intervalls ein linearer Verlauf angenommen. Es beziehen sich die reduzierten Wellensummen auf den Zeitpunkt t. Sie ändern sich während der Dauer $2\,\triangle t = 2 \cdot \frac{l}{a}$ vom Abgang bis zum Wiedereintreffen einer Welle in der Verbindungsleitung um $\triangle S_I$ bzw. $\triangle S_{II}$. Die in der Verbindungsleitung am Knoten I eintreffende Welle $p_{zu\,I}$ ist nun der um die Laufzeit $\triangle t$ früher vom Knoten II abgehenden Welle $p_{ab\,II}$ gleich und diese ist durch die Differenz $(p_{II} - \overline{p}) - p_{zu\,II}$ gegeben.

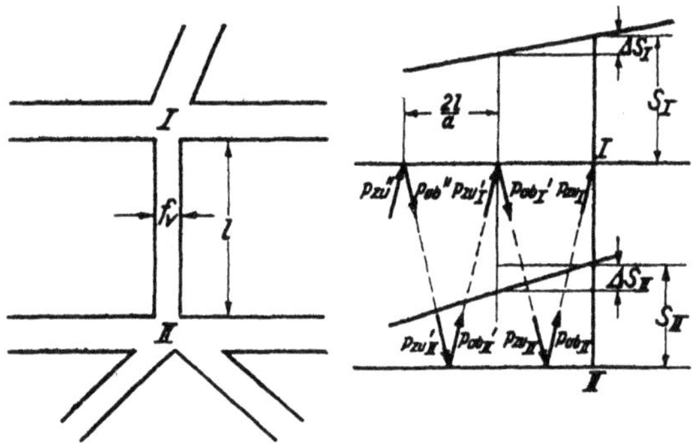

Abb. 72. Kurze Leitung zwischen Verzweigungen.

Nach Abb. 72 ist, entsprechend der früher für p_I angeschriebenen Gleichung, der Druck in II im Augenblick $t - \triangle t$ bestimmt durch:

$$p_{II} - \overline{p} = 2 \cdot \left(S_{II} - \frac{\triangle S_{II}}{2}\right) + 2\,\varphi_{II} \,.\, p_{zu\,II}$$

Damit ist die abgehende Welle:

$$p_{zu\,I} = p_{ab\,II} = 2\,S_{II} - \triangle S_{II} - (1 - 2\,\varphi_{II}) \,.\, p_{zu\,II}$$

$p_{zu\,II}$ im Zeitpunkt $t - \triangle t$ ist wieder gleich $p_{ab\,I}$ im Zeitpunkt $t - 2\,\triangle t$ und man entnimmt dafür aus Abb. 72

$$p_{zu\,II} = p'_{ab\,I} = 2\,S_I - 2\,\triangle S_I - (1 - 2\,\varphi_I) \,.\, p'_{zu\,I}\,;$$

$$p'_{zu\,I} = p'_{ab\,II} = 2\,S_{II} - 3\,\triangle S_{II} - (1 - 2\,\varphi_{II}) \,.\, p'_{zu\,II}$$

Durch fortlaufendes Einsetzen der Ausdrücke für p_{zu} erhält man eine konvergierende Reihe

$$\left.\begin{aligned} p_I = \overline{p} + 2\,S_I + 2\,\varphi_I \,.\, (2\,S_{II} - \triangle S_{II}) - 2\,\varphi_I \,.\, (1 - 2\,\varphi_{II}) \,.\, (2\,S_I - 2\,\triangle S_I) + \\ + 2\,\varphi_I \,.\, (1 - 2\,\varphi_{II}) \,.\, (1 - 2\,\varphi_I) \,.\, (2\,S_{II} - 3\,\triangle S_{II}) - \\ - 2\,\varphi_I \,.\, (1 - 2\,\varphi_{II})^2 \,.\, (1 - 2\,\varphi_I) \,.\, p'_{zu\,II} \end{aligned}\right| \qquad (121b)$$

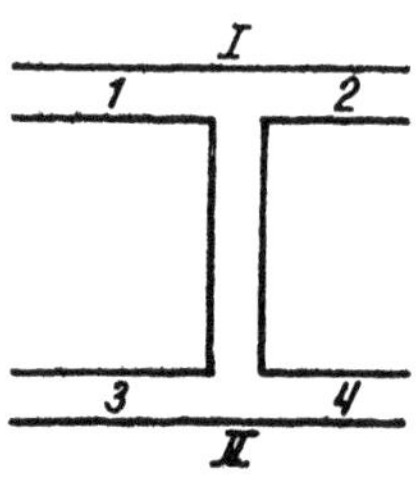

Abb. 73.

die man bis zu Gliedern mit genügend kleinen Faktoren fortsetzt. Für eine Verbindung nach Abb. 73 wird z. B., wenn alle Querschnitte gleich sind, aus:

$$S_I = \frac{\Sigma f \,.\, p_{zu}}{\Sigma f} = \frac{s_I}{3}; \quad S_{II} = \frac{s_{II}}{3}; \quad \varphi_I = \frac{1}{3}; \quad \varphi_{II} = \frac{1}{3}$$

der Druck in I erhalten:

$$p_I = p_o + 0{,}52 \,.\, s_I + 0{,}50 \,.\, s_{II} + 0{,}15 \,.\, \triangle s_I - 0{,}30 \,.\, \triangle s_{II} - 0{,}025 \,.\, p'_{zu\,II}.$$

wobei s_I und s_{II} die Summen der in den Rohren 1, 2 bzw. 3, 4 ankommenden Wellen bedeuten. Das letzte Glied kann vernachlässigt werden.

b) Unstetigkeitsstellen mit Druckabfall.

Im folgenden werden die Überströmvorgänge an Unstetigkeitsstellen mit Druckabfall in der von Reyl [8] angegebenen Art allgemein behandelt.

Das Druckgefälle $\triangle p$, welches den Überströmvorgang an einer beliebigen Unstetigkeitsstelle, z. B. an einer Drosselstelle nach Abb. 74 bewirkt, läßt sich teilen in ein aufgeprägtes aktives Druckgefälle $\triangle p_A$ und einen gefällsvermindernden Anteil $\triangle p_G$, welcher von der ausgleichenden Wirkung des Überströmens herrührt. Es ist demnach:

$$\triangle p = \triangle p_A - \triangle p_G \qquad (122)$$

$\triangle p_A$ verursacht den Überströmvorgang und entspricht dem Druckunterschied, der sich einstellen würde, wenn im betrachteten Zeitpunkt kein Überströmen stattfände, also z. B. der Überströmquerschnitt zu 0 würde. $\triangle p_A$ ist daher von der gesuchten Überströmgeschwindigkeit w_d im Drosselquerschnitt unabhängig und umfaßt jene Glieder in den Gleichungen für das gesamte Druckgefälle $\triangle p$, die w_d nicht enthalten.

Setzt man die Drücke beiderseits der Drosselstelle p_1 und p_2, so ist

$$\triangle p = p_1 - p_2$$

Nun besteht jeder der beiden Drücke aus dem aufgeprägten Anteil p_{1A}, p_{2A}, der sich ohne Überströmen einstellen würde, und dem gefällsvermindernden Teil p_{1G}, p_{2G}, der vor der Drosselstelle druckverkleinernd, nach derselben druckvergrößernd wirkt. Daher ist

$$\triangle p = p_{1A} - p_{2A} - (p_{1G} + p_{2G}) \tag{122a}$$

Die Unterschiede der aufgeprägten Druckanteile ergeben also das aufgeprägte Druckgefälle:

$$\triangle p_A = p_{1A} - p_{2A} \tag{122b}$$

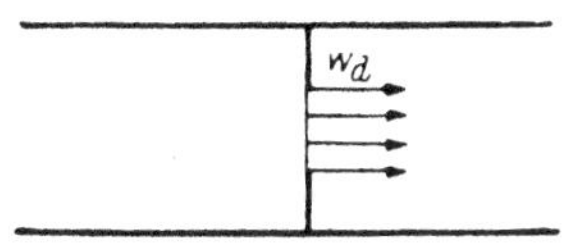

Abb. 74. Drosselstelle in einer Rohrleitung.

Die gefällsvermindernden Anteile addieren sich; durch das Abströmen von Gas wird vor der Drosselstelle eine Drucksenkung, infolge des Zuströmens nach derselben eine Druckerhöhung bewirkt, so daß:

$$\triangle p_G = p_{1G} + p_{2G} \tag{122c}$$

Z. B. ist bei einem unmittelbar aus dem Freien ansaugenden Zylinder das Druckgefälle in Intervallmitte: $\triangle p = p_o - p_z''$. Nach Seite 56 gilt für den Zylinderdruck:

$$p_z'' = p_z' - \frac{\varkappa \triangle z}{2 \cdot z''} \cdot p_z' + B_e \cdot w_e''$$

Hier ist der aufgeprägte Druckanteil vor dem Einlaßorgan $p_{1A} = p_o$ und im Zylinder $p_{2A} = p_z' - \frac{\varkappa \triangle z}{2 \cdot z} \cdot p_z'$, da beide von der Überströmgeschwindigkeit unabhängig sind. Man erkennt auch, daß nur das aufgeprägte Druckgefälle $\triangle p_A = p_o - p_z' \cdot \left(1 - \frac{\varkappa}{2} \cdot \frac{\triangle z}{z''}\right)$ ein Überströmen verursacht, denn wenn zufällig $\triangle p_A = 0$ wird, also Druckausgleich stattgefunden hat, verschwindet der gefällsvermindernde Druckanteil im Zylinder $p_{G2} = B_e \cdot w_e$ zwangsläufig. Vor der Drosselstelle ist bei der vorliegenden Anordnung $p_{1G} = 0$, denn durch das Einströmen wird der Außendruck nicht verändert.

Es läßt sich zeigen, daß die Gefällsverminderung stets verhältig der Überströmgeschwindigkeit w_d ist. w_d ist die Geschwindigkeit im Drosselquerschnitt. Setzt man die Faktoren, mit denen w_d zu multiplizieren ist, um den gefällsvermindernden Druckanteil zu erhalten, für Rohrleitungen L, für Behälter (auch Zylinder) B, so erhält man z. B. für eine Blende zwischen zwei Rohrteilen:

$$\left.\begin{aligned} p_{1G} &= L_1 \cdot w_d \\ p_{2G} &= L_2 \cdot w_d \end{aligned}\right\} \quad (123) \qquad \text{so daß} \qquad \left.\begin{aligned} \triangle p_G &= (L_1 + L_2) \cdot w_d \\ L_1 + L_2 &= G \end{aligned}\right\} \quad (124)$$

und $p_{1G} = \triangle p_G \cdot \frac{1}{1 + L_2/L_1}$, $\quad p_{2G} = \triangle p_G - p_{1G}$ wird.

Wenn eine Leitung an einen Behälter anschließt, ist

$$p_{1G} = L \cdot w_d; \qquad p_{2G} = B \cdot w_d \tag{123a}$$

$$\triangle p_G = G \cdot w_d; \qquad G = (L + B) \tag{124a}$$

und $\quad p_{1G} = \triangle p_G \cdot \frac{1}{1 + B/L}; \qquad p_{2G} = \triangle p_G \cdot \frac{1}{1 + L/B} = \triangle p_G - p_{1G}$

Man bestimmt in später gezeigter Weise $\triangle p_G$ und rechnet daraus p_{1G}, p_{2G}.

Auch der Fall des Überströmens zwischen zwei Behältern ohne dazwischenliegende Rohrleitung läßt sich auf diese Weise behandeln; man erhält:

$$p_{1G} = B_1 \,.\, w_d \qquad p_{2G} = B_2 \,.\, w_d$$

$$p_{1G} = \triangle p_G \cdot \frac{1}{1 + B_2/B_1}$$

Es sind nun die Werte von p_A und die Faktoren L und B der gefällsvermindernden Anteile für die einzelnen Fälle zu bestimmen. Dabei ist, je nach der Art der an den Drosselquerschnitt anschließenden Räume, zu unterscheiden zwischen solchen mit unendlich kleiner oder unendlich großer Speicherwirkung und solchen mit endlicher Speicherwirkung.

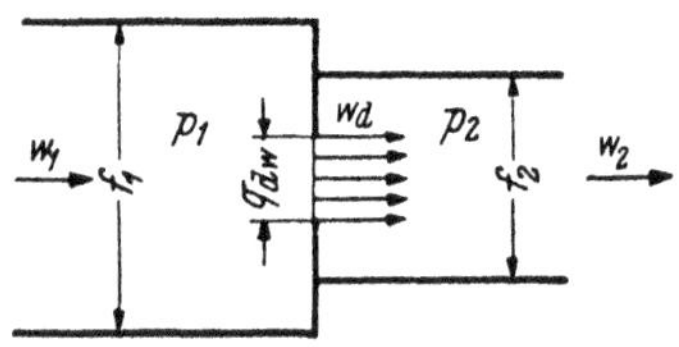

Abb. 75. Drosselstelle zwischen Rohrleitungen verschiedenen Querschnittes.

Bei den Räumen mit unendlich kleiner Speicherwirkung stellt sich die Druckänderung durch das Überströmen augenblicklich in voller Stärke ein. Als Räume mit unendlich kleiner örtlicher Speicherwirkung haben Rohrleitungen zu gelten.

Bei Räumen mit unendlich großer Speicherwirkung erfolgt durch das Überströmen keine Druckänderung. Solche Räume sind Behälter mit sehr großem Inhalt.

Die Druckänderung ist in den beiden Fällen durch den Augenblickswert der Geschwindigkeit bestimmt.

Zum Unterschied davon muß bei Behältern mit endlicher Speicherwirkung die Druckänderung durch das Überströmen während eines endlichen Zeitabschnittes betrachtet werden, da das Überströmen nur ein allmähliches Verdichten oder Entspannen des Behälterinhaltes bewirkt, das endliche Werte erst in endlichen Zeitabschnitten erreicht.

In der eben angegebenen Behandlungsweise der Vorgänge entsteht dadurch jedoch kein Unterschied.

a) Unstetigkeiten mit verschwindendem oder unendlichem Speichervermögen (Rechnen mit Augenblickswerten).

α, 1. Blende zwischen zwei Rohren (Abb. 75). Für unterkritisches Durchströmen durch die Blende gilt:

$$w_{dw}^2 - w_1^2 = 2\,g\,R T_1 \,.\, p_1^{\frac{\nu-\varkappa}{\varkappa}} \cdot p_2^{\frac{-\nu}{\varkappa}} \cdot (p_1 - p_2)$$

wenn w_{dw} die wirkliche Strömungsgeschwindigkeit im Drosselspalt ist.

Mit q_{dw} als dem wirksamen Drosselquerschnitt besteht zwischen den Geschwindigkeiten nach dem Kontinuitätsgesetz die Beziehung:

$$\frac{w_1}{w_{dw}} = \frac{q_{dw}}{f_1} \cdot \left(\frac{p_2}{p_1}\right)^{\frac{1}{\varkappa}} = \zeta_{dw}$$

daher

$$w_{dw}^2 \,.\, (1 - \zeta_{dw}^2) = 2\,g\,R T_1 \,.\, p_1^{\frac{\nu-\varkappa}{\varkappa}} \,.\, p_2^{\frac{-\nu}{\varkappa}} \,.\, (p_1 - p_2) \qquad (125)$$

Zur Vereinfachung der Rechnung ist es zweckmäßig, mit der gedachten Geschwindigkeit

$$w_d = w_{dw} \cdot \sqrt{1 - \zeta_{dw}^2} \tag{126}$$

zur rechnen, die dem Druckgefälle ohne Berücksichtigung der Zuströmgeschwindigkeit w_1 entspricht, und dieser durch einen Beiwert ε zur Ausflußzahl Rechnung zu tragen. Er wird:

$$\varepsilon = \frac{1}{\sqrt{1 - \zeta_{dw}^2}}$$

Es ist weiter zweckmäßig, einen gedachten Drosselquerschnitt q_d einzuführen, der mit w_d multipliziert das tatsächlich in der Zeiteinheit durchtretende Volumen ergibt. Man erhält:

$$q_d = \frac{q_{dw}}{\sqrt{1 - \zeta_{dw}^2}} \tag{126a}$$

q_d ergibt sich unmittelbar durch Mengenmessung beim stationären Durchströmen aus

$$q_d = \frac{V_{sec}}{\sqrt{2g \,.\, 10^4 \,.\, v_1 \,.\, \triangle p}} \cdot \left(\frac{p_2}{p_1}\right)^{\frac{\nu}{2\varkappa}} \tag{127}$$

Darin ist V_{sec} das sekundlich austretende Volumen bezogen auf den Zustand im Drosselquerschnitt, $\triangle p$ der gemessene Druckabfall in der Blende. Zwischen w_d und w_1 besteht die Beziehung

$$\frac{w_d \cdot q_d}{v_d} = \frac{w_1 \,.\, f_1}{v_1} \quad \text{oder} \quad w_1 = \xi \,.\, w_d$$

mit

$$\xi = \frac{q_d}{f_1} \cdot \left(\frac{p_2}{p_1}\right)^{\frac{1}{\varkappa}}$$

Die Durchflußgleichung erhält die einfache Form

$$\frac{w_d^2}{2g\,RT_1} \cdot p_1^{\frac{\varkappa - \nu}{\varkappa}} \cdot p_2^{\frac{\nu}{\varkappa}} = p_1 - p_2 \tag{125a}$$

Wegen $a_1^2 = \varkappa g \,.\, R \,.\, T_1$ kann man auch schreiben

$$\frac{\varkappa}{2} \cdot \frac{w_d^2}{a_1^2} \cdot p_1^{\frac{\varkappa - \nu}{\varkappa}} \cdot p_2^{\frac{\nu}{\varkappa}} = p_1 - p_2 \tag{125b}$$

Da T_1 sich mit dem Druck p_1 ändert, wird als den Gaszustand kennzeichnende Größe die auf 1 at adiabatisch reduzierte Temperatur $T_{1\,red} = T_1 / p_1^{\frac{\varkappa - 1}{\varkappa}}$ eingeführt. $T_{1\,red}$ bleibt im Gegensatz zu T_1 bei adiabatischen Zustandsänderungen vor der Blende konstant. Damit erhält man $a_1^2 = a_{1\,red}^2 \cdot p_1^{\frac{\varkappa - 1}{\varkappa}}$ und

$$\frac{\varkappa}{2} \cdot \frac{w_d^2}{a_{1\,red}^2} \cdot p_1^{\frac{1 - \nu}{\varkappa}} \cdot p_2^{\frac{\nu}{\varkappa}} = p_1 - p_2 \tag{125c}$$

womit das Druckgefälle als Funktion nur einer veränderlichen Größe

$$\frac{w_d}{a_{1\,red}} \cdot p_1^{\frac{1 - \nu}{2\varkappa}} \cdot p_2^{\frac{\nu}{2\varkappa}} = w_d^{\boldsymbol{\cdot}} \tag{128}$$

ausgedrückt ist:

$$\triangle p = \frac{\varkappa}{2}\cdot w_d^{*2} \tag{125d}$$

Nun ist allgemein

$$\triangle p = \triangle p_A - G\,.\,w_d \tag{122d}$$

und daher:

$$\frac{\varkappa}{2}\cdot\frac{w_d^2}{a_{1\,red}^2}\cdot p_1^{\frac{1-\nu}{\varkappa}}\cdot p_2^{\frac{\nu}{\varkappa}} = p_A - G\,.\,w_d \tag{129}$$

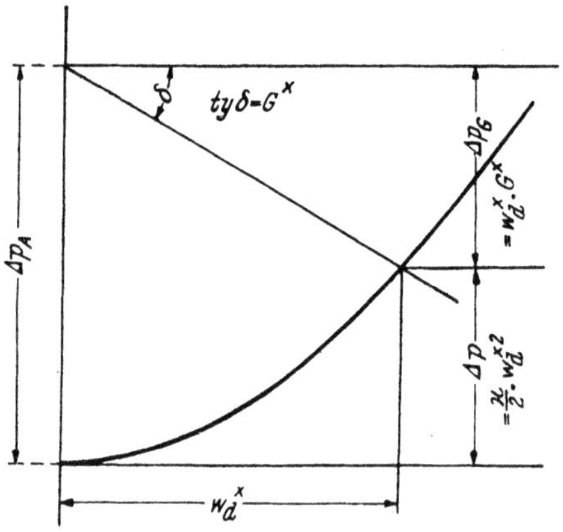

Abb. 76. Graphische Lösung der Strömungsgleichung.

$G\,.\,w_d$ ist dabei die gesamte Gefällsminderung und dementsprechend G die Summe der beiden Gefällsminderungsfaktoren vor und hinter der Drosselstelle.

Diese quadratische Gleichung ist nach w_d auflösbar, worauf man die gefällsmindernden Druckanteile im anschließenden Leitungsteil (bzw. Behälter) $p_{1G} = L_1\,.\,w_d$, $(B_1\,.\,w_d)$ und $p_{2G} = L_2\,.\,w_d$, $(B_2\,.\,w_d)$ berechnen kann. Viel rascher bestimmt man $\triangle p_G = G\,.\,w_d$ auf folgende Art:

Setzt man

$$G^* = G\cdot a_{1\,red}\cdot p_1^{\frac{\nu-1}{2\varkappa}}\cdot p_2^{\frac{-\nu}{2\varkappa}} \tag{130}$$

so ist $G\cdot w_d = G^*\cdot w_d^*$

und man erhält eine quadratische Gleichung von der Form

$$\triangle p = \frac{\varkappa}{2}\cdot w_d^{*2} = \triangle p_A - G^*\cdot w_d^* \tag{129a}$$

die nach Abb. 76 graphisch gelöst werden kann. Man trägt $\triangle p_A$ auf der Ordinatenachse auf und schneidet mit der Geraden unter dem Winkel δ, ($tg\delta = G^*$), die Parabel in einem Punkt, der das aktive Gefälle in das wirksame Gefälle $\triangle p$ und den Gefällsminderungsteil $\triangle p_G$ teilt.

Trägt man die so erhaltene Lösung $\triangle p$ in Abhängigkeit von G^* als Parameter und von $\triangle p_A$ als Abszisse auf, so erhält man nach Reyl [8] ein Diagramm, Tafel 1, das bei gegebenem G^* und gegebenem $\triangle p_A$ das wirksame Gefälle $\triangle p$ und den Gefällsverminderungsanteil $\triangle p_G$ ohne weitere Konstruktion abgreifen läßt. Aus $\triangle p$ erhält man mittels der eingezeichneten Parabel

$$\triangle p = \frac{\varkappa}{2}\cdot w_d^{*2}$$

zunächst w_d^*, und daraus die Geschwindigkeit

$$w_d = w_d^*\cdot\frac{a_{1\,red}}{p_1^{\frac{1-\nu}{2\varkappa}}\cdot p_2^{\frac{\nu}{2\varkappa}}}\,;\qquad \text{auch aus } w_d = \frac{\triangle p_G}{G}$$

ist sie bestimmbar, doch interessiert im allgemeinen nicht die Geschwindigkeit selbst, sondern das Produkt $B\,.\,w_d = B^*\,.\,w_d^*$ bzw. $L\,.\,w_d = L^*\,.\,w_d^*$. Die Größen

$$L^* = L\,.\,a_{1\,red}\cdot p_1^{\frac{\nu-1}{2\varkappa}}\cdot p_2^{\frac{-\nu}{2\varkappa}} \quad\text{und}\quad B^* = B\,.\,a_{1\,red}\cdot p_1^{\frac{\nu-1}{2\varkappa}}\cdot p_2^{\frac{-\nu}{2\varkappa}} \tag{130a}$$

ergeben bequemere Zahlenwerte als die sehr kleinen Werte L und B.

Ohne das Diagramm Tafel 1 zu verwenden, kann man $\triangle p_G$ aus den bekannten Größen $\triangle p_A$ und $G^\cdot$ einfach bestimmen, indem man an der Funktionsskala in Tafel 2 den Wert $\frac{\triangle p_G}{\triangle p_A}$ in Abhängigkeit des Parameters

$$x = \frac{G^{\cdot 2}}{\varkappa \triangle p_A} \tag{131}$$

abliest. Aus Gleichung (129a) folgt nämlich

$$w_d^\cdot = \frac{G^\cdot}{\varkappa} \cdot \left(\sqrt{1 + 2\varkappa \cdot \frac{\triangle p_A}{G^{\cdot 2}}} - 1 \right)$$

so daß das Verhältnis $\triangle p_G / \triangle p_A$ wegen $\triangle p_G = G^\cdot . w_d^\cdot$ gegeben ist durch

$$\frac{\triangle p_G}{\triangle p_A} = \frac{G^{\cdot 2}}{\varkappa \triangle p_A} \cdot \left(\sqrt{1 + 2 \cdot \frac{\varkappa \triangle p_A}{G^{\cdot 2}}} - 1 \right) = x \cdot \left(\sqrt{1 + \frac{2}{x}} - 1 \right) \tag{132}$$

Der Wert $\frac{\triangle p_G}{\triangle p_A}$ wächst von 0 bei $x = 0$ (kleiner Drosselquerschnitt, starkes Druckgefälle) bis auf 1 bei $x = \infty$ (großer Drosselquerschnitt, schwaches Druckgefälle).

Für die Anwendung des Diagramms Tafel 1 folgt aus dem vorhergehenden, daß man $\triangle p_A$ und $\triangle p_G$ auch in m-fach vergrößertem Maßstab auftragen und ablesen kann, wenn man gleichzeitig für $G^\cdot$ einen $\sqrt{m}$-mal größeren Wert einsetzt.

G läßt sich nun in einfacher Weise ermitteln. Für das Rohr vor der Blende gilt die Beziehung nach Gleichung (118)

$$p_1 = \bar{p} + 2 p_{1\,zu} - \frac{1}{K_1} \cdot w_1;$$

Nun ist $$\frac{1}{K_1} w_1 = p_{1G} = L_1 w_d; \quad w_1 = w_d \cdot \frac{q_d}{f_1} \cdot \left(\frac{p_2}{p_1}\right)^{\frac{1}{\varkappa}}$$

und der Gefällsverminderungsfaktor L_1 vor der Blende, mit

$$K_1 = \frac{a_{1\,red}}{\varkappa \, . \, p_1^{\frac{\varkappa+1}{2\varkappa}}}, \quad \text{wird} \quad L_1 = \frac{\varkappa}{a_{1\,red}} \cdot \frac{q_d}{f_1} \cdot p_2^{\frac{1}{\varkappa}} \cdot p_1^{\frac{\varkappa-1}{2\varkappa}} \tag{133}$$

Für das Rohr nach der Blende gilt die entsprechende Beziehung:

$$p_2 = \bar{p} + 2 p_{2\,zu} + \frac{1}{K_2} \cdot w_2$$

und damit $$L_2 = \frac{\varkappa}{a_{1\,red}} \cdot \frac{q_d}{f_2} \cdot p_2^{\frac{1}{\varkappa}} \cdot p_1^{\frac{\varkappa-1}{2\varkappa}} \tag{133a}$$

Hiebei ist angenommen, daß die Zustandsänderung bis zum engsten Drosselquerschnitt adiabatisch erfolgt, daher

$$T_d = T_1 \left(\frac{p_2}{p_1}\right)^{\frac{\varkappa-1}{\varkappa}}$$

und daß nachher Verwirbelung der Strömungsenergie eintritt, so daß $T_2 = T_1$ und $a_2 = a_1$.

Damit wird $$w_2 = w_d \cdot \frac{q_d}{f_2} \cdot \frac{T_1}{T_d}$$

und $$a_{2\,red} = a_1 \cdot \frac{1}{p_2^{\frac{\varkappa-1}{2\varkappa}}} = a_{1\,red} \cdot \left(\frac{p_1}{p_2}\right)^{\frac{\varkappa-1}{2\varkappa}}$$

Diese vereinfachende Annahme $T_1 = T_2$ setzt voraus, daß die kinetische Energie des Gases vor und nach der Drosselstelle dieselbe ist, also nur die in der Drosselstelle zusätzlich erzeugte Strömungsenergie durch Verwirbelung wieder in Wärme umgesetzt wird. Es ist jedoch u. U. zu beachten, daß dies nur zutrifft, wenn die Leitungsquerschnitte vor und nach der Drosselstelle annähernd gleich oder wenn sie viel größer als der Drosselquerschnitt sind, so daß die Strömungsenergie in der Leitung gegenüber der in der Drossel vernachlässigbar ist.

Ändert sich das Druckgefälle an der Drosselstelle im Verlaufe der Zeit stark, wie dies z. B. bei Auspuffvorgängen der Fall ist, dann besteht der Leitungsinhalt hinter der Drossel aus Gasschichten von verschiedener reduzierter Temperatur T_{2red}, die daher nicht mehr auf der gleichen Adiabate liegen, untereinander nicht isentrop sind, auch wenn das Gas vor der Drossel isentrop, T_{1red} also konstant war.

Die eingehende Verfolgung der Wellenausbreitung in der inhomogenen geschichteten Gassäule nach der Drossel ist zwar mit Näherungsverfahren [14] möglich, aber umständlich. Nimmt man daher der Einfachheit wegen an, daß die Welle sich in einer homogenen Gassäule von der mittleren Temperatur T_2 ausbreitet, wobei aber die überströmenden Gasteilchen unmittelbar hinter der Drossel wegen der Verwirbelung das der Temperatur T_1 entsprechende Volumen verdrängen, so folgt aus

$$p_{2G} = \varkappa\, p_2 \cdot \frac{w_2}{a_2} = L_2 \,.\, w_d \quad \text{mit} \quad w_2 = w_d \frac{q_d}{f_2} \cdot \frac{p_d}{p_2} \cdot \frac{T_1}{T_d}$$

$$L_2 = \varkappa \cdot \frac{q_d}{f_2} \cdot \frac{p_d^{\frac{1}{\varkappa}}}{a_{1\,red}} \cdot p_1^{\frac{\varkappa-1}{2\varkappa}} \cdot \sqrt{\frac{T_1}{T_2}} \tag{133b}$$

Bei unterkritischem Überströmen ist $p_d = p_2$, bei überkritischem $p_d = p_1 \left(\frac{2}{\varkappa+1}\right)^{\frac{\varkappa}{\varkappa-1}}$ zu setzen.

Es wird nun $G = L_1 + L_2$ und mit $\varphi = \frac{f_1}{f_2} \cdot \sqrt{\frac{T_1}{T_2}}$

$$G = L_1 \,.\, (1 + \varphi) \tag{134}$$

Das aufgeprägte Druckgefälle ist gleich der Differenz der Brandungsdrücke $p_B = \bar{p} + 2\,p_{zu}$ auf beiden Seiten. Daher ist

$$\triangle p_A = 2 \,.\, (p_{1\,zu} - p_{2\,zu})$$

Mit diesen Beziehungen lassen sich nun die Strömungs- und Reflexionsverhältnisse an der Blende in folgender Weise erfassen:

Man schätzt zunächst p_2 und erhält damit den Parameter der Kurven in Tafel 1

$$G' = G \,.\, a_{1\,red} \cdot p_1^{\frac{\nu-1}{2\varkappa}} \,.\, p_2^{\frac{-\nu}{2\varkappa}} = \varkappa \,.\, \frac{q_d}{f_1} \cdot (1 + \varphi) \,.\, p_2^{\frac{2-\nu}{2\varkappa}} \tag{134a}$$

denn für von Atmosphärendruck nicht allzusehr abweichende Drücke ist $p_1^{\frac{\varkappa+\nu-2}{2\varkappa}} \simeq 1$; $\left(\text{für } \varkappa = 1{,}4 \text{ ist } \frac{\varkappa+\nu-2}{2\varkappa} = -0{,}044\right)$. Man hat daher nur mehr eine Druckpotenz zu berücksichtigen. Aus den in beiden Rohrteilen zulaufenden Wellen, die bekannt sind, erhält man $\triangle p_A$ und kann aus Tafel 1 $\triangle p$ und damit $w_d^{\cdot}$ und $\triangle p_G$ ermitteln, oder aber man bildet $x = \frac{G^{\cdot 2}}{\varkappa \triangle p_A}$ und erhält so $\triangle p_G / \triangle p_A$ aus Tafel 2, womit auch $\triangle p_G$ bestimmt ist. Man könnte aber selbstverständlich auch w_d aus

$$\frac{\varkappa}{2} \frac{w_d^2}{a_{1\,red}^2} \cdot p_1^{\frac{1-\nu}{\varkappa}} \cdot p_2^{\frac{\nu}{\varkappa}} = p_A - L_1 . (1 + \varphi) . w_d$$

berechnen und dann in $p_{1G} = L_1 . w_d$, $p_{2G} = L_2 . w_d$ einsetzen. $\triangle p_G$ liefert mit

$$\frac{L_1}{G} = \frac{1}{1+\varphi}$$

multipliziert p_{1G}, die Druckabsenkung vor, und mit $\frac{\varphi}{1+\varphi}$ multipliziert oder als Differenz $p_{2G} = \triangle p_G - p_{1G}$, die Drucksteigerung p_{2G} nach der Blende infolge des Ab- und Zuströmens.

Damit erhält man nun die Drücke beiderseits der Blende

$$\begin{aligned} p_1 &= \bar{p} + 2\,p_{1\,zu} - p_{1G} \\ p_2 &= \bar{p} + 2\,p_{2\,zu} + p_{2G} \end{aligned} \tag{135}$$

und die in beiden Rohrzweigen abgehenden Wellen

$$\begin{aligned} p_{1\,ab} &= p_{1\,zu} - p_{1G} \\ p_{2\,ab} &= p_{2\,zu} + p_{2G} \end{aligned} \tag{136}$$

Das sekundlich durch die Blende strömende Gasgewicht ist

$$G_{sec} = q_d . w_d . \frac{1}{v_1} \cdot \left(\frac{p_2}{p_1}\right)^{\frac{1}{\varkappa}};$$

Ein Vergleich mit $p_{1G} = L_1 . w_d$ nach Gleichung (133) ergibt

$$G_{sec}^{kg} = p_{1G} . f_1 . \frac{g}{a_1} \tag{137}$$

mit $a_1 = \sqrt{\varkappa . g . R . T_1} = a_{1\,red} . p_1^{\frac{\varkappa - 1}{2\varkappa}}$ und f_1 in cm^2.

Für den gefällsmindernden Druckanteil p_{2G} nach der Blende gilt entsprechend:

$$G_{sec}^{kg} = p_{2G} . f_2 . \frac{g}{a_1} . \sqrt{\frac{T_2}{T_1}} \tag{137a}$$

Damit sind nun sowohl Drücke und Überströmgeschwindigkeit wie auch Mengendurchsatz und Wellenreflexion bekannt, der Vorgang demnach vollkommen beschrieben.

In Abb. 77 ist $\varphi = 1$, daher $p_{1G} = p_{2G}$, ferner ist $p_{1\,zu} = p_r$; $p_{2\,zu} = 0$, daher $\triangle p_A = 2\,p_r$: Der Überdruck nach der Blende ist gleich der weiterlaufenden Druckwelle $p_I'' - \bar{p} = p_r'' = p_{2G}$; der vor der Blende zurückgeworfene Teil der ankommenden Welle $p_I' = p_I' - \bar{p} - p_r = p_r - p_{1G}$. Der Druck vor der Blende ist hier um ebensoviel größer als p_r, wie der nach der Blende kleiner ist als p_r.

a, 2. Einströmen in ein Rohr mit Blende am Anfang aus dem Freien oder einem sehr großen Behälter (Abb. 78).

Hier ist wieder $G = B_1 + L_2$ und, da $B_1 = 0$ ist, $G = L_2$. Mit Gleichung (133b) und (130) ist

$$G^{\cdot} = \varkappa \cdot \frac{q_d}{f_2} \cdot p_2^{\frac{2-\nu}{2\varkappa}} \cdot p_1^{\frac{\varkappa+\nu-2}{2\varkappa}} \tag{138}$$

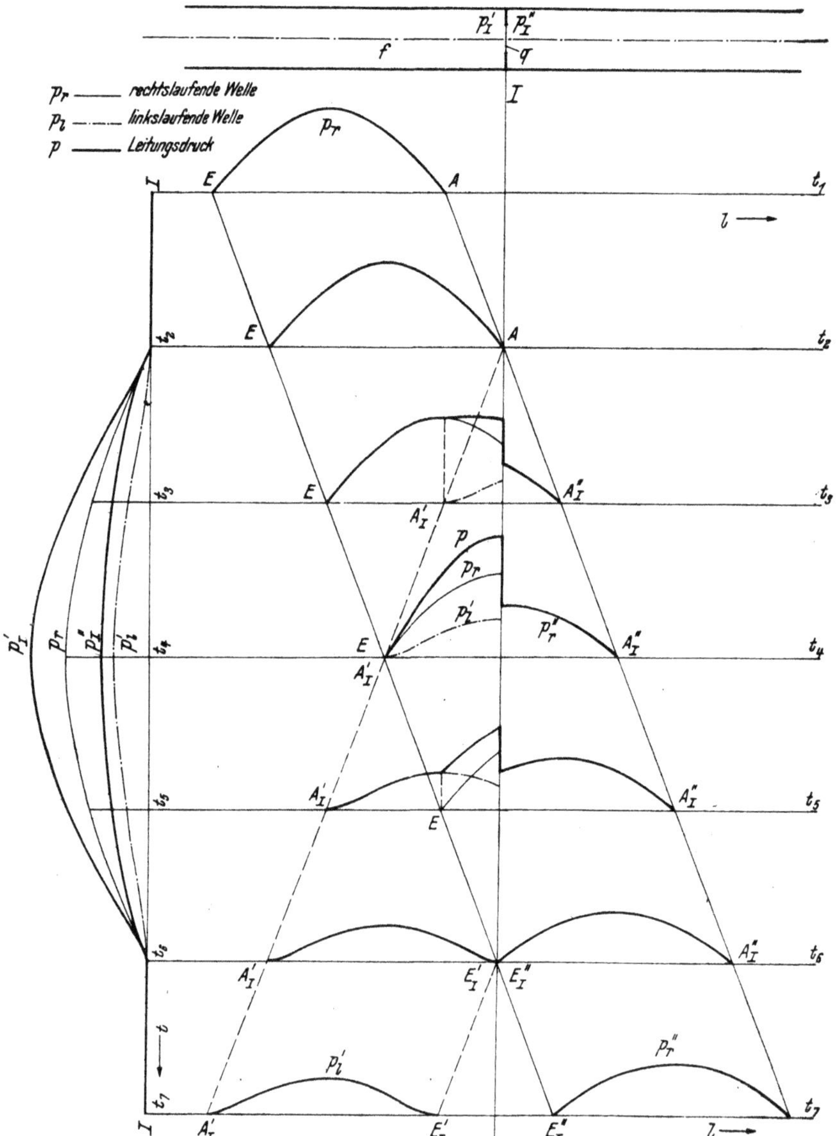

Abb. 77. Rückwurf an einer Blende im Rohr.

Das aufgeprägte Druckgefälle ist

$$p_A = p_1 - \bar{p} - 2\,p_{2\,zu}$$

Damit läßt sich nun wie früher $p_{2\,G}$ und w_d ermitteln und die im Rohr „2“ abgehende Welle mit

$$p_{2\,ab} = p_{2\,zu} + p_{2\,G}$$

rechnen. Die einströmende Menge ist

$$G_{sec}^{kg} = p_{2\,G} \cdot f_2 \cdot \frac{g}{a_1} \cdot \sqrt{\frac{\bar{T}_2}{T_1}}$$

α, 3. **Ausströmen aus einem Rohr mit Blende am Ende ins Freie oder in einen sehr großen Behälter** (Abb. 79).

Es ist $$G = L_1 + B_2 \quad \text{und} \quad B_2 = 0$$

also $$G = L_1$$

Wie früher erhält man

$$G' = \varkappa \cdot \frac{q_d}{f_2} \cdot p_2^{\frac{2-\nu}{2\varkappa}} \cdot p_1^{\frac{\varkappa+\nu-2}{2\varkappa}}$$

Das aufgeprägte Druckgefälle ist:

$$\triangle p_A = \overline{p} + 2\, p_{1\,zu} - p_2$$

Damit läßt sich p_{1G} und, wenn nötig, w_d oder $G_{sec} = p_{1G} \cdot f_1 \cdot \frac{g}{a_1}$ ermitteln. Die im Rohr „1" abgehende Welle ist

$$p_{1\,ab} = p_{1\,zu} - p_{1\,G}$$

Eine Übersicht über die Zusammenhänge, die zwischen der zulaufenden und ablaufenden Welle für verschiedene Drosselungsverhältnisse bestehen, erhält man

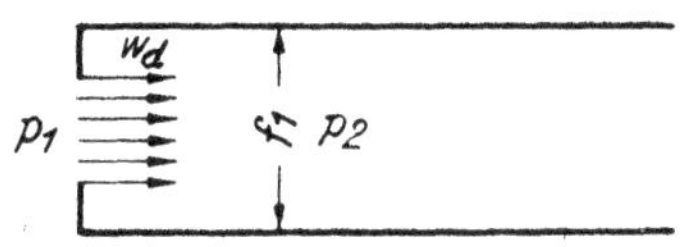

Abb. 78. Blende am Rohranfang.

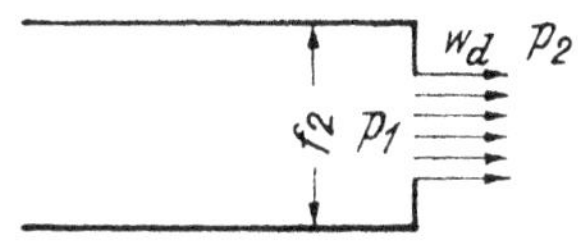

Abb. 79. Blende am Rohrende.

nach **Pischinger** [6], wenn man in die Überströmgleichung (125c) die Drücke einsetzt und p_{ab} berechnet.

Zur Vereinfachung wird angenommen, daß der Druck im Raum $p_2 = \overline{p} = 1$ ist. Aus

$$\frac{p_1^{\frac{1-\nu}{\varkappa}} \cdot p_2^{\frac{\nu}{\varkappa}}}{a^2_{1\,red}} \cdot \frac{\varkappa}{2} \cdot w_d^2 = p_1 - p_2$$

erhält man mit

$$w_1 = \xi_1 \cdot w_d; \qquad p_1 = \overline{p} + p_{1\,zu} + p_{1\,ab}; \qquad p_2 = \overline{p}$$

und mit

$$w_1 = \frac{a_{1\,red}}{\varkappa} \cdot (p_{1\,zu} - p_{1\,ab}) \cdot \left(\frac{1}{p_1}\right)^{\frac{\varkappa+1}{2\varkappa}}$$

nach Gl. (117) die quadratische Gleichung

$$\frac{1}{2\varkappa\,\xi_1^2} \cdot \left(\frac{1}{p_1}\right)^{\frac{\varkappa+1}{\varkappa}} \cdot p_1^{\frac{1-\nu}{\varkappa}} \cdot p_2^{\frac{\nu}{\varkappa}} \cdot (p_{1\,zu} - p_{1\,ab})^2 = p_{1\,zu} + p_{1\,ab}$$

Mit $$b = 2\varkappa \cdot \xi_1^2 \cdot p_1^{\frac{\varkappa+\nu}{\varkappa}} \cdot \left(\frac{1}{p_2}\right)^{\frac{\nu}{\varkappa}}$$

wird $$p_{1\,ab} = \frac{2\,p_{1\,zu} + b}{2} - \sqrt{2\,p_{1\,zu} \cdot b + \frac{b^2}{4}} \tag{139}$$

Für den Grenzfall, geschlossenes Rohr mit $\xi_1 = 0$ wird $b = 0$, daher $p_{1ab} = p_{1zu}$. Die Druckwelle wird, wie schon früher festgestellt, positiv zurückgeworfen.

Dem anderen Grenzfall, dem ins Freie mündenden Rohr entspricht $\xi_1 = \infty$, daher

$b = \infty$ und damit nach Gleichung (139) $p_{1ab} = -p_{1zu}$. Bei offenem Auspuff wird die Druckwelle in gleicher Größe negativ zurückgeworfen.

Den Zusammenhang zwischen p_{zu}/b und p_{ab}/b für die dazwischen liegenden Fälle mit endlicher Drosselöffnung zeigt Abb. 80. Für jede Größe von p_{zu}/b gibt es eine Drosselung, bei der kein Rückwurf stattfindet, und zwar ist dies für $p_{zu}/b = 1$ der Fall.

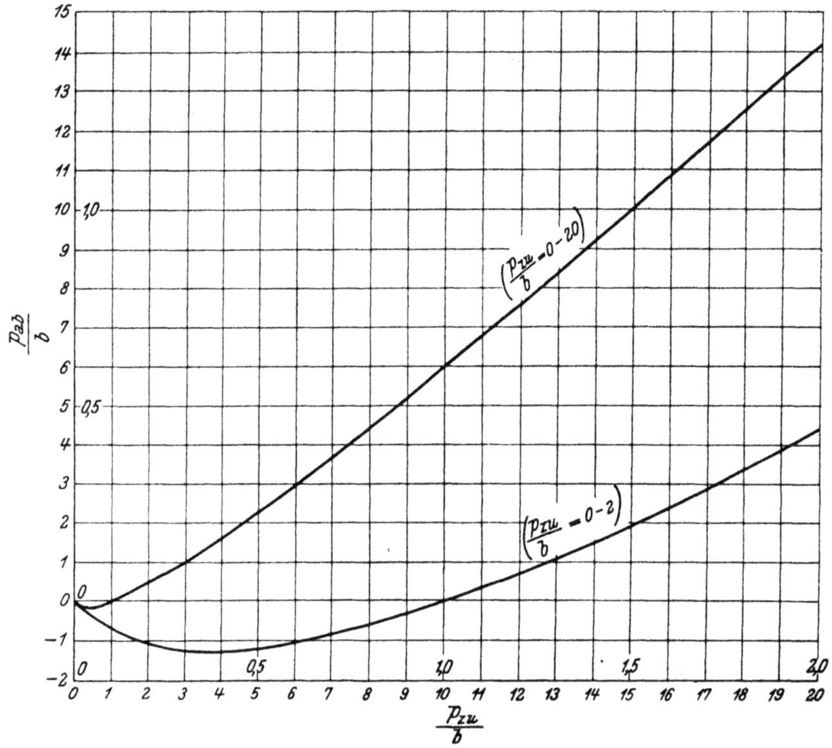

Abb. 80. Zusammenhang von ankommender und zurückgeworfener Druckwelle p_{zu} und p_{ab} für eine Blende am Rohrende.

Mit $$\xi_1 = \frac{q_d}{f} \cdot \left(\frac{p_2}{p_1}\right)^{\frac{1}{\varkappa}} \quad \text{wird} \quad b = 2\varkappa \cdot \left(\frac{q_d}{f}\right)^2 \cdot p_1^{\frac{\varkappa + \nu - 2}{\varkappa}} \cdot p_2^{\frac{2-\nu}{\varkappa}} \tag{140}$$

und da für $p_{ab} = 0$ die Geschwindigkeit $w_1 = \frac{a_1}{\varkappa p_1} \cdot p_{zu}$ ist, folgt daraus die Bedingung für verschwindenden Rückwurf auch in der Form:

$$\frac{w_1}{2 a_1} = \left(\frac{q_d}{f_1}\right)^2 \cdot \left(\frac{p_2}{p_1}\right)^{\frac{2-\nu}{\varkappa}}$$

Übrigens ist $b = \frac{2}{\varkappa} \cdot G^{*2}$, wie der Vergleich von Gleichung (140) und (138) zeigt, ebenso ist $b/p_{zu} = 4x$ nach Gleichung (131); tatsächlich ergibt

$$x = \frac{1}{4}, \quad \frac{\triangle p_G}{\triangle p_A} = \frac{1}{2}, \quad \text{so daß } p_{1G} = \triangle p_G = p_{zu} \text{ und } p_{ab} = p_{zu} - p_{1G} = 0.$$

Auch aus der Kurvenschar $G^* =$ konst. in Tafel 1 kann man die Rückwurfverhältnisse unmittelbar erkennen, wenn man die Gerade

$$\triangle p_G = \frac{1}{2} \triangle p_A = p_{zu}$$

einzeichnet. Da $p_{ab} = p_{zu} - p_G$ ist, liegen die Punkte, für die $p_{ab} = 0$ wird, also kein

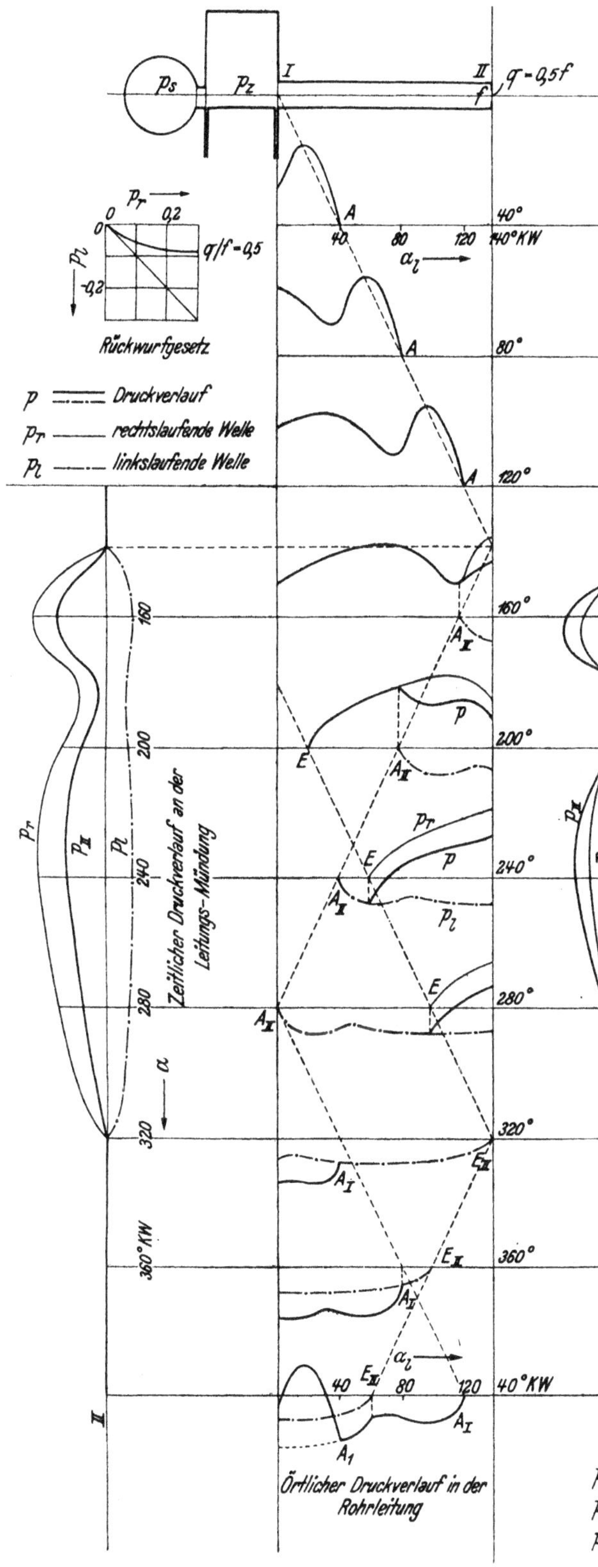

Abb. 81. Negativer Rückwurf an einer schwach gedrosselten Mündung.

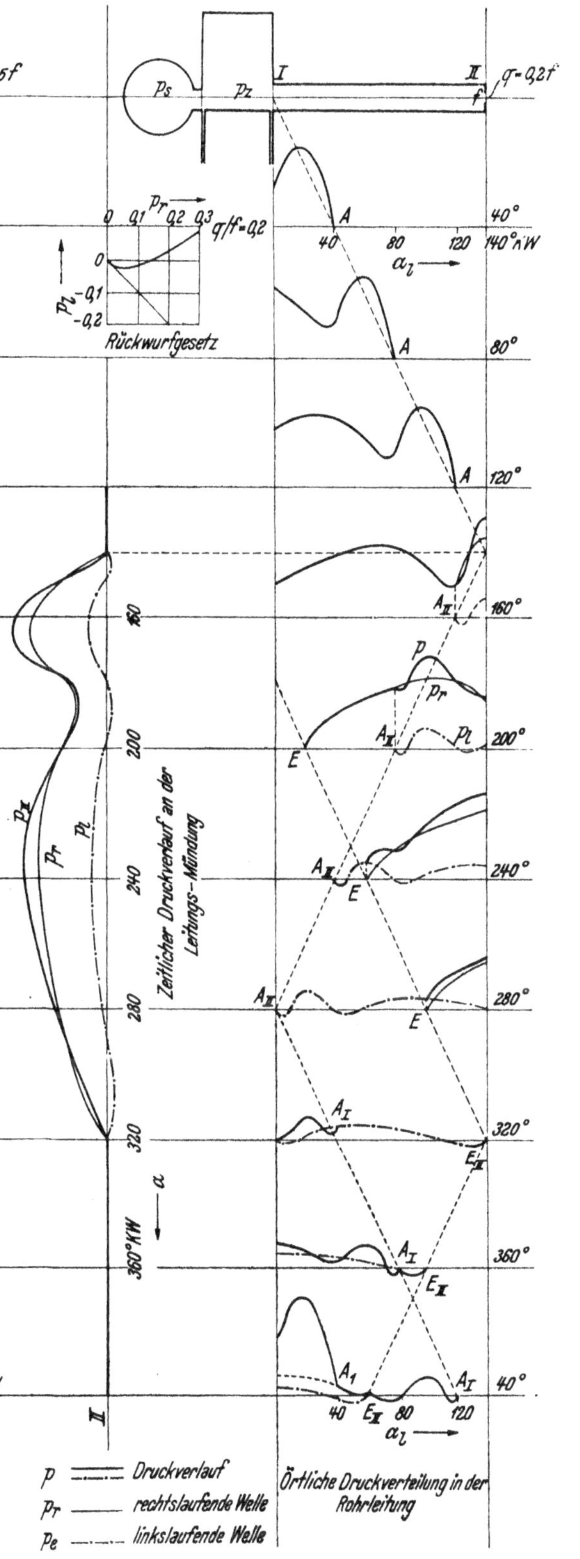

Abb. 82. Negativer Rückwurf kleiner Druckwellen, positiver Rückwurf großer Druckwellen an einer stärker gedrosselten Mündung.

Rückwurf erfolgt, auf dieser Geraden. Bei den darunter liegenden Punkten ist der Rückwurf der Wellen positiv, bei den darüber liegenden Punkten negativ.

Wegen $p_2 = 1$ wird G^* hier nahezu druckunabhängig.

Die Vorgänge an einer weiten Blende mit dem Querschnittsverhältnis $q/f = 0{,}5$ und negativem Rückwurf zeigt Abb. 81. Der Leitungsüberdruck p—p vor der Blende wird kleiner als der Wellenausschlag p_r der ankommenden Welle, die Differenz $p_l = p - \bar{p} - p_r$ läuft als reflektierter Wellenzug in die Leitung zurück und überlagert sich der rechtslaufenden Welle. Von einer gewissen Größe des Ausschlages an ist dabei die zurückgeworfene Welle mit der ankommenden nur wenig veränderlich.

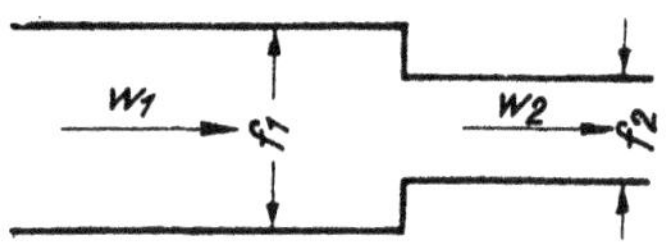

Abb. 83. Querschnittsverengung im Rohr.

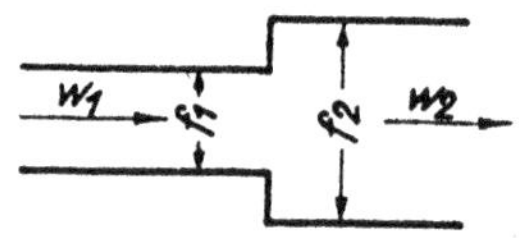

Abb. 84. Querschnittserweiterung im Rohr.

Verengt man den Blendenquerschnitt z. B. auf $q/f = 0{,}2$, Abb. 82, dann werden kleine Ausschläge negativ, große positiv reflektiert; für $p_r = b = 2\varkappa \left(\frac{q}{f}\right)^2$ verschwindet die zurückgeworfene Welle.

Als Maß für die Leitungslänge l ist hier wieder die Wellenlaufzeit $\alpha_L = l \cdot \frac{6n}{a}$ in Grad Kurbelwinkel eingetragen.

a, 4. Querschnittsänderung im Rohr. Die Strömungsvorgänge durch Querschnittsveränderungen lassen sich nach dem allgemeinen Verfahren in sehr einfacher Weise berechnen.

Bei einer Verkleinerung des Querschnittes nach Abb. 83 ist

$$L_1 = \frac{\varkappa \mu f_2}{a_{1\,red}\, f_1} \cdot p_2^{\frac{1}{\varkappa}} \cdot p_1^{\frac{\varkappa - 1}{2\varkappa}}$$

$$L_2 = \frac{\varkappa \mu}{a_{1\,red}} \cdot p_2^{\frac{1}{\varkappa}} \cdot p_1^{\frac{\varkappa - 1}{2\varkappa}}$$

und daher

$$G^* = \varkappa \mu \cdot \left(1 + \frac{f_2}{f_1}\right) \cdot p_2^{\frac{2-\nu}{2\varkappa}} \cdot p_1^{\frac{\varkappa + \nu - 2}{2\varkappa}} \tag{141}$$

Das aufgeprägte Gefälle ist wieder

$$\triangle p_A = 2 \,.\, (p_{1\,zu} - p_{2\,zu})$$

Damit erhält man aus Tafel 1 oder mittels $x = \frac{G^{*2}}{\varkappa \triangle p_A}$ aus Tafel 2 $\triangle p_G$ und, wie auf Seite 103 angegeben, p_{1G} und p_{2G}. Die in beiden Rohrteilen abgehenden Wellen ergeben sich wieder aus

$$p_{1\,ab} = p_{1\,zu} - p_{1\,G}$$

$$p_{2\,ab} = p_{2\,zu} + p_{2\,G}$$

Bei einer Querschnittserweiterung nach Abb. 84 ist $p_1 = p_2$, wenn angenommen wird, daß Rückumsetzung von kinetischer Energie in Verdichtungsarbeit nicht erfolgt. Es tritt daher kein Druckabfall $\triangle p$ auf. Dies entspricht einem Parameter $G^* = \infty$ und auch $x = \infty$.

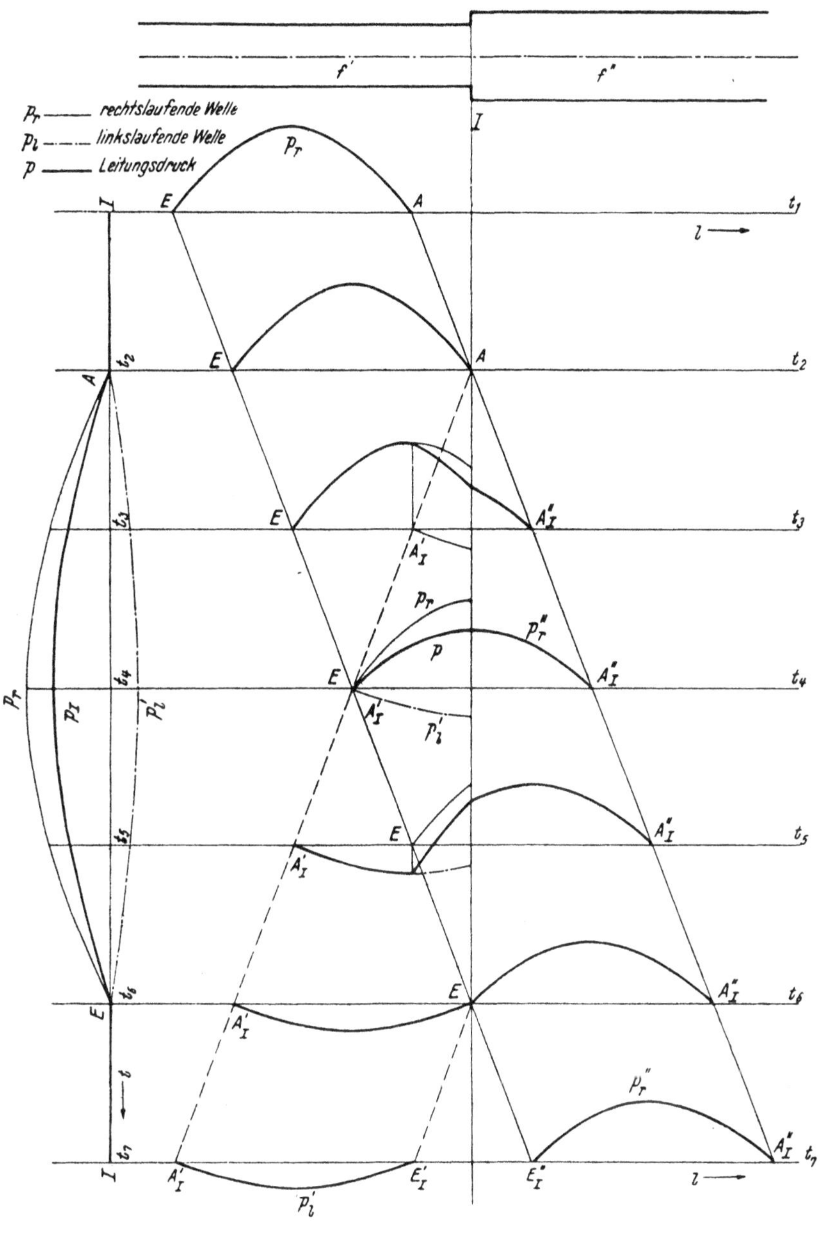

Abb. 85. Wellendurchgang und Rückwurf an einer Rohrerweiterung. Nach rechts (Kennzeichen: ″) wird eine verkleinerte Druckwelle p_r'' durchgelassen, nach links (Kennzeichen: ′) eine verkleinerte Welle p_l' negativ zurückgeworfen.

Daher ist: $\triangle p_G = \triangle p_A = 2 \cdot (p_{1\,zu} - p_{2\,zu})$

Die Gefällsverminderungsanteile sind

$$p_{1G} = \frac{L_1}{L_1 + L_2} \cdot \triangle p_G$$

daher

$$p_{1G} = \frac{1}{1 + f_1/f_2} \cdot \triangle p_A = \frac{2 f_2}{f_1 + f_2} \cdot (p_{1\,zu} - p_{2\,zu}) \tag{142}$$

daraus ergibt sich:

$$p = \bar{p} + 2\,p_{1\,zu} - p_{1\,G} = \bar{p} + \frac{2}{f_1 + f_2} \cdot \left(f_1 \cdot p_{1\,zu} + f_2 \cdot p_{2\,zu}\right)$$

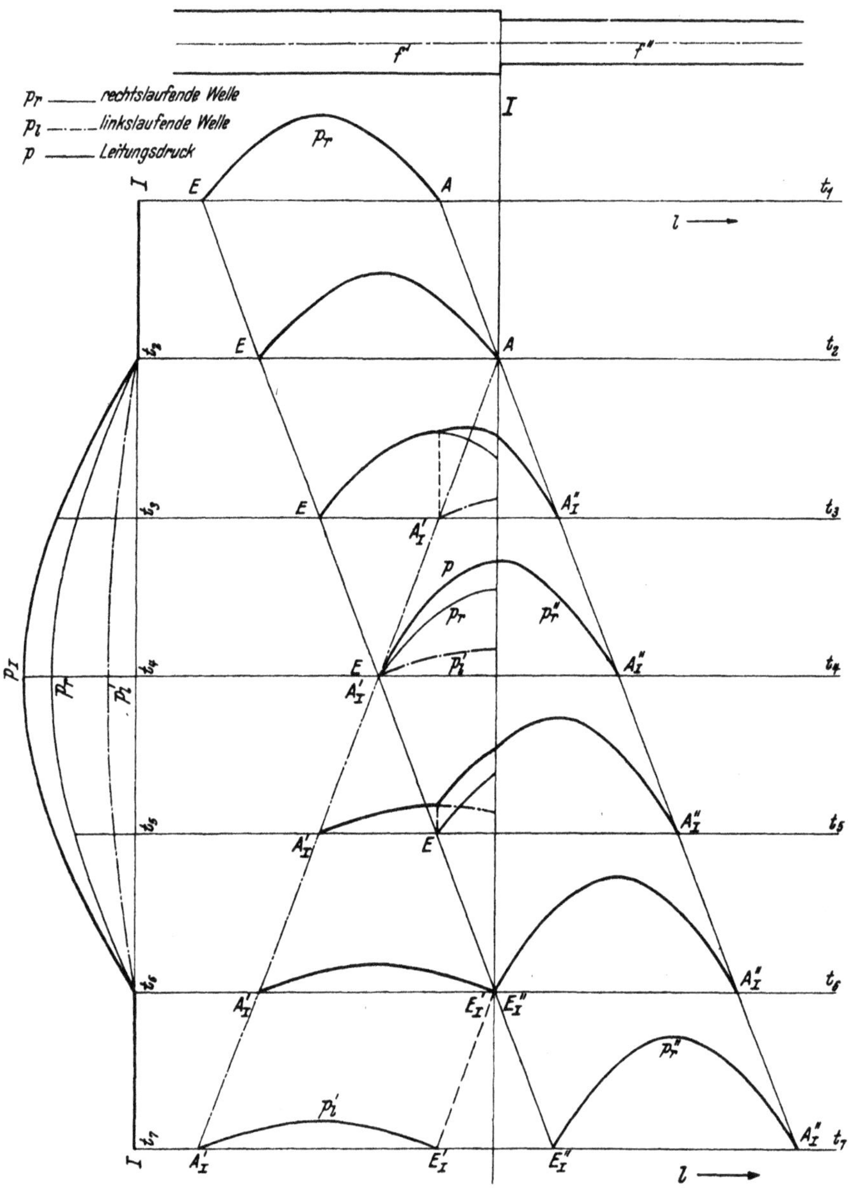

Abb. 86. Wellendurchgang und Rückwurf an einer Rohrverengung. Die weiterlaufende Druckwelle p_r'' wird verstärkt, der Rückwurf erfolgt positiv.

Dies entspricht auch der Formel (119) für die Rohrverzweigung ohne Druckabfall mit nur zwei Zweigen.

Die zurückgeworfenen Wellen sind:

$$\begin{aligned} p_{1\,ab} &= p_{1\,zu} - p_{1\,G} = \frac{f_1 - f_2}{f_1 + f_2} \cdot p_{1\,zu} + \frac{2\,f_2}{f_1 + f_2} \cdot p_{2\,zu} \\ p_{2\,ab} &= p_{2\,zu} + p_{2\,G} = \frac{f_2 - f_1}{f_1 + f_2} \cdot p_{2\,zu} + \frac{2\,f_1}{f_1 + f_2} \cdot p_{1\,zu} \end{aligned} \qquad (142a)$$

Abb. 85 veranschaulicht den Wellendurchgang an einer Erweiterung mit $f_2/f_1 = 2$. Die ankommende rechtslaufende Druckwelle p_r entspannt sich in der Erweiterung auf

$$\frac{2\,f_1}{f_1 + f_2} = \frac{2}{3}$$

ihres Wertes und läuft mit verringertem Ausschlag weiter, wobei aber die während des Wellendurchganges abfließende Menge auf $\frac{f_2}{f_1} \cdot \frac{p_{r2}}{p_{r1}} = \frac{4}{3}$ ansteigt. Gleichzeitig läuft eine an der Erweiterung reflektierte Welle $p_l = \frac{f_1 - f_2}{f_1 + f_2} \cdot p_r = -\frac{1}{3} \cdot p_r$ nach links zurück.

Vernachlässigt man den Druckabfall bei einer Verengung der Leitung, in Abb. 86 ist $f_1 / f_2 = 2$ angenommen, so gelten sinngemäß dieselben linearen Beziehungen, Gleichung (142). Der Überdruck an der Verengung steigt auf das

$$\frac{2\,f_1}{f_1 + f_2} = \frac{4}{3}\text{fache}$$

des Ausschlages der ankommenden Welle p_r und breitet sich als weiterlaufende Druckwelle in der engen Leitung aus; der Mengendurchsatz sinkt auf $\frac{1}{2} \cdot \frac{4}{3} = \frac{2}{3}$ des Wertes in der ankommenden Welle. Nach links wird die Welle

$$p_l = \frac{f_1 - f_2}{f_1 + f_2} \cdot p_r = +\frac{1}{3} \cdot p_r$$

zurückgeworfen.

Für den Übergang der Erweiterung zum gleich starken Rohr gilt mit $f_1 = f_2$

$$p_{2\,ab} = p_{1\,zu} \qquad p_{1\,ab} = p_{2\,zu}$$

d. h. die Beziehungen (142a) ergeben ungestörten Lauf der Wellen durch das glatte Rohr.

β) Unstetigkeitsstellen mit endlichem Speichervermögen.
(Berechnung der Druckänderung in einem Zeitabschnitt.)

Beim Einschalten von Räumen mit endlichem Speichervermögen müssen die Druckänderungen während eines endlichen Zeitabschnittes betrachtet werden.

β, 1. Anschluß einer Rohrleitung an einen Zylinder.

β 1, 1. *Einströmen.* Der betrachtete Zeitabschnitt sei wieder $2 \cdot \left(\frac{\triangle \alpha}{2}\right)$, die verhältnismäßige Änderung des Zylinderinhaltes während desselben $\triangle z$. Die Werte für den Anfang sind mit $'$, die für die Mitte mit $''$, am Ende mit $'''$ gekennzeichnet. Die Druckänderung im Zeitabschnitt wird linear angenommen.

Das aufgeprägte Druckgefälle in der Mitte des Zeitabschnittes ist $\triangle p_A = p_B - p_{zA}$. Abb. 88. Darin ist der Brandungsdruck p_B der Rohrleitung nach früherem $p_B = \bar{p} + 2\,p_{zu}$, wenn der Zylinder sich am Ende eines Rohrzweiges befindet, und, nach Gl. (120) $p_B = \bar{p} + \frac{2\,\Sigma f \,.\, p_{zu}}{\Sigma f}$, wenn vor dem Einlaßorgan mehrere Leitungszweige zusammentreffen, z. B. bei durchgehender Leitung nach Abb. 87, zwei Zweige. Die Summen sind über die Querschnitte aller einmündenden Rohre zu erstrecken.

Der aufgeprägte Druck im Zylinder ist für die Mitte des Zeitabschnittes:

$$p''_{zA} = p'_z - \frac{\varkappa}{2} \cdot \frac{\triangle z}{z''} \cdot \tilde{p}''_z \tag{143}$$

Das aufgeprägte Druckgefälle ist daher:

$$\triangle p_A = \bar{p} + 2 \,.\, p''_{zu} - p'_z + \frac{\varkappa}{z''} \cdot p'_z \cdot \frac{\triangle z}{2} \tag{144}$$

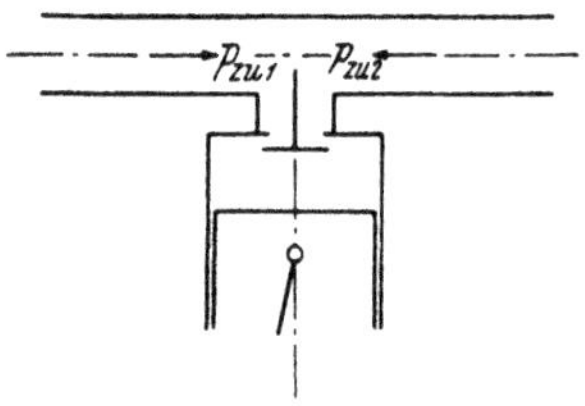

Abb. 87. Ansaugen eines Zylinders aus einer durchgehenden Leitung.

Die Gefällsverminderung ist

$$\triangle p_G = p_{lG} + p_{zG} = L \,.\, w_e + B \,.\, w_e \qquad (145)$$

Darin ist w_e wieder die Einströmgeschwindigkeit im Steuerquerschnitt.

Der Faktor L ist nach Gl. (133)

$$L = \frac{\varkappa}{a_{l\,red}} \cdot \frac{q_d}{f_l} \cdot p_e^{\frac{1}{\varkappa}} \cdot p_l^{\frac{\varkappa - 1}{2\varkappa}}$$

und man erhält:

$$L = \frac{\varkappa \mu \sigma}{a_{l\,red}} \cdot \frac{f_b}{f_l} \cdot p_e^{\frac{1}{\varkappa}} \cdot p_l^{\frac{\varkappa - 1}{2\varkappa}} \qquad (133\,c)$$

mit f_b als Bezugsquerschnitt und $\mu\sigma$ dessen wirksamer Eröffnung. Treffen vor dem Einlaßorgan mehrere Leitungszweige zusammen, dann ist nach Seite 93 f_l durch Σf zu ersetzen. Die Druckänderung p_{lG} infolge der abströmenden Gasmenge verhält sich so, als ob nur ein Rohr vom Querschnitt Σf vorhanden wäre, da sich p_{lG} auf alle Zweige gleichmäßig verteilt.

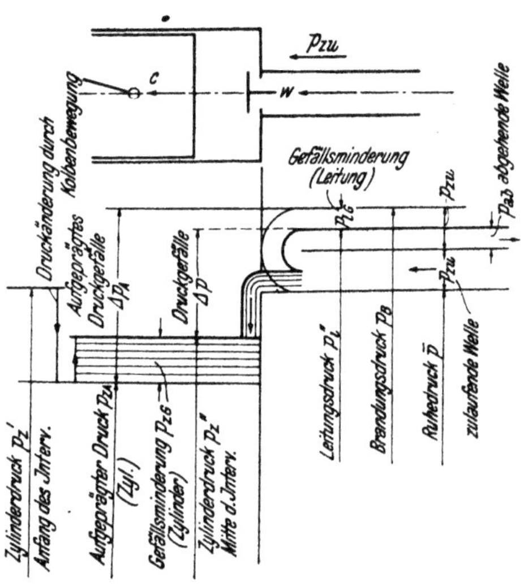

Abb. 88. Schema der Druckänderungsanteile beim Einströmen in einen Zylinder. Der Anfangsdruck p_z' im Zylinder, vermindert um die Druckänderung infolge der Kolbenbewegung, ergibt den aufgeprägten Druckanteil p_{zA} im Zylinder. Der durch Ruhedruck $\bar{p}$ und das Doppelte der ankommenden Welle p_{zu} bestimmte Brandungsdruck p_B stellt leitungsseitig den aufgeprägten Druckanteil dar. Durch den Einströmvorgang wird der Druck in der Leitung verringert, im Zylinder erhöht, so daß das wirklich auftretende Druckgefälle $\triangle p$ um die entsprechenden Gefällsminderungen p_{lG}, p_{zG} kleiner wird als das aufgeprägte Druckgefälle. Der gesuchte Zylinderdruck p_z'' in Intervallmitte ist $p_{zA} + p_{zG}$, der tatsächliche Leitungsdruck $p_l = p_B - p_{lG}$, die abgehende Welle $p_{ab} = p_{zu} - p_{lG}$. Das vorstehende Bild soll weder den zeitlichen Ablauf noch die örtliche Verteilung der Vorgänge wiedergeben, sondern nur den Zusammenhang der einzelnen Rechengrößen untereinander veranschaulichen.

Für unterkritisches Einströmen ist der Druck im Einlaßquerschnitt gleich dem Druck im Zylinder, daher

$$L = \frac{\varkappa \mu \sigma}{a_{l\,red}} \cdot \frac{f_b}{f_l} \cdot p_z^{\frac{1}{\varkappa}} \cdot p_l^{\frac{\varkappa - 1}{2\varkappa}} \;\text{(unterkritisch)} \qquad (133\,d)$$

Für überkritisches Einströmen ist

$$p_e = p_l \cdot \left(\frac{2}{\varkappa + 1}\right)^{\frac{\varkappa}{\varkappa - 1}}$$

und wegen

$$w_e = a_e = a_l \sqrt{\frac{T_e}{T_l}} \quad \text{und} \quad \frac{T_e}{T_l} = \left(\frac{p_e}{p_l}\right)^{\frac{\varkappa - 1}{\varkappa}}$$

die Geschwindigkeit im Steuerquerschnitt:

$$w_e = \left(\frac{p_e}{p_l}\right)^{\frac{\varkappa - 1}{2\varkappa}} \cdot a_l = a_l \cdot \sqrt{\frac{2}{\varkappa + 1}} \qquad (146)$$

Die Zustandsänderungen vom Leitungszustand bis zum Steuerquerschnitt werden adiabatisch angenommen. Damit ist die Gefällsminderung im Rohr

$$p_{lG} = \varkappa \cdot \frac{f_b}{f_l} \cdot \mu\sigma \cdot \left(\frac{2}{\varkappa + 1}\right)^{\frac{\varkappa + 1}{2(\varkappa - 1)}} \cdot p_l \quad \text{(überkritisch)} \qquad (147)$$

und der Rohrdruck

$$p_l = \bar{p} + 2 \,.\, p_{zu} - p_{lG}$$

Für den Druck p_l auf der rechten Seite kann

im allgemeinen genügend genau der Anfangswert oder ein geschätzter Wert gesetzt werden.

Es ist zu prüfen, ob die Theorie kleiner Druckwellen in der Leitung in einem gegebenen Fall hier noch anwendbar ist.

Der Gefällsminderungsfaktor B der Zylinderseite ist sinngemäß nach Gl. (94)

$$B = \frac{\varkappa}{z''} \cdot \frac{(\mu\sigma)''_e \cdot \tau_e}{180\, w_{em}} \cdot \left(\frac{\tilde{p}''_e}{\tilde{p}''_z}\right) \cdot \left(\frac{\tilde{p}''_1}{\tilde{p}''_e}\right)^{\frac{\varkappa-1}{\varkappa}} \cdot \tilde{p}''_z \cdot \frac{\triangle\alpha}{2} \tag{94 a}$$

Für unterkritisches Einströmen ist $p_e = p_z$ und daher

$$B = \frac{\varkappa}{z''} \cdot \frac{\tau_e \cdot (\mu\sigma)''_e}{180\, w_{me}} \cdot \tilde{p}_z''^{\frac{1}{\varkappa}} \cdot \tilde{p}_1''^{\frac{\varkappa-1}{\varkappa}} \cdot \frac{\triangle\alpha}{2} \tag{94 b}$$

Einfacher ist es aber, wegen $G = L\,(1 + b)$, mit b zu rechnen, wobei

$$b = \frac{B}{L} = \frac{\varkappa}{\varkappa_e}\, \frac{a_{1\,red}}{w_{me}} \cdot \frac{\tau_e\, f_1/f_b}{180\,.\, z''} \cdot \tilde{p}_1''^{\frac{\varkappa-1}{2\varkappa}} \cdot \frac{\triangle\alpha}{2} \tag{148}$$

Für überkritisches Druckgefälle ist

$$B = \frac{\varkappa}{z''} \cdot \frac{\tau_e}{180}\, \frac{(\mu\sigma)''_e}{w_{me}} \cdot p_1 \cdot \left(\frac{2}{\varkappa+1}\right)^{\frac{1}{\varkappa-1}} \cdot \frac{\triangle\alpha}{2} \tag{94 c}$$

und die Gefällsverminderung im Zylinder wegen

$$w_e = \sqrt{\varkappa\,.\,g\,.\,R\,.\,T_1} \cdot \sqrt{\frac{2}{\varkappa+1}}$$

$$p_{zG} = B\,.\,w_e = \frac{\varkappa}{z''} \cdot \frac{\tau_e \cdot (\mu\sigma)''_e}{180\, w_{me}} \cdot p_1 \cdot \left(\frac{2}{\varkappa+1}\right)^{\frac{\varkappa+1}{2(\varkappa-1)}} \cdot \sqrt{\varkappa\,.\,g\,.\,R\,.\,T_1} \cdot \frac{\triangle\alpha}{2} \tag{149}$$

Bei unterkritischem Einströmen lassen sich die Druckänderungen in folgender Weise finden: Man benutzt entweder das Diagramm für die Drosselung Tafel 1 und erhält mit $\triangle p_A$ und mit $G = L\,(1 + b)$ und

$$G^{\cdot} = L\,(1+b) \cdot \frac{a_{1\,red}}{p_1^{\frac{1-\nu}{2\varkappa}} \cdot p_z^{\frac{\nu}{2\varkappa}}} = \varkappa \cdot \frac{f_b}{f_1} \cdot (\mu\sigma)''\,.\,\tilde{p}_z''^{\frac{2-\nu}{2\varkappa}}\,.\,\tilde{p}_1''^{\frac{\varkappa+\nu-2}{2\varkappa}}\,.\,(1+b) \tag{150}$$

die gesamte Gefällsminderung $\triangle p_G$, oder man bestimmt $\triangle p_G$ aus $\frac{\triangle p_G}{\triangle p_A}$ mittels

$$x = \frac{G^{\cdot 2}}{\varkappa\,.\,\triangle p_A}$$

Man könnte schließlich auch die Gleichung $\frac{w_d^2}{2\,g\,v_m} = \triangle p_A - B\,.\,w_d$ elementar nach w_d auflösen und dann $p_{lG} = L\,.\,w_d$ und $p_{zG} = B\,.\,w_d$ ausrechnen.

Aus der gesamten Gefällsminderung $\triangle p_G$ findet man den Druckminderungsanteil im Rohr

$$p_{lG} = \frac{L}{B+L} \cdot \triangle p_G = \frac{1}{1+b} \cdot \triangle p_G$$

und im Zylinder $p_{zG} = \frac{B}{L+B} \cdot \triangle p_G = \frac{b}{1+b} \cdot \triangle p_G = \triangle p_G - p_{lG}$

und daraus den Rohrdruck in der Mitte des Zeitabschnittes:

$$p_l'' = \bar{p} + 2\, p_{zu}'' - p_{lG} \tag{151}$$

Die zu diesem Zeitpunkt vom Zylinder abgehende Welle ist

$$p_{ab} = p_{zu} - p_{lG} \tag{152}$$

der Zylinderdruck in der Mitte des Zeitabschnittes

$$p_z'' = p_z' - \tilde{p}_z'' \cdot \frac{\varkappa}{z''} \cdot \frac{\triangle z}{2} \cdot + p_{zG} \tag{153}$$

der am Ende

$$p_z''' = p_z' + 2 \,.\, (p_z'' - p_z')$$

p_z''' ist der Anfangsdruck für den nächsten Zeitabschnitt. Die Rechnung für diesen kann durchgeführt werden, wenn die in der Rohrleitung dem Zylinder zulaufende Welle für die Mitte des nächsten Zeitabschnittes bekannt ist. Ist l_1 die Länge der Rohrleitung bis zur nächsten Unstetigkeitsstelle, an welcher die vom Zylinder abgehende Welle reflektiert wird, so ist $\triangle t_1 = \frac{l_1}{a}$ die Laufzeit bis zur Unstetigkeitsstelle. Die reflektierte Welle kehrt nach $2 \triangle t_1 = \frac{2 l_1}{a}$ sek wieder zum Zylinder zurück. $\triangle \alpha$ darf demnach höchstens $6\,n \cdot \frac{2 \cdot l_1}{a}$ sein, damit die Größe der zulaufenden Welle bekannt ist. Die Wahl des Zeitabschnittes $\triangle \alpha$ ist danach zu richten. Wird zu Beginn der Rechnung ruhender Leitungsinhalt angenommen, dann ist für die Zeit $\frac{2 . l_1}{a}$ sek oder $6\,n \cdot \frac{2 \cdot l_1}{a}{}^0$ KW der Wert der zulaufenden Welle $p_{zu} = 0$ und der Rohrdruck mit diesem Wert zu berechnen.

Für überkritisches Einströmen wird die Rechnung einfacher. Der Druck im Rohr ist vom Zylinderdruck unabhängig und ist bestimmt durch:

$$p_l'' = \bar{p} + 2\, p_{zu}'' - \varkappa \cdot \frac{f_b}{f_l} \cdot (\mu\sigma)'' \cdot \left(\frac{2}{\varkappa+1}\right)^{\frac{\varkappa+1}{(\varkappa-1)2}} \cdot p_l'' \tag{154}$$

Der Druck p_l'' läßt sich daraus ohneweiters berechnen, da alle übrigen Größen bekannt sind.

Der Druck im Zylinder in der Mitte des Zeitabschnittes ist gegeben durch

$$p_z'' = p_z' - \varkappa \cdot \frac{\triangle z}{2 \,.\, z''} \cdot p_z'' + \frac{\varkappa}{z''} \cdot \frac{(\mu\sigma)''}{w_{me}} \cdot \frac{\tau_{''}}{180} \cdot p_l'' \cdot \sqrt{\varkappa \,.\, g \,.\, R \,.\, T_l} \cdot \left(\frac{2}{\varkappa+1}\right)^{\frac{\varkappa+1}{2(\varkappa-1)}} \cdot \frac{\triangle \alpha}{2} \tag{155}$$

und am Ende des Zeitabschnittes wird

$$p_z''' = p_z' + 2\,(p_z'' - p_z')$$

Die im Rohr abgehende Welle wird in gleicher Weise wie beim unterkritischen Einströmen aus dem Leitungsdruck und der ankommenden Welle ermittelt.

β 1, 2. *Ausströmen.* Das aufgeprägte Druckgefälle ist hier für die Mitte des Zeitabschnittes, Abb. 89, $\triangle p_A'' = p_{zA}'' - p_B''$

Für p_{zA} und p_B gelten die gleichen Ausdrücke wie beim Einströmen.

Das aufgeprägte Druckgefälle ist daher:

$$\triangle p_A'' = p_z' - \frac{\varkappa}{z''} \cdot \tilde{p}_z'' \cdot \frac{\triangle z}{2} - (\bar{p} + 2\, p_{zu}'') \tag{156}$$

Für die Gefällsverminderung gilt sinngemäß gleich wie früher

$$\triangle p_G = B \,.\, w_a + L \,.\, w_a \tag{145 a}$$

Der Faktor B ist sinngemäß nach Seite 56, Gleichung (94)

$$B = \frac{\varkappa}{z''} \cdot \frac{(\mu\,\sigma)_a''}{180\, w_{ma}} \cdot \left(\frac{\tilde{p}_a''}{\tilde{p}_z''}\right)^{\frac{1}{\varkappa}} \cdot \tilde{p}_z'' \cdot \frac{\triangle \alpha}{2}$$

Für unterkritisches Ausströmen ist $p_a = p_l$ und

$$B = \frac{\varkappa}{z''} \cdot \frac{(\mu\,\sigma)''}{180\, w_{ma}} \cdot \tilde{p}_z''^{\frac{\varkappa - 1}{\varkappa}} \cdot \tilde{p}_l''^{\frac{1}{\varkappa}} \cdot \frac{\triangle \alpha}{2} \tag{94 d}$$

Für überkritisches Ausströmen ist

$$B = \frac{\varkappa}{z''} \cdot \frac{(\mu\,\sigma)_a''}{180\, w_{ma}} \cdot \tilde{p}_z'' \cdot \left(\frac{2}{\varkappa + 1}\right)^{\frac{1}{\varkappa - 1}} \cdot \frac{\triangle \alpha}{2} \tag{94 e}$$

und die Gefällsverminderung im Zylinder

wegen $w_a = \sqrt{\varkappa g R T_z} \cdot \sqrt{\frac{2}{\varkappa + 1}}$

$$p_{zG} = B \,.\, w_a'' = \frac{\varkappa}{z''} \cdot \frac{(\mu\,\sigma)_a''}{180\, w_{ma}} \cdot \tilde{p}_z'' \cdot \sqrt{\varkappa \,.\, g \,.\, R \,.\, \tilde{T}_z''} \cdot \left(\frac{2}{\varkappa + 1}\right)^{\frac{\varkappa + 1}{(\varkappa - 1)\,.\,2}} \cdot \frac{\triangle \alpha}{2} \tag{157}$$

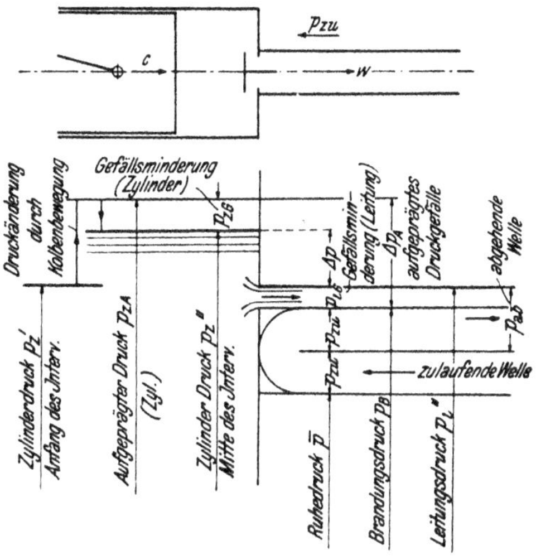

Abb. 89. Schema der Druckänderungsanteile beim Ausströmen aus einem Zylinder. Der aufgeprägte Druckanteil p_{zA} besteht wieder aus Anfangswert p_z' und Anteil der Kolbenbewegung, der endgültige Zylinderdruck p_z'' ergibt sich daraus nach Abzug der zylinderseitigen Gefällsminderung p_{zG}. Leitungsseitig ist der endgültige Druck p_l'' um die zugehörige Gefällsminderung p_{lG} größer als der aufgeprägte und durch die ankommende Welle p_{zu} bestimmte Brandungsdruck p_B. Die abgehende Welle p_{ab} ist um die vom Überströmvorgang erregte Druckwelle p_{lG} größer als p_{zu}. Dies ist wie früher weder ein zeitliches noch ein örtliches Abbild der wirklichen Vorgänge.

sie ist p_z'' verhältig.

Der Faktor für die Gefällsverminderung in der anschließenden Leitung ist bei unterkritischem Ausfluß wie früher:

$$L = \frac{\varkappa}{a_{z\,red}} \cdot \frac{f_b}{f_l} \cdot (\mu\,\sigma)_a'' \cdot \tilde{p}_l''^{\frac{1}{\varkappa}} \cdot \tilde{p}_z^{\frac{\varkappa - 1}{2\varkappa}} \cdot \sqrt{\frac{T_z}{\overline{\overline{T}}_\tau}} \tag{133 e}$$

wenn die kinetische Energie des Gases nach dem Steuerquerschnitt durch Wirbelung in Wärme umgesetzt wird. Bei Ausströmen in eine Rohrverzweigung ist wieder f_l durch Σf zu ersetzen.

Bei überkritischem Ausströmen wird

$$p_{lG}'' = \varkappa \,.\, (\mu\,\sigma)_a'' \,.\, \frac{f_b}{f_l} \cdot \left(\frac{2}{\varkappa + 1}\right)^{\frac{\varkappa + 1}{2(\varkappa - 1)}} \cdot p_z'' \cdot \sqrt{\frac{T_z}{\overline{\overline{T}}_\tau}} \tag{158}$$

und da $p_z'' = p_z' - \varkappa \cdot \frac{\triangle z}{2z} \cdot p_z' - B \cdot w_a''$ wegen Gl. (157) nach p_z'' auflösbar ist:

$$p_z'' = \frac{p_z'}{1 + \varkappa \cdot \frac{\triangle z}{2z} + \frac{p_{zG}}{p_z''}}$$

ist auch p_{lG} bei überkritischem Ausströmen unmittelbar bestimmbar.

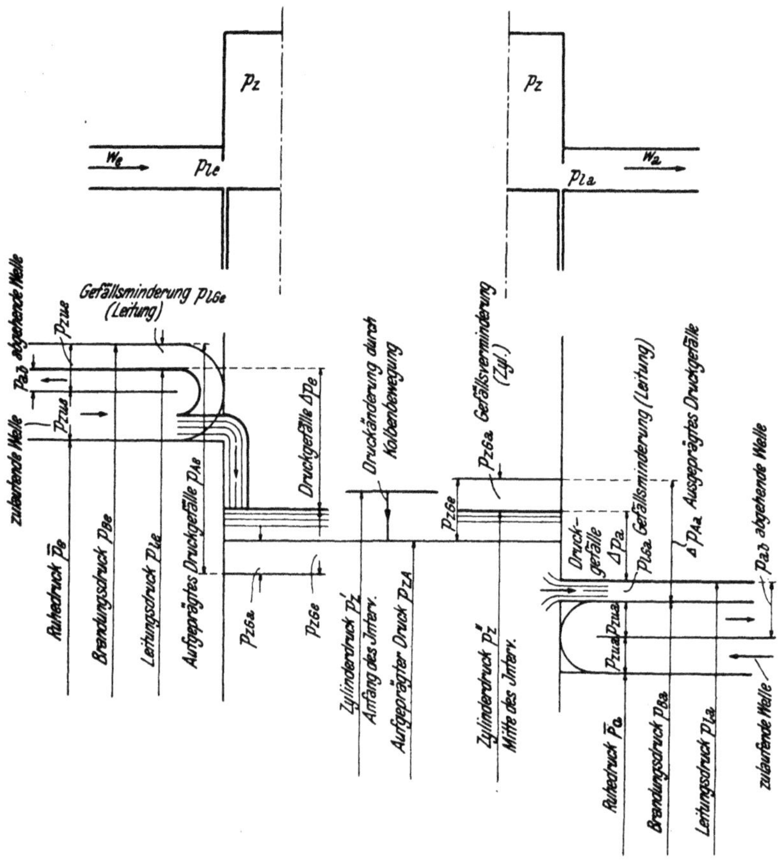

Abb. 90. Schema der Druckänderungsanteile beim Durchströmen durch einen Zylinder. Links: Einlaßseite. Rechts: Auslaßseite. Links ist der Leitungsdruck p_{le}, wie früher in Abb. 88, um die Gefällsminderung p_{lGe} kleiner als der zugehörige Brandungsdruck p_{Be}, rechts ist p_{la} um p_{lGa} größer als p_{Ba}. Der aufgeprägte Zylinderdruck p_{zA}, um p_{zGa} vermindert, bestimmt mit p_{Be} das aufgeprägte Druckgefälle p_{Ae} für die Einlaßseite. Den endgültigen Zylinderdruck p_z'' in Intervallmitte erhält man durch Hinzufügen der Gefällsminderung p_{zGe}. Ganz entsprechend ergibt p_{zA}, vermehrt um p_{zGe}, mit p_{Ba} das aufgeprägte Druckgefälle $\triangle p_{Aa}$ für die Auslaßseite. Abziehen der Gefällsminderung p_{zGa} ergibt ebenfalls den gesuchten Zylinderdruck p_z''.

Bei unterkritischem Ausströmen erhält man aus $\triangle p_A$ und $G = B + L$ mittels Tafel 1 oder Tafel 2 wieder $\triangle p_G$ und damit die Gefällsminderungen im Zylinder und Rohr:

$$p_{zG} = \triangle p_G \cdot \frac{B}{L+B} = \triangle p_G \cdot \frac{b}{1+b} \quad \text{und} \quad p_{lG} = \triangle p_G \frac{L}{L+B} = \triangle p_G \cdot \frac{1}{1+b}$$

Daraus läßt sich wie früher der Zylinderdruck p_z'' und am Ende des Zeitabschnittes

$$p_z''' = p_z' + 2 \,.\, (p_z'' - p_z')$$

berechnen. Im Rohr gilt wieder für die ablaufende Welle

$$p_{ab} = p_{zu} + p_{lG}$$

β 1, 3. *Gleichzeitiges Ein- und Ausströmen.* Hier gelten die Ein- und Ausströmgleichungen gleichzeitig, sind aber nicht unabhängig voneinander, da der Zylinderdruck sowohl vom Ein- wie Ausströmen abhängt. Die Verkoppelung der beiden Gleichungssysteme für den Ein- und Ausströmvorgang führt, wie auf Seite 57 auf eine Gleichung vierten Grades.

Bei der rechnerischen Verfolgung des Vorganges geht man zweckmäßig nach folgendem Verfahren vor:

Die Gefällsminderungsfaktoren für die nach Abb. 90 einlaß- und auslaßseitig anschließenden Leitungen sind gleich wie in den Abschnitten β 1, 1, bzw. β 1, 2, angegeben und werden im folgenden mit L_e (Einlaß) und L_a (Auslaß) bezeichnet. Auch die Gefällsminderungsfaktoren der Zylinder sind gleich wie früher angegeben. Der Druck im Zylinder ist

$$p_z'' = p_{zA} + p_{zGe} - p_{zGa}; \tag{159}$$

darin ist p_{zA} der aufgeprägte, vom Ein- und Ausströmen unabhängige Druckanteil, der durch den Anfangszustand und die Volumsänderung des Zylinders bestimmt wird.

Das aufgeprägte Druckgefälle für das Einströmen ist nun, Abb. 90,

$$\triangle p_{Ae} = \ddot{p}_{Be} - (p_{zA} - p_{zGa}) \tag{160}$$

also der Brandungsdruck minus dem um die Druckminderung des Auslasses verminderten strömungsunabhängigen Druck im Zylinder. Die Druckminderung durch das Ausströmen ist für das Einströmen aufgeprägt, wenn dafür ein fester Wert zunächst angenommen wird, der dann in schrittweiser Annäherung verbessert wird.

Für das Ausströmen gilt daher sinngemäß:

$$\triangle p_{Aa} = p_{zA} + p_{zGe} - \ddot{p}_{Ba} \tag{160 a}$$

Hier wird wieder die Druckminderung durch das Einströmen als aufgeprägt aufgefaßt.

In diesen Ausdrücken ist für ein Einzelrohr

$$\ddot{p}_{Be} = \overline{p}_e + 2 \cdot p''_{zue}, \qquad \ddot{p}_{Ba} = \overline{p}_a + 2 \cdot p''_{zua},$$

für eine Rohrverzweigung sinngemäß $p_B = \overline{p} + 2 \cdot \frac{\Sigma f \cdot p_{zu}}{\Sigma f}$, der Brandungsdruck in Einsaug- und Auspuffleitung für die Mitte des Zeitabschnittes, wobei der Ruhedruck für die Ein- und Ausströmleitung verschieden sein kann, ferner

$$p_{zA} = p_z' - \varkappa \cdot \tilde{p}_z'' \cdot \frac{\triangle z}{2 z''}$$

der aufgeprägte Druck im Zylinder in der Mitte des Zeitabschnittes. Weiter gilt:

$$p_{zGe} = B_e \cdot w_e = \triangle p_{Ge} \cdot \frac{b_e}{1 + b_e}$$

$$p_{zGa} = B_a \cdot w_a = \triangle p_{Ga} \cdot \frac{b_a}{1 + b_a}$$

Bekannt sind p_{zA}, p_{Be}, p_{Ba}, L_e, B_e, L_a, B_a bzw. b_e, b_a.

Man schätzt nun eine Gefällsminderung, entweder p_{zGe} oder p_{zGa}, und rechnet mit dem geschätzten Wert das dem Aus- oder Einströmen zugehörige aufgeprägte Druckgefälle. Schätzt man z. B. p_{zGe}, so erhält man mittels des früher auf Seite 113 angegebenen Verfahrens dann für das Ausströmen aus Tafel 1 oder Tafel 2 $\triangle p_{Ga}$ und daraus p_{zGa}, womit man nun das aufgeprägte Druckgefälle für das Einströmen und damit wieder aus Tafel 1 oder Tafel 2 Δp_{Ge} und p_{zGe} findet. Man vergleicht das so erhaltene p_{zGe} mit der ursprünglichen Annahme und wiederholt die Rechnung mit geänderter Annahme, bis man Übereinstimmung erhält. Man erhält sie rasch, wenn man nach Abb. 91 den errechneten Wert über dem angenommenen aufträgt, im Schnittpunkt der Kurve für die erhaltenen Werte mit der Geraden für die angenommenen Werte. Der Druck im Zylinder wird:

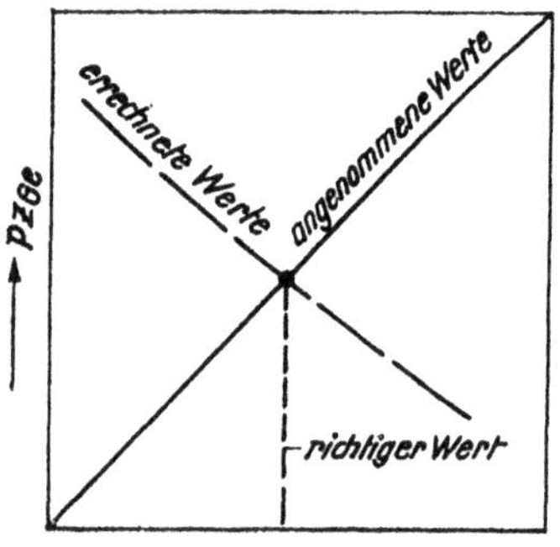

Abb. 91.

$$p''_z = p'_z - \frac{\varkappa}{z}\cdot\tilde{p}''_z\cdot\frac{\Delta z}{2} + \frac{b_e}{1+b_e}\cdot\Delta p_{Ge} - \frac{b_a}{1+b_a}\cdot\Delta p_{Ga} \qquad (161)$$

Die Berechnung aus linearisierten Gleichungen ohne Probieren wird später auf Seite 131 behandelt.

β, 2. Anordnungen mit Behältern von unveränderlichem Rauminhalt in Rohrleitungen.

β 2, 1. *Allgemeines über die rechnerischen Ansätze.* Die Vorgänge sind genau so wie bei Zylindern zu behandeln, wobei jedoch bei gleichbleibender Öffnung für $\mu\sigma$ die gleichbleibende Durchflußzahl einzusetzen ist und Δz in den Ausdrücken verschwindet.

An Stelle von z wird entsprechend Seite 66 φ_b gesetzt. Die übrigen Bezeichnungen können nach Abschn. β 1. angenommen werden; die früher angegebenen Zusammenhänge sind unmittelbar verwendbar.

β 2, 2. *Anschluß von Rohrleitungen an Behältern ohne Drosselung.* Wird ein Behälter nach Abb. 92 in die Rohrleitung eingeschaltet, so sind, bei vernachlässigbaren Widerständen am Eintritt und Austritt in und aus demselben, die Drücke in den Rohrleitungen, die an den Behälter anschließen, gleich dem Behälterdruck.

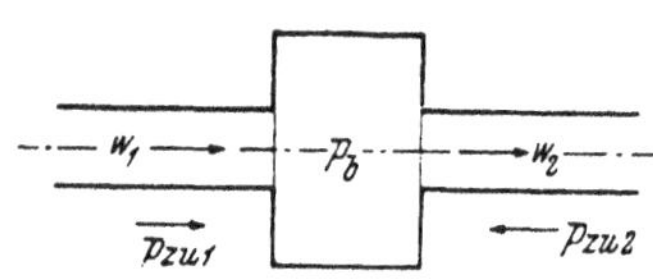

Abb. 92. Behälter in einer Rohrleitung.

Für diesen findet man in der Mitte des Intervalls $p''_b = p'_b + B_1 . w''_1 - B_2 . w''_2$, wobei p'_b der Druck im Behälter zu Beginn des Zeitabschnittes ist. Die Werte B_1 und B_2 sind

$$B_1 = \frac{\varkappa}{\varphi_b}\cdot\frac{1}{180\,w_{m1}}\cdot\frac{\Delta\alpha}{2}\cdot\tilde{p}''_b; \quad B_2 = \frac{\varkappa}{\varphi_b}\cdot\frac{1}{180\,w_{m2}}\cdot\frac{\Delta\alpha}{2}\cdot\tilde{p}''_b \qquad (162)$$

Für die Rohrleitungen gilt $p''_b = p''_{B1} - L_1 . w''_1$ und $p''_b = p''_{B2} + L_2 . w''_2$. Darin ist $p''_{B1} = = \bar{p} + 2 . p''_{zu1}$; $p_{B2} = \bar{p} + 2 . p''_{z,2}$ für die Mitte des Zeitabschnittes einzusetzen, ferner ist

$$L_1 = L_2 = \frac{\varkappa}{a_{red}}\cdot\tilde{p}''_b{}^{\frac{\varkappa+1}{2\varkappa}} \qquad (163)$$

und daher nach Entfernen von w_1 und w_2

$$p''_b = p'_b + \frac{p''_{B1} - p''_b}{L_1}\cdot B_1 - \frac{p''_b - p''_{B2}}{L_2}\cdot B_2 \qquad (164)$$

und mit

$$b = \frac{B}{L} = \frac{a_{red} . \tilde{p}''_b{}^{\frac{\varkappa-1}{2\varkappa}}}{\varphi_b . 180 . w_m}\cdot\frac{\Delta\alpha}{2} \qquad (165)$$

$$p''_b = \frac{p'_b + p''_{B1} . B_1/L_1 + p''_{B2} . B_2/L_2}{(1 + B_1/L_1 + B_2/L_2)} = \frac{p'_b + p''_{B1} . b_1 + p''_{B2} . b_2}{1 + b_1 + b_2} \qquad (164\,a)$$

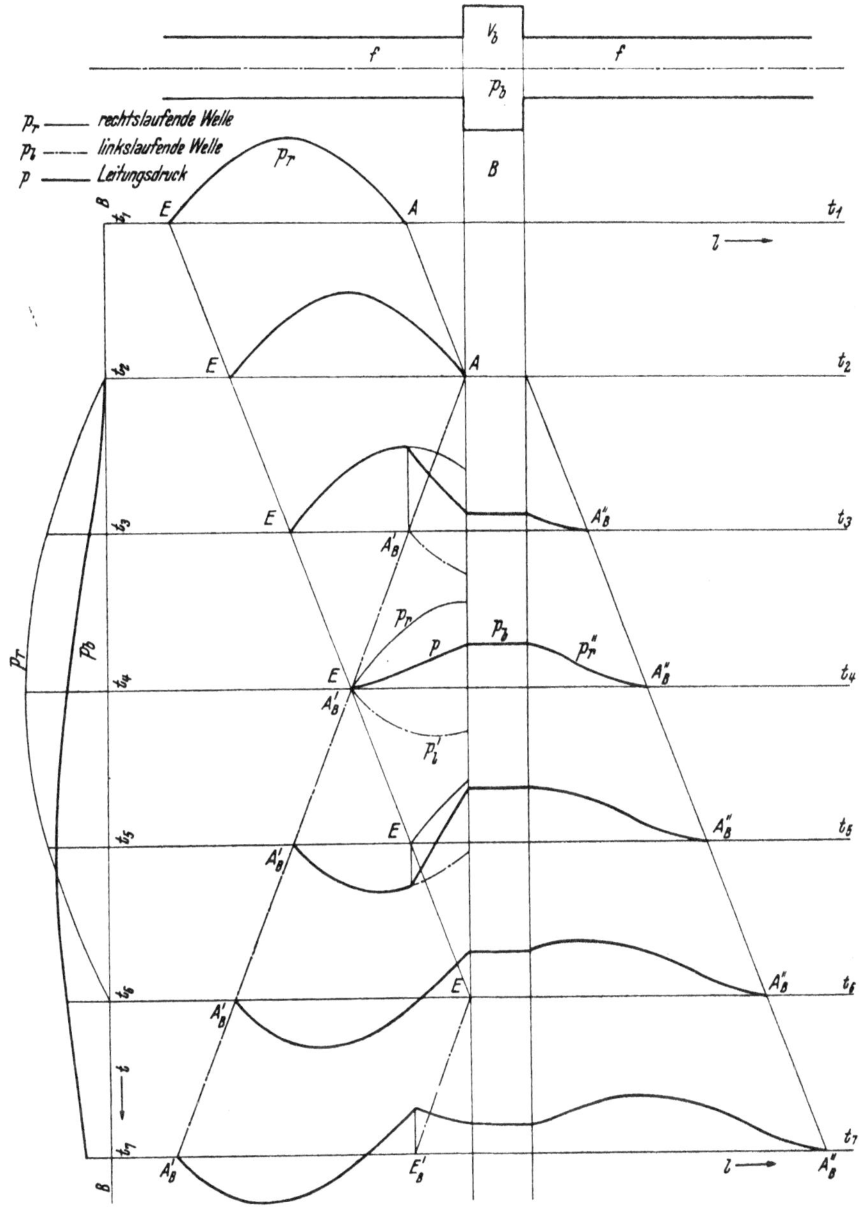

Abb. 93. Wellendurchgang und Rückwurf an einem Behälter. Die ankommende Welle p_r erzeugt im Behälter B einen nach Gl. (164 b) schrittweise berechenbaren Überdruck $p_b - \overline{p}$, der sich im rechten Leitungszweig als Welle p_r'' ausbreitet. Die im linken Zweig am Behälter zurückgeworfene Welle p_l' ergibt sich nach dem allgemeinen Rückwurfgesetz aus der negativ reflektierten ankommenden Welle und dem Überdruck.

Daraus läßt sich p_b berechnen und damit erhält man auch die in beiden Rohrsträngen abgehenden Wellen. $p_{ab\,1} = p_b - \overline{p} - p_{zu\,1}$; $p_{ab\,2} = p_b - \overline{p} - p_{zu\,2}$

Sinngemäß lassen sich die Ausdrücke auch für den Anschluß einer größeren Zahl von Rohrleitungen an einem Behälter anwenden. Es wird

$$p_b'' = \frac{p_b' + p_{B1}'' \cdot b_1 + p_{B2}'' \cdot b_2 + p_{B3}'' \cdot b_3 + \ldots}{1 + b_1 + b_2 + b_3 + \ldots} \qquad (166)$$

Ob Einströmen oder Ausströmen erfolgt, richtet sich nach der Höhe des Brandungsdruckes. Bei $p_B > p_b$ erfolgt durch die entsprechende Rohrleitung Einströmen in den Behälter, bei $p_B < p_b$ Ausströmen aus ihm.

Abb. 93 veranschaulicht den Rückwurf einer Welle an einem Behälter B mit ungedrosseltem Ein- und Austritt. Örtliche Druckunterschiede im Behälter sind nicht berücksichtigt. Die Druckänderung $\triangle p$ im Zeitabschnitt $\triangle t$ oder $\triangle \alpha$ ergibt sich aus dem Brandungsdruck $p_{B1} = \bar{p} + 2\,p_r$ durch die ankommende Welle p_r nach Gleichung (164 a) zu

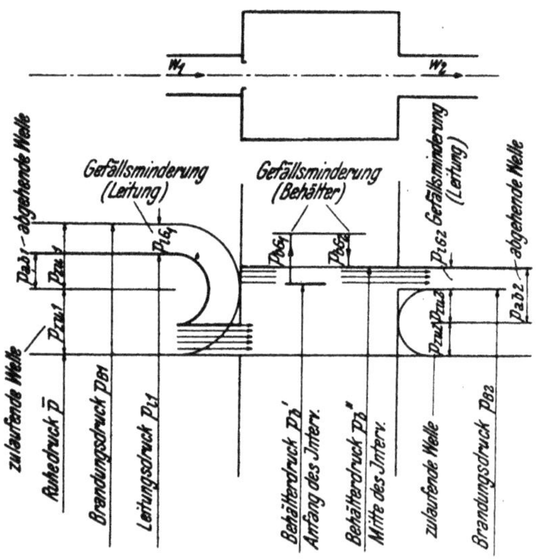

Abb. 94. Schema der Druckänderungsanteile beim Durchströmen durch einen Behälter. Links ist der Leitungsdruck um die gefällsvermindernde, vom Überströmvorgang erregte Welle p_{lG1} kleiner als der Brandungsdruck, rechts um p_{lG2} größer. Der Behälterdruck würde während des betrachteten Zeitabschnittes unter der Wirkung des gefällsvermindernden Eintrittseinflusses p_{bG1} allein ansteigen, infolge des Austrittseinflusses p_{bG2} allein sinken. Beide Einflüsse ergeben einen Behälterdruck, der voraussetzungsgemäß dauernd dem Leitungsdruck gleich ist.

$$\triangle p_b = p_b''' - p_b' = (p_{B1}'' - p_b') \cdot \frac{2\,.\,b_1}{1 + b_1 + b_2} + (p_{B2}'' - p_b') \cdot \frac{2\,.\,b_2}{1 + b_1 + b_2} \qquad (164\,b)$$

mit $b_1 = b_2 = b$ und $p_{B2} = \bar{p}$.

Wegen $w_m = \frac{s\,n}{30} \cdot \frac{F}{f}$ und $V_b = \varphi_b\,.\,F\,.\,s$

folgt aus

$$b = \frac{B}{L} = \frac{a}{\varphi_b\,.\,180\,w_m} \cdot \frac{\triangle \alpha}{2} \qquad (165\,a)$$

auch $b = \frac{a\,.\,f}{6\,n\,.\,V_b} \cdot \frac{\triangle \alpha}{2} = \frac{af}{V_b} \cdot \frac{\triangle t}{2}$

Es ist V_b/af die Laufzeit t_L durch ein Rohr der Länge V_b/f, das also beim Querschnitt f dasselbe Volumen hat wie der Behälter. Man kann daher schreiben

$$b = \frac{1}{t_L} \cdot \frac{\triangle t}{2} = \frac{1}{\alpha_L} \cdot \frac{\triangle \alpha}{2} \qquad (165\,b)$$

Der im Behälter entstandene Überdruck $p_b - \bar{p}$ breitet sich nach Gleichung (116) als weiterlaufende Welle p_r'' in die rechts anschließende Rohrleitung aus und überlagert sich der nach links negativ reflektierten Welle, so daß der Unterschied $p_l' = (p_b - \bar{p} - p_r)$ in die linke Leitung zurückläuft.

β 2, 3. *Anschluß von Rohrleitungen an Behälter mit einseitiger Drosselung.* *β* 2, 3, 1. Drosselung im Eintritt, vernachlässigbarer Druckabfall beim Austritt. Erfolgt eine Drosselung im Eintritt, so ist $p_{l1} > p_b$. Die Druckdifferenz $p_{l1} - p_0$ dient zur Aufrechterhaltung des Überströmens. (Abb. 94.)

Dieser Fall läßt sich auf das ab Seite 111 besprochene gedrosselte Einströmen in einen Zylinder zurückführen, wenn wieder $\triangle z = 0$ gesetzt und bei konstantem Einströmquerschnitt $\mu\sigma$ gleich der Durchflußzahl μ des Drosselquerschnittes gesetzt wird. Man erhält für den Behälterdruck

$$p_b'' = p_b' + B_1\,.\,w_1'' - B_2\,.\,w_2'' \qquad (167)$$

Darin ist für unterkritisches Einströmen

$$B_1 = \frac{1}{180} \cdot \frac{\varkappa}{\varphi_b} \cdot \frac{\mu_1}{w_{m1}} \cdot \tilde{p}_b''^{\,\frac{1}{\varkappa}} \cdot \tilde{p}_1^{\,\frac{\varkappa - 1}{\varkappa}} \cdot \frac{\triangle \alpha}{2}$$

$$B_2 = \frac{1}{180} \cdot \frac{\varkappa}{\varphi_b} \cdot \frac{\mu_2}{w_{m2}} \cdot \frac{\triangle \alpha}{2} \cdot \tilde{p}_b''$$

Für überkritisches Einströmen ist der Ausdruck B_1 entsprechend Gl. (94 c), S. 113, anzuschreiben. Infolge des ungedrosselten Austrittes ist

$$p_b'' = p_{B2}'' + L_2 \, . \, w_2'' \tag{168}$$

mit
$$L_2 = \frac{\varkappa}{a_{2\,red}} \, p_b'^{\frac{\varkappa+1}{2\varkappa}}$$

Hier gilt wegen $T_2 = T_1$ auch $a_2 = a_1$ und daher

$$a_{2\,red} = a_{1\,red} \left(\frac{p_{11}}{p_b}\right)^{\frac{\varkappa-1}{2\varkappa}}$$

Ferner ist der Druck im Einströmrohr vor der Drosselstelle

$$p_1'' = p_{B1}'' - L_1 \, . \, w_1'' \tag{168 a}$$

mit
$$L_1 = \frac{\varkappa}{a_{1\,red}} \cdot \frac{f_b}{f_1} \cdot \mu_1 \cdot \tilde{p}_b''^{\frac{1}{\varkappa}} \cdot \tilde{p}_1''^{\frac{\varkappa-1}{2\varkappa}}$$

Nach Entfernen von w_2'' erhält man aus Gleichung (167) und (168):

$$p_b'' = \frac{L_2}{L_2 + B_2} \cdot p_b' + \frac{B_2}{L_2 + B_2} \cdot p_{B2}'' + \frac{B_1 \, . \, L_2}{L_2 + B_2} \cdot w_1'' \tag{169}$$

Das aufgeprägte Druckgefälle für den Eintritt ist demnach:

$$\triangle p_A = p_{B1}'' - \frac{1}{1 + b_2} \cdot p_b' - \frac{b_2}{1 + b_2} \cdot p_{B2}'' \tag{170}$$

Der Gefällsminderungsfaktor für den Eintritt ist:

$$G = L_1 + \frac{B_1 \, . \, L_2}{L_2 + B_2} = L_1 \left(1 + \frac{b_1}{1 + b_2}\right); \tag{171}$$

mit
$$b_1 = \frac{a_1}{180\, w_{m1} \, . \, \varphi_b} \cdot \frac{\triangle \alpha}{2}; \quad b_2 = \frac{a_1}{180\, w_{m2} \, . \, \varphi_b} \cdot \frac{\triangle \alpha}{2}; \tag{171 a}$$

$$a_1 = \sqrt{\varkappa \, . \, g \, . \, R \, . \, T_1} = a_{1\,red} \, . \, p_1^{\frac{\varkappa-1}{2\varkappa}}$$

Damit ist die Verwendung der Tafel 1 oder Tafel 2 zur Ermittlung von $\triangle p_G$ möglich, oder man kann w_1'' aus $\frac{w_1''^2}{2 g v_{m1}} = \triangle p_A'' - G \, . \, w_1''$ berechnen. Man erhält daraus:

$$p_{1G1} = \frac{L_1}{G} \cdot \triangle p_G \text{ und } p_1'' = p_{B1}'' - p_{1G1} \tag{168 b}$$

ferner
$$p_{bG1} = \frac{B_1 \, . \, L_2}{L_2 + B_2} \cdot \frac{1}{G} \cdot \triangle p_G \text{ und } p_b'' = \frac{L_2}{L_2 + B_2} \cdot p_b' + \frac{B_2}{L_2 + B_2} \cdot p_{B2}'' + p_{bG1} \tag{169 a}$$

β 2, 3, 2. Drosselung im Austritt, drosselungsfreier Eintritt. Der Ausdruck für den Behälterdruck ist gleich wie früher. Darin ist

$$B_1 = \frac{1}{180} \cdot \frac{\varkappa}{\varphi_b} \cdot \frac{1}{w_{m1}} \cdot \frac{\triangle \alpha}{2} \cdot \tilde{p}_b''$$

und $$B_2 = \frac{1}{180}\cdot\frac{\varkappa}{\varphi_b}\,\frac{\mu_2}{w_{m2}}\,\tilde{p}_b''\cdot\left(\frac{\tilde{p}_2''}{\tilde{p}_b''}\right)^{\frac{1}{\varkappa}}\cdot\frac{\triangle\alpha}{2}$$

Ferner ist der Druck im Einströmrohr bei der Einmündung gleich dem Behälterdruck, daher
$$p_b'' = p_{B1}'' - L_1 \,.\, w_1'' \tag{172}$$
mit $L_1 = \frac{\varkappa}{a_{1\,red}}\cdot\tilde{p}_b''^{\frac{\varkappa+1}{2\varkappa}}$. Der Druck im Ausströmrohr nach der Drosselstelle ist
$$p_2'' = p_{B2}'' + L_2 \,.\, w_2'' \tag{172 a}$$

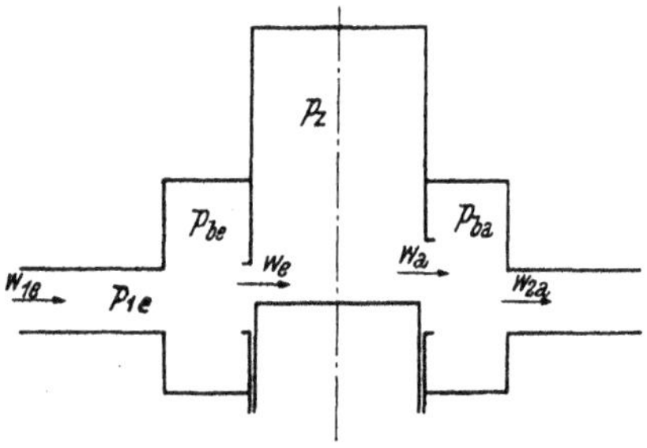

Abb. 95. Zylinder mit vor- und nachgeschalteten Behältern.

mit $$L_2 = \frac{\varkappa\,.\,f_a}{a_{1\,red}\,.\,f_2}\cdot\tilde{p}_2''^{\frac{1}{\varkappa}}\cdot\tilde{p}_b''^{\frac{\varkappa-1}{2\varkappa}}$$

Darin ist f_a der wirksame Drosselquerschnitt am Behälteraustritt. Durch Entfernen von w_1'' erhält man aus (167) und (172) das aufgeprägte Druckgefälle für den Austritt
$$\triangle p_{A2} = \frac{1}{1+b_1}\cdot p_b' + \frac{b_1}{1+b_1}\cdot p_{B1}'' - p_{B2}'' \tag{173}$$
und den Gefällsminderungsfaktor
$$G = L_2 + \frac{B_2\,.\,L_1}{B_1 + L_1} = L_2\cdot\left(1 + \frac{b_2}{1+b_1}\right) \tag{174}$$
Man kann $\triangle p_{G2}$ aus Tafel 1 oder Tafel 2 entnehmen und daraus sinngemäß wie früher gezeigt p_{2G2} und p_{bG2} berechnen. Es ist
$$p_{2G2} = \frac{L_2}{G}\cdot\triangle p_{G2} = \frac{1+b_1}{1+b_1+b_2}\cdot\triangle p_{G2} \quad\text{und}\quad p_{bG2} = \frac{B_2\,.\,L_1}{B_1+L_1}\cdot\frac{1}{G}\cdot\triangle p_{G2} = \frac{b_2}{1+b_1+b_2}\cdot\triangle p_{G2} \tag{175}$$
Der Behälterdruck wird
$$p_b'' = \frac{1}{1+b_1}\cdot p_b' + \frac{b_1}{1+b_1}\cdot p_{B1}'' - p_{bG2} \tag{176}$$
und der Rohrdruck
$$p_2'' = p_{B2}'' + p_{2G2} \tag{172 b}$$

β 3. Zylinder mit den Steuerorganen vor- bzw. nachgeschalteten Behältern und angeschlossenen Rohrleitungen ohne Drosselung zwischen Rohrleitung und Behälter.

β 3, 1. Einströmen. Es gelten die auf der linken Seite der Abb. 95 angebrachten Bezeichnungen, der Auslaß werde abgeschlossen gedacht.

Bei Zweitaktmotoren liegt dieser Fall beim Nachladen nach vorzeitigem Abschluß des Auslasses, z. B. mit einem Schieber, vor.

Für den Druck in der Einströmleitung Abb. 96, der gleich dem Druck im anschließenden Behälter ist, gilt die Beziehung
$$p_{1e}'' = p_{be}'' = p_{B1e}'' - L_{1e}\,.\,w_{1e}'' \tag{177}$$
Der Behälterdruck ist
$$p_{be}'' = p_{be}' + B_{1e}\,.\,w_{1e}'' - B_{ee}\,.\,w_e' \tag{178}$$
Die einzelnen Faktoren sind
$$L_{1e} = \frac{\varkappa}{a_{1\,red}}\cdot\tilde{p}_{be}''^{\frac{\varkappa+1}{2\varkappa}}\;;\quad B_{1e} = \frac{\varkappa}{\varphi_b}\cdot\frac{1}{180\,w_{m1}}\cdot\frac{\triangle\alpha}{2}\cdot\tilde{p}_{be}''$$

$$B_{ee} = \frac{\varkappa}{\varphi_b} \cdot \frac{(\mu\,\sigma)''_e}{180\,w_{me}} \cdot \tilde{p}''_{be} \cdot \left(\frac{\tilde{p}''_z}{\tilde{p}''_{b'}}\right)^{\frac{1}{\varkappa}} \cdot \frac{\triangle\alpha}{2} \quad \text{(unterkritisch)}$$

Für überkritisches Druckgefälle ist der Ausdruck sinngemäß nach Seite 115 abzuändern. Aus (177) und (178) erhält man durch Entfernen von w''_{1e}

$$p''_{be} = \frac{1}{1+b_{1e}} \cdot p'_{be} + \frac{b_{1e}}{1+b_{1e}} \cdot p''_{B1e} - B_{ee} \cdot \frac{1}{1+b_{1e}} \cdot w''_e \tag{179}$$

Setzt man

$$p''_{Be} = \frac{1}{1+b_{1e}} \cdot p'_{be} + \frac{b_{1e}}{1+b_{1e}} \cdot p''_{B1e} \tag{180}$$

und

$$L_e = B_{ee} \cdot \frac{1}{1+b_{1e}} \tag{181}$$

so ist

$$p''_{be} = p''_{Be} - L_e \cdot w''_e \tag{182}$$

Damit ist der Fall auf den des Einströmens aus einer Rohrleitung zurückgeführt und kann, wie auf Seite 113 angegeben, behandelt werden.

Es ist

$$\triangle p_{Ae} = p''_{Be} - \left(p'_z - \frac{\varkappa}{z} \cdot \frac{\triangle z}{2} \cdot \tilde{p}''_z\right) \tag{183}$$

und $G_e = L_e + B_e$. Für B_e gelten die auf Seite 113 angeführten Ausdrücke, für L_e der oben angegebene Ausdruck.

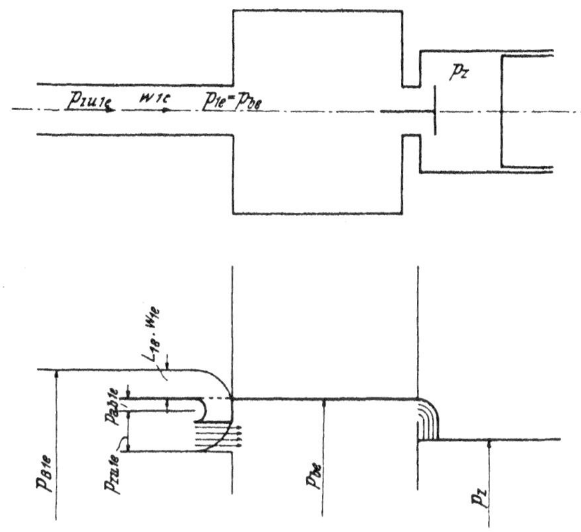

Abb. 96. Schema der Druckänderungsanteile beim Einströmen in einen Zylinder mit vorgeschaltetem Behälter.

Aus Tafel 1 oder Tafel 2 erhält man wieder $\triangle p_{Ge}$.

Damit wird

$$p''_{be} = p''_{Be} - \frac{L_e}{L_e + B_e} \cdot \triangle p_{Ge} \tag{184}$$

und

$$p''_z = p'_z - \frac{\varkappa}{z''} \cdot \tilde{p}'' \cdot \frac{\triangle z}{2} + \frac{B_e}{L_e + B_e} \cdot \triangle p_{Ge} \tag{185}$$

β 3, 2. Ausströmen. Es gelten die Bezeichnungen auf der rechten Seite der Abb. 95. Der Einlaß sei abgeschlossen. Das entspricht z. B. den Verhältnissen beim Vorauspuff. Der Druck in der Auslaßleitung ist gleich dem Druck im anschließenden Behälter.

$$p''_{2a} = p''_{ba} = p''_{B2a} + L_{2a} \cdot w''_{2a} \tag{177 a}$$

Der Behälterdruck ist

$$p''_{ba} = p'_{ba} + B_{aa} \cdot w''_a - B_{2a} \cdot w''_{2a} \tag{178 a}$$

Die einzelnen Faktoren sind für unterkritisches Ausströmen

$$L_{2a} = \frac{\varkappa}{a_{2\,red}} \cdot \tilde{p}''_{ba}{}^{\frac{\varkappa+1}{2\varkappa}}$$

$$B_{2a} = \frac{1}{180} \cdot \frac{\varkappa}{\varphi_{ba}} \cdot \frac{1}{w_{m2a}} \cdot \frac{\triangle\alpha}{2} \cdot \tilde{p}''_{ba}$$

$$b_{2a} = \frac{a_z}{180 w_{m2} \cdot \varphi_b} \cdot \frac{\triangle\alpha}{2}, \quad \text{wegen} \quad a_{2\,red} \cdot p_b^{\frac{\varkappa-1}{2\varkappa}} = a_2 = a_z$$

$$B_{aa} = \frac{\varkappa}{180 \cdot \varphi_{ba}} \cdot \frac{(\mu \sigma)_a''}{w_{ma}} \cdot p_{ba}' \cdot \left(\frac{p_z'}{p_{ba}'}\right)^{\frac{\varkappa - 1}{\varkappa}} \cdot \frac{\triangle \alpha}{2}$$

Für überkritisches Ausströmen ist B_{aa} sinngemäß nach Seite 113 abzuändern. Durch Entfernen von w_{2a}'' erhält man:

$$p_{ba}'' = \frac{1}{1 + b_{2a}} \cdot p_{ba}' + \frac{b_{2a}}{1 + b_{2a}} \cdot p_{B2a} + B_{aa} \cdot \frac{1}{1 + b_{2a}} \cdot w_a'' \tag{179 a}$$

Führt man wieder

$$p_{Ba}'' = \frac{1}{1 + b_{2a}} \cdot p_{ba}' + \frac{b_{2a}}{1 + b_{2a}} \cdot p_{B2a}'' \tag{180 a}$$

und

$$L_a = B_{aa} \cdot \frac{1}{1 + b_{2a}} \tag{181 a}$$

so ist dieser Fall auf den des Ausströmens in eine unmittelbar anschließende Rohrleitung zurückgeführt und kann, wie auf Seite 116 angegeben, behandelt werden.

Es ist

$$\triangle p_{Aa} = p_z' - \frac{\varkappa}{z''} \cdot \tilde{p}_z'' \cdot \frac{\triangle z}{2} - p_{Ba}'' \tag{183 a}$$

und $G_a = L_a + B_a$ mit den Ausdrücken für B_a auf Seite 115. Daraus ist $\triangle p_{Ga}$ mit Tafel 1 oder Tafel 2 zu bestimmen und die Gefällsminderung auf Zylinder und Behälter aufzuteilen.

Es ist

$$p_z'' = p_z' - \frac{\varkappa}{z''} \cdot p_z'' \cdot \frac{\triangle z}{2} - \frac{B_a}{L_a + B_a} \cdot \triangle p_{Ga} \tag{185 a}$$

und

$$p_{ba}'' = p_{Ba}'' + \frac{L_a}{L_a + B_a} \cdot \triangle p_{Ga} \tag{184 a}$$

β 3, 3. Gleichzeitiges Ein- und Ausströmen. Für den allgemeinen Fall des gleichzeitigen Ein- und Ausströmens nach Abb. 95 gelten die unter *β* 3, 1) und *β* 3, 2) entwickelten Beziehungen. Man kann den Fall einfach auf den auf Seite 117 besprochenen Fall des gleichzeitigen Ein- und Ausströmens aus unmittelbar anschließenden Rohrleitungen zurückführen, wenn man sinngemäß für das Einlaßsystem

$$p_{Be}'' = \frac{L_{1e}}{B_{1e} + L_{1e}} \cdot p_{be}' + \frac{B_{1e}}{B_{1e} + L_{1e}} \cdot p_{B1e}'' \tag{186}$$

$$L_e = \frac{B_{ee} \cdot L_{1e}}{B_{1e} + L_{1e}}$$

und

$$p_{Ba}'' = \frac{L_{2a}}{L_{2a} + B_{2a}} \cdot p_{ba}' + \frac{B_{2a}}{L_{2a} + B_{2a}} \cdot p_{B2a}'' \tag{186 a}$$

$$L_a = \frac{B_{aa} \cdot L_{2a}}{L_{2a} + B_{2a}}$$

für das Auslaßsystem setzt und die dem Zylinder zugeordneten Größen p_z', B_e, B_a unverändert übernimmt. Man ermittelt in der auf Seite 117 angegebenen Weise $\triangle p_{Ga}$ und $\triangle p_{Ge}$ durch Probieren und erhält damit den Druck im Einlaßbehälter aus

$$p_{be}'' = p_{Be}'' - \frac{L_e}{L_e + B_e} \cdot \triangle p_{Ge} \tag{187}$$

und im Auslaßbehälter aus $p_{ba}'' = p_{Ba}'' + \dfrac{L_a}{L_a + B_a} \triangle p_{Ga}$

Für den Druck im Zylinder gilt der auf Seite 118 angeschriebene Ausdruck.

An den hier behandelten Fällen, mit denen im allgemeinen bei der Behandlung von einschlägigen Aufgaben im Motorenbau das Auslangen gefunden werden kann, wurde die allgemeine Anwendbarkeit der von Reyl eingeführten Betrachtungsart gezeigt. Die Anwendung auf andere Anordnungen wird, gegebenenfalls nach entsprechenden Vereinfachungen, im allgemeinen ohne Schwierigkeiten möglich sein.

c) Überlagern von Druckschwankungen bei linearisierten Randbedingungen.

α. *Allgemeines.*

Auf Seite 59 ist gezeigt worden, daß das Linearisieren der quadratischen Strömungsgleichung vorteilhaft ist, wenn gleichzeitiges Überströmen an mehr als einer Drosselstelle zu berücksichtigen ist, z. B. beim Spülen eines Zylinders, wo Ein- und Auslaß gleichzeitig geöffnet sind. Dort ist auch angedeutet, daß die abgeleiteten Gleichungen eine einfache Ermittlung der zusätzlichen Zylinderdruckänderungen gestatten, die durch Abweichungen des Druckes vor den Steuerquerschnitten gegenüber dem für die erste Durchrechnung angenommenen Spül- bzw. Gegendruck entstehen. Diese Aufgabe tritt häufig auf, wenn bei Mehrzylindermaschinen die dynamischen Leitungsdruckschwankungen und die dadurch verursachten Liefergrad- und Luftaufwandunterschiede festzustellen sind, oder wenn bei unveränderten Maschinendaten die Rückwirkung verschiedener Leitungsanordnungen auf denselben Zylinder ermittelt werden soll.

In diesen Fällen geht man zweckmäßig so vor, daß man zunächst als Grundfall den Druckverlauf $\bar{p}_z$ im Zylinder mit einem konstanten mittleren Druck $\bar{p}_{le}$ vor dem Einlaßorgan und einem entsprechenden konstanten Druck $\bar{p}_{la}$ vor dem Auslaßorgan in der auf Seite 59 besprochenen Weise berechnet und die zusätzlichen Abweichungen von den so erhaltenen Grundwerten nachträglich feststellt.

β. *Zylinder mit anschließender Leitung für Ein- und Auslaß.*

β 1. Grundwerte und überlagerte Schwankungen bei gegebenem Leitungsdruck.

Nimmt man an, daß an den Steuerquerschnitt q_e, q_a eine Rohrleitung vom Querschnitt f_e, f_a anschließt, Abb. 97, so wird durch den Überströmvorgang in der Rohrleitung eine Druckwelle erregt. Diese **erregte** Druckwelle p_E ist identisch mit der leitungsseitigen Gefällsverminderung nach Seite 97

$$p_E \equiv \pm p_{lG} = \pm L \,.\, w_d \tag{123}$$

wobei nach Gleichung (133) und (133 b)

$$L_e = \frac{\varkappa}{a_{l\,red}} \cdot \frac{q_{de}}{f_{le}} \cdot p_{de}^{\frac{1}{\varkappa}} \cdot p_{le}^{\frac{\varkappa-1}{2\varkappa}}\,; \quad L_a = \frac{\varkappa}{a_{z\,red}} \cdot \frac{q_{da}}{f_{la}} \cdot p_{da}^{\frac{1}{\varkappa}} \cdot p_{z}^{\frac{\varkappa-1}{2\varkappa}} \cdot \sqrt{\frac{T_z}{T_l}}$$

und das positive Vorzeichen und der Zeiger a für Ausströmen aus dem Zylinder in die Leitung, das negative Vorzeichen und der Zeiger e für Einströmen aus der Leitung in den Zylinder gilt. w_d hängt vom Druckgefälle im Überströmquerschnitt ab. Es ist

$$w_d = \sqrt{2g \,.\, R \,.\, T_1} \,.\, \tilde{p}_1^{\frac{\nu-\varkappa}{2\varkappa}} \,.\, \tilde{p}_2^{\frac{-\nu}{2\varkappa}} \,.\, \sqrt{p_1 - p_2} \tag{60 c}$$

Die Faktoren L, die die in der Leitung erregte Druckwelle in Verbindung mit der Überströmgeschwindigkeit w_d bestimmen, lassen sich in gleicher Weise für die Wurzel aus dem Druckgefälle umrechnen, wie dies auf Seite 58 für die Faktoren B gezeigt wurde. Es ist

$$p_E = \pm L_p \, . \sqrt{p_1 - p_2} \tag{188}$$

wenn man zusammenfaßt

$$L_p = L \, . \sqrt{2g \, . \, R \, . \, T_1} \, . \, \tilde{p}_1^{\frac{\nu - \varkappa}{2\varkappa}} \, . \, \tilde{p}_2^{\frac{-\nu}{2\varkappa}} \tag{189}$$

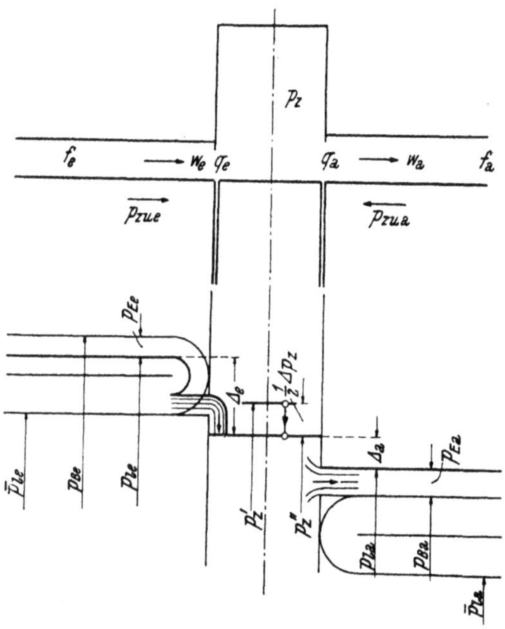

Abb. 97. Schema der von einem Zylinder in den angeschlossenen Leitungen erregten Druckwellen. Der Leitungsdruck in der Spülluftleitung ist um die vom Einströmen in den Zylinder erregte Unterdruckwelle p_{Ee} kleiner als der Brandungsdruck; in der Auspuffleitung ist er um die vom Ausströmen erregte Überdruckwelle p_{Ea} größer als der Brandungsdruck. Der Zylinderdruck ändert sich von Anfang bis Mitte des Intervalls um $\frac{1}{2} \triangle p_z$

Mit Rücksicht auf den Zusammenhang

$$a_{red} = \sqrt{\varkappa \, . \, g \, . \, R \, . \, T_{red}}$$

gilt auch

$$L_p = L \cdot \sqrt{\frac{2}{\varkappa} a_1 \, {}_d \cdot \tilde{p}_1^{\frac{\nu - 1}{2\varkappa}} \cdot \tilde{p}_2^{\frac{-\nu}{2\varkappa}}} \tag{189 a}$$

Setzt man die oben angegebenen Ausdrücke für L ein, so erhält man für Einströmen aus der Leitung in den Zylinder

$$L_{Pe} = \sqrt{2\varkappa} \, . \, \frac{q_{de}}{f_{le}} \cdot \tilde{p}_{de}^{\frac{2-\nu}{2\varkappa}} \cdot p_{le}^{\frac{\varkappa + \nu - 2}{2\varkappa}} \tag{190}$$

für Ausströmen aus dem Zylinder in die Leitung

$$L_{Pa} = \sqrt{2\varkappa} \, . \, \frac{q_{da}}{f_{la}} \, . \sqrt{\frac{T_z}{T_{la}} \cdot p_{da}^{\frac{2-\nu}{2\varkappa}} \cdot p_1^{\frac{\varkappa + \nu - 2}{2\varkappa}}} \tag{190 a}$$

wobei wegen der Kleinheit von $\frac{\varkappa + \nu - 2}{2\varkappa}$ die Potenz des Druckes vor der Drosselstelle im allgemeinen vernachlässigt werden kann und im unterkritischen Bereich $p_{de} = p_z$, $p_{da} = p_{la}$ zu setzen ist.

Bei Steuerquerschnitten bezieht man den wirksamen Querschnitt durch eine Öffnungszahl σ auf einen konstanten Bezugsquerschnitt. Die wirksamen Drosselquerschnitte q_d lassen sich dann als bezogene Größe $q_d = f_b \, . \, (\mu\sigma)$ schreiben.

Da nach Gleichung (96) und (189) $b = \frac{B}{L} = \frac{B_p}{L_p}$ ist, kann man aus L_p bequem auch $B_p = L_p \, . \, b$ berechnen, wobei b nach Gleichung (148), Seite 113, nur mehr mit z und dem Druck vor der Drosselstelle veränderlich ist.

Linearisieren der Wurzel in Gleichung (188) nach Seite 59 ergibt für Einströmen in den Zylinder

$$p_{Ee} = \frac{L_{Pe}}{2\sqrt{\tilde{\triangle}_e}} \cdot [p_z - p_{le} - \tilde{\triangle}_e] \tag{191}$$

für Ausströmen

$$p_{Ea} = \frac{L_{Pa}}{2\sqrt{\tilde{\triangle}_a}} \cdot [p_z - p_{la} + \tilde{\triangle}_a] \tag{191 a}$$

Faßt man die bisherigen Ergebnisse dieses Abschnittes und jene von II 3 a) ab Seite 59 zusammen, so ergibt sich folgendes: Die Faktoren (A), (B) und $L_p/2\sqrt{\tilde{\triangle}}$ gestatten es, für g e g e b e n e n Leitungsdruck p_{le} bzw. p_{la} vor den Steuerorganen, den Zylinderdruck p_z und die in der Rohrleitung erregte Druckschwankung p_{Ee} bzw. p_{Ea} zu berechnen und in einfacher Weise den Einfluß von Änderungen des Leitungsdruckes auf p_z und p_{Ee}, bzw. p_{Ea} zu bestimmen, wenn die Größe dieser Änderungen gegeben ist.

Die Faktoren (A), (B) und $L_p/2\sqrt{\tilde{\triangle}}$ ermittelt man schrittweise in einem vorbereitenden Rechnungsgang mit einem konstant angenommenen mittleren Leitungsdruck $\bar{p}_{le}$ bzw. $\bar{p}_{la}$ vor den Steuerorganen, indem man für jedes Intervall mit einem angenommenen Näherungswert $\tilde{\triangle}_e$, $\tilde{\triangle}_a$ für das Druckgefälle in den Steuerquerschnitten rechnet. Gleichzeitig erhält man dabei nach Gleichung (100), (191) und (191 a) die Grundwerte $\bar{p}_z$, $\bar{p}_{Ee}$, $\bar{p}_{Ea}$ von Zylinderdruck und in den Leitungen erregten Druckwellen, indem man die entsprechenden konstanten Werte $\bar{p}_{le}$, $\bar{p}_{la}$ einsetzt.

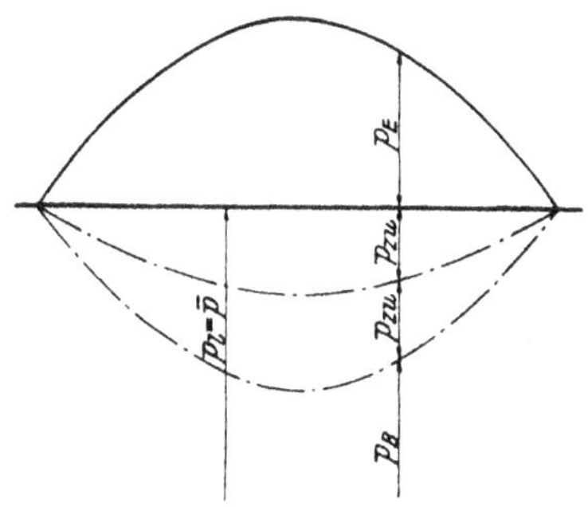

Abb. 98. Aufhebung der erregten Welle durch eine zulaufende Welle.

Die angenommene Konstanz von $\bar{p}_l$, trotzdem durch das Überströmen eine Druckwelle $\bar{p}_E$ erregt wird, setzt wegen der allgemein gültigen Beziehung $p_l = p_B + p_E$ voraus, daß in jedem Augenblick $\bar{p}_l - \bar{p}_B = \bar{p}_E$ ist, d. h. daß eine Druckwelle $\bar{p}_{zu}$ von solcher Größe vor dem Zylinder aus der Rohrleitung ankommt, daß ihr Brandungsüberdruck $\bar{p}_B - \bar{p}_l = 2\,\bar{p}_{zu}$ die für konstanten Leitungsdruck $\bar{p}_l$ errechnete erregende Druckwelle p_E gerade aufhebt, Abb. 98; dies ist der Fall, wenn $p_{zu} = -\frac{1}{2}\,\bar{p}_E$ angenommen wird.

Tatsächlich hat die ankommende Welle im allgemeinen eine andere Größe und deshalb bleibt der Leitungsdruck p_l nicht konstant gleich $\bar{p}_l$. Ist sein Verlauf, z. B. durch ein Indikatordiagramm gegeben, so erhält man die Abweichung des Zylinderdruckes p_z vom Grundwert $\bar{p}_z$ nach Gleichung (99), Seite 59. Für die Änderung der erregten Druckschwankung p_E gegenüber dem zuerst bestimmten Grundwert $\bar{p}_E$ folgt aus Gleichung (191)

$$p_E - \bar{p}_E = \frac{L_P}{2\sqrt{\tilde{\triangle}}} \cdot [p_z - \bar{p}_z - (p_l - \bar{p}_l)] \tag{192}$$

Ist die Rechnung mit denselben Werten von (A), (B_e), (B_a) und $\frac{L_{Pe}}{2\sqrt{\tilde{\triangle}_e}}$, $\frac{L_{Pa}}{2\sqrt{\tilde{\triangle}_a}}$ öfters durchzuführen, so erfolgt dies sehr rasch graphisch, indem man nach Abb. 99 am Anfang jedes Intervalls Gerade unter einem Neigungswinkel $\nu' = \arcsin$ (A) und in Intervallmitte unter dem Winkel $\nu''_e = \arcsin$ (B_e) bzw. $\nu''_a = \arcsin$ (B_a) einzeichnet.

Trägt man auf der Geraden unter ν' die Strecke $p'_z - \bar{p}'_z$ ab, so ist der senkrechte Abstand ihres Endpunktes von der Abszissenachse gleich $(p'_z - \bar{p}'_z) \,.\, \sin \nu' = (p'_z - \bar{p}'_z) \,.\,$(A). Entsprechendes gilt für die Geraden unter ν''; hier trägt man die Größen $(p''_{le} - \bar{p}_{le})$ bzw. $(p''_{la} - \bar{p}_{la})$ auf und der senkrechte Abstand ist $(B_e) \,.\, (p''_{le} - \bar{p}_{le})$ bzw. $(B_a) \,.\, (p''_{la} - \bar{p}_{la})$. Zusammensetzen der drei erhaltenen Abstände unter Berücksichtigung der Vorzeichen ergibt am Ende des Intervalls nach Gleichung (99) die Abweichung des Zylinderdruckes $p_z''' - \bar{p}_z'''$ von seinem Grundwert. Diese liefert, graphisch mit (A) multipliziert, den Wert $(p_z' - \bar{p}_z')$. (A) für das nächste Intervall, worauf man in der gezeigten Weise weiter fortschreitet.

Ebenso kann, wenn man p_z schon kennt, $p_E - \bar{p}_E$ nach Gleichung (192) mittels der Geradenschar unter dem Neigungswinkel $\nu_L = \arcsin \dfrac{L_p}{2\sqrt{\tilde{\triangle}}}$ graphisch bestimmt werden. Fällt einer der Faktoren, z. B. (A), größer als 1 aus, dann zieht man die

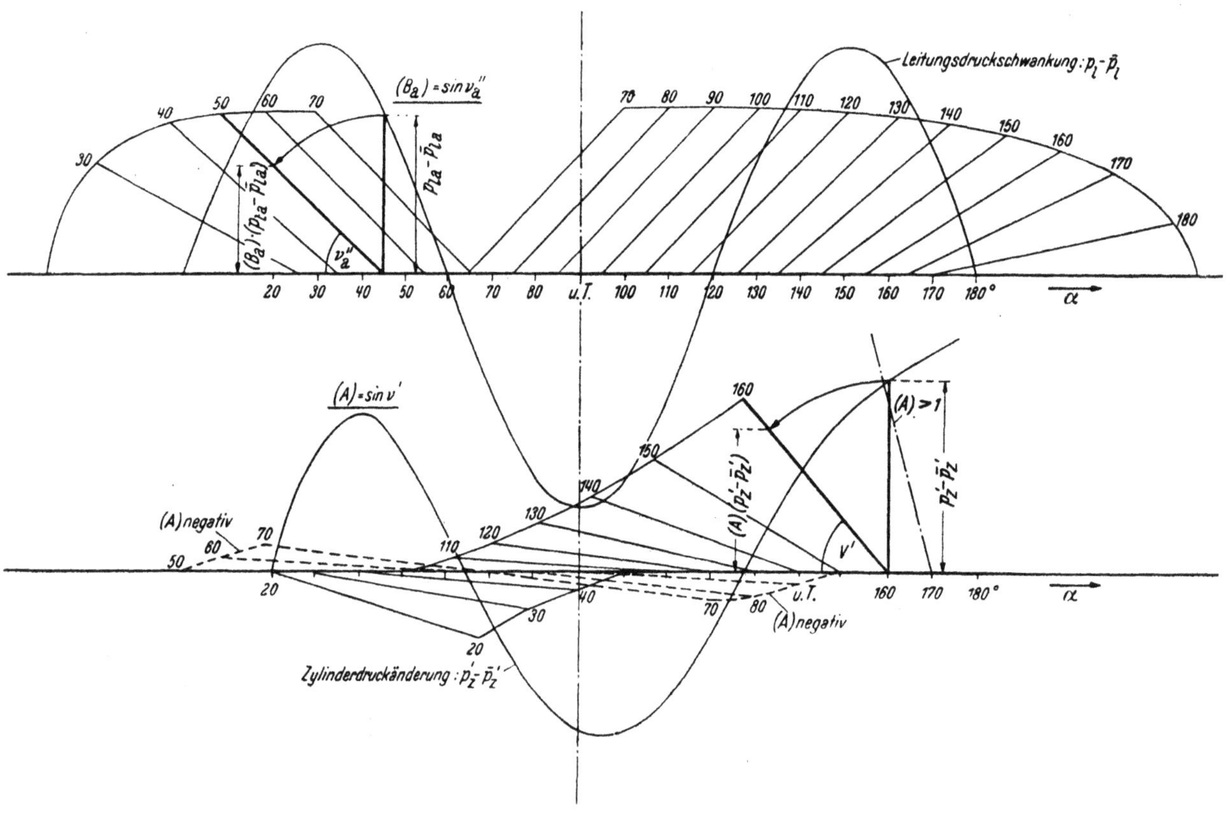

Abb. 99. Graphische Multiplikation mit (A) und (B).

entsprechende Gerade unter dem Winkel $\nu' = \arcsin 1/(A)$, Abb. 100, trägt die Strecke $(p_z' - \bar{p}_z')$ als senkrechten Abstand von der Abszissenachse auf und erhält auf der Geraden selbst den Wert $(A) . (p_z' - \bar{p}_z')$.

Die abgeleiteten Beziehungen bleiben ohneweiters auch für Ein- oder Ausströmen durch einen einzigen Steuerquerschnitt, wie z. B. beim Ansaug- und Auspuffvorgang von Viertaktmotoren, gültig, wenn man für den zweiten Querschnitt $B_p = 0$ setzt.

Die Gleichungen (99) und (192) gestatten es, den Einfluß von verhältnismäßig nahe am Zylinder sitzenden Leitungswiderständen, bei denen das Durchströmgesetz mit dem Überströmgesetz am Zylinder nahezu übereinstimmt, nachträglich gesondert zu berücksichtigen.

Im stationären Durchflußversuch mißt man den zu einer bestimmten Strömungsgeschwindigkeit w in der Rohrleitung gehörenden Druckabfall $\triangle p$ und erhält als Widerstandszahl das Verhältnis

$$\zeta = \frac{\triangle p \cdot 10^4}{\frac{\rho}{2} \cdot w^2}$$

des Druckabfalls zum Staudruck. Der Vergleich mit Gleichung (127) zeigt, daß, bis auf Unterschiede in den Druckpotenzen

$$\zeta = \left(\frac{f}{q_d}\right)^2, \tag{193}$$

die Widerstandszahl daher einem bestimmten Verhältnis, Leitungsquerschnitt f zu Drosselquerschnitt q_d, gleichwertig ist.

Die Änderung des Überströmgesetzes durch Leitungswiderstände oder dynamische Druckschwankungen wird bei brauchbaren Maschinen nicht allzugroß sein dürfen, so daß der Grundwert des Überströmgesetzes meist einen guten Näherungswert abgeben wird. Wegen $w = \frac{p_E}{\varkappa \cdot p} a$ ist mit $\bar{p}_E$ der Verlauf der Strömungsgeschwindigkeit und des Druckabfalles $\triangle p_l = \zeta \cdot \frac{\rho}{2} \cdot w^2$ vor den Steuerorganen näherungsweise bekannt. Mit $\triangle p_l$ als gegebener Leitungsdruckänderung läßt sich nach Gleichung (99) die Änderung des Zylinderdruckes und nach Gleichung (192) die der erregten Welle und damit des Überströmgesetzes berechnen, so daß man die Güte der Annäherung durch $\bar{p}_E$ leicht beurteilen und durch Iteration auch verbessern kann.

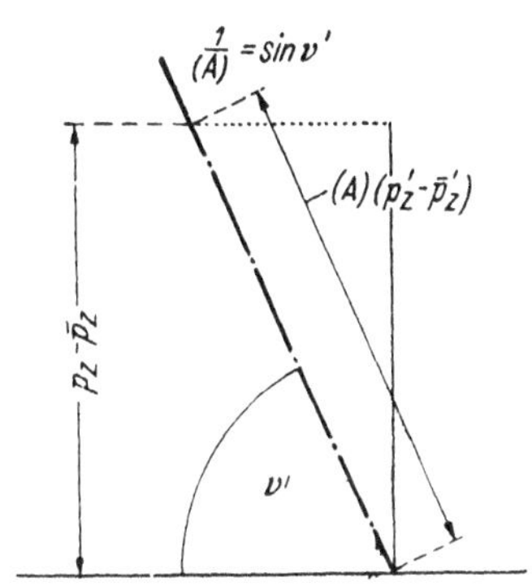

Abb. 100.

Führt man die besprochene Ermittlung des Einflusses der Leitungswiderstände vor jener des Einflusses der dynamischen Vorgänge in der Rohrleitung durch, so kann man diesen Vorgängen, die im nächsten Abschnitt behandelt werden, schon die abgeänderte Grundwelle zugrundelegen und die dynamischen Druckschwankungen dem Druckabfall durch die Leitungswiderstände überlagern.

Überwiegen die dynamischen Druckänderungen durch die im Rohr laufenden Wellen, so wird man besser zuerst ihren Einfluß auf die erregte Welle p_E bestimmen und dieses abgeänderte p_E der Bestimmung des Strömungswiderstandes zugrunde legen. Entsteht der Druckabfall in größerer Entfernung vom Zylinder, so daß stärkere Unterschiede im Geschwindigkeitsverlauf zwischen Drosselstelle und Zylinder auftreten, dann berücksichtigt man die Widerstände besser am Orte ihrer Entstehung nach ε) und ζ), Seite 140 und 141.

β 2. Überlagerte Schwankungen bei gegebenem Brandungsdruck.

Ist der Druck in der Leitung nicht unmittelbar gegeben, wie bisher angenommen, und soll er daher erst mittels der vor dem Zylinder ankommenden Welle p_{zu} bestimmt werden, dann erhält man den Leitungsdruck aus

$$p_l = p_B + p_E$$

und muß daher außer $p_B = \bar{p}_l + 2 p_{zu}$ auch p_E kennen.

Für die erregende Druckschwankung p_E gilt nach Gleichung (191), (191a)

$$p_E = \frac{L_p}{2\sqrt{\tilde{\triangle}}} \cdot (p_z - p_l \pm \tilde{\triangle})$$

und, wenn man die obige Beziehung für p_l einsetzt,

$$p_E = \frac{L_p}{2\sqrt{\widetilde{\triangle}}}\,(p_z - p_B - p_E \pm \widetilde{\triangle})$$

oder

$$p_E = \frac{L_p}{2\sqrt{\widetilde{\triangle}} + L_p} \cdot (p_z - p_B \pm \widetilde{\triangle}); \tag{194}$$

dabei gilt für Ausströmen aus dem Zylinder in die Leitung: $+\widetilde{\triangle}$, für Einströmen in den Zylinder aus der Leitung: $-\widetilde{\triangle}$.

In Gleichung (188) war p_E durch das Druckgefälle zwischen Zylinder und Leitung, hier ist es durch den Unterschied zwischen Zylinder- und Brandungsdruck bestimmt. Demgemäß stellt

$$L_B = \frac{L_p/2\sqrt{\widetilde{\triangle}}}{1 + L_p/2\sqrt{\widetilde{\triangle}}} \tag{195}$$

mit L_p nach Gleichung (190, a) den Faktor für die erregte Leitungsdruckschwankung bei gegebenem Brandungsdruck $p_B = \bar{p} + 2\,p_{zu}$ dar. Treffen vor dem Steuerorgan mehrere Leitungsorgane zusammen, dann ist entsprechend Gleichung (120)

$$p_B = \bar{p} + \frac{2\,\Sigma f_l \cdot p_{zu}}{\Sigma f_l}$$

und außerdem in den Gleichungen (190, a) statt f die Summe Σf_l der zusammentreffenden Rohrquerschnitte einzusetzen.

Bei seitlich angeregter Leitung nach Abb. 87 ist z. B.

$$p_B = \bar{p} + p_{zu\,1} + p_{zu\,2} \text{ und } \Sigma f_l = 2 f_l.$$

Die ankommenden Wellen bestimmt man durch Verfolgen der vom Zylinder ausgesandten und in der Leitung reflektierten Welle mittels eines Wellenplanes in später noch ausführlicher zu erörternder Weise.

Die zusätzliche Änderung $p_E - \bar{p}_E'$ der in der Leitung erregten Druckschwankung, hervorgerufen durch die Abweichungen des Leitungsdruckes vom vorausgesetzten Grundwert $\bar{p}_l$, ergibt sich, durch den Brandungsdruck p_B vor den Steuerorganen ausgedrückt, indem man

$$\bar{p}_E = \frac{L_p}{2\sqrt{\widetilde{\triangle}}} \cdot (\bar{p}_z - \bar{p}_l \pm \widetilde{\triangle})$$

von Gleichung (194) subtrahiert; man erhält

$$p_E - \bar{p}_E = \frac{L_p}{2\sqrt{\widetilde{\triangle}} + L_p} \cdot \left[p_z - p_B \pm \widetilde{\triangle} - \left(1 + \frac{L_p}{2\sqrt{\widetilde{\triangle}}}\right) \cdot \left(\bar{p}_z - \bar{p}_l \pm \widetilde{\triangle}\right)\right].$$

Mit Berücksichtigung des Ausdruckes für $\bar{p}_E$ ergibt dies

$$p_E - \bar{p}_E = L_B \cdot [p_z - \bar{p}_z - (p_B - \bar{p}_l + \bar{p}_E)] \tag{196}$$

wobei die Grundwerte $\bar{p}_z$ und $\bar{p}_E$ ebenso wie $L_B = \frac{L_p}{2\sqrt{\widetilde{\triangle}} + L_p}$ von der vorhergehenden Rechnung mit $\bar{p}_l$ bekannt sind und $p_B - \bar{p}_l$ dem Wellenplan für die Leitung entnommen wird.

Die noch fehlende Abweichung $p_z - \bar{p}_z$ des Zylinderdruckes vom Grundwert ermittelt man schrittweise nach der, Gleichung (99) entsprechenden, Beziehung

$$p_z''' - \bar{p}_z''' = (p_z' - \bar{p}_z') \,.\, [A] + (p_{Be} - \bar{p}_{le} + \bar{p}_{Ee}) \,.\, [B_e] + (p_{Ba} - \bar{p}_{la} + \bar{p}_{Ea}) \,.\, [B_a] \tag{197}$$

Hiebei sind $[A] = \dfrac{1 - A_B}{1 + A_B}$ mit $A_B = \dfrac{\varkappa}{2} \cdot \dfrac{\triangle z}{z''} + B_{Be} + B_{Ba}$,

ferner
$$[B_e] = \frac{2\,B_{Be}}{1 + A_B}, \quad [B_a] = \frac{2\,B_{Ba}}{1 + A_B} \tag{197a}$$

mit
$$B_B = L_B \,.\, b = \frac{B_P}{2\sqrt{\tilde{\triangle}} + L_P} \tag{198}$$

die auf den Brandungsdruck bezogenen Faktoren der zylinderseitigen Druckänderung, analog zu den auf Seite 59 entwickelten, auf den Leitungsdruck bezogenen Faktoren.

Gleichung (197) folgt aus der schon in Gleichung (148) benutzten allgemeinen Beziehung zwischen der zylinderseitigen und leitungsseitigen Gefällsverminderung

$$p_{zG}^{!} = -\frac{B}{L}\, p_{lG} \equiv -\, b \,.\, p_E,$$

Damit ergibt sich nämlich für die Änderung des Zylinderdruckes bis zur Intervallmitte

$$\frac{1}{2} \triangle p_z = -\frac{\varkappa}{2} \cdot \frac{\triangle z}{z''} - b_e \,.\, p_{Ee} - b_a \,.\, p_{Ea}$$

und nach Subtraktion des entsprechenden Ausdruckes für $\triangle \bar{p}_z$

$$\frac{1}{2} \triangle (p_z - \bar{p}_z) = -\frac{\varkappa}{2} \cdot \frac{\triangle z}{z''} \cdot (p_z'' - \bar{p}_z'') - (p_{Ee} - \bar{p}_{Ee}) \,.\, b_e - (p_{Ea} - \bar{p}_{Ea}) \,.\, b_a \,.$$

Einführen von Gleichung (196) für $p_E - \bar{p}_E$ führt dann auf

$$\frac{1}{2} \triangle (p_z - \bar{p}_z) = -A_B (p_z'' - \bar{p}_z'') + b_e \,.\, L_{Be} (p_{Be} - \bar{p}_{le} + \bar{p}_{Ee}) + b_a \,.\, L_{Ba} (p_{Ba} - \bar{p}_{la} + \bar{p}_{Ea}) \tag{199}$$

und mit $p_z'' = p_z' + \frac{1}{2} \triangle p_z$ und $p_z''' = p_z' + \triangle p_z$ auf Gleichung (197).

Nach den bisherigen Ausführungen ergibt sich zusammenfassend folgendes Verfahren für die Ermittlung der durch den Ansaug- bzw. Auspuffvorgang in den Rohrleitungen hervorgerufenen Druckschwankungen und ihrer Rückwirkungen auf Zylinderdruck und Mengendurchsatz durch den Steuerquerschnitt:

Man bestimmt nach Gleichung (98) oder (100) und (191) die Grundwerte $\bar{p}_z$ und $\bar{p}_E$ für konstant angenommenen Leitungsdruck $\bar{p}_l$. Dann zeichnet man, wie am Anwendungsbeispiel auf Seite 178 ausführlicher gezeigt werden wird, den Grundwert $\bar{p}_E$ der vom Zylinder in der Leitung erregten Druckwelle in einen Wellenplan über der zu dem Zylinder gehörenden Abszissenachse, in Abhängigkeit vom Kurbelwinkel, ein, Abb. 101.

Der Leitungsdruck vor dem Zylinder ist

$$p_l = p_B + \bar{p}_E + (p_E - \bar{p}_E) \tag{200}$$

die vom Zylinder in die Leitung ausgesandte Welle allgemein:

$$p_{ab} = p_l - \bar{p}_l - p_{zu} \tag{201}$$

und für den Zylinder am Ende eines Rohrzweiges:

$$p_{ab} = p_{zu} + \bar{p}_E + (p_E - \bar{p}_E).$$

Von den angeführten Werten ist $\bar{p}_E$ bekannt; p_{zu} erhält man stückweise aus dem Wellenplan, indem man die während eines Intervalls abgehende Welle $p_{ab\,I}$ bis zur nächsten Unstetigkeitsstelle I des Leitungsquerschnittes verfolgt, sie dort um die

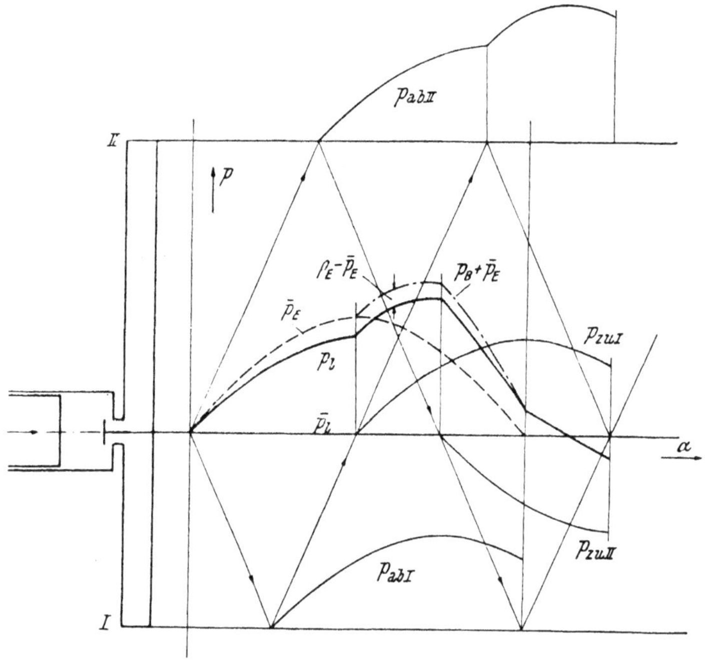

Abb. 101. Schema eines Wellenplanes bei linearisierten Gleichungen. Der Leitungsdruck p_l am Zylinder wird zunächst durch die Grundwelle $\bar{p}_E$ und ihre Verringerung $p_E - \bar{p}_E$ durch den Überdruck $p_l - \bar{p}_l$ bestimmt; dieser stimmt mit den beiderseits in die Leitung ausgesandten Wellen $p_{ab\,I}$, $p_{ab\,II}$ überein, bis die an I positiv zurückgeworfene Welle wieder als $p_{zu\,I}$ am Zylinder eintrifft. Von da ab bis zum Eintreffen von $p_{zu\,I}$ ist der Leitungsdruck durch $p_{zu\,I} + p_E$ gegeben, anschließend durch $p_{zu\,I} + p_{zu\,II} + p_E$, wobei nach dem Schließen des Zylinders $p_E = 0$ wird. Die abgehenden Wellen sind für jede Richtung durch Überdruck minus der aus der betrachteten Richtung ankommenden Welle bestimmt, also $p_{ab\,I} = p_l - \bar{p}_l - p_{zu\,I} = p_E + p_{zu\,II}$ und $p_{ab\,II} = p_l - \bar{p}_l - p_{zu\,II} = p_E + p_{zu\,I}$.

Laufzeit später als ankommende Welle einträgt und mit $p_{ab\,I}$ und den übrigen dort eintreffenden oder durch Überströmvorgänge erregten Wellen den Leitungsdruck p_I bestimmt.

Die zum Zylinder zurückgeworfene Welle $p_{zu} = p_I - \bar{p}_l - p_{ab}$ trifft wieder um die Laufzeit später vor dem Zylinder ein und ist dann dort während der nächsten Intervalle für die Berechnung von p_l und p_{ab} verfügbar, wenn die Intervallänge kleiner als die Laufzeit zur nächsten Unstetigkeitsstelle und zurück gewählt wurde.

Mit p_{zu} und $\bar{p}_E$ bestimmt man nach Gleichung (197) schrittweise $p_z - \bar{p}_z$ und damit schließlich nach Gleichung (196) $p_E - \bar{p}_E$. Daraus ergibt sich wieder p_{ab}, so daß der beschriebene Vorgang für den nächsten Rechenschritt wiederholt werden kann.

Die Rückwirkung der ermittelten Leitungs-Druckschwankungen auf den Zylinderdruck ist mit $p_z - \bar{p}_z$ schon erfaßt.

Außerdem ergibt sich die Änderung des Mengendurchsatzes in der Zeit t' bis t'' sec nach Gleichung (137a)

$$G^{kg} - \bar{G}^{kg} = f_l^{cm^2} \frac{g}{a_l} \cdot \sqrt{\frac{T_l}{\bar{T}_l}} \cdot \int_{t'}^{t''} (p_E - \bar{p}_E) \, . \, dt \qquad (202)$$

oder $$G^{kg} - \bar{G}^{kg} = \frac{f_1^{cm^2}}{6n} \cdot \frac{g}{a_1} \cdot \sqrt{\frac{T_1}{T_1}} \cdot \int_{\alpha'}^{\alpha''} (p_E - \bar{p}_E) \cdot d\alpha \tag{202 a}$$

wenn der Kurbelwinkel α als Zeitmaß verwendet wird.

γ) Spülen eines Zylinders mit Auspuffleitung durch eine Kurbelkastenpumpe mit Ansaugleitung.

γ 1) Bestimmen der Grundwerte.

γ 1, 1. *Ansaugperiode.* Erfolgt das Ansaugen durch eine gesteuerte Öffnung, Abb. 102, dann gilt entsprechend Gleichung (100), mit $B_{Pa} = 0$, sinngemäß für den Grundwert des Unterdruckes im Kurbelkasten:

$$\bar{p}_k''' - p_o = \frac{1 - A_1}{1 + A_1} \cdot (\bar{p}_k' - p_o) + \frac{B_{P1} \cdot \tilde{\triangle}_1}{\sqrt{\tilde{\triangle}_1} \cdot (1 + A_1)} - \varkappa \cdot \frac{\triangle \varphi_k}{\varphi_k''} \cdot \frac{p_o}{1 + A_1} \tag{203}$$

mit $$A_1 = \frac{B_{P1}}{2\sqrt{\tilde{\triangle}_1}} + \frac{\varkappa}{2} \cdot \frac{\triangle \varphi_k}{\varphi_k''},$$

wobei B_{P1} sinngemäß nach Gleichung (96a) bestimmt wird.

Der Grundwert der in der Ansaugleitung erregten Welle ist

$$\bar{p}_E = \frac{L_{P1}}{2\sqrt{\tilde{\triangle}_1}} \cdot (p_k'' - p_o - \tilde{\triangle}_1) \text{ mit } L_{P1} \text{ nach Gl. (190).}$$

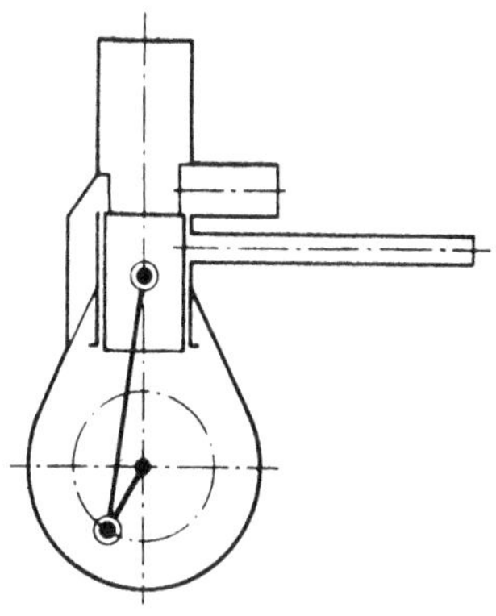

Abb. 102. Kurbelkasten-spülpumpe mit Ansaugleitung.

Saugt die Kurbelkastenpumpe die Luft durch ein selbsttätiges Ventil an, dann ist nach II 4 c α, Seite 68, die auf den vollen Ventilquerschnitt q_1 und den Zustand T_1, p_k bezogene, gedachte Geschwindigkeit

$$w_q = \frac{1}{q_1} \cdot \frac{dQ}{dt}$$

in Abhängigkeit vom Druckgefälle $p_1 - p_k$ versuchsmäßig zu bestimmen.

Nimmt man einen Näherungswert des Druckgefälles $\tilde{\triangle}$ mit der Geschwindigkeit $\tilde{w}_q$ an, dann ist die wahre Geschwindigkeit beim Gefälle $\triangle = p_1 - p_k$ näherungsweise gegeben durch

$$w_q = \tilde{w}_q - \left(\frac{d\,w_q}{d\triangle}\right)_{\tilde{\triangle}} \cdot \tilde{\triangle} + \left(\frac{d\,w_q}{d\triangle}\right)_{\tilde{\triangle}} \cdot (p_1 - p_k),$$

oder kürzer geschrieben

$$w_q = (w_q)^{(0)} + (w_q)^{(1)} \cdot (p_1 - p_k) \tag{204}$$

mit $$(w_q)^{(0)} = \tilde{w}_q - \left(\frac{d\,w_q}{d\triangle}\right)_{\tilde{\triangle}} \cdot \tilde{\triangle} \text{ und } (w_q)^{(1)} = \left(\frac{d\,w_q}{d\triangle}\right)_{\tilde{\triangle}};$$

$\left(\frac{d\,w_q}{d\triangle}\right)_{\tilde{\triangle}}$ erhält man durch graphisches Differenzieren der für w_q erhaltenen Kurve.

Aus der Gleichung (108) folgt damit für die Druckänderung im Kurbelkasten während des Zeitraumes $\triangle\alpha$

$$\triangle p_k = \tilde{p}_k'' \frac{\varkappa}{\varphi_k''} \cdot \frac{\tau_k \cdot \triangle\alpha}{180 w_{m1}} \cdot [(w_q)^{(0)} + (w_q)^{(1)} \cdot (p_1'' - p_k'')] - p_k'' \cdot \varkappa \cdot \frac{\triangle\varphi_k}{\varphi_k''} \tag{205}$$

Wegen $p_k'' = p_k' + \frac{1}{2} \triangle p_k$ ergibt sich mit den Abkürzungen

$$2B_v = \tilde{p}_k'' \cdot \frac{\varkappa \cdot \tau_k \cdot \triangle\alpha}{\varphi_k'' \cdot 180\, w_{m1}} \cdot (w_q)^{(1)}; \quad A_v = B_v + \frac{\varkappa}{2} \cdot \frac{\triangle \tau_k}{\varphi_k''} \tag{205 a}$$

der Unterdruck im Kurbelkasten am Ende des Intervalls zu

$$p_k''' - p_o = \frac{1 - A_v}{1 + A_v}(p_k' - p_o) + \frac{2B_v}{1 + A_v} \cdot (p_1'' - p_o) + \frac{1}{1 + A_v}\left[2B_v \cdot \frac{(w_q)^{(o)}}{(w_q)^{(1)}} - p_o \cdot \varkappa \cdot \frac{\triangle \tau_k}{\varphi_k''}\right] \tag{206}$$

Den Grundwert $\bar{p}_k$ des Druckes im Kurbelkasten erhält man, wenn man für den Leitungsdruck vor dem Ansaugventil: $\bar{p}_1 = p_o$, den konstanten Außendruck setzt.

Die in der Ansaugleitung erregte Druckwelle ist

$$p_{E1} = -\varkappa p_1 \cdot \frac{w_q}{a_1} \cdot \frac{q_1}{f_1} \cdot \frac{p_k}{p_1},$$

da w_q von p_k, T_1 und q_1 auf p_1, T_1 und f_1 umzurechnen ist. Es folgt mit dem früheren Ausdruck für w_q:

$$p_{E1} = \varkappa \cdot \frac{p_k}{a_1} \cdot \frac{q_1}{f_1} \cdot [(w_q)^{(1)} \cdot (p_k'' - p_1'') - (w_q)^{(o)}] \tag{207}$$

Mit $\bar{p}_1 = p_o$ erhält man den Grundwert $\bar{p}_{E1}$ der erregten Welle.

γ 1, 2. *Spülperiode.* Der Grundwert des Zylinderdruckes ergibt sich nach Gleichung (98) oder, wenn man bequemer mit den Überdrücken gegenüber dem Außendruck p_o rechnen will, durch sinngemäße Anwendung der Gleichung (100) aus

$$\bar{p}_z''' - p_o = (A) \cdot (\bar{p}_z' - p_o) + (B_e) \cdot \left[\frac{1}{2}(\bar{p}_k''' + \bar{p}_k') + \tilde{\triangle}_e\right] - (B_a) \cdot \tilde{\triangle}_a - \varkappa \frac{\triangle z}{z''} \cdot \frac{p_o}{1 + A} \tag{208}$$

mit den Abkürzungen nach Gleichung (97) und B_{Pe}, B_{Pa} nach Gleichung (96 b), (96 a); der zunächst unbekannte Endwert $\bar{p}_k'''$ ist gleichzeitig durch Gleichung (109 b) oder, für den Grundwert des Unterdruckes $\bar{p}_k - p_o$ im Kurbelkasten, durch

$$\bar{p}_k''' - p_o = \frac{1 - A_k}{1 + A_k} \cdot (\bar{p}_k' - p_o) + \frac{B_{Pk}}{\sqrt{\tilde{\triangle}_e} \cdot (1 + A_k)} \cdot \left[\frac{1}{2}(\bar{p}_z''' + \bar{p}_z') - \tilde{\triangle}_e\right] - \varkappa \frac{\triangle \varphi_K}{\varphi_K''} \cdot \frac{p_o}{1 + A_k} \tag{209}$$

bestimmt. Darin ist

$$A_k = \frac{B_{Pk}}{2\sqrt{\tilde{\triangle}_e}} + \frac{\varkappa}{2} \cdot \frac{\triangle \tau_k}{\varphi_k''}$$

und

$$B_{Pk} = \frac{\varkappa}{180 \cdot w_{me}} \cdot \frac{\triangle \alpha}{2} \cdot \frac{(\mu \cdot \sigma)_e''}{\varphi_k''} \cdot \sqrt{2g \cdot R \cdot T_k''} \cdot \tilde{p}_k''^{\,\frac{\varkappa + \nu - 2}{2\varkappa}} \cdot \tilde{p}_z''^{\,\frac{2 - \nu}{2\varkappa}}. \tag{209 a}$$

Aus diesen Gleichungen lassen sich bei gegebenen Anfangswerten p_k', p_z' die Endwerte p_k''', p_z''' im Intervall berechnen, wenn man die Näherungswerte $\tilde{\triangle}_e$, $\tilde{\triangle}_a$ passend vorausschätzt.

Der Grundwert der in der Auspuffleitung erregten Welle ist durch

$$\bar{p}_{Ea}' = \frac{L_{Pa}}{2\sqrt{\tilde{\triangle}_a}} \cdot (\bar{p}_z'' - p_o + \tilde{\triangle}_a) \tag{210}$$

gegeben, mit L_{Pa} nach Gleichung (190 a).

γ 2. Überlagerte Schwankungen bei gegebenem Brandungsdruck.

γ 2, 1. *Ansaugperiode.* Bei gesteuerter Öffnung zwischen Kurbelkasten und

Ansaugleitung ist die durch Abweichungen des Leitungsdruckes von p_o entstehende Druckänderung analog Gleichung (197) durch

$$p_k''' - \bar{p}_k''' = \frac{1 - A_{B1}}{1 + A_{B1}} (p_k' - \bar{p}_k') + 2 \frac{B_{P1}/2\sqrt{\tilde{\triangle}_1}}{1 + L_{P1}/2\sqrt{\tilde{\triangle}_1}} \cdot \frac{1}{1 + A_{B1}} \cdot (2\, p_{zu\,1} + \bar{p}_{E1}) \qquad (211)$$

gegeben, mit
$$A_{B1} = \frac{\varkappa}{2} \cdot \frac{\triangle \varphi_k}{\varphi_k''} + \frac{B_{P1}/2\sqrt{\tilde{\triangle}_1}}{1 + L_{P1}/2\sqrt{\tilde{\triangle}_1}},$$

wobei B_{P1} und L_{P1} nach Gleichung (96 a) und Gleichung (190) zu berechnen sind.

Die durch die Druckschwankung erzeugte Änderung der in der Leitung erregten Welle ist nach Gleichung (196)

$$p_{E1} - \bar{p}_{E1} = \frac{L_{P1}}{2\sqrt{\tilde{\triangle}_1} + L_{P1}} \cdot [p_k'' - \bar{p}_k'' - (2\, p_{zu\,1} + \bar{p}_{E1})] \qquad (212)$$

womit die vom Steuerquerschnitt abgehende Welle

$$p_{ab\,1} = p_{zu\,1} + \bar{p}_{E1} + (p_{E1} - \bar{p}_{E1}) \qquad (213)$$

und der Leitungsdruck am Kurbelkasten

$$p_1 - p_o = 2\, p_{zu\,1} + \bar{p}_{E1} + (p_{E1} - \bar{p}_{E1}) \qquad (213\,a)$$

gegeben sind, Abb. 103.

Man kann nun aus $p_{ab\,1}$ mittels Wellenplan die im nächsten Zeitabschnitt am Kurbelkasten ankommende Welle $p_{zu\,1}$ bestimmen und erhält damit $p_k - \bar{p}_k$, $p_E - \bar{p}_E$ und wieder $p_{zu\,1}$ für den folgenden Zeitabschnitt, worauf man das Verfahren wiederholt.

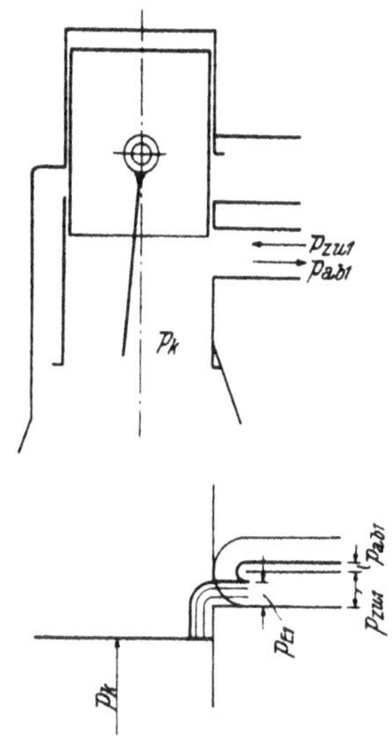

Abb. 103. Schema der in der Ansaugleitung erregten Welle.

Falls die Ansaugleitung über ein selbsttätiges Ventil in den Kurbelkasten mündet, erhält man, wenn man in Gl. (207) in der Klammer einsetzt: $p_1'' = p_o + 2\, p_{zu\,1} + p_{E1}$

und abkürzt
$$L_v = \varkappa \frac{\tilde{p}_k''}{a_1} \cdot \frac{q_1}{f_1} (w_q)^{(1)},$$

die in der Leitung erregte Welle, durch die ankommende Welle ausgedrückt

$$p_{E1} = \frac{L_v}{1 + L_v} \cdot \left[p_k'' - p_o - 2\, p_{zu\,1} - \frac{(w_q)^{(o)}}{(w_q)^{(1)}} \right]$$

Zieht man davon $\bar{p}_{E1}$, nach Gleichung (207) mit $\bar{p}_1 = p_o$ ab, so ergibt sich schließlich für die Änderung der erregten Welle durch die Abweichungen des Leitungsdruckes von p_o

$$p_{E1} - \bar{p}_{E1} = \frac{L_v}{1 + L_v} \cdot [p_k'' - \bar{p}_k'' - (2\, p_{zu\,1} + \bar{p}_{E1})] \qquad (214)$$

Für die Änderung des Zylinderdruckes folgt aus Gleichung (205)

$$\triangle p_k - \triangle \bar{p}_k = 2 B_v [p_1'' - p_k'' - (\bar{p}_1 - \bar{p}_k)] - \varkappa \frac{\triangle \varphi_k}{\varphi_k''} \cdot (p_k'' - \bar{p}_k'');$$

wenn man aus Gleichung (207) $p_1'' - p_k''$ durch p_{E1} ausdrückt und dann für $p_{E1} - \bar{p}_{E1}$ Gleichung (214) einsetzt, erhält man für die Druckänderung im Intervall

$$\triangle(p_k - \bar{p}_k) = \frac{2 B_v}{1 + L_v} [2\, p_{zu\,1} + \bar{p}_{E1} - (p_k'' - \bar{p}_k'')] - \varkappa \frac{\triangle \varphi_k}{\varphi_k''} \cdot (p_k'' - \bar{p}_k'') \qquad (215)$$

und schließlich den Endwert im Intervall, ausgedrückt durch die ankommende Welle p_{zu1}

$$p_k''' - \bar{p}_k''' = \frac{1 - A_{vB}}{1 + A_{vB}} \cdot (p_k' - \bar{p}_k') + \frac{2 B_v}{1 + L_v} \cdot \frac{1}{1 + A_{vB}} \cdot (2 p_{zu1} + \bar{p}_{E1}) \tag{216}$$

Dabei wurde $p_k'' - \bar{p}_k'' = p_k' - \bar{p}_k' + \frac{1}{2} \triangle (p_k - \bar{p}_k)$ gesetzt und abgekürzt

$$A_{vB} = \frac{B_v}{1 + L_v} + \frac{\varkappa}{2} \cdot \frac{\triangle \tau_k}{\varphi_k''} \tag{216 a}$$

Man kann somit wie früher mittels p_{E1} die abgehende Welle p_{ab1}, daraus p_{zu1} bestimmen und damit wieder $p_k - \bar{p}_k$ und $p_{E1} - \bar{p}_{E1}$ berechnen.

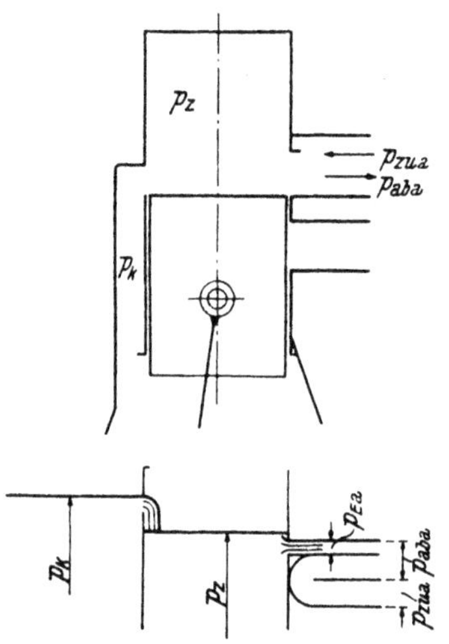

Abb. 104. Schema der beim Spülen eines Kurbelkastenmotors in der Auspuffleitung erregten Welle.

γ 2, 2. *Spülperiode.* Für die Zylinderdruckänderung gilt einlaßseitig die Beziehung für gegebenen Druck p_k, Abb. 104, analog Gleichung (89 d), Seite 59, auslaßseitig die für gegebenen Brandungsdruck, analog Gleichung (199), somit

$$\triangle(p_z - \bar{p}_z) = \frac{B_{Pe}}{\sqrt{\tilde{\triangle}_e}} \cdot [p_k'' - \bar{p}_k'' - (p_z'' - \bar{p}_z'')] - \frac{2 B_{Pa}}{2\sqrt{\tilde{\triangle}_a} + L_{Pa}} \cdot [p_z'' - \bar{p}_z'' - (2 p_{zua} + \bar{p}_{Ea})] - \varkappa \frac{\triangle z}{z''} (p_z'' - \bar{p}_z'') \tag{217}$$

woraus für die Abweichung des Zylinderdruckes vom Grundwert am Ende des Intervalls folgt

$$p_z''' - \bar{p}_z''' = \frac{1 - A}{1 + A} \cdot (p_z' - \bar{p}_z') + \frac{B_{Pe}}{\sqrt{\tilde{\triangle}_e} \cdot (1 + A)} \cdot \frac{1}{2} \cdot (p_k''' - \bar{p}_k''' + p_k' - \bar{p}_k') + \frac{2 B_{Pa}}{2\sqrt{\tilde{\triangle}_a} + L_{Pa}} \cdot \frac{1}{1 + A} \cdot (2 p_{zu} + \bar{p}_{Ea}) \tag{218}$$

mit
$$A = \frac{B_{Pe}}{2\sqrt{\tilde{\triangle}_e}} + \frac{B_{Pa}}{2\sqrt{\tilde{\triangle}_a} + L_{Pa}} + \frac{\varkappa}{2} \cdot \frac{\triangle z}{z''} \tag{218 a}$$

Dabei wurde zunächst die Druckänderung $p_k - \bar{p}_k$ im Kurbelkasten, die mittelbar durch die Abweichungen des Leitungsdruckes gegenüber dem Grundwert $\bar{p}_a$ entsteht, als bekannt angesehen; sie ergibt sich aus

$$p_k''' - \bar{p}_k''' = \frac{1 - A_k}{1 + A_k} (p_k' - \bar{p}_k') + \frac{B_{Pk}}{\sqrt{\tilde{\triangle}} \cdot (1 + A_k)} \cdot \frac{1}{2} \cdot (p_z''' - \bar{p}_z''' + p_z' - \bar{p}_z') \tag{219}$$

mit A_k nach Gleichung (209 a).

Aus den beiden Gleichungen (218) und (219) läßt sich $p_k''' - \bar{p}_k'''$ und $p_z''' - \bar{p}_z'''$ und damit die Änderung der in der Auspuffleitung erregten Welle nach Gleichung (196) ermitteln

$$p_{Ea} - \bar{p}_{Ea} = \frac{L_{Pa}}{2\sqrt{\tilde{\triangle}_a} + L_{Pa}} \cdot [p_z'' - \bar{p}_z'' - (2 p_{zua} + \bar{p}_{Ea})] \tag{220}$$

worauf man wieder mittels der abgehenden Welle

$$p_{aba} = p_{zua} + \bar{p}_{Ea} + (p_{Ea} - \bar{p}_{Ea}) \tag{221}$$

die ankommende Welle p_{zua} im Wellenplan bestimmt und den Vorgang mit der Berechnung von $p_k - \bar{p}_k$, $p_z - \bar{p}_z$ und $p_{Ea} - \bar{p}_{Ea}$ für den nächsten Rechenschritt wiederholt.

δ) Behälter in der Leitung mit Drosselung am Ein- und Austritt.

Strömt Gas einem Behälter vom Volumen $V_b = \varphi_b . V_h$ nach Abb. 105 durch eine Leitung vom Querschnitt f_1 über eine wirksame Drosselöffnung q_1 zu und durch eine Leitung mit q_2, f_2 aus ihm ab, so vermeidet man durch Linearisieren der quadratischen Strömungsgleichungen Schwierigkeiten bei der Auswertung des Gleichungssystems.

Für den Behälterdruck p_b'' in Intervallmitte ergibt sich analog zur Gleichung (89 c), Seite 59

$$\frac{\triangle p_b}{2} = p_b'' - p_b' = B_{P1} \cdot \sqrt{p_1'' - p_b''} - B_{P2} \cdot \sqrt{p_b'' - p_2''},$$

wobei nach Gleichung (96 a) und (96 b)

$$B_{P1} = \frac{\varkappa}{180 \cdot \varphi_b \cdot w_{m1}} \cdot \frac{q_1}{f_1} \cdot \frac{\triangle \alpha}{2} \cdot \sqrt{\frac{2}{\varkappa} \cdot a_1 \cdot p_b^{\frac{1}{2}}}$$

$$B_{P2} = \frac{\varkappa}{180 \cdot \varphi_b \cdot w_{m2}} \cdot \frac{q_2}{f_2} \cdot \frac{\triangle \alpha}{2} \cdot \sqrt{\frac{2}{\varkappa} \cdot a_b \cdot p_2^{\frac{1}{2}}} \qquad (222)$$

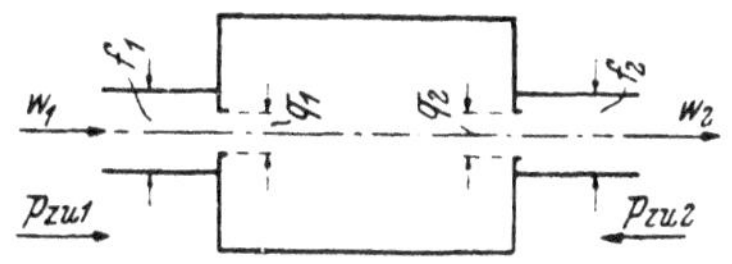

Abb. 105. Behälter mit Drosselung am Ein- und Austritt.

im wesentlichen konstante Werte sind, da die Potenz $(p_1/p_b)^{\frac{\varkappa+\nu-2}{2\varkappa}}$ bzw. $(p_b/p_2)^{\frac{\varkappa+\nu-2}{2\varkappa}}$ vernachlässigt wurde und auch die Veränderlichkeit mit p_b, p_2 vielfach geringfügig ist.

Linearisieren ergibt, mit den Näherungswerten $\widetilde{\triangle}_1$, $\widetilde{\triangle}_2$ für das Druckgefälle an den Drosselstellen, die Druckänderung bis Intervallmitte

$$\frac{1}{2} \triangle p_b = \frac{B_{P1}}{2\sqrt{\widetilde{\triangle}_1}} \cdot [p_1'' - p_b'' + \widetilde{\triangle}_1] + \frac{B_{P2}}{2\sqrt{\widetilde{\triangle}_2}} \cdot [p_2'' - p_b'' - \widetilde{\triangle}_2] \qquad (223)$$

und, wenn man $p_{1,2}'' = p_B'' + p_E$ einführt, mit Gleichung (194) für p_E und Gleichung (190), (190 a) für L_p:

$$\frac{1}{2} \triangle p_b = \frac{B_{P1}}{2\sqrt{\widetilde{\triangle}_1} + L_{P1}} \cdot [p_{B1}'' - p_b'' + \widetilde{\triangle}_1] + \frac{B_{P2}}{2\sqrt{\widetilde{\triangle}_2} + L_{P2}} \cdot [p_{B2}'' - p_b'' - \widetilde{\triangle}_2] \qquad (223\,a)$$

Daraus folgt, wegen $p_b'' = p_b' + \frac{1}{2} \triangle p_b$ und $p_b''' = p_b' + \triangle p_b$, für den Behälterdruck am Ende des Intervalls $\triangle \alpha$

$$p_b''' = [A]\, p_b' + [B_1] \cdot (p_B'' + \widetilde{\triangle}_1) + [B_2] \cdot (p_{B2}'' - \widetilde{\triangle}_2) \qquad (224)$$

mit den Abkürzungen

$$A = \frac{B_{P1}}{2\sqrt{\widetilde{\triangle}_1} + L_{P1}} + \frac{B_{P2}}{2\sqrt{\widetilde{\triangle}_2} + L_{P2}}, \quad [A] = \frac{1 - A}{1 + A}$$

und

$$[B] = \frac{2\,B_P}{2\sqrt{\widetilde{\triangle}} + L_P} \cdot \frac{1}{1 + A} \qquad (224\,a)$$

Die Gleichung (224) läßt sich für beliebig viele in den Behälter mündende Leitungen erweitern: $p_b''' = [A] \cdot p_b' + \Sigma [B_n] \cdot (p_{Bn}'' \pm \widetilde{\triangle}_n)$

wobei $+$ für Einströmen, $-$ für Ausströmen zu setzen ist und die Abkürzungen nach Gleichung (224 a) gültig bleiben, indem man verallgemeinert

$$A = \Sigma \frac{B_{Pn}}{2\sqrt{\widetilde{\triangle}_n} + L_{Pn}}.$$

Man erhält bequemere Zahlenwerte, wenn man, wie schon auf Seite 61 angedeutet, auch in obiger Gleichung (224) statt der Drücke p_b''', p_b', p_{Bn}'' nur ihre Abweichungen $p_b''' - \bar{p}$, $p_b' - \bar{p}$ und $p_{Bn}'' - \bar{p} = 2\,p_{zu\,n}$ vom konstanten Ruhedruck $\bar{p}$ einsetzt.

Der Leitungsdruck vor der gedrosselten Einmündung des Zweiges n in den Behälter ist allgemein $p_n = p_{Bn}'' + p_{En}$

Dabei ist nach den Gleichungen (194), (195)

$$p_{En} = L_B \,.\, [p_b - p_{Bn} \pm \tilde{\triangle}_n] \qquad (225)$$

durch den gegebenen Brandungsdruck $p_{Bn} = \bar{p} + 2\,p_{zu\,n}$ und den mittels Gleichung (224) berechneten Behälterdruck p_b bestimmt, ferner gilt $p_b - p_{Bn} \equiv p_b - \bar{p} - 2\,p_{zu\,n}$.

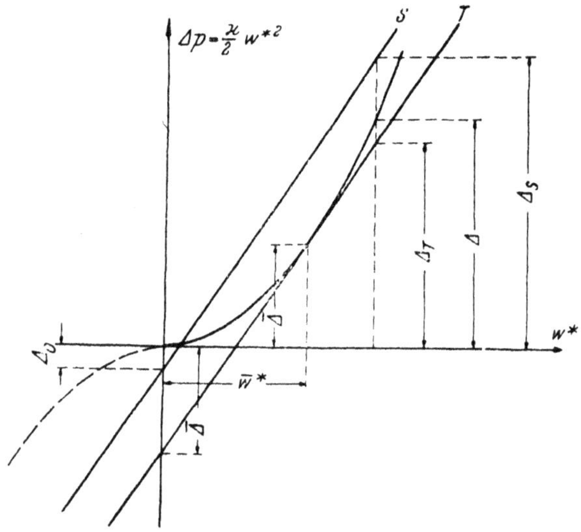

Abb. 106. Linearisieren nach einer Sehne der Staudruckparabel.

Die im Leitungszweig n am Behälter zurückgeworfene Welle ist allgemein $p_{ab\,n} = p_{zu\,n} + p_{En}$ und wegen Gleichung (225)

$$p_{ab\,n} = (1 - 2\,L_B) \,.\, p_{zu\,n} + L_B \,.\, (p_b - \\ - \bar{p} \pm \tilde{\triangle}_n) \qquad (226)$$

Durch geeignete Wahl der Näherungswerte $\tilde{\triangle}$ für jedes Intervall kann der durch das Linearisieren begangene Fehler beliebig klein gemacht werden; andererseits erhält man durch die Annahme von Durchschnittswerten von $\tilde{\triangle}_n$ für den gesamten Strömungsablauf konstante Werte für [A], [B] und L_B in den Gleichungen (224), (225), (226) und damit einfachste Rechnung.

Bei den dabei unter Umständen zeitweilig auftretenden stärkeren Abweichungen des wirklichen Druckgefälles von seinem Näherungswert $\tilde{\triangle}$, ist statt der Linearisierung nach einer Tangente der Staudruckparabel, bei der die wahren Werte stets oberhalb der durch die Gerade angenäherten Werte liegen, Abb. 106, der Ersatz der Parabel durch eine Sehne vorzuziehen.

Ausgegangen wird von der Strömungsgleichung in ihrer einfachsten Gestalt nach Gleichung (129 a): $\triangle p = \frac{\varkappa}{2} \cdot w^{*2}$. Zerlegen von $w^* = \bar{w}^* + \triangle w^*$ in den konstanten Näherungswert $\bar{w}^*$ und die Abweichung davon ergibt, bei Vernachlässigung von $\triangle w^{*2}$, Annäherung durch eine Tangente:

$$\triangle p_T = \frac{\varkappa}{2} (\bar{w}^{*2} + 2\bar{w}^* \,.\, \triangle w^*) = \varkappa \,.\, \bar{w}^* \,.\, w^* - \bar{\triangle} \quad \text{mit} \quad \bar{\triangle} = \frac{\varkappa}{2} \cdot \bar{w}^{*2}; \qquad (227)$$

ersetzt man darin $\bar{\triangle}$ durch $\triangle_0 < \bar{\triangle}$, dann erhält man die Gleichung einer Sehne. Die Werte $\bar{w}^*$ und $\triangle_0$ sind darin so zu bestimmen, daß nach Gauß für den zu erwartenden zeitlichen Verlauf der Strömungsgeschwindigkeit die Summe der Fehlerquadrate ein Minimum wird, also

$$\int (\triangle p - \triangle p_s)^2 \,.\, d\alpha = \text{Min.!} = \int \left((\pm) \frac{\varkappa}{2} \cdot w^{*2} - \varkappa \,.\, \bar{w}^* \,.\, w^* + \triangle_0' \right)^2 \,.\, d\alpha \qquad (228)$$

wobei der Staudruck $\frac{\varkappa}{2}\,w^{*2}$ nach Abb. 106 mit negativem Vorzeichen einzusetzen ist, wenn die Strömung ihre Richtung umkehrt.

Für die Geschwindigkeit werde näherungsweise zunächst ein Verlauf $w = w_{max} \,.\, \sin\alpha$ angenommen; unter Vernachlässigung der Druckpotenzen in w^* gilt

$$\frac{w}{w_{max}} = \frac{w^*}{w^*_{max}} = u\,,$$

womit man nach Dividieren von Gleichung (228) durch $\frac{\varkappa}{2}\,w^{*2}_{max}$ erhält

$$\int (\pm\, u^2 - 2\,\bar{u}\,.\,u + u_0^2)^2\,.\,d\alpha = \text{Min.!} \qquad (228\,a)$$

mit

$$u_0^2 = \frac{2}{\varkappa}\cdot\frac{\triangle_0}{w^{*2}_{max}} \qquad (228\,b)$$

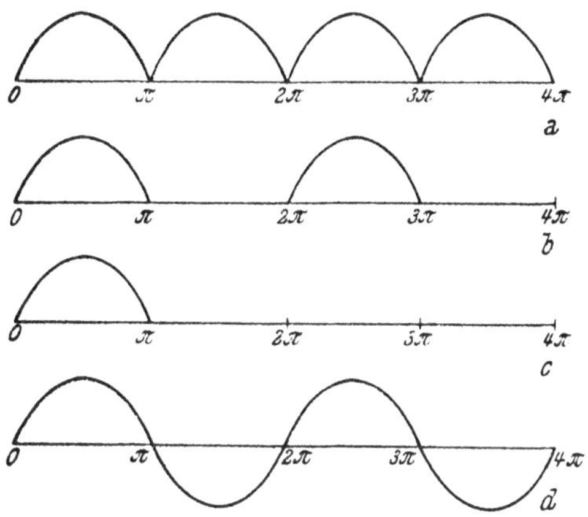

Abb. 107. Schematisierte Überströmgesetze.

Partielles Differenzieren nach u_0 und $\bar{u}$ ergibt die Bedingungsgleichungen für das Minimum

$$(\pm)\int u^2\,.\,d\alpha - 2\,\bar{u}\,.\int u\,.\,d\alpha + u_0^2\,.\int d\alpha = 0$$
$$(229)$$
$$(\pm)\int u^3\,.\,d\alpha - 2\,\bar{u}\,.\int u^2\,.\,d\alpha + u_0^2\,.\int u\,d\alpha = 0$$

Die erste Gleichung sagt aus, daß der Zeitmittelwert des wahren dem des angenäherten Druckabfalles gleich sein soll, die zweite verlangt, daß auch der Leistungsverlust, durch das Produkt aus Druckabfall und Geschwindigkeit gegeben, bei Anwendung des Näherungsansatzes mit dem wahren Wert im Mittel übereinstimmt.

Berücksichtigt man, daß für den angenommenen Verlauf $u = \sin\alpha$ nach Abb. 107a

gilt
$$\int_0^\pi u\,.\,d\alpha = 2\,;\quad \int_0^\pi u^2\,.\,d\alpha = \frac{\pi}{2}\,;\quad \int_0^\pi .\,u^3\,.\,d\alpha = \frac{4}{3} \qquad (230)$$

so erhält man bei diesem Überströmgesetz, wie es angenähert bei 4-Zylinder-Viertakt und 2-Zylinder-Zweitaktmotoren auftritt, die Gleichungen

$$\frac{\pi}{2} - 2\,\bar{u}\,.\,2 + u_0^2\,.\,\pi = 0$$

$$\frac{4}{3} - 2\,\bar{u}\,.\,\frac{\pi}{2} + u_0^2\,.\,2 = 0$$

mit den Lösungen $u_0^2 = 0{,}21$; $\bar{u} = 0{,}56$, d. h. der Abschnitt $\triangle_0$ auf der $\triangle p$ Achse in Abb. 106 beträgt 0,21 des Druckabfalles $\triangle p_{max}$ bei der Höchstgeschwindigkeit w_{max} und die Richtung der Sehne entspricht jener der Tangente, die zu der Geschwindigkeit $0{,}56\, w_{max}$ gehört, wobei das zugehörige Druckgefälle $\bar{\triangle} = 0{,}56^2\,.\,\triangle p_{max}$ ist, weshalb $\sqrt{\bar{\triangle}} = 0{,}56\,.\,\sqrt{\triangle p_{max}}$ den günstigsten Durchschnittswert darstellt.

Bei einem Geschwindigkeitsverlauf nach Abb. 107 b, der 2-Zylinder-Viertakt- oder 1-Zylinder-Zweitaktmotoren entspricht, gilt mit den Gleichungen (229) und (230)

$$\frac{\pi}{2} - 2\,\bar{u}\,.\,2 + u_0^2\,.\,2\pi = 0$$

$$\frac{4}{3} - 2\,\bar{u}\,.\,\frac{\pi}{2} + u_0^2\,.\,2 = 0\,;$$

daraus folgt $u_0^2 = 0{,}035$, $\bar{u} = 0{,}45$.

Für einen Viertakt-Einzylindermotor nach Abb. 107 c ergibt sich

$$\frac{\pi}{2} - 4\bar{u} + u_o^2 \,.\, 4\pi = 0$$

$$\frac{4}{3} - \pi\bar{u} + u_o^2 \,.\, 2 = 0$$

und damit $u_o^2 = 0{,}01$, $\bar{u} = 0{,}43$.

Bei rein pulsierender Strömung nach Abb. 107 d ist in den Gleichungen (229) für den Bereich von π bis 2π das negative Vorzeichen zu verwenden; damit erhält man

$$0 - 2\bar{u} \,.\, 0 + u_o^2 \,.\, 2\pi = 0$$

$$2 \,.\, \frac{4}{3} - 2\bar{u} \,.\, \pi + u_o^2 \,.\, 0 = 0$$

und $u_o^2 = 0$; $\bar{u} = 0{,}43$.

ε) Blende in einer Leitung.

Aus der allgemeinen Beziehung $p - \bar{p} = 2\,p_{zu} + p_E$ folgt mit $p_E = \pm L_P \,.\, \sqrt{p_1 - p_2}$ oder, nach Linearisieren der Wurzel,

$$p_E = \pm \frac{L_P}{2\sqrt{\bar{\triangle}}} \cdot [p_1 - p_2 + \triangle_o] \tag{231}$$

für die Druckschwankung $p_1 - \bar{p}$ und $p_2 - \bar{p}$ vor und nach der Blende:

$$\left.\begin{aligned} p_1 - \bar{p} &= 2\,p_{zu\,1} - \frac{L_{P\,1}}{2\sqrt{\bar{\triangle}}} \cdot (p_1 - p_2 + \triangle_o) \\ p_2 - \bar{p} &= 2\,p_{zu\,2} + \frac{L_{P\,2}}{2\sqrt{\bar{\triangle}}} \cdot (p_1 - p_2 + \triangle_o) \end{aligned}\right\} \tag{232}$$

L_p ist nach Gleichung (190, a) zu berechnen, die ankommenden Wellen $p_{zu\,1}$ und $p_{zu\,2}$ sind als gegeben vorausgesetzt. Für $\bar{\triangle}$ und $\triangle_o$ können entweder die im letzten Abschnitt besprochenen Mittelwerte oder auch, für jeden einzelnen Rechenschritt angenommene, bessere Näherungswerte $\tilde{\triangle}$ verwendet werden, je nachdem man Einfachheit oder Genauigkeit der Rechnung vorzieht. Die aus der Gleichung für p_E folgende Beziehung $\sqrt{\triangle} = \frac{p_E}{L_p}$ gestattet es, den gewählten Näherungswert $\sqrt{\tilde{\triangle}}$ zu überprüfen.

Subtrahieren der obenstehenden beiden Gleichungen und Einsetzen des daraus erhaltenen Ausdruckes für $p_1 - p_2$ in den für p_E ergibt die durch den Überströmvorgang vor der Blende erregte Welle:

$$p_{E\,1} = -\frac{2\,L_{P\,1}}{2\sqrt{\tilde{\triangle}} + L_{P\,1} + L_{P\,2}} \cdot \left(p_{zu\,1} - p_{zu\,2} + \frac{\triangle_o}{2}\right) \tag{233}$$

Die nach der Blende erregte Welle erhält man aus

$$p_{E\,2} = p_{E\,1} \cdot \frac{L_{P\,2}}{L_{P\,1}}; \tag{234}$$

unter der Annahme $T_1 = T_2$ ist $\frac{L_{P\,2}}{L_{P\,1}} = \frac{f_1}{f_2}$.

Die von der Blende abgehenden Wellen sind

$$p_{ab\,1} = p_{zu\,1} + p_{E\,1}$$

$$p_{ab\,2} = p_{zu\,2} + p_{E\,2};$$

der Leitungsdruck beiderseits der Blende ist

$$p_1 - \overline{p} = 2\,p_{zu\,1} + p_{E\,1}$$
$$p_2 - \overline{p} = 2\,p_{zu\,2} + p_{E\,2}$$

und daher nach Ausrechnen von p_E leicht bestimmbar.

Nach Einsetzen der Ausdrücke für p_E gehen diese Gleichungen für verschwindendes Druckgefälle über in Gleichung (119) und Gleichung (142 a).

Das durch die Blende durchströmende Gasgewicht ergibt sich mit $\alpha = 6\,n\,.\,t$ und $p_{G\,1} \equiv p_{E\,1}$ nach Gleichung (137) zu

$$G^{kg} = \frac{f_1^{cm^2} \cdot g}{6\,n \cdot a_1} \cdot \frac{L_{P\,1}}{2\sqrt{\overline{\triangle}} + L_{P\,1} + L_{P\,2}} \cdot \int_{\alpha'}^{\alpha''} (2\,p_{zu\,1} - 2\,p_{zu\,2} + \triangle_o)\,d\,\alpha \qquad (235)$$

Da auf Näherungsformeln aufgebaut, kann bei starken Geschwindigkeitsschwankungen zeitweilig sowohl $p - \overline{p}$ als auch $\frac{dG}{d\alpha}$ vom wahren Wert mehr oder minder abweichen, wenn für $\overline{\triangle}$ und $\triangle_o$ konstante Größen eingesetzt werden; bei zweckmäßiger Wahl, z. B. nach Gleichung (229), werden sich jedoch die Abweichungen während eines ganzen Arbeitsspieles gegenseitig im wesentlichen ausgleichen.

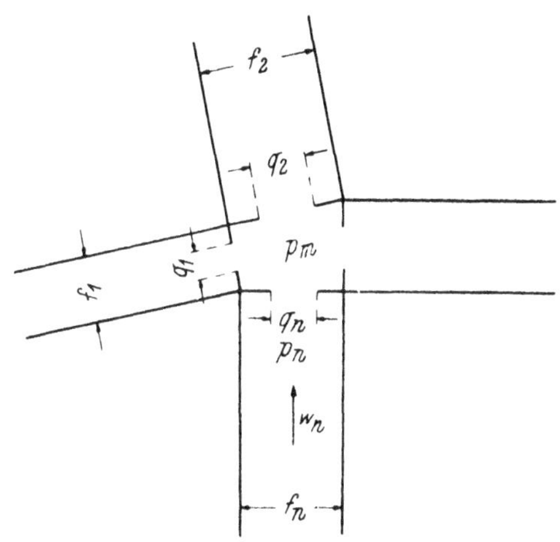

Abb. 108. Rohrverzweigung mit Drosselungen. Schema.

ζ) Rohrverzweigung mit Drosselung.

Der Rohrdruck p_n vor der Drosselstelle ist für jedes Rohr in einer Verzweigung nach Abb. 108 gegeben durch $p_n - \overline{p} = 2\,p_{zu\,n} - p_{En}$, wobei nach Gleichung (231)

$$p_{En} = \frac{L_{Pn}}{2\sqrt{\overline{\triangle}_n}}\,(p_n - p_m\,(\overset{+}{-})\,\triangle_{on}) \qquad (236)$$

und das eingeklammerte Minuszeichen gilt, wenn $p_n < p_m$, die Strömung also von der Verzweigung weg gerichtet ist. Daraus folgt durch Entfernen von p_n aus p_{En}

$$p_{En} = \frac{L_{Pn}}{2\sqrt{\overline{\triangle}_n} + L_{Pn}} \cdot [2\,p_{zu\,n} - (p_m - \overline{p})\,(\overset{+}{-})\,\triangle_{on}] \qquad (236\,a)$$

Nun ist nach Gleichung (137) das sekundlich durchströmende Gasgewicht verhältig $f_n\,.\,p_{En}$, so daß die Kontinuitätsgleichung $\Sigma f_n\,.\,p_{En} = 0$ die fehlende Bestimmungsgleichung für den Druck p_m in der Mitte der Verzweigung liefert. Man erhält

$$p_m - \overline{p} = \frac{1}{\sum \frac{f_n \cdot L_{Pn}}{2\sqrt{\overline{\triangle}_n} + L_{Pn}}} \cdot \sum \frac{f_n \cdot L_{Pn}}{2\sqrt{\overline{\triangle}_n} + L_{Pn}}\,(2\,p_{zu\,n}\,(\overset{+}{-})\,\triangle_{on}) \qquad (237)$$

womit p_{En} nach Gleichung (236 a) bekannt und die an der Verzweigung zurückgeworfene Welle $p_{ab\,n} = p_{zu\,n} - p_{En}$ ebenso wie der Leitungsdruck $p_n - p = p_{zu\,n} + p_{ab\,n}$ bestimmbar sind.

Die Näherungswerte $\overline{\triangle}_n$ und $\triangle_{on}$ werden entweder unter Berücksichtigung des zu erwartenden Geschwindigkeitsverlaufes, wie früher besprochen, für die ganze Rechnung konstant angenommen, oder aber man setzt für jeden Rechenschritt einen eigenen Wert $\tilde{\triangle}_n = \overline{\triangle}_n = \triangle_{on}$ ein, den man an Hand des vorhergehenden Druckverlaufes wählt, wobei wieder $\sqrt{\triangle_n} = p_{En}/L_{Pn}$ benützt wird. Für Rohrzweige mit verschwindender Drosselung mit $p_n = p_m$ ist $\overline{\triangle}_n = 0$ zu setzen, so daß der entsprechende Anteil unter den Summenzeichen $f_n \cdot 2\,p_{zu\,n}$ bzw. f_n ist, in Übereinstimmung mit Gleichung (119). Die in den Faktoren L_{Pn} auftretenden wirksamen Drosselquerschnitte q_n werden in einem Vorversuch durch Messung von Durchflußmenge und zugehörigem Druckabfall nach Gleichung (127) bestimmt.

3. Sonderfälle

a) Rohr mit seitlichen Erweiterungen.

Bei Reihenmotoren mit durchgehender Ansaugleitung sind die Kanallängen vom Saugrohr bis zum Ventil so kurz, daß ihre Behandlung als selbständige Zweige eines gegliederten Saugrohres nicht mehr gerechtfertigt ist, andererseits nimmt ihr Inhalt beim Vorbeilaufen einer Druckwelle in der Leitung an den Dichteänderungen teil und beeinflußt so das elastische Verhalten der Leitung. Daher wird im folgenden der Rauminhalt dieser Seitenzweige längs der Rohrleitung gleichmäßig verteilt, so daß dadurch der Rohrquerschnitt von f auf F vergrößert erscheint, und angenommen, daß der Inhalt in dieser Erweiterung an der Strömung nicht teilnimmt, was in Abb. 109 durch die Zwischenwände angedeutet ist. Wenn man von den Strömungswiderständen absieht, so gilt im freien Querschnitt für die Beschleunigung der Gasteilchen wie früher auf Seite 74 die unveränderte Beziehung $\frac{\gamma}{g} \cdot f \cdot \frac{dw}{dt} = -f \frac{\partial p}{\partial x} \cdot 10^4$, bei der Kontinuitätsgleichung ist aber zu beachten, daß der Überschuß der im Querschnitt f bei $x + dx$ abströmenden Gasmenge über die bei x einströmende Menge durch die Dichteänderung des Volumens F dx ausgeglichen wird, so daß sich ergibt:

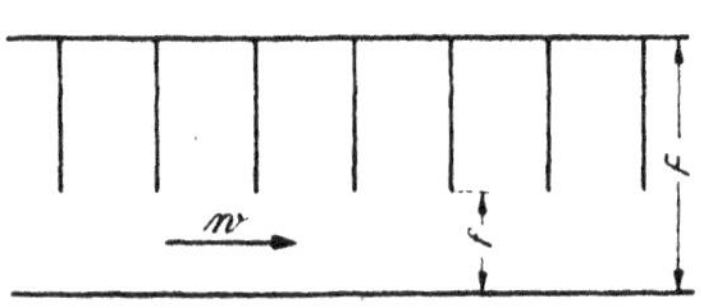

Abb. 109. Schema eines Rohres mit seitlichen Erweiterungen.

$$f \cdot \frac{\partial (w\gamma)}{\partial x} \cdot dx \cdot dt = -F \cdot \frac{\partial \gamma}{\partial t} \cdot dt \cdot dx.$$

Mit denselben Vernachlässigungen wie früher auf Seite 75 erhält man:

$$\frac{\partial w}{\partial t} = -\frac{g}{\gamma} \cdot \frac{\partial p}{\partial x} \cdot 10^4 \quad \text{und} \quad \frac{\partial w}{\partial x} = -\frac{F}{f} \cdot \frac{1}{\gamma} \cdot \frac{d\gamma}{dp} \cdot \frac{\partial p}{\partial t} = -\frac{F}{f} \cdot \frac{1}{\varkappa p} \cdot \frac{\partial p}{\partial t} \tag{238}$$

und durch Eliminieren von w:

$$\frac{\partial^2 p}{\partial x^2} \cdot \frac{f \cdot \varkappa \cdot p \cdot g \cdot 10^4}{F \cdot \gamma} = \frac{\partial^2 p}{\partial t^2} \tag{238 a}$$

Setzt man $\frac{f}{F} \cdot \varkappa \cdot g \cdot p \cdot v \cdot 10^4 = \frac{f}{F} \cdot a^2 = a^{*2}$, so ergibt sich wie früher die Lösung:

$$p - \overline{p} = f_v (x - a^* \cdot t) + f_r (x + a^* \cdot t) = p_v + p_r \tag{239}$$

wo f_v und f_r wieder willkürliche Funktionen sind und p_v und p_r mit der Ausbreitungsgeschwindigkeit a^* vor- bzw. rücklaufende Druckwellen darstellen. Die Wellengeschwindigkeit a^* ist im Verhältnis $\sqrt{\frac{f}{F}}$ kleiner als die Schallgeschwindigkeit a im glatten Rohr. Durch Einsetzen in Gleichung (238) ergibt sich:

$$\frac{\partial w}{\partial x} = -\frac{F}{f} \cdot \frac{1}{\varkappa p} \cdot a^* \cdot [-f'_v + f'_r],$$

wobei f' die nach ihrem Argument $x \pm a \, . \, t$ abgeleitete Funktion ist, und daraus:

$$w = \frac{1}{\varkappa p} \cdot \frac{F}{f} \cdot a^* \cdot [f_v(x - a^* t) - f_r(x + a^* t)] = \frac{a}{\varkappa p} \cdot \sqrt{\frac{F}{f}} \cdot [p_v - p_r] \qquad (240)$$

Für dieselbe Strömungsgeschwindigkeit w sind die Druckwellen gegenüber dem glatten Rohr im Verhältnis $\sqrt{\frac{f}{F}}$ kleiner; da $w \, . \, f = \frac{a}{\varkappa p} \cdot (p_{zu} - p_{ab}) \cdot f \cdot \sqrt{\frac{F}{f}}$ ist, kann man bei Anwendung der Gleichungen (119) und (120) für Verzweigungen das Rohr mit den Seitentaschen demnach durch ein glattes vom Querschnitt $f \cdot \sqrt{\frac{F}{f}}$ ersetzt denken.

Die verringerte Wellengeschwindigkeit wirkt sich so aus wie ein Vergrößern der Rohrlänge im Verhältnis $\sqrt{\frac{F}{f}}$, so daß sich das untersuchte Rohr so verhält wie ein glattes, dessen Querschnitt und Länge im Verhältnis $\sqrt{\frac{F}{f}}$ vergrößert ist. Sein für das Speichervermögen maßgebendes Volumen entspricht dem Produkt aus der wahren Länge und dem erweiterten Querschnitt F, stimmt also mit dem gesamten Rohrvolumen überein.

b) Konisches Rohr.

An einer unstetigen Rohrerweiterung wird nach Gleichung (142 a) eine ankommende Welle zum Teil negativ reflektiert, zum Teil läuft sie mit verringerter Amplitude weiter; an einer Verengung wird ein Teil positiv reflektiert, der andere Teil läuft mit verstärkter Amplitude weiter. Nun kann man ein Rohr veränderlichen Querschnittes näherungsweise durch eine Aufeinanderfolge von Stufen konstanten Querschnittes ersetzen, die mit endlichen Querschnittssprüngen aneinanderstoßen. Denkt man sich den Grenzübergang zu unendlich vielen Stufen durchgeführt, dann ist zu vermuten, daß eine Überdruckwelle, die in einem konisch erweiterten Rohr, Abb. 110, läuft, ständig abnehmen und am Rohreintritt eine Saugwirkung ausüben wird.

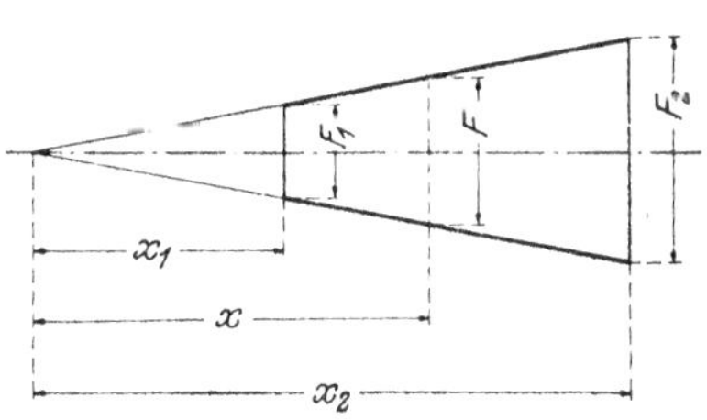

Abb. 110. Konisches Rohr.

Im folgenden werden die Verhältnisse für kleine Druckwellen quantitativ untersucht. Für die Beschleunigung der Gasteilchen gilt bei kleinen Werten von w die früher auf Seite 75 entwickelte Eulersche Gleichung

$$\frac{\partial w}{\partial t} = -\frac{a^2}{\varkappa p} \cdot \frac{\partial p}{\partial x} \qquad (241)$$

wie beim Rohr konstanten Querschnittes, die Kontinuitätsgleichung lautet aber hier:

$$-\frac{\partial \gamma}{\partial t} \cdot F = \frac{\partial (w \cdot \gamma \cdot F)}{\partial x} = F \cdot \frac{\partial (w \gamma)}{\partial x} + w \cdot \gamma \cdot \frac{\partial F}{\partial x};$$

daraus folgt: $$-\frac{1}{\gamma}\cdot\frac{\partial\gamma}{\partial t} = -\frac{1}{\varkappa p}\cdot\frac{\partial p}{\partial t} = \frac{\partial w}{\partial x} + \frac{w}{\gamma}\cdot\frac{\partial\gamma}{\partial x} + \frac{w}{F}\cdot\frac{\partial F}{\partial x}.$$

Wie früher wird $\frac{w}{\gamma}\cdot\frac{\partial\gamma}{\partial x}$ im weiteren vernachlässigt. Wenn x von der Kegelspitze aus gerechnet wird, so ist für ein konisches Rohr $F = C \,.\, x^2$. Damit wird:

$$-\frac{1}{\varkappa p}\cdot\frac{\partial p}{\partial t} = \frac{\partial w}{\partial x} + w\cdot\frac{2}{x} \tag{241 a}$$

Differenziert man die Eulersche Gleichung partiell nach x und die Kontinuitätsgleichung nach t, dann erhält man:

$$\frac{\partial^2 w}{\partial x\,\partial t} = -\frac{a^2}{\varkappa p}\cdot\frac{\partial^2 p}{\partial x^2} \quad \text{und} \quad \frac{\partial^2 w}{\partial x\,\partial t} = -\frac{1}{\varkappa p}\cdot\frac{\partial^2 p}{\partial t^2} - \frac{2}{x}\cdot\frac{\partial w}{\partial t} = -\frac{1}{\varkappa p}\cdot\left(\frac{\partial^2 p}{\partial t^2} - \frac{2a^2}{x}\cdot\frac{\partial p}{\partial x}\right)$$

Wegen $$\frac{\partial(p\cdot x)}{\partial x} = x\cdot\frac{\partial p}{\partial p} + p; \quad \frac{\partial^2(p\cdot x)}{\partial x^2} = x\cdot\frac{\partial^2 p}{\partial x^2} + 2\cdot\frac{\partial p}{\partial x}$$

folgt daraus $$a^2\cdot\frac{\partial^2(p\,x)}{\partial x^2} = \frac{\partial^2(p\,x)}{\partial t^2} \tag{241 b}$$

Die Lösung dieser Differentialgleichung ist wie früher

$$(p - \bar{p})\cdot x = f_v(x - a\cdot t) + f_r(x + a\cdot t) = p_v\cdot x + p_r\cdot x \tag{242}$$

Die Druckänderung gegenüber dem Ruhedruck setzt sich wieder aus einer vorlaufenden Welle $p_v = \frac{1}{x}\cdot f_v(x - a\,.\,t)$ und einer rücklaufenden $p_r = \frac{1}{x}\cdot f_r(x + a\,.\,t)$ zusammen, deren Höhe sich jedoch beim Durchlaufen des konischen Rohres im umgekehrten Verhältnis von x ändert.

Setzt man diese Lösung in Gleichung (241) ein, so ergibt sich

$$\frac{\partial w}{\partial t} = -\frac{a^2}{\varkappa p}\cdot\left[-\frac{1}{x^2}\cdot\left(f_v + f_r\right) + \frac{1}{x}\cdot\left(f'_v + f'_r\right)\right]$$

wenn f′ die nach dem Argument $x \pm a\,.\,t$ abgeleitete Funktion bedeutet; daraus folgt:

$$w = \frac{a^2}{\varkappa p}\cdot\left[\frac{1}{x^2}\cdot\int_0^t\left(f_v + f_r\right)\cdot dt + \frac{1}{a\,x}\cdot\left(f_v - f_r\right)\right]$$

oder $$w = \frac{a}{\varkappa p}\cdot(p_v - p_r) + \frac{a^2}{\varkappa p\,x}\cdot\int_0^t(p - \bar{p})\cdot dt \tag{243}$$

wenn der Bewegungsvorgang zur Zeit $t = 0$ beginnt.

Am Anfangsquerschnitt der konischen Erweiterung, der den Abstand x_1 vom Schnittpunkt der Kegelerzeugenden hat, Abb. 110, bestimmt man den Leitungsdruck aus

$$p_1 - \bar{p} = p_{zu} + p_{ab} = 2\cdot p_{zu} + \frac{\varkappa p}{a}\cdot w_1 - \frac{a}{x_1}\cdot\int_0^t(p_1 - \bar{p})\cdot dt \tag{244}$$

wenn die Strömungsgeschwindigkeit w_1 gegeben ist. Für das Ende der Erweiterung mit dem Abstand x_2 von der Kegelspitze gilt entsprechend

$$p_2 - \bar{p} = 2\cdot p_{zu} - \frac{\varkappa p}{a}\cdot w_2 + \frac{a}{x_2}\cdot\int_0^t(p_2 - \bar{p})\cdot dt \tag{244 a}$$

Dabei ist p_{zu} die jeweils vom anderen Ende ausgesandte, aus dem Trichter am Endquerschnitt eintreffende Druckwelle. Sie ist am engeren Querschnitt im Verhältnis x_2/x_1 größer als im Augenblick des Abganges, am weiteren Querschnitt im Verhältnis x_1/x_2 kleiner als beim Abgang. Die Geschwindigkeit w gilt als positiv, wenn sie im

Sinne wachsender x-Werte gerichtet ist. Verläuft die Strömung daher entgegengesetzt, vom weiteren zum engeren Querschnitt, so ist das Vorzeichen von w in den Gleichungen (244, 244 a) umzukehren. Bei punktweisem Rechnen ist das Integral

$$\int_0^t (p - \bar{p}) \cdot dt$$

aus dem vorhergehenden Druckverlauf bestimmbar, so daß für gegebenes w und p_{zu} der Leitungsdruck p und damit auch die abgehende Welle $p_{ab} = (p - \bar{p}) - p_{zu}$ bekannt sind. Mit $x_1 = x_2 = \infty$ gehen die Gleichungen in die für das zylindrische Rohr über.

In Abb. 111 sendet der Zylinder eine Druckwelle p_r in die konische Leitung, deren Ausschläge mit zunehmender Erweiterung immer kleiner werden; gleichzeitig sinkt der Leitungsüberdruck am Zylinder um das Maß

$$\frac{a}{x_1} \cdot \int_0^t (p_l - \bar{p}) \cdot d\,t$$

unter den Wert $\frac{\varkappa}{a} \cdot p \cdot w_1$, der der aufgezwungenen Geschwindigkeit in einem zylindrischen Rohr entsprechen würde. Die abgehende Welle ist bis zum Eintreffen der an der Mündung zurückgeworfenen Welle gleich dem Überdruck. Der Ausschlag der an der Mündung negativ reflektierten Druckwelle wächst beim Durchlaufen des Konus wieder an und wird am

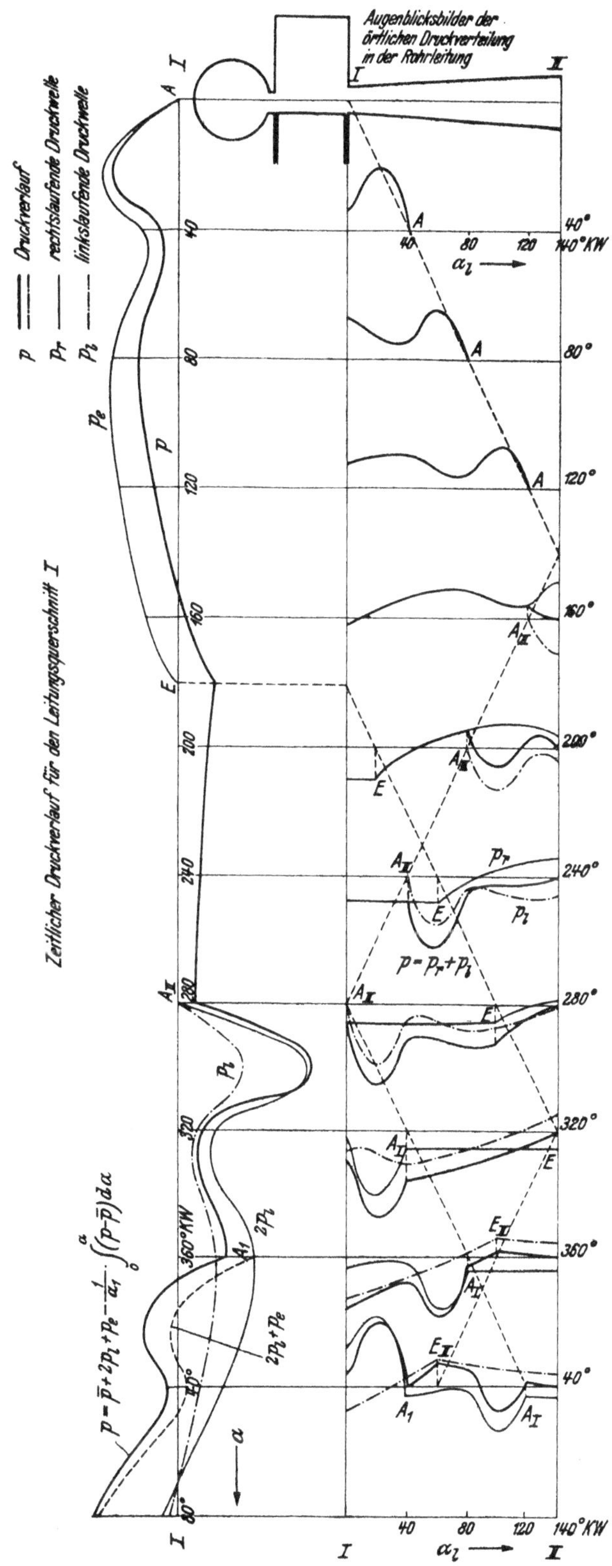

Abb. 111. Zylinder mit konischer Auspuffleitung. Bis zum Wiedereintreffen des an II reflektierten Wellenanfanges A_{II} bei 280° KW ist der Leitungsdruck durch die vom Ausströmvorgang erregte Welle p_e und die zusätzliche Rückwirkung der konischen Erweiterung bestimmt, bis 360° durch den Brandungsdruck der linkslaufenden Welle p_l und die Rückwirkung der konischen Erweiterung. Ab 360° KW tritt noch die im zweiten Arbeitsspiel erregte Welle p_e hinzu, deren Anfang mit A_I bezeichnet ist. Als Maß der Leitungslänge ist die zugehörige Laufzeit α_l angegeben. In der Leitung ergibt sich der Überdruck durch Überlagern der von I und II kommenden rechts- und linkslaufenden Wellen.

geschlossenen Leitungsende positiv zurückgeworfen. Außerdem tritt auch weiterhin die genannte, dem Zeitintegral entsprechende Rückwirkung der Welle im Kegel hinzu.

Diese Saugwirkung ist nur bei instationärem Ausströmen vorhanden und hängt damit zusammen, daß die Wellenausschläge stromabwärts mit dem Kehrwert von x, also schwächer abnehmen als der Querschnitt zunimmt, so daß bei einer einzelnen, rechtslaufenden Welle gegebener Größe rechts mehr abströmt als links zuströmt.

Bei stationärem Ausströmen mit gleich großen rechts- und linkslaufenden Wellen von entgegengesetztem Vorzeichen verschwindet die genannte Saugwirkung jedoch. Davon verschieden ist der Unterdruck im Querschnitt I, der auch bei stationärem Ausströmen auftritt und dann durch das Glied $\frac{\rho}{2} \cdot (w_2^2 - w_1^2)$ der Bernoulli-Gleichung gegeben ist. Dieser entspricht dem konvektiven Beschleunigungsanteil $w \frac{\partial w}{\partial x}$ in Gleichung (112), der in der vorliegenden Theorie kleiner Wellen vernachlässigt wurde, und ist wesentlich kleiner als die erstgenannte, dem Zeitintegral entsprechende Druckänderung, solange die Strömungsgeschwindigkeit gegenüber der Schallgeschwindigkeit zurücktritt.

Man kann aber den stationären Druckunterschied, gegeben durch

$$(p_2 - p_1)_{st} = - \int_1^2 \rho \cdot w \cdot \frac{\partial w}{\partial x} \, dx = \int_{w_2}^{w_1} \rho \cdot d\left(\frac{w^2}{2}\right)$$

angenähert berücksichtigen, indem man nachträglich $\frac{\bar{\rho}}{2} (w_2^2 - w_1^2)$ zu dem nach Gleichung (244) ermittelten Druck im Querschnitt I dazuschlägt, wobei die benötigten Geschwindigkeiten durch die verwendete Theorie kleiner Wellen meist genügend genau bestimmt sind.

Schließt das konische Rohr mit seinem engsten Querschnitt f_{k1} an eine Rohrverzweigung, dann erhält man in gleicher Weise wie auf Seite 91 durch Nullsetzen von $\Sigma w_n \,.\, f_n$

$$p - \bar{p} = \frac{2}{\Sigma f_n} \cdot \Sigma f_n \cdot p_{zu\,n} - \frac{f_{k1}}{\Sigma f_n} \cdot \frac{a}{x_1} \cdot \int_0^t (p - \bar{p}) \cdot dt \qquad (245)$$

wobei die Summen über alle Querschnitte, einschließlich den des konischen Rohres, zu erstrecken sind. Für den Anschluß des weiten Endquerschnittes f_{k2} lautet diese Beziehung

$$p - \bar{p} = \frac{2}{\Sigma f_n} \cdot \Sigma f_n \cdot p_{zu\,n} + \frac{f_{k2}}{\Sigma f_n} \cdot \frac{a}{x_2} \cdot \int_0^t (p - \bar{p}) \cdot dt \qquad (245\,a)$$

In dem Sonderfall, wo die Verzweigung nur aus einem zylindrischen und dem anschließenden konischen Rohr besteht, lauten diese Gleichungen

$$p_1 - \bar{p} = p_{zu} + p_{zu\,1} - \frac{a}{2\,x_1} \cdot \int_0^t (p_1 - \bar{p}) \cdot dt$$

bzw.

$$p_2 - \bar{p} = p_{zu\,2} + p_{zu} + \frac{a}{2\,x_2} \cdot \int_0^t (p_2 - \bar{p}) \cdot dt \qquad (246)$$

wobei p_{zu} die aus dem zylindrischen Rohr ankommende Welle ist.

In Abb. 112 entsteht beim Eintritt der rechtslaufenden Welle p_r in das konische Rohr im Querschnitt I eine Drucksenkung $\frac{1}{2} \cdot \frac{a}{x_I} \cdot \int (p_I - \bar{p}) \,.\, dt$. Diese läuft als reflektierte Welle p_{II} nach links ins zylindrische Rohr zurück, verkleinert aber auch die

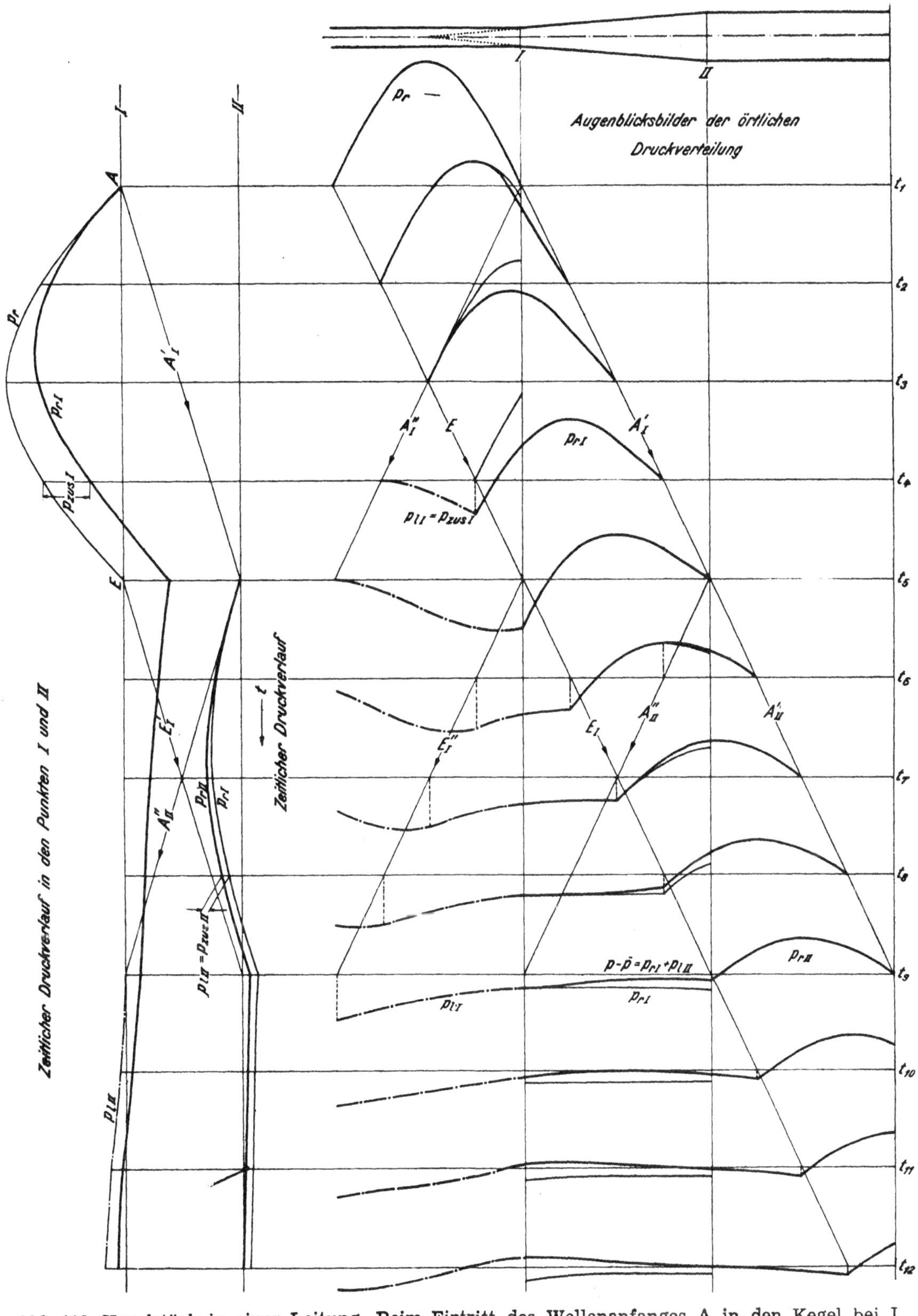

Abb. 112. Kegelstück in einer Leitung. Beim Eintritt des Wellenanfanges A in den Kegel bei I läuft die Rückwirkung $p_{zus\,I}$ als Unterwelle p_{lI}, mit A_I'' beginnend, nach links. Der um $p_{zus\,I}$ verringerte Wellenrest läuft, beginnend mit A_I', als p_{rI} nach rechts in den Kegel, wobei der Ausschlag abnimmt. Beim Durchgang durch den Querschnitt II entsteht eine Rückwirkung $p_{zus\,II}$, die als Überdruckwelle p_{lII}, beginnend mit A_{II}'' nach links läuft. Gleichzeitig läuft p_{rI} um $p_{zus\,II}$ vergrößert, mit A_{II}' beginnend nach rechts weiter. Der Leitungsdruck im Kegel entsteht durch Überlagern der Wellen p_{rI} und p_{lII}.

nach rechts weiterlaufende Welle p_{rI} schon im Querschnitt I. Im Kegelstück wird p_{rI} dann im Verhältnis $\frac{x_I}{x}$ weiter verringert, bis die Welle bei II eintrifft. Hier tritt ein Druckzuwachs $\frac{a}{2 x_{II}} \cdot \int (p - \bar{p}) \, . \, dt$ auf, der sich wieder als nach links laufende reflektierte Welle p_{lII} und als Überlagerung zur rechtslaufenden Welle vom Querschnitt II aus ausbreitet. p_{lII} wird im Kegelstück im Verhältnis $\frac{x_{II}}{x}$ größer, bis sie bei I anlangt. Von hier läuft sie gemeinsam mit $\frac{1}{2} \cdot \frac{a}{x_I} \cdot \int (p_I - \bar{p}) \, . \, dt$ nach links in das zylindrische Rohr.

Bei schrittweisem Vorgehen um $\triangle t$ ist der Zuwachs von $\int_{t'}^{t'+\triangle t} (p - \bar{p}) \, . \, dt$ durch $(p'' - \bar{p}) \, . \, \triangle t$ gegeben. Man erhält mit der zusätzlichen Druckänderung $p_{zus} = \frac{a}{2x} \cdot . \int (p - \bar{p}) \, . \, dt$, bei bekanntem Zustand im Zeitpunkt t' an den Enden des Kegelstückes für den Zeitpunkt t''':

$$p''' - \bar{p} = p_r''' + p_l''' \mp \cdot p_{zus}''' \tag{246 a}$$

Dabei ist $p_{zus}''' = p_{zus}' + \triangle p_{zus}$

mit
$$\triangle p_{zus} = \frac{\triangle t}{2 T_{1,2}} \cdot \left(p_r'' + p_l'' \mp p_{zus}' \mp \frac{1}{2} \cdot \triangle p_{zus} \right)$$

so daß
$$\triangle p_{zus} = \frac{\triangle t / 2 T_{1,2}}{1 \pm \triangle t / 4 T_{1,2}} \cdot \left(p_r'' + p_l'' \mp p_{zus}' \right) \tag{247}$$

$T_{1,2}$ ist die Wellenlaufzeit $\frac{x_{1,2}}{a}$ von der Kegelspitze bis zum Querschnitt I bzw. II.

c) Rückwurf an Abgasturbinen

Die Ausnützung der Abgasenergie kann entweder nahezu stationär erfolgen, indem die aus dem Zylinder austretenden Abgase auf einen mittleren Gegendruck aufgestaut werden, mit dem sie dann der Abgasturbine zuströmen, oder aber — wie z. B. beim Büchi-Verfahren — in der Weise, daß die durch die Auspuffstöße verursachten Druck- und Geschwindigkeitsschwankungen bis vor die Turbine gelangen. Im Teil III wird auf diese Verhältnisse näher eingegangen.

Im ersten Fall sind Pulsationen nur in den Leitungsteilen zwischen den einzelnen Zylindern und dem gemeinsamen Sammler zu berücksichtigen und die vom Zylinder kommenden Druckwellen werden bei der Einmündung in den Sammler negativ zurückgeworfen, wenn der Druck dort unveränderlich ist.

Im zweiten Fall erfolgt der Rückwurf der Druckwellen an der Turbine, u. zw. bei Gleichdruckturbinen unmittelbar an der Düse, die eine Drosselstelle darstellt. Für Überdruckturbinen fehlen noch genauere Unterlagen, doch muß sie im wesentlichen ebenfalls als Drosselstelle wirken, bei mehreren Stufen allenfalls wie eine konische Verjüngung.

Für einen durch eine Düse abgeschlossenen Leitungszweig gelten bei unterkritischem Druckverhältnis die Entwicklungen von 2 b α, 3), wenn der Druck p_2 nach der Düse als konstant angenommen werden kann, was praktisch meist der Fall sein wird. Das aufgeprägte Druckgefälle wird dann:

$$\triangle p_A = \bar{p}_l + 2 p_{zu\,l} - p_2 \tag{248}$$

der Parameter: $G^* = \frac{\varkappa \mu q_d}{f_1} \cdot p_2^{\frac{2-\nu}{2\varkappa}} \cdot p_1^{\frac{\varkappa+\nu-2}{2\varkappa}}$.

Wie auf Seite 106 gezeigt wird, hängt die Dämpfung beim Rückwurf vom Verhältnis

$\frac{w_1}{2a_1} \cdot \left(\frac{f_1}{\mu q_d}\right)^2 \cdot \left(\frac{p_1}{p_2}\right)^{\frac{2-\nu}{\varkappa}}$ ab, wobei dem Wert 1 vollkommene Dämpfung entspricht, bei der die ankommende Welle an der Drosselstelle verschluckt wird.

Ist $\frac{w_1}{2a}$ kleiner als $\left(\frac{\mu q_d}{f_1}\right)^2 \cdot \left(\frac{p_2}{p_1}\right)^{\frac{2-\nu}{\varkappa}}$, so erfolgt der Rückwurf negativ, ist $\frac{w_1}{2a_1}$ größer als $\left(\frac{\mu q_d}{f_1}\right)^2 \cdot \left(\frac{p_2}{p_1}\right)^{\frac{2-\nu}{\varkappa}}$, so erfolgt er positiv. Man kann wegen der quadratischen Abhängigkeit vom Querschnittsverhältnis einen, z. B. mit Rücksicht auf die Spülung, unerwünschten positiven Rückwurf der Druckwellen wirksam verringern, indem man bei gegebenem Düsenquerschnitt den Leitungsquerschnitt f_1 verkleinert, trotzdem w_1 dann zunimmt.

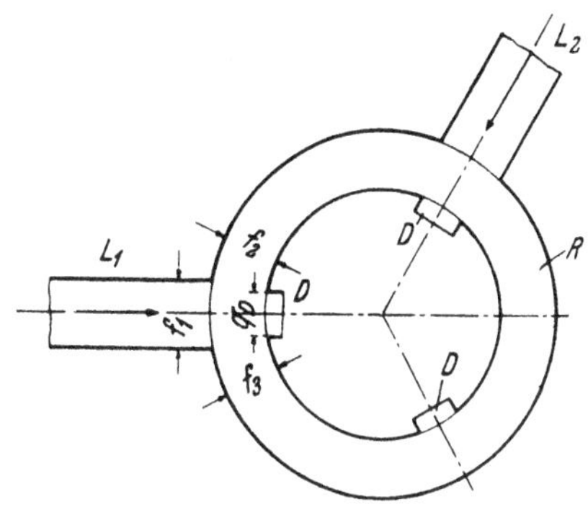

Abb. 113. Schema der Ringleitung einer Abgasturbine.

Ist das Druckgefälle in der Düse überkritisch, so vereinfacht sich die Aufgabe, da die ankommenden Druckwellen dann, wegen der unveränderlichen Ausströmgeschwindigkeit, ungedämpft positiv wie an einem geschlossenen Rohrende zurückgeworfen werden, wobei zu der reflektierten Welle eine vom Ausströmen herrührende, annähernd konstante Unterdruckwelle hinzutritt:

$$p_u = \varkappa \cdot p_1 \cdot \frac{w_1}{a_1} = \varkappa \cdot p_1 \cdot \frac{\mu q_d}{f_1} \cdot \left(\frac{2}{\varkappa+1}\right)^{\frac{\varkappa+1}{2(\varkappa-1)}} \tag{249}$$

Dies folgt mit

$$\frac{p_d}{p_1} = \left(\frac{2}{\varkappa+1}\right)^{\frac{\varkappa}{\varkappa-1}} \quad \text{aus } w_1 = w_d \cdot \frac{\mu q_d}{f_1} \cdot \left(\frac{p_d}{p_1}\right)^{\frac{1}{\varkappa}} \quad \text{und } w_d = a_1 \cdot \left(\frac{p_d}{p_1}\right)^{\frac{\varkappa-1}{2\varkappa}}$$

Sind die einzelnen Leitungszweige vor den Düsen miteinander verbunden, z. B. bei voller Beaufschlagung durch die Ringleitung oder Spirale vor dem Düsenkranz, dann stellt die Einmündung in die Ringleitung, Abb. 113, eine Verzweigung mit Überströmquerschnitt dar, für die nach Gleichung (120) das aufgeprägte Druckgefälle

$$\triangle p_A = \bar{p} + \frac{2}{f_1 + f_2 + f_3} \cdot (p_{zu\,1} \cdot f_1 + p_{zu\,2} \cdot f_2 + p_{zu\,3} \cdot f_3) - p_2$$

und der Parameter

$$G^* = \frac{\varkappa \mu q_d}{f_1 + f_2 + f_3} \cdot p_2^{\frac{2-\nu}{2\varkappa}} \cdot p_1^{\frac{\varkappa+\nu-2}{2\varkappa}} \tag{250}$$

ist.

Abb. 114. Ersatz der Ringleitung einer Abgasturbine durch einen Behälter mit Düse.

Dabei kann man einen über den Umfang des Düsenkranzes verteilten Überströmquerschnitt abschnittsweise durch konzentrierte Einzelquerschnitte ersetzen und unter Umständen auch so weit gehen, den ganzen Düsenkranz durch einen einzigen Drosselquerschnitt und die Ringleitung durch einen Behälter zu ersetzen, Abb. 114, wenn die örtlichen Druckunterschiede am Umfang vernachlässigbar bleiben. Eine derartige Verbindung der Leitungen einzelner Zylinder oder Zylindergruppen vor dem Düsenkranz hat gegenüber ganz voneinander getrennten Leitungen mit jeweils von-

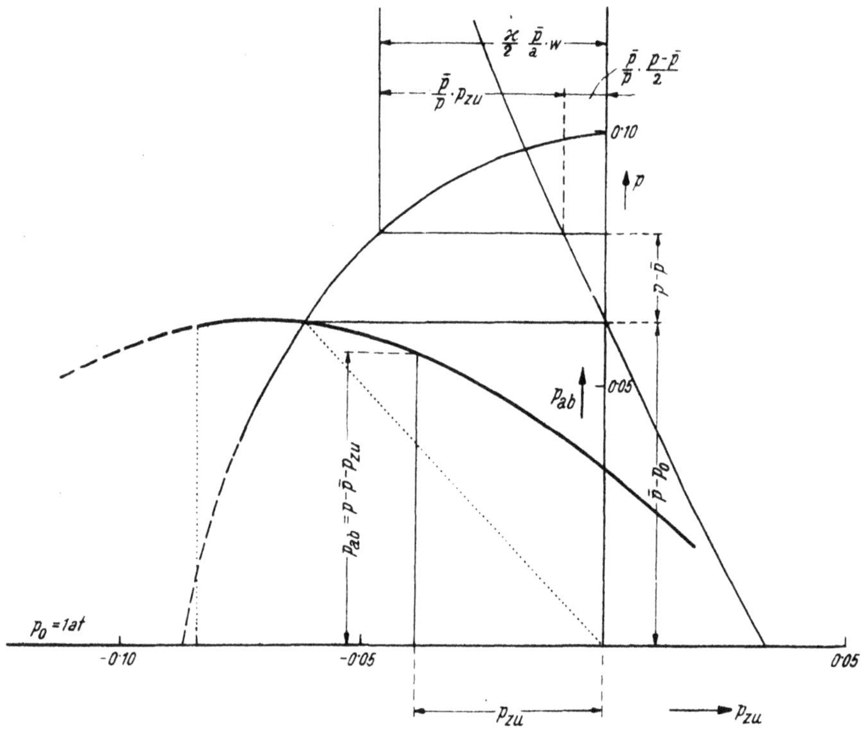

Abb. 115. Rückwurfgesetz an einem Lader, abgeleitet aus der Laderkennlinie.

einander unabhängigen Düsen eine Annäherung an das Verhalten der Stauturbine zur Folge, da die Ausströmgeschwindigkeit aus den Düsen vergleichsmäßigt und der Rückwurf der einzelnen ankommenden Welle gegen das negative Gebiet zu verschoben wird, außerdem wirken sich Druckschwankungen in einem Seitenzweig auch auf die durch andere Zweige zusammengefaßten Zylindergruppen aus.

d) Rückwurf an Ladern.

Hier sind die Verhältnisse nicht so durchsichtig wie an der meist verwendeten einstufigen Gleichdruckturbine. Versuche von H. F. Reynst an der Technischen Hochschule Dresden mit einem zweistufigen Radiallader haben gezeigt, daß während des Durchlaufens der Druckwelle durch den Lader kein Rückwurf erfolgt, während sie an der Ansaugmündung negativ und gedämpft zurückgeworfen wird, so daß der Lader durch eine Blende an der Ansaugöffnung ersetzt gedacht werden kann. Eine allgemeine Gesetzmäßigkeit für den Querschnitt der Ersatzblende fehlt noch; bei den erwähnten Versuchen betrug die reflektierte Welle etwa $^1/_2$ bis $^1/_3$ der ankommenden Welle und nahm mit steigender Laderdrehzahl ab, wobei die Druckwellen auf den stationären Ladedruck als Ruhedruck bezogen sind.

Da die Pulsationen am Lader bei Mehrzylindermaschinen nicht bedeutend sind, spielen die genauen Rückwurfbedingungen praktisch meist keine Rolle. Die Saugimpulse der einzelnen Zylinder setzen sich bei von einer gemeinsamen Ladeleitung versorgten Reihenmotoren schon in der Leitung, bei Sternmotoren spätestens im Diffusor zu einer mittleren gleichmäßigen Strömung mit überlagerten Schwankungen zusammen, in denen sich die Harmonischen niederer Ordnungszahl zum großen Teil gegenseitig wegheben und nur die unmaßgeblicheren höheren Harmonischen übrigbleiben.

Aus diesem Grunde wird mit Rücksicht auf die noch ungeklärten dynamischen Rückwurfgesetze im folgenden an Hand der Laderkennlinie ein statisches Rückwurfgesetz entwickelt, bei dem sich der Ladedruck in Abhängigkeit der von den Zylindern verbrauchten Luftmenge im Mittel mit seinem richtigen Wert einstellt und nur mehr eine, praktisch weniger bedeutende, Unsicherheit in der Dämpfung der überlagerten Pulsationen übrigbleibt.

Da experimentell festgestellt wurde, daß der Rückwurf an der Ansaugmündung erfolgt, wird die Druckleitung, der Laufzeit der Wellen durch den Lader entsprechend, bis zum Ansaugquerschnitt verlängert gedacht und für diesen Querschnitt festgesetzt, daß er stets den Druck annimmt, der der jeweiligen Fördermenge nach der Laderkennlinie zukommt.

Nach Gleichung (118) ist

$$p - \bar{p} = 2\,p_{zu} + \varkappa \cdot \frac{\bar{p}}{a} \cdot w,$$

wobei p_{zu} die aus der Druckleitung am Lader ankommende Welle und $\bar{p}$ der willkürlich gewählte Ruhedruck in der Ladeleitung ist. Demnach ist

$$\frac{\bar{p}}{p} \cdot p_{zu} = \frac{\bar{p}}{p} \cdot \frac{p - \bar{p}}{2} - \frac{\varkappa}{2} \cdot \frac{\bar{p}}{a} \cdot w \tag{251}$$

in Abhängigkeit von $p - \bar{p}$ gegeben, wenn man den Zusammenhang von w mit $p - \bar{p}$ berücksichtigt. In Abb. 115 ist die Laderkennlinie für eine bestimmte Drehzahl so umgezeichnet, daß auf der Abszisse, statt der sonst üblichen Fördermenge der ihr verhältige Wert $\frac{\varkappa}{2} \cdot \frac{\bar{p}}{a} \cdot w$ aufgetragen wird. Zieht man durch den Punkt der Ordinatenachse, der $\bar{p}$ entspricht, eine Kurve, so daß ihr Horizontalabstand von der Ordinatenachse für jeden Wert von p jeweils gleich $\frac{1}{2} \cdot (p - \bar{p}) \cdot \frac{\bar{p}}{p}$ ist, dann wird zwischen ihr und der Kennlinie auf der in der Höhe p gezogenen Wagerechten der Wert $\frac{\bar{p}}{p} \cdot p_{zu}$ abgeschnitten; umgekehrt erhält man mit einem vorausgeschätzten p zu jedem $p_{zu} \cdot \frac{\bar{p}}{p}$ die zugehörige Druckschwankung $(p - \bar{p})$ und damit im Bild auch ohne weiteres die vom Lader zurückgeworfene abgehende Welle $p_{ab} = (p - \bar{p}) - p_{zu}$. Bei dem stationären Betriebszustand, der dem gewählten Ruhedruck $\bar{p}$ entspricht, ist

$$p_{ab} = -p_{zu} \quad \text{und} \quad \frac{\varkappa \cdot \bar{p}}{a} \cdot w = p_{ab} - p_{zu} = 2 \cdot p_{ab}.$$

Es laufen eine konstante Überdruckwelle vom Lader und eine gleichgroße Unterdruckwelle zum Lader durch das Rohr; beim Aufhören der Förderung erreicht der Laderdruck auf der Kennlinie seinen Größtwert, die ankommende Welle p_{zu} wird positiv wie die abgehende und es gilt

$$p_{ab} = p_{zu} \quad \text{und} \quad p_{w=0} - \bar{p} = p_{ab} + p_{zu} = 2 \cdot p_{ab}.$$

Für stärkere positive Druckwellen müßte die Kennlinie für das Rückströmen durch den Lader erweitert werden, doch liegt kein praktisches Bedürfnis dafür vor, weil die ansaugenden Zylinder Unterdruckwellen aussenden und so starke Pulsationen, daß trotzdem zeitweilig Überdruckwellen auftreten, wie schon erwähnt, am Lader nicht mehr zu erwarten sind. In Abb. 115, die den Verhältnissen bei den eingangs erwähnten Versuchen entspricht, ist im Gebiet großer Fördermengen die abgehende Welle wenig mit p_{zu} veränderlich, so daß dort die ankommenden Pulsationen beim Rückwurf verschluckt werden.

e) Rückwurf an der Trennfläche bei Temperatursprüngen im Gas.

α) Mitbewegte Trennfläche ohne Wärmeübergang.

Trifft eine Welle p_{zu1}, aus einer Gasschicht mit der Temperatur T_1 kommend, auf eine Schicht mit der Temperatur T_2 und folgt die Trennfläche frei der Strömung, so ist die in der zweiten Gasschicht erregte Druckwelle nach Gl. (117) mit $p_{zu2} = 0$:

$$p_{ab2} = p - \bar{p} = \varkappa \cdot p \cdot \frac{w}{a_2}.$$

Da Druck p und Geschwindigkeit w an den Schichtgrenzen übereinstimmen müssen, gilt für die erste Schicht entsprechend:

$$p - \bar{p} = 2\,p_{zu1} - \varkappa \cdot p \cdot \frac{w}{a_1}.$$

Aus diesen Beziehungen folgt mit $\frac{a_2}{a_1} = \sqrt{T_2/T_1}$:

$$p_{zu1} = \varkappa \cdot p \cdot \frac{w}{2\,a_2} \cdot (1 + \sqrt{T_2/T_1})$$

und daraus

$$p_{ab2} = p_{zu1} \frac{2}{1 + \sqrt{T_2/T_1}}, \qquad p_{ab1} = p_{zu1} \cdot \frac{1 - \sqrt{T_2/T_1}}{1 + \sqrt{T_2/T_1}} \tag{252}$$

Der Vergleich mit Gl. (142 a) zeigt, daß der Temperatursprung einem Querschnittssprung vom Verhältnis

$$\frac{f_1}{f_2} = \sqrt{T_1/T_2}$$

gleichwertig ist.

An einer heißeren Gassäule wird eine Druckwelle demnach wie an einer Rohrerweiterung, an einer kälteren Schicht wie an einer Verengung zurückgeworfen.

Da die Trennfläche jedoch der Strömung folgt, wechselt der gleichwertige Querschnittssprung seine Lage in der Leitung mit der Zeit.

Eine inhomogene zylindrische Gassäule mit stetiger Temperaturverteilung kann man sich nach den obigen Überlegungen ersetzt denken durch eine homogene Säule mit stetig veränderlichem Querschnitt, wobei Leitungselementen mit höherer Temperatur im Ersatzmodell ein vergrößerter Querschnitt, aber, entsprechend der kürzeren Laufzeit wegen der höheren Schallgeschwindigkeit, eine verringerte Länge zugeordnet ist. Das Modell ist wegen der Verschiebung der Gasschichten in der Leitung mit der Zeit veränderlich.

Die hier besprochenen Verhältnisse liegen in Auspuffleitungen vor, wo die im Vorauspuff austretenden Abgase höhere Temperatur haben als die bei niedrigem Druck nachströmenden und überdies durch Spülluft abgekühlten Gase, so daß sich in der Leitung Schichten mit verschiedener Temperatur befinden.

β) Räumlich feste Trennfläche mit Wärmeübergang.

Wird der Temperatursprung in dem strömenden Gas durch einen, örtlich konzentriert gedachten, Wärmeübergang in einer festbleibenden Ebene erzeugt, dann ändern sich die Rückwurfverhältnisse gegenüber dem vorigen Fall ins Gegenteil. Dort war $\frac{w}{a_1}$ für $T_2>T_1$ größer als $\frac{w}{a_2}$ und daher die von der Strömungsgeschwindigkeit erregte Welle in der ersten Schicht im Verhältnis $\sqrt{T_2/T_1}$ größer als in der zweiten. Hier hingegen ist wegen der Temperaturänderung des Gases $w_1 = w_2 . T_1/T_2$, so daß w_1/a_1 und damit die erregte Welle bei $T_2>T_1$ in der ersten Schicht im Verhältnis $\sqrt{T_1/T_2}$ kleiner ist als in der zweiten. Daraus ergibt sich statt Gl. (252) für die weiterlaufende Welle

$$p_{ab\,2} = p_{zu\,1} \cdot \frac{2}{1+\sqrt{T_1/T_2}}$$

für die reflektierte

$$p_{ab\,1} = p_{zu\,1} \cdot \frac{1-\sqrt{T_1/T_2}}{1+\sqrt{T_1/T_2}} \qquad (252\,a)$$

Rückwurf und Wellendurchgang erfolgen bei konzentrierter Wärmezufuhr wie an einer Einschnürung. Daraus kann geschlossen werden, daß sich z. B. ein gekühltes Leitungsstück wie ein allmählich erweitertes Rohr ohne Wärmeübergang verhalten wird.

Unabhängig davon kann außerdem noch der Einfluß einer Temperaturschichtung nach α) bestehen.

4. Kanalsysteme mit kurzen Rohren.

a) Allgemeines.

Die Wirkung eines in einem Kanalsystem eingeschalteten Rohres ist im wesentlichen dreifach:

1. Eine Druckänderung, die an einem Rohrende auftritt, wirkt sich auf den Zustand am anderen Rohrende nicht sofort, sondern mit einer Verzögerung aus, welche der Laufzeit der Druckwelle durch das Rohr entspricht. Sie ist eine Folge der Elastizität des Rohrinhaltes.

2. Bei einer Geschwindigkeitsänderung muß die Masse der Gassäule im Rohr beschleunigt oder verzögert werden.

3. Der Bewegung des Gases im Rohr wirkt ein Widerstand, die Rohrreibung, entgegen.

Der Ansatz von Alliévi [13], wie ihn Pischinger [6] verwendet, berücksichtigt mit den bekannten Einschränkungen, die Wirkungen 1 und 2.

Bei kurzen Rohren genügt es, wie List [5] gezeigt hat, in vielen Fällen, nur die Massenwirkung der Gassäule im Rohr zu berücksichtigen, während die endliche Geschwindigkeit der Druckfortpflanzung ohne wesentliche Beeinträchtigung der Wirklichkeitstreue der Rechnung vernachlässigt werden kann.

Die Massenwirkung der unzusammendrückbar gedachten Gassäule im Rohr kann in diesem Fall durch den Ausdruck

$$p_1 - p_2 = \frac{\gamma}{g} \cdot l \cdot \frac{dw}{dt} \cdot 10^{-4} \qquad (253)$$

erfaßt werden. Darin sind p_1 und p_2 die Drücke an beiden Enden der Gassäule, γ das mittlere spezifische Gewicht des Gases im Rohr, l die Rohrlänge und w die Strömungsgeschwindigkeit im Rohr. Mit °KW als Relativmaß für die Zeit, Übergang auf endliche Differenzen $\triangle\alpha$, $\triangle w$ und $\triangle p$ und der Kennzeichnung $'$ für die Größen am Anfang des Intervalls wird:

$$p_1' + \frac{\triangle p_1}{2} - p_2' - \frac{\triangle p_2}{2} = \frac{\gamma}{g} \cdot 6 \cdot n \cdot l \cdot \frac{\triangle w}{\triangle \alpha} \cdot 10^{-4} \tag{253 a}$$

Die Anwendung dieses Ansatzes an Stelle des Ansatzes von P i s c h i n g e r wird zweckmäßig bei Rohren, in denen die Laufzeit der Wellen kleiner wird als eine Intervallsgröße $\triangle\alpha$, die mit Rücksicht auf den Rechenaufwand noch erträglich ist.

Als Intervall pflegt im allgemeinen 5—10° KW angenommen zu werden, bei darunter liegenden Laufzeiten der Wellen im Rohr wird die Verwendung des Ansatzes für kurze Rohre zweckmäßig; bei darüberliegenden Laufzeiten wird man

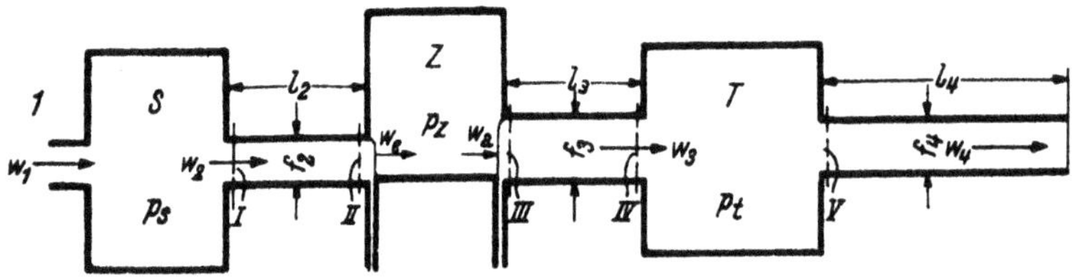

Abb. 116.

diesen Ansatz nur dann verwenden, wenn bei einer noch tragbaren Beeinträchtigung der Wirklichkeitstreue wesentliche Vereinfachungen in der Rechnung erzielt werden können.

b) Anwendung auf ein Spülsystem.

Die Anwendung des Ansatzes für kurze Rohre wird im folgenden an einem Zweitaktmotor gezeigt. Die abgeleiteten Beziehungen lassen sich sinngemäß und fast ohne Änderungen auch auf Viertaktmotore anwenden.

Es gelten die in Abb. 116 eingetragenen Bezeichnungen. Darin bedeuten arabische Ziffern die kurzen Rohrstücke, römische Ziffern deren Querschnitte. Da der Ansatz für kurze Rohre Geschwindigkeiten enthält, empfiehlt es sich, auch in die Ausdrücke für die Druckänderung im Zylinder und in den Behältern Geschwindigkeiten einzuführen.

Es wird angenommen, daß die Geschwindigkeiten in den Rohren verhältnismäßig klein sind und daß Einströmen und Ausströmen durch die Steuerquerschnitte als Drosselvorgänge angenommen werden können.

Man erhält für die Druckänderung im Zylinder:

$$\frac{\triangle p_z}{p_z'} = \frac{\varkappa}{z''} \cdot \left(\frac{w_2' + \frac{\triangle w_2}{2}}{180 \cdot w_{m2}} \cdot \left(\frac{p_{II}'}{p_z'}\right) \cdot \triangle\alpha - \frac{w_3' + \frac{\triangle w_3}{2}}{180 \cdot w_{m3}} \cdot \left(\frac{p_{III}'}{p_z'}\right) \cdot \triangle\alpha - \triangle z \right) \tag{254}$$

Zwischen den Geschwindigkeiten in den Steuerquerschnitten w_e und w_a und w_2 bzw. w_3 bestehen die Beziehungen:

$$\begin{aligned} w_e &= w_2 \cdot \frac{w_{me}}{w_{m2} \cdot (\mu\,\sigma)_e} \cdot \left(\frac{p_{II}'}{p_z'}\right)^{\frac{1}{\varkappa}} \\ w_a &= w_3 \cdot \frac{w_{ma}}{w_{m3} \cdot (\mu\,\sigma)_a} \cdot \left(\frac{p_a'}{p_z'}\right)^{\frac{\varkappa - 1}{\varkappa}} \cdot \frac{p_{III}'}{p_a'} \end{aligned} \tag{255}$$

Darin ist $w_m = \frac{V_h \cdot n}{30 \cdot f}$ (f = Rohrquerschnitt).

Für $(\mu\,\sigma)_e$ und $(\mu\,\sigma)_a$ sind die Werte in der Mitte des Intervalls einzusetzen, die im weiteren mit $''$ bezeichnet werden.

Zwischen den Drucken p_I, p_{II} vor dem Zylinder und p_z bestehen bei unterkritischem Einströmen die Beziehungen:

$$p_I' + \frac{\triangle p_I}{2} - p_{II}' - \frac{\triangle p_{II}}{2} = \frac{\gamma_{I,II}}{g \,.\, 10^4} \,.\, 6 \,.\, l \,.\, n \,.\, \frac{\triangle w_2}{\triangle \alpha} \tag{256}$$

$$p_{II}' + \frac{\triangle p_{II}}{2} - p_z' - \frac{\triangle p_z}{2} = \frac{\left(w_e' + \frac{\triangle w_e}{2}\right)^2}{2 \,.\, g \,.\, v_{II}' \,.\, 10^4} \cdot \left(\frac{p_z'}{p_{II}'}\right)^{\frac{\nu}{\varkappa}} \tag{257}$$

Setzt man für $\gamma_{I,\,II} \simeq \frac{1}{v_{II}}$, so erhält man

$$p_I' + \frac{\triangle p_I}{2} - p_z' - \frac{\triangle p_z}{2} =$$

$$= \frac{1}{2g \,.\, v_{II}'} \,.\, 10^{-4} \left[12 \,.\, l \,.\, n \,.\, \frac{\triangle w_2}{\triangle \alpha} + (w_2'^2 + w_2' \,.\, \triangle w_2) \,.\, \left(\frac{w_{me}}{w_{m2}}\right)^2 \cdot \left(\frac{p_{II}'}{p_z'}\right)^{\frac{2-\nu}{\varkappa}} \cdot \frac{1}{(\mu\,\sigma)_e''^2}\right] \tag{258}$$

Das Glied $\triangle w^2$ wurde in diesem Ausdruck vernachlässigt. Man begeht damit den gleichen, im allgemeinen durchaus tragbaren Fehler, wie wenn man in $p = p'$ setzt und die Taylorreihe nach dem linearen Glied abbricht.

Für die Drücke p_{III}, p_{IV} nach dem Zylinder ergibt sich, in gleicher Weise ableitbar, für unterkritisches Ausströmen die Beziehung:

$$p_z' + \frac{\triangle p_z}{2} - p_{IV}' - \frac{\triangle p_{IV}}{2} = \frac{1}{2g \,.\, v_{III}' \,.\, 10^4} \,.$$

$$.\left[12 \,.\, l \,.\, n \,.\, \frac{\triangle w_3}{\triangle \alpha} + (w_3'^2 + w_3' \,.\, \triangle w_3) \,.\, \left(\frac{w_{ma}}{w_{m3}}\right)^2 \cdot \frac{1}{(\mu\,\sigma)_a''^2} \cdot \left(\frac{p_{III}'}{p_z'}\right)^{\frac{\varkappa+\nu-2}{\varkappa}}\right] \tag{258 a}$$

Bei überkritischem Ausströmen ist

$$w_3' + \frac{\triangle w_3}{2} = (\mu\,\sigma)_a'' \,.\, \left(\frac{w_{m3}}{w_{ma}}\right) \,.\, \left(\frac{p_z'}{p_{III}'}\right) \,.\, \left(\frac{2}{\varkappa+1}\right)^{\frac{1}{\varkappa-1}} \cdot \sqrt{\frac{2 \,.\, g\varkappa}{\varkappa+1} \cdot R \,.\, T_z'} \tag{259}$$

und

$$p_{III}' + \frac{\triangle p_{III}}{2} - p_t' - \frac{\triangle p_t}{2} = \frac{1}{g \,.\, v_z' \,.\, 10^4} \cdot \left(\frac{p_{III}'}{p_z'}\right) . \,6 \,.\, n \,.\, l_3 \,.\, \frac{\triangle w_3}{\triangle \alpha} \tag{260}$$

Das System wird durch ein überkritisches Druckgefälle in zwei Teile geteilt, von denen der vor dem Querschnitt mit überkritischer Geschwindigkeit liegende Teil nahezu unabhängig von den Drücken nach dem kritischen Querschnitt ist. Vollständig unabhängig ist der erstdurchflossene von dem später durchflossenen Teil nicht, da nach Nusselt [16] die Durchflußzahl μ_a vom Druckverhältnis auch über den kritischen Wert desselben hinaus abhängig ist.

Nun sind noch die Gleichungen für die Druckänderung in den Behältern anzuschreiben.

Auf der Spül- bzw. Saugseite gilt nach Abb. 116 für Spülbehälter

$$\frac{\triangle p_s}{p_s'} = \frac{\varkappa}{\varphi_s''} \cdot \left(\frac{w_1 \,.\, \triangle \alpha}{180\, w_{1m}} - \frac{w_2' + \frac{\triangle w_2}{2}}{180\, w_{m2}} \cdot \triangle \alpha\right) \tag{261}$$

mit w_1 als druck- oder zeitabhängigem Zufluß von der Spülpumpe und der Annahme, daß w_2 so klein ist, daß $p_I = p_s$ gesetzt werden kann.

Für Kurbelkastenspülung erhält man:

$$\frac{\triangle p_k}{p_k'} = \frac{\varkappa}{\varphi_k''} \cdot \left(- \frac{w_2' + \frac{\triangle w_2}{2}}{180\, w_{m2}} \cdot \triangle \alpha - \triangle \varphi_k \right) \tag{262}$$

da hier sich das Volumen des Spülbehälters ändert, aber kein Zufluß während des Spülens erfolgt. Auch hier wurde $p_k = p_I$ gesetzt.

Bei größerer Geschwindigkeit w_2 oder erhöhten Ansprüchen an die Genauigkeit der Rechnung kann der Druckabfall zur Erzeugung der Geschwindigkeit w_2 berücksichtigt werden. Es ist dann $p_{s.k} > p_I$ und

$$w_2' + \frac{\triangle w_2}{2} = \sqrt{2g \,.\, 10^4 \,.\, v_s} \cdot \left(\frac{p_s}{p_I}\right)^{\frac{\nu}{2\varkappa}} \cdot \sqrt{p_s' - p_I'} \cdot \left(1 + \frac{\triangle p_s - \triangle p_I}{4\,(p_s' - p_I')}\right) \tag{263}$$

ferner

$$\frac{\triangle p_s}{p_s'} = \frac{\varkappa}{\varphi_s''} \cdot \left(\frac{w_1 \,.\, \triangle \alpha}{180\, w_{1m}} - \frac{w_2' + \frac{\triangle w_2}{2}}{180\, w_{m2}} \cdot \triangle \alpha \cdot \left(\frac{p_I'}{p_s'}\right)^{\frac{1}{\varkappa}} \right) \tag{261 a}$$

Der entsprechende Ausdruck für die Kurbelkastenspülung läßt sich analog bilden, so daß es nicht erforderlich ist, ihn anzuschreiben.

Auf der Auspuffseite ist stets $p_{IV} = p_t$. Bei Aufstellung des Ausdrucks für die Druckänderung im Auspufftopf muß die Ausbildung des Abflusses aus dem Topf berücksichtigt werden.

Es gilt für Abfluß durch eine Drosselöffnung unmittelbar ins Freie, also $l_4 = 0$ in Abb. 116

$$\frac{\triangle p_t}{p_t'} = \frac{\varkappa}{\varphi_t''} \cdot \left(\frac{w_3' + \frac{\triangle w_3}{2}}{180\, w_{m3}} \cdot \triangle \alpha - \frac{w_4' + \frac{\triangle w_4}{2}}{180\, w_{m4}} \cdot \left(\frac{p_o}{p_t'}\right)^{\frac{1}{\varkappa}} \cdot \triangle \alpha \right) \tag{264}$$

und

$$w_4' + \frac{\triangle w_4}{2} = \sqrt{2g \,.\, 10^4 \,.\, v_t'} \cdot \left(\frac{p_t'}{p_o}\right)^{\frac{\nu}{2\varkappa}} \cdot \sqrt{p_t' - p_o} \cdot \left(1 + \frac{\triangle p_t}{4\,(p_t' - p_o)}\right) \tag{265}$$

Beim Anschluß eines kurzen Rohres unter Vernachlässigung des Druckabfalls beim Rohreintritt gilt:

$$\frac{\triangle p_t}{p_t'} = \frac{\varkappa}{\varphi_t''} \cdot \left(\frac{w_3' + \frac{\triangle w_3}{2}}{180\, w_{m3}} \cdot \triangle \alpha - \frac{w_4' + \frac{\triangle w_4}{2}}{180\, w_{m4}} \cdot \triangle \alpha \right) \tag{264 a}$$

und

$$p_t' + \frac{\triangle p_t}{2} - p_o = \frac{1}{g \,.\, v_t \,.\, 10^4} \,.\, 6 \,.\, l_4 \,.\, n \,.\, \frac{\triangle w_4}{\triangle \alpha} \tag{266}$$

Beim Anschluß eines kurzen Rohres mit Berücksichtigung des Druckabfalls beim Rohreintritt ist zu setzen:

$$\frac{\triangle p_t}{p_t'} = \frac{\varkappa}{\varphi_t''} \cdot \left(\frac{w_3' + \frac{\triangle w_3}{2}}{180\, w_{m3}} \cdot \triangle \alpha - \frac{w_4' + \frac{\triangle w_4}{2}}{180\, w_{m4}} \cdot \left(\frac{p_{IV}}{p_t}\right)^{\frac{1}{\varkappa}} \cdot \triangle \alpha \right) \tag{264 b}$$

$$w_4' + \frac{\triangle w_4}{2} = \sqrt{2g \,.\, 10^4 \,.\, v_t'} \cdot \left(\frac{p_t'}{p_{IV}'}\right)^{\frac{\nu}{2\varkappa}} \cdot \sqrt{p_t' - p_{IV}'} \cdot \left(1 + \frac{\triangle p_t - \triangle p_{IV}}{4 \,.\, (p_t' - p_{IV}')}\right) \tag{265 a}$$

und $$p'_{IV} + \frac{\Delta p_{IV}}{2} - p_o = \frac{1}{g \cdot v'_t \cdot 10^4} \cdot \left(\frac{p'_{IV}}{p'_t}\right) \cdot 6 \cdot l_4 \cdot n \cdot \frac{\Delta w_4}{\Delta \alpha} \qquad (266\,a)$$

Schließlich gilt beim Anschluß eines langen Rohres ohne Berücksichtigung des Druckabfalls beim Rohreintritt Ausdruck (264 a), wobei aus Gleichung (118) folgt:

$$w'_4 + \frac{\Delta w_4}{2} = K \cdot \left(p'_t + \frac{\Delta p_t}{2} - p_o - 2 \cdot p_{zu}\right) \qquad (267)$$

Für den Anschluß eines langen Rohres mit Berücksichtigung des Druckabfalls beim Rohreintritt ist der Druck im Auspufftopf nach Gleichung (264 b) zu berechnen. Es gilt ferner:

$$\left(\frac{p'_t}{p'_{IV}}\right)^{\frac{\nu}{2\varkappa}} \cdot \sqrt{p'_t - p'_{IV}} \cdot \left(1 + \frac{\Delta p_t - \Delta p_{IV}}{4 \cdot (p'_t - p'_{IV})}\right) =$$

$$= \frac{K}{\sqrt{2g \cdot 10^4 \cdot v_t}} \cdot \left(p'_{IV} + \frac{\Delta p_{IV}}{2} - p_o - 2 \cdot p_{zu}\right), \text{ mit } \frac{K}{\sqrt{2g \cdot 10^4 \cdot v_t}} = \sqrt{\frac{p'_t}{2\varkappa} \cdot \frac{1}{p'_{IV}}} \qquad (268)$$

wenn man die Eintrittsgeschwindigkeit in das lange Rohr einerseits durch den Druckabfall beim Eintritt, anderseits als Differenz von abgehender und ankommender Druckwelle ausdrückt.

Mit den vorstehenden Gleichungen sind die Bausteine gegeben, aus denen sich Gleichungssysteme zur Lösung der verschiedenen Aufgaben bilden lassen.

Wenn mehrere Zylinder an einem Spül- oder Auspuffbehälter anschließen, enthält die Gleichung für die Druckänderung im Spülbehälter so viel Ausströmglieder, als Zylinder gleichzeitig mit Spülluft beschickt werden; beim Auspufftopf gilt gleiches hinsichtlich der Einströmglieder, die den gleichzeitig ausblasenden Zylindern zugeordnet sind. Rückschlagen in den Spülbehälter läßt sich einfach rechnerisch verfolgen, wenn man die entsprechenden Beziehungen der Auspuffseite sinngemäß auf die Spülseite überträgt.

Die Beziehungen lassen sich im allgemeinen ohne jede Veränderung auf die entsprechenden Vorgänge beim Viertakt anwenden.

Unbekannt sind die Änderungen der Behälterdrücke, der Drücke an den Rohrenden und die Änderungen der Rohrgeschwindigkeit, die für das ganze kurze Rohrstück denselben Wert behalten. Zur Verfügung stehen je eine Gleichung für jeden Behälterdruck, je eine Gleichung für den Druckabfall durch Drosselung an jedem Rohrende und je eine Gleichung für den Beschleunigungsdruck in jedem Rohrstück. Man erhält somit für die verschiedenen Vorgänge in den einzelnen Motorbauarten Systeme von linearen Gleichungen mit den Unbekannten Δp, Δw, die, wenn auch manchmal etwas mühsam, ohne Schwierigkeiten gelöst werden können.

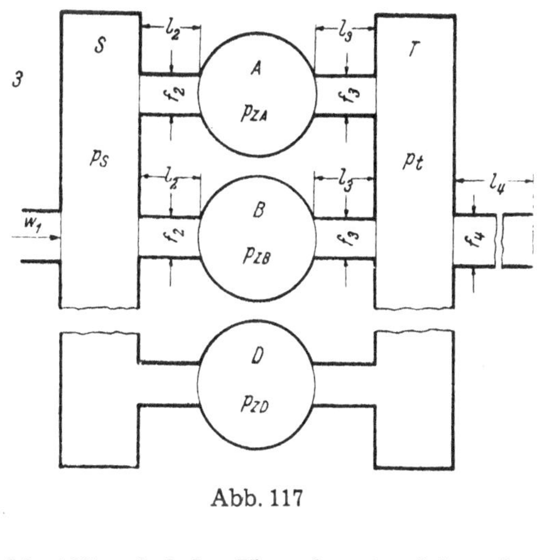

Abb. 117

Am Beispiel eines Vierzylindermotors, Abb. 117, wird das Vorgehen im folgenden kurz besprochen:

Die eben abgeleiteten Beziehungen sind unmittelbar verwendbar, wenn nur ein Zylinder mit dem Spül- und Auspuffsystem verbunden ist. Nach den in Abb. 118 angenommenen Steuerdaten ist dies während des Spülens in einem Bereich von $+20^0$ KW, vom Totpunkt der Zylinder gerechnet, der Fall. Nach $+20^0$ KW beginnt der in der Zündung folgende Zylinder B den Vorauspuff, so daß zwei Zylinder, A während der Spülung, B während des Vorauspuffs, auf der Auspuffseite gleichzeitig in den Auspuffbehälter ausblasen. Nach diesem 20^0 KW andauernden Bereich schließen sich weitere 10^0 KW an, während welcher beide Zylinder gleichzeitig gespült werden. Es folgt ein Bereich von 20^0 KW, in dem das Nachausströmen des ersten Zylinders A mit der Spülung des zweiten Zylinders B zusammenwirkt. Dann spült während 40^0 KW der zweite Zylinder allein und es wiederholen sich die Vorgänge.

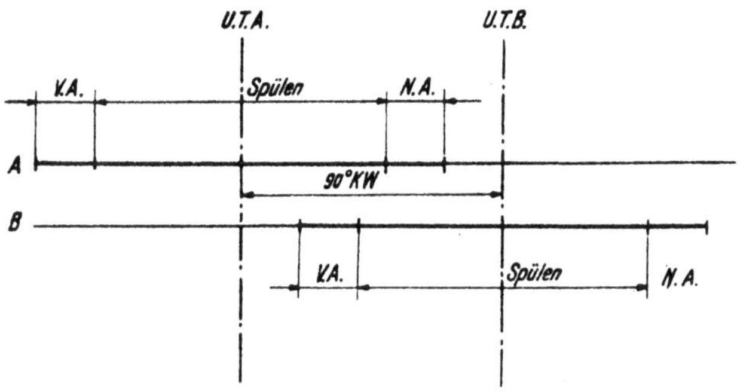

Abb. 118

Es sind demnach die Beziehungen aufzustellen: 1. gleichzeitiges Spülen und Vorauspuff (über- und unterkritisch) von zwei Zylindern, 2. für gleichzeitiges Spülen zweier Zylinder und 3. für Spülen und Nachausströmen zweier Zylinder. Die Beziehungen für 1 (unterkritisch) und 3 sind gleich.

Es wird im folgenden angenommen, daß das Einströmen in die Rohre von Spülbehälter und Auspufftopf ohne Druckabfall erfolgt und daß vom Auspufftopf ein langes Rohr ins Freie führt. Dann gelten z. B.: Für Vorauspuff (überkritisch) und Spülen (Zylinder A: Spülung, Zylinder B: Vorauspuff) die folgenden Gleichungen:

$$\begin{aligned}
&\triangle p_{zA} = a + b \,.\, \triangle w_{2A} + c \,.\, \triangle w_{3A} \\
&\triangle p_{zB} = d + e \,.\, \triangle w_{3B} \\
&\triangle w_{3B} = f \\
&\triangle p_s - \triangle p_{zA} = g + h \,.\, \triangle w_{2A} \\
&\triangle p_s = i + j \,.\, \triangle w_{2A} \\
&\triangle p_{zA} - \triangle p_t = k + l \,.\, \triangle w_{3A} \\
&\triangle p_{III\,B} - \triangle p_t = m + n \,.\, \triangle w_{3B} \\
&\triangle p_t = o + p \,.\, \triangle w_{3A} + q \,.\, \triangle w_{3B} + r \,.\, \triangle w_4 \\
&\triangle w_4 = s + t \,.\, \triangle p_t
\end{aligned} \tag{269}$$

Bei unterkritischem Ausströmen entfällt die dritte Beziehung und steht in der siebenten Zeile $\triangle p_{zB} - \triangle p_t = m + n \,.\, \triangle w_{3B}$

Die Auflösung des Gleichungssystems mit neun Unbekannten, wobei a bis t gegebene Werte sind, ist etwas zeitraubend, wenn auch nicht schwierig.

In vielen Fällen wird daher die Anwendung des nachfolgend angedeuteten Überlagerungsverfahrens vorzuziehen sein. Dabei bestimmt man den Druckverlauf, z. B. im Spülbehälter, in erster Näherung aus den Grundwerten $\overline{p}_E$ des durch Gleichung (191) mit $p_{1e} = \overline{p}_s$ gegebenen Einströmgesetzes. Dann ist die Zuströmgeschwindigkeit $w_2 = \frac{a}{\varkappa} \cdot \frac{\overline{p}_E}{p_s}$ zu den einzelnen Zylindern in jedem Augenblick als bekannt anzusehen und die Änderung des Druckes im Spülbehälter während des Zeitabschnittes $\triangle\alpha$

entsprechend Gleichung (106) mittels $\frac{\triangle p_s}{p_s'} = \frac{\varkappa}{\varphi_s} \cdot \left[\frac{w_1}{180\, w_{m2}} - \sum \frac{w_2}{180\, w_{m2}}\right] \cdot \triangle \alpha$ für den ganzen Ablauf des Spülvorganges leicht auszurechnen. Der um die Trägheitskräfte von p_s verschiedene Druck p_{II} vor den Spülschlitzen ist entsprechend Gleichung (253 a) durch $\overline{p_{II}''} = \overline{p_s''} - \frac{\gamma_s}{g \cdot 10^4} \cdot 6\, n \cdot l \cdot \frac{\triangle \overline{w_2}}{\triangle \alpha}$ bestimmt und wird wegen des bekannten Verlaufes von $\overline{w_2}$ nach Ermittlung von p_s ebenfalls leicht erhalten. Ein nötigenfalls zu berücksichtigender Druckabfall durch Drosselung beim Übergang vom Spülbehälter in die zum Zylinder führende Rohrleitung ist bei gegebener Widerstandszahl ζ mittels

$$\triangle p = \frac{\overline{w_2^2}}{2\, g \cdot 10^4} \cdot \overline{\gamma_s} \cdot \zeta$$

zu berechnen und von p_{II} abzuziehen. Mit der Abweichung $p_{II} - \overline{p_s}$ des endgültig erhaltenen Druckes p_{II} von dem für die Grundwerte angenommenen mittleren Spüldruck $\overline{p_s}$ bestimmt man nach Gleichung (99) die Änderung des Zylinderdruckes und nach Gleichung (192) die des Einströmgesetzes, wobei $p_1 = p_{II}$ und $\overline{p_z} = \overline{p_s}$ zu setzen ist. Man kennt damit die Wirkung der Druckschwankungen im Spülbehälter auf den Spülvorgang in erster Näherung und sieht, ob eine Wiederholung des beschriebenen Verfahrens mit dem verbesserten Überströmgesetz notwendig erscheint.

IV. Anwendung der entwickelten Beziehungen zur Berechnung der Strömungsvorgänge während des Ladungswechsels.

1. Allgemeines.

Beim Ladungswechsel wird ein aus Rohren und Behältern bestehendes Kanalsystem vom Gasstrom durchflossen. Bei Mehrzylindermotoren ist das Einsaug- und Auspuffsystem meist für mehrere oder für alle Zylinder zusammengefaßt. Es entstehen dadurch vielfach verwickelte Kanalsysteme mit zahlreichen Verzweigungen. Die Strömung in allen diesen Kanalsystemen läßt sich je nach ihrem Aufbau mit einem mehr oder minder großen Aufwand berechnen. Dabei ergeben sich nach den vorhergehenden Ausführungen wesentliche Unterschiede, je nachdem, ob das Kanalsystem nur aus Behältern und sehr kurzen Rohrleitungsstücken oder auch aus längeren Rohren besteht.

Bei Kanalsystemen ohne längere Rohre wirkt sich jede Veränderung des Zustandes an einer Stelle nahezu gleichzeitig auf die Zustände an allen Stellen des durchströmten Systems aus. Die Gleichungen für die Zustandsänderungen in den einzelnen Teilen des Kanalsystems sind daher in jedem Zeitpunkt von einander abhängig. Bei mehreren hintereinander geschalteten Behältern wird die Rechnung dadurch umständlich. Der Vorgang an sich ist jedoch durch das Fehlen jeder zeitlichen Verzögerung in den Auswirkungen der einzelnen Einflüsse leichter übersehbar. Man wird daher im allgemeinen die endliche Fortpflanzungsgeschwindigkeit in den Rohrstücken nur dort berücksichtigen, wo es die Wirklichkeitstreue des rechnerischen Bildes erfordert.

Besteht an einer Stelle des Systems überkritisches Druckgefälle, so daß dort die Schallgeschwindigkeit erreicht wird, so wird das System dadurch in zwei Teile zerlegt. Der vor dieser Stelle liegende Teil wird von den Zuständen dahinter nicht mehr beeinflußt. Die Rechnung wird dadurch vereinfacht.

Kanalsysteme mit dazwischengeschalteten längeren Rohren werden durch diese in einzelne Teile zerlegt, die sich durch die Rohre Druck- und Geschwindigkeitswellen zusenden. Eine von einem Rohrende ausgehende Welle erreicht das andere Rohrende mit einer zeitlichen Verzögerung, die von der Fortpflanzungsgeschwindigkeit der Welle abhängt. Die Einwirkung der Veränderung in einem Teil des Systems gelangt dadurch erst verzögert auf die übrigen Teile zur Auswirkung. Die Welle wird nach dem Durcheilen des Rohres an der Unstetigkeitsstelle am anderen Ende reflektiert und gelangt mit weiterer Verzögerung wieder zum Ausgangspunkt zurück. Zur Auswertung der Ausdrücke für die Zustandsänderung während eines Zeitabschnittes in einem Behälter ist die Kenntnis der dem Behälter zulaufenden Wellen erforderlich.

Diese Wellen sind nur dann bekannt, wenn der Zeitabschnitt nicht größer als die doppelte Laufzeit einer Welle vom Behälter bis zur nächsten Unstetigkeitsstelle genommen wird. Ist demnach das anschließende Rohr l m lang, so ist das größte Intervall für die schrittweise Berechnung $6\,n\,.\,2\,\frac{l}{a}$ °KW, wie schon auf Seite 114 erwähnt. Die dem Behälter in einem Zeitabschnitt zulaufende Welle ist dann bekannt, da sie durch Rückwurf der vom Behälter im vorhergehenden Zeitabschnitt abgehenden bekannten Welle an der Unstetigkeitsstelle entsteht. Bei geringen Überschreitungen des zulässigen Zeitabschnittes durch den angenommenen kann der Wellenverlauf durch ein kurzes Stück extrapoliert werden.

Bei einem System mit mehreren Rohren und Behältern bestimmt die Länge des kürzesten zwischen einem Behälter und einer Unstetigkeitsstelle liegenden Rohres die obere Grenze des zulässigen Zeitabschnittes. Sind Rohre jedoch so kurz, daß die Laufzeit der Wellen in ihnen vernachlässigt werden kann, dann kann angenommen werden, daß die Unstetigkeitsstellen unmittelbar an den Behälter anschließen. Das kürzeste Rohr mit nicht vernachlässigbarer Laufzeit ist für die Wahl der Größe des Zeitabschnittes maßgebend.

Rohrstücke, die zwischen zwei Unstetigkeitsstellen des Rohres liegen, die nicht Behälter sind, also z. B. zwischen zwei Abzweigungen oder zwischen zwei Blenden, haben jedoch auf die zulässige Größe des Zeitabschnittes keinen Einfluß. Die rückgeworfene Welle kann jederzeit aus der ankommenden Welle ermittelt werden, ohne daß eine abschnittsweise Rechnung erforderlich ist. Es ist daher ohne weiteres möglich, daß eine Welle während eines Zeitabschnittes mehrmals in einem solchen Rohr hin- und hergeworfen wird.

2. Vorbereitungen zur Rechnung.

Das Kanalsystem wird nach Abb. 119 schematisch dargestellt. Die Abmessungen der Rohre, die Inhalte der Behälter, der wirksame Querschnitt von Drosselstellen und das Öffnungsgesetz von Steuerquerschnitten (d. i. wirksamer Querschnitt in Abhängigkeit vom Kurbelwinkel) müssen bestimmt werden.

Bei ausgeführten Kanalsystemen werden die Abmessungen am Motor ermittelt. Die wirksamen Querschnitte der Drosselstellen und der Steuerquerschnitte werden durch Durchflußmessungen bestimmt. Da die Durchflußzahl bei größeren Druckunterschieden auch von dem Druckverhältnis abhängt, ist die Messung für den ganzen vorkommenden Druckbereich auszuführen. Die bei großen Druckverhältnissen und größeren Steuerorganen erforderlichen großen Luftmengen entnimmt man am besten großen Windkesseln, sofern der Verdichter sie nicht direkt liefern kann.

Nach den angegebenen vereinfachten Verfahren ist die Reibung in den Rohren nicht unmittelbar berücksichtigbar. In vielen Fällen kann die Wirklichkeitstreue der Rechnung dadurch erhöht werden, daß man den Widerstand des Rohres zu der benachbarten Unstetigkeits(Drossel-)stelle schlägt. Man ermittelt dann die Durchflußzahl, z. B. durch einen Steuerquerschnitt, so, daß man den Druckverlust im Rohr zu dem Druckabfall im Steuerquerschnitt hinzuzählt. In welchen Fällen diese summarische Berücksichtigung der Reibung zulässig ist und eine Verbesserung des rechnerischen Abbildes des wirklichen Vorganges gibt, ist allgemein nicht festzustellen, sondern

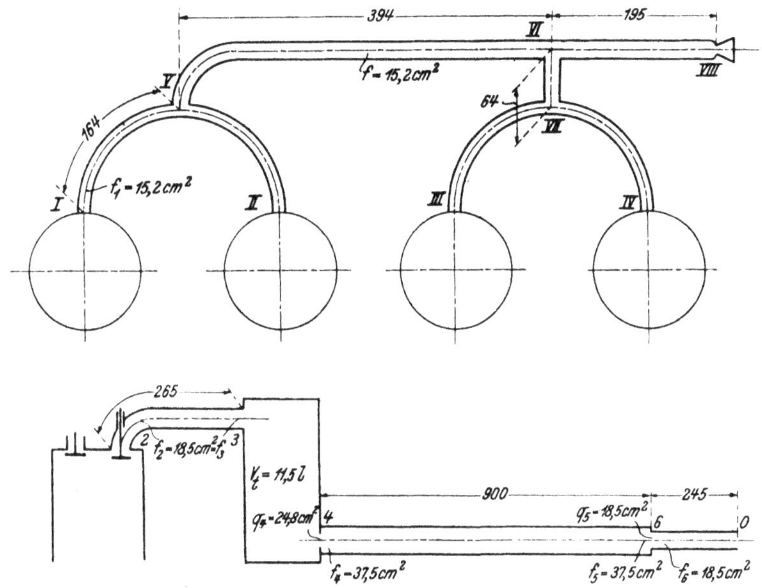

Abb. 119. Saugrohr und Auspuffleitungen eines 4-Zylinder-Motors.

muß in jedem Einzelfall besonders beurteilt, am besten durch Messungen nachgeprüft werden.

Man beginnt die Rechnung bei ruhendem Inhalt des Kanalsystems und setzt sie so lange fort, bis Druck- und Geschwindigkeitsverlauf in den einzelnen Perioden (bei Viertaktmaschinen zwei Umdrehungen, bei Zweitaktmaschinen eine Umdrehung) untereinander gleich werden, das System einschwingt. Dieser Einschwingzustand läßt sich rascher erreichen, wenn man von einem geschätzten Schwingungszustand ausgeht, der den schließlich erreichten wirklichen Schwingungsverhältnissen besser angenähert ist, als der Zustand der Ruhe. Die dadurch mögliche Abkürzung der Rechnung setzt allerdings für ihre Durchführung Erfahrung voraus, während das Ausgehen vom ruhenden System ohne Schätzung selbsttätig, wenn auch etwas langwieriger, zum Ziele führt.

Abschließend muß betont werden, daß die praktische Durchführung der Rechnungen eine längere Einarbeitung erfordert. Ohne eine solche ist es vor allem kaum möglich, verwickelte Systeme, wie z. B. Saugrohre bei Mehrzylindermotoren, mit einem erträglichen Zeitaufwand durchzurechnen. Dabei liegt die Schwierigkeit im wesentlichen in der Aufstellung der Ansätze und des Rechnungsplanes, während die Durchführung der schrittweisen Rechnung Hilfskräften übertragen werden kann, die allerdings unter steter Anleitung arbeiten müssen. Die umfangreichen Anwendungsmöglichkeiten, die das Verfahren bietet, werden es jedoch insbesondere innerhalb größerer Firmen rechtfertigen, eigene Arbeitskräfte für diese Rechnungen einzusetzen und sie laufend damit zu beschäftigen.

3. Beispiele.

a) Rechnerische Untersuchung des Einsaugvorganges eines 4-Zylinder-Reihenmotors.

Der untersuchte Vierzylindermotor hatte folgende Abmessungen:

Hub $s = 140$ mm
Bohrung $D = 120$ mm
Kolbenfläche $F = 113$ cm^2
Verdichtungsverhältnis $\varepsilon = 5{,}36$
Schubstangenverhältnis $L/R = 3{,}14$
Zündfolge I, II, IV, III.

Die Rechnung wurde für eine Drehzahl $n = 1700$ U/min durchgeführt.

Die Saugrohrabmessungen und die Abmessungen der bei den Versuchen verwendeten Auspuffleitung enthält Abb. 119.

Der Motor wurde bei den Versuchen fremd angetrieben. Die wirksamen Querschnitte der Ventile wurden durch den stationären Strömungsversuch bestimmt und aus durchströmendem Luftvolumen V und zugehörigem Druckabfall $\triangle p$ mittels $q = \frac{V}{\sqrt{2 g v_m . \triangle p . 10^4}}$ berechnet. Bei den Einlaßventilen wurde der Druckabfall zwischen Vergaser und Zylinder, bei den Auslaßventilen zwischen Zylinder und Auspufftopf gemessen und der Rohrwiderstand so mitbestimmt. Einschließlich Leitungswiderstand erhält man eine Abhängigkeit des wirksamen Querschnittes der Einlaß- und Auslaßventile vom Kurbelwinkel nach Abb. 120 und 121. Die Berücksichtigung des Rohrreibungswiderstandes durch eine Erhöhung des Widerstandes im Steuerorgan ist an sich natürlich nicht korrekt, da jeder Widerstand am Entstehungsort berücksichtigt werden müßte. Sie bewährte sich aber im vorliegenden Fall wegen der mäßigen Leitungslängen. Der wirksame Vergaserquerschnitt ergab sich zu $q_v = 5{,}8$ cm^2. Bei der Rechnung wird ein $\varkappa_z = 1{,}4$ benützt; der Wärmeübergang beim Einsaugen wurde in Anbetracht des Fremdantriebs vernachlässigt, also $\tau_e = 1$ gesetzt.

Die Schallgeschwindigkeit beim Außenzustand 20° C, 1 at beträgt $a_o = \sqrt{2 g . R . T_o} = 343$ m/sec und wurde als zur reduzierten Temperatur gehörige Schallgeschwindigkeit für Ein- und Auslaß angenommen, da der Motor ja nicht zündete. Daher ist die Laufzeit je m Rohrlänge

$$\alpha_{L1} = \frac{1}{a_o} . 6 . n = 29{,}7^0 \text{ KW}$$

Das größte zulässige Intervall wird durch die doppelte Laufzeit zu dem einem Zylinder am nächsten liegenden Knotenpunkt bestimmt. Sie ist $2 . 29{,}7 . 0{,}164 = 9{,}8$ °KW $\simeq 10^0$ KW.

Nun stellt man in einer Tabelle von 10 zu 10° KW fortschreitend die Werte $-\frac{\varkappa}{2} \cdot \frac{\triangle z}{z''}$ und $\frac{\triangle \alpha}{360} \cdot \frac{a_o}{w_{me} . z''} = 0{,}162 \cdot \frac{1}{z''}$, $\varkappa \cdot \frac{q_e''}{f_{le}}$ für Einlaß, ferner $\frac{\triangle \alpha}{360} \cdot \frac{a_o}{w_{ma} . z''} = 0{,}196 \cdot \frac{1}{z''}$, $\varkappa \cdot \frac{q_a''}{f_{la}}$ für Auslaß zusammen. Mit dem Leitungsquerschnitt f_l als Bezugsquerschnitt ist hier $w_{me} = \frac{s\,n}{30} \cdot \frac{F}{f_{le}} = 59$ m/sec und $w_{ma} = \frac{s\,n}{30} \cdot \frac{F}{f_{la}} = 48{,}5$ m/sec eingesetzt worden. Infolge der starken Überschneidung der Steuerzeiten von Ein- und Auslaßventil wirkt der Auspuffhub im vorliegenden Fall stark auf den Einsaughub zurück. Es ist daher erforderlich, zunächst den Auspuffhub zu behandeln, um den

Zustand im Zylinder beim Öffnen des Einsaugventils zu ermitteln und weiter die Rückwirkung des Auspuffsystems auf den Einsaugvorgang während der Überschneidung der Ventilöffnungen feststellen zu können.

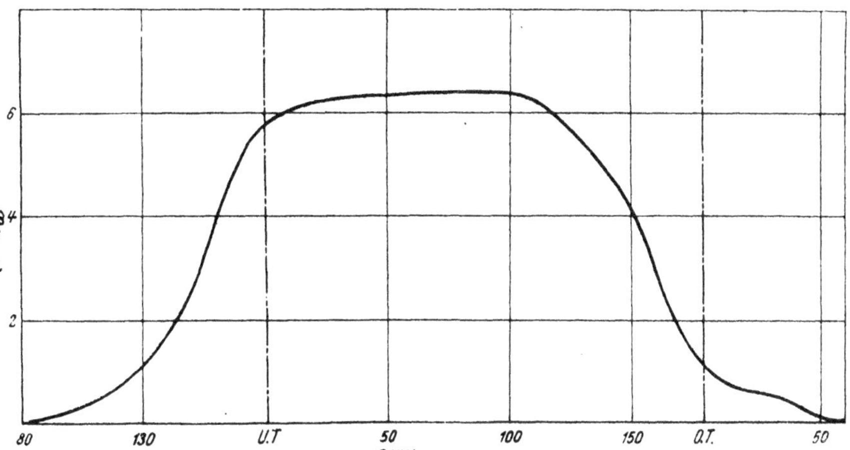

Abb. 120. Wirksamer Ersatzquerschnitt des Auslaßventils über dem Kurbelwinkel.

Man beginnt die Rechnung beim Öffnen des Auspuffventils. Der Zylinderdruck in diesem Zeitpunkt wurde geschätzt (1,65 kg/cm²).

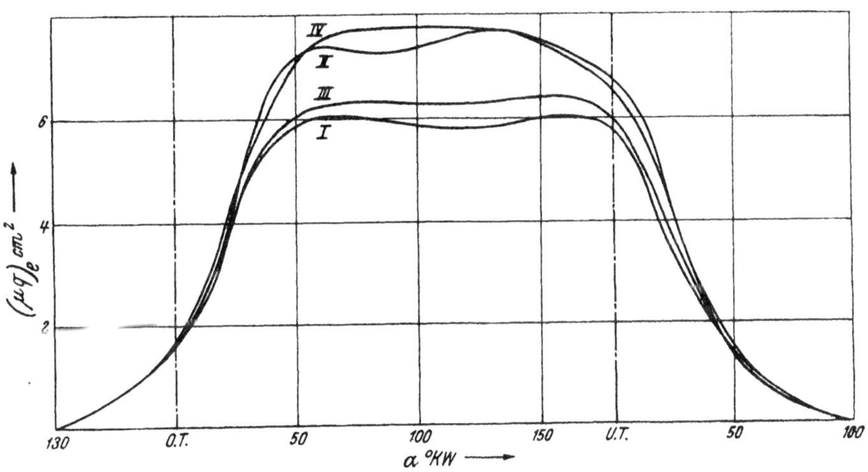

Abb. 121. Wirksame Ersatzquerschnitte des Einlaßventils für die Zylinder I bis IV.

Nach Abschnitt III, 2 b) wird die Druckänderung im Zylinder und die in die Auspuffleitung abgehende Welle ermittelt, indem man den aufgeprägten Druckanteil im Zylinder $p_{zA} = p_z' - \frac{\varkappa}{2}\cdot\frac{\Delta z}{z''}\cdot p_z'$, dann $\Delta p_A = p_{zA} - p_{Ba}$ bestimmt und daraus mittels Tafel 1 Δp_G erhält. Der Parameter G_a^* ergibt sich aus $G_a^* = L_a^* \cdot (1 + b_a)$, wobei $L_a^* = \varkappa \cdot \frac{q_a''}{f_{la}} \cdot p_{la}^{\frac{2-\nu}{2\varkappa}}$ und $\dot{b}_a = \frac{\Delta\alpha}{360}\cdot\frac{a_0}{w_{ma}}\cdot\frac{1}{z''}\cdot p_z'^{\frac{\varkappa-1}{2\varkappa}}$ aus den erwähnten Tabellenwerten und näherungsweise mit den Anfangswerten von Zylinder- und Leitungsdruck zu berechnen sind. Der Brandungsdruck p_{Ba} vor dem Auslaßventil ist zunächst bis zum

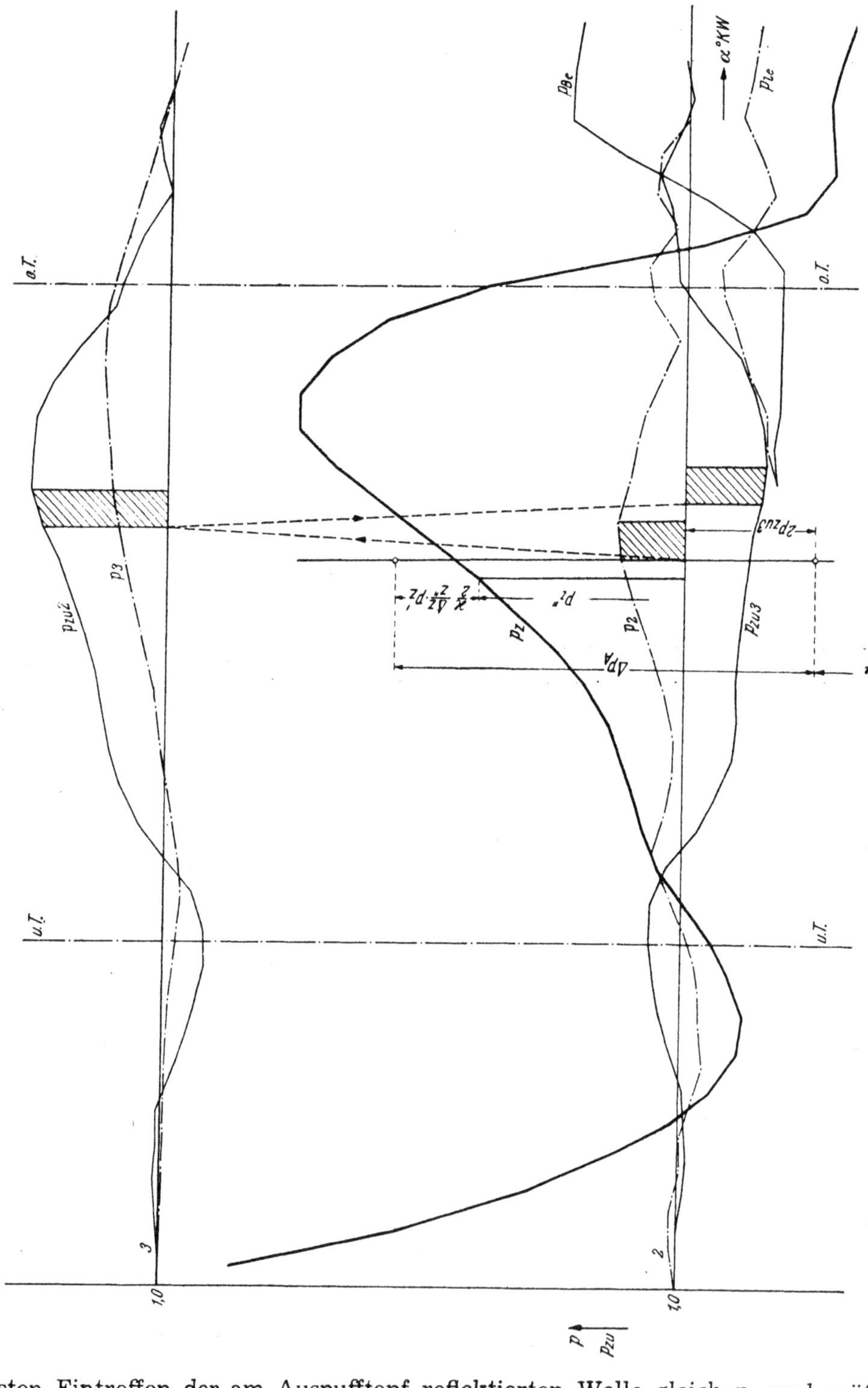

Abb. 122. Zylinderdruck p_z, Behälterdruck p_3 und Leitungsdruck p_2 vor dem Zylinder, nebst den zwischen den Leitungspunkten 2 und 3 nach Abb. 119 ausgetauschten Druckwellen im Verlauf des Auspuffvorganges.

ersten Eintreffen der am Auspufftopf reflektierten Welle gleich p_o und später durch die ankommende Welle p_{zu} bestimmt:

$$p_{Ba} = p_o + 2\,p_{zu}$$

Die in **Tafel** 1 abgegriffene Gefällsminderung $\triangle p_G$ wird aufgeteilt in $p_{lG} = \frac{\triangle p_G}{1 + b_a}$ und $p_{zG} = b_a \cdot p_{lG}$, womit sich der Leitungsdruck $p_l'' = p_B + p_{lG}$ und der Zylinderdruck

$p_z'' = p_z' - \frac{\varkappa}{2} \cdot \frac{\triangle z}{z''} \cdot p_z' - p_{zG}$ in der Mitte des Intervalls $\triangle\alpha = 10^0$ ergibt. Für das Ende des Intervalls erhält man p_z''' durch Verdoppeln der Druckänderung: $p_z''' = p_z'' + (p_z'' - p_z')$, womit auch der Anfangswert für den nächsten Rechenschritt, der in gleicher Weise verläuft, gegeben ist. Es ist bequem, die Druckänderungen graphisch aufzutragen, Abb. 122, und das aufgeprägte Druckgefälle $\triangle p_A$ unmittelbar daraus abzugreifen, doch muß dann der Druckmaßstab mit Tafel 1 übereinstimmen.

Die in Intervallmitte vom Zylinder ausgesandte Welle $p_{ab3} = p_{zu3} + p_{lG2}$ wird ebenfalls in Abb. 122 als Strecke von p_{zu3} bis $p_2 - p_0$ abgegriffen und um die Laufzeit $\triangle\alpha_{2-3} = 7{,}9^0$ später am Auspufftopf 3 als ankommende Welle p_{zu2} aufgetragen. Im ersten Intervall ist $p_{zu3} = 0$, daher $p_{ab3} = p_{lG2}$. Zwischen den einzelnen von 10 zu 10^0 bestimmten Punkten wird geradliniger Verlauf der Drucke und Druckwellen angenommen. Die Drosselung beim Auspuffbehälter wird an der Stelle 4 angenommen, daher herrscht am Rohrende an der Stelle 3 der Behälterdruck. Dieser wird nach Seite 122, Gleichung 176, für Behälter mit Drosselung am Austritt bestimmt. Wegen der kleinen Druckschwankungen werden die Druckpotenzen in L und B vernachlässigt, so daß mit $\varphi_t = \frac{V_t}{V_h} = 7{,}2$, $b_3 = \frac{\triangle\alpha}{360} \cdot \frac{a_0}{w_{m3}} \cdot \frac{1}{\varphi_t} = 0{,}027$; $b_4 = 0{,}055$ ($w_{m4} = 24$ m/sec) und $L_4' = \varkappa \cdot \frac{q_4}{f_4} = 0{,}93$ konstant sind, ebenso $G_4' = L_4'\left(1 + \frac{b_4}{1 + b_3}\right) = 0{,}98$. Man ermittelt entsprechend Gleichung (173) den für die Drosselstelle aufgeprägten Behälterdruck $p_{tA} = p_t' + \frac{b_3}{1 + b_3} \cdot (p_{B3} - p_t')$ und damit $\triangle p_A = p_{tA} - p_{B4}$, greift in Tafel 1 für $G' = 0{,}98$ die Gefällsverminderung $\triangle p_G$ ab und erhält $p_4'' = p_{B4} + \frac{1 + b_3}{1 + b_3 + b_4} \cdot \triangle p_G$ und $p_t'' = p_{tA} - \frac{b_4}{1 + b_3 + b_4} \cdot \triangle p_G$. Der Behälterdruck p_t wird wieder linear bis Intervallende extrapoliert und liefert den Anfangsdruck für den nächsten Rechenschritt. Mit p_t'' ist ferner die zum Zylinder zurückgeworfene Welle $p_{ab2}'' = p_t'' - p_0 - p_{zu2}$ und mit p_4'' die nach 5 weiterlaufende Welle $p_{ab5}'' = p_4'' - p_0 - p_{zu5}''$ bekannt, Abb. 123. Für die ersten Intervalle bis zum ersten Eintreffen der an 5 reflektierten Welle ist $p_{zu5} = 0$ und daher auch $p_{B4} = p_0$.

Nach der Laufzeit $\triangle\alpha_{2-3} = 7{,}9^0$ wird p_{ab2} im Punkt 2 als vor dem Zylinder ankommende Welle eingezeichnet und steht dort für den folgenden Rechenschritt zur Verfügung: nach $\triangle\alpha_{4-5} = 26{,}8^0$ KW langt p_{ab5} als p_{zu4} an der Einschnürung 5 ein. Hier ist das aufgeprägte Druckgefälle $\triangle p_A = 2\,(p_{zu5} - p_{zu6})$ (p_{zu6} ist zunächst 0) und der Parameter

$$G' = \varkappa \cdot \frac{q_5}{f_4} \cdot \left(1 + \frac{f_4}{f_5}\right) = 2{,}1,$$

womit man in Tafel 1 $\triangle p_G$ abgreift. Schließlich bestimmt man $p_5 = p_0 + 2\,p_{zu4} - \triangle p_G \cdot \frac{1}{1 + f_4/f_5}$ und $p_6 = p_0 + 2\,p_{zu0} + \triangle p_G \cdot \frac{f_4/f_5}{1 + f_4/f_5}$ und erhält $p_{ab4} = p_5 - p_0 - p_{zu4}$ und $p_{ab0} = p_6 - p_0 - p_{zu0}$. Bei mäßigen Druckgefällen $\triangle p_A$ verschwindet der Unterschied zwischen p_6 und p_5 und dann ist $\triangle p_G = \triangle p_A$; dasselbe tritt auch am Querschnitt 4 für kleine Druckgefälle ein.

Die zum Auspufftopf zurückgesandte Welle p_{ab4} wird um $\triangle\alpha_{4-5} = 26{,}8^0$ KW später in 4 als ankommende Welle eingezeichnet und ist dort für die Behälter- und Rohrdruckbestimmung in einem späteren Zeitpunkt bekannt, p_{ab0} trifft nach $\triangle\alpha_{6-0} =$

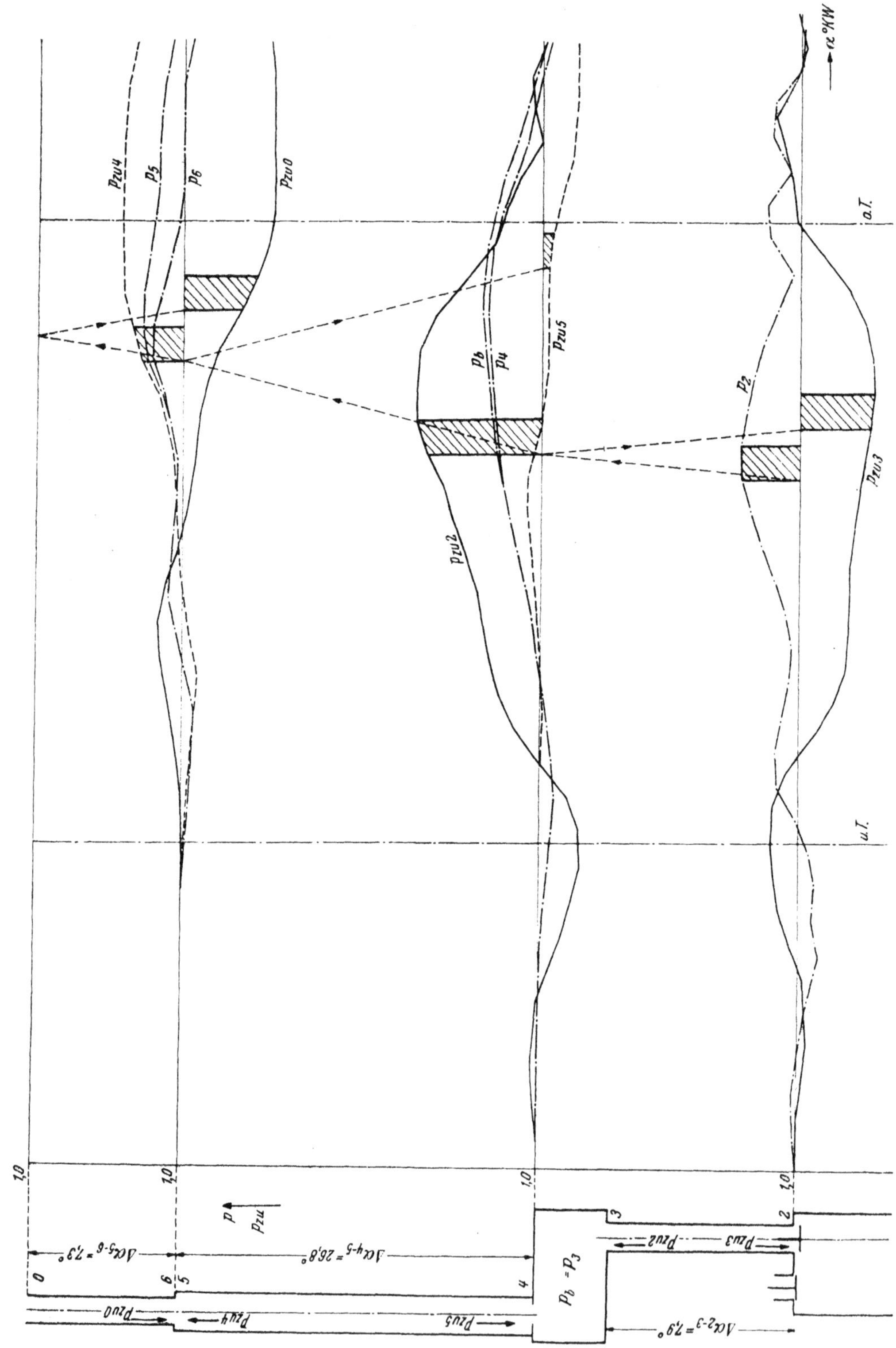

Abb. 123. Wellenplan für die Auspuffleitung.

$= 7{,}3^0$ KW an der Mündung ein und wird nach abermals $7{,}3^0$ negativ reflektiert wieder in 6 als ankommende Welle $p_{zu\,0}$ eingetragen. Nun wird der beschriebene Rechenvorgang für das nächste Intervall wiederholt. Man bestimmt Zylinder- und Leitungsdruck, erhält daraus die vom Zylinder abgehende Welle, verfolgt diese bis zum Auspufftopf und bestimmt hier den Behälterdruck p_3 und den Leitungsdruck p_4 nach der Drosselstelle.

Auf den Vorzeichenwechsel von $\triangle z$ beim Überschreiten der Totpunkte ist zu achten.

Ist man, schrittweise vorgehend, bis zum Öffnen der Einlaßventile gelangt, so tritt zunächst gleichzeitiges Ausströmen aus dem Auslaß- und Einlaßventil auf, weil der Zylinderdruck am Ende des Auspuffhubes hier sehr hoch ist. Dies ist wegen der niedrigen Temperatur und daher hohen Trägheit des Zylinderinhaltes bei fremdangetriebener Maschine der Fall. Nach Seite 117 nimmt man für das Einlaßventil die zylinderseitige Gefällsverminderung $\tilde{\triangle} p_{zGe}$ willkürlich, z. B. gleich Null, an und bestimmt für den Auslaß das aufgeprägte Druckgefälle zu

$$\triangle p_{Aa} = p_z' - \tilde{p}_z'' \cdot \frac{\varkappa}{z''} \cdot \triangle z - \triangle p_{zGe} - p_{Ba};$$

daraus erhält man mittels $G_a^{\cdot} = L_a^{\cdot}\,(1 + b_a)$ eine Gefällsverminderung $\triangle p_{Ga}$ am Auslaßventil. Ihr zylinderseitiger Anteil $p_{zGa} = \triangle p_{Ga} \cdot \frac{b_a}{1 + b_a}$ liefert nun ein aufgeprägtes Druckgefälle

$$\triangle p_{Ae} = p_z' - \tilde{p}_z'' \cdot \frac{\varkappa}{z''} \cdot \triangle z - p_{zGa} - p_{Be}$$

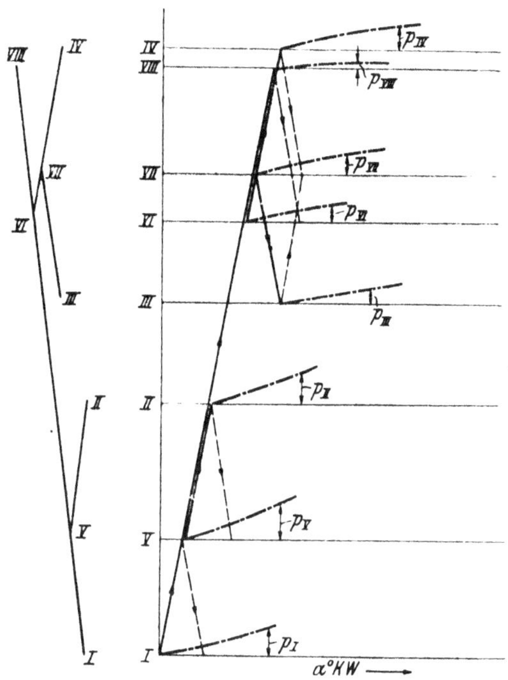

Abb. 124. Wellenplan für das Saugrohr, schematisch.

für den Einlaß, mit dem man mittels $G_e^{\cdot} = L_e^{\cdot} \,.\, (1 + b_e)$ die Gefällsverminderung p_{zGe} bestimmt.

Dabei ist $L_e^{\cdot} = \varkappa \,.\, \frac{q_e''}{f_{le}} \cdot p_{le}^{\frac{2-\nu}{2\varkappa}}$ und $b_e = \frac{\triangle \alpha}{360} \cdot \frac{a_{lo}}{w_{me} \,.\, z''} \cdot p_z'^{\frac{\varkappa-1}{2\varkappa}}$

aus der zu Beginn der Rechnung angelegten Tabelle für jedes Intervall zu entnehmen, und den Brandungsdruck $p_{Be} = p_0 + 2\,p_{zue}$ vor dem Einlaßventil erhält man aus dem Wellenplan, Abb. 124 und 125, für das Saugrohr nach Abb. 119. Geht man vom ruhenden Rohrinhalt aus, so ist zunächst im ersten Intervall $p_{zue} = 0$ bis zum Wiedereintreffen der vom Zylinder erregten Welle nach ihrem Rückwurf am nächsten Knotenpunkt. Da die Laufzeit vom Zylinder zum nächsten Knoten und zurück hier zufällig gleich der Intervallänge ist, entspricht der Wert der vor dem Zylinder eintreffenden Welle in der Mitte des folgenden Intervalls gerade der an der Verzweigung zurückgeworfenen Welle, die in der Mitte des vorhergehenden Intervalls vom Zylinder ausgesandt wurde. Die ankommende Welle p_{zue} und damit der Brandungsdruck $p_{Be} = p_0 + 2\,p_{zue}$ vor dem Einlaßventil sind somit vom vorhergehenden Rechenschritt stets bekannt.

Wie oben gezeigt, wurde mittels eines angenommenen Wertes $\tilde{p}_{zGe}$ ein neuer Wert p_{zGe} errechnet, der im allgemeinen nicht mit dem angenommenen übereinstimmen wird. Man trägt nun nach Abb. 91 den errechneten Wert p_{zGe} als Ordinate zum angenommenen $\tilde{p}_{zGe}$ als Abszisse auf und wiederholt den oben beschriebenen Rechenvorgang mit einer neuen Annahme für $\tilde{p}_{zGe}$. Das zweite Ergebnis p_{zGe} trägt man ebenfalls über der Annahme auf und verbindet die beiden so erhaltenen Punkte durch eine Gerade. Ihr Schnitt mit der Winkelhalbierenden durch den Koordinatenursprung liefert mit meist genügender Genauigkeit den richtigen Wert von p_{zGe}, für den Annahme und Ergebnis übereinstimmen.

Mit diesem richtigen Wert wiederholt man nun abschließend die Rechnung und bestimmt das aufgeprägte Druckgefälle $\triangle p_{Aa} = p_z' - \tilde{p}_z'' \cdot \varkappa \cdot \frac{\triangle z}{z''} - p_{zGe} - p_{Ba}$ für den Auslaß, daraus mittels $G_a^{\cdot} = L_a^{\cdot} \cdot (1 + b_a)$ die zugehörige Gefällsverminderung $\triangle p_{Ga}$ und teilt diese in den leitungsseitigen Anteil $p_{lGa} = \frac{\triangle p_{Ga}}{1 + b_a}$ und den zylinderseitigen Anteil $p_{zGa} = p_{lGa} \cdot b_a$ auf. Damit ist der Leitungsdruck $p_{la} = p_{Ba} + p_{lGa}$ vor dem Auslaßventil und der Zylinderdruck $p_z'' = p_z' - \tilde{p}_z'' \cdot \varkappa \cdot \frac{\triangle z}{z''} - p_{zGe} - p_{zGa}$ bestimmt. Für das Intervallende erhält man $p_z''' = p_z' + 2 \cdot (p_z'' - p_z')$. Bei aufwärtsgehendem Kolben ist $\triangle z$ dabei negativ und die zugehörige Druckänderung daher ein positiver Druckanstieg.

Aus p_{zGe} ergibt sich ferner auch $p_{lGe} = \frac{p_{zGe}}{b_e}$ und damit der Leitungsdruck $p_{le}'' = p_{Be}'' + p_{lGe}$ vor dem Einlaßventil in der Mitte des untersuchten Intervalls, der in den Wellenplan übertragen wird.

Eine abschließende Nachprüfung des verwendeten Wertes für p_{zGe}, indem man mit dem zuletzt erhaltenen p_{zGa} das aufgeprägte Druckgefälle

$$\triangle p_{Ae} = p_z' - \tilde{p}_z'' \cdot \varkappa \cdot \frac{\triangle z}{z''} - p_{zGa} - p_{Be}''$$

bildet und mittels $G_e^{\cdot} = L_e^{\cdot} \cdot (1 + b_e)$ die Gefällsverminderung $\triangle p_{Ge}$ und schließlich $p_{zGe} = \frac{\triangle p_{Ge}}{1 + b_e}$ bestimmt, kann im allgemeinen schon nach kurzer Übung unterbleiben.

Nachdem die Leitungsdrücke für Aus- und Einlaß bestimmt wurden, sind die vom Zylinder abgehenden Wellen bekannt. In der Auslaßleitung wird ihr Weg in schon besprochener Weise verfolgt, in der Saugleitung geschieht dies an Hand des Wellenplanes, Abb. 125. Für die Querschnittsunstetigkeiten I bis VIII werden die jeweils in den Knotenpunkten aus den einzelnen Leitungszweigen eintreffenden Druckwellen und die entsprechenden Knotenüberdrücke $p - p_0$ über dem Kurbelwinkel als Abszisse aufgetragen. Dabei werden die ankommenden Wellen nach ihrem Ausgangspunkt benannt, die abgehenden hingegen nach ihrem Bestimmungsort.

Die vom Zylinder I nach dem Verzweigungspunkt V abgehende Druckwelle $p_{ab\,V} = p_I - p_0 - p_{zu\,V} = p_{lGe} + p_{zu\,V}$ trifft dort nach $\triangle\alpha_L = 5^0$ KW als $p_{zu\,I}$ ein und wird nach Gleichung (119 a) mit $p_{zu\,II}$ und $p_{zu\,VI}$ zum Knotenüberdruck $p_V - p_0 = \frac{2}{3} \cdot (p_{zu\,I} + p_{zu\,II} + p_{zu\,VI})$ zusammengesetzt.

Die für die Druckbestimmung notwendigen ankommenden Wellen p_{zu} sind stets sowohl am Zylinder als auch an der Verzweigung bekannt. Wenn vom ruhenden Saugrohr ausgegangen wird, ist im ersten Intervall am Zylinder $p_{zu\,V} = 0$ und daher $p_{ab\,V} = p_{lGe}$, später ist $p_{zu\,V}$ durch den jeweils vorhergehenden Rechenschritt gegeben. Ebenso sind bei V zunächst alle ankommenden Wellen gleich Null, außer der vom Zylinder I ausgesandten, der gerade mit dem ersten Ansaugtakt einsetzt. Da alle ankommenden Wellen p_{z_u} bekannt sind, kann man den Leitungsüberdruck

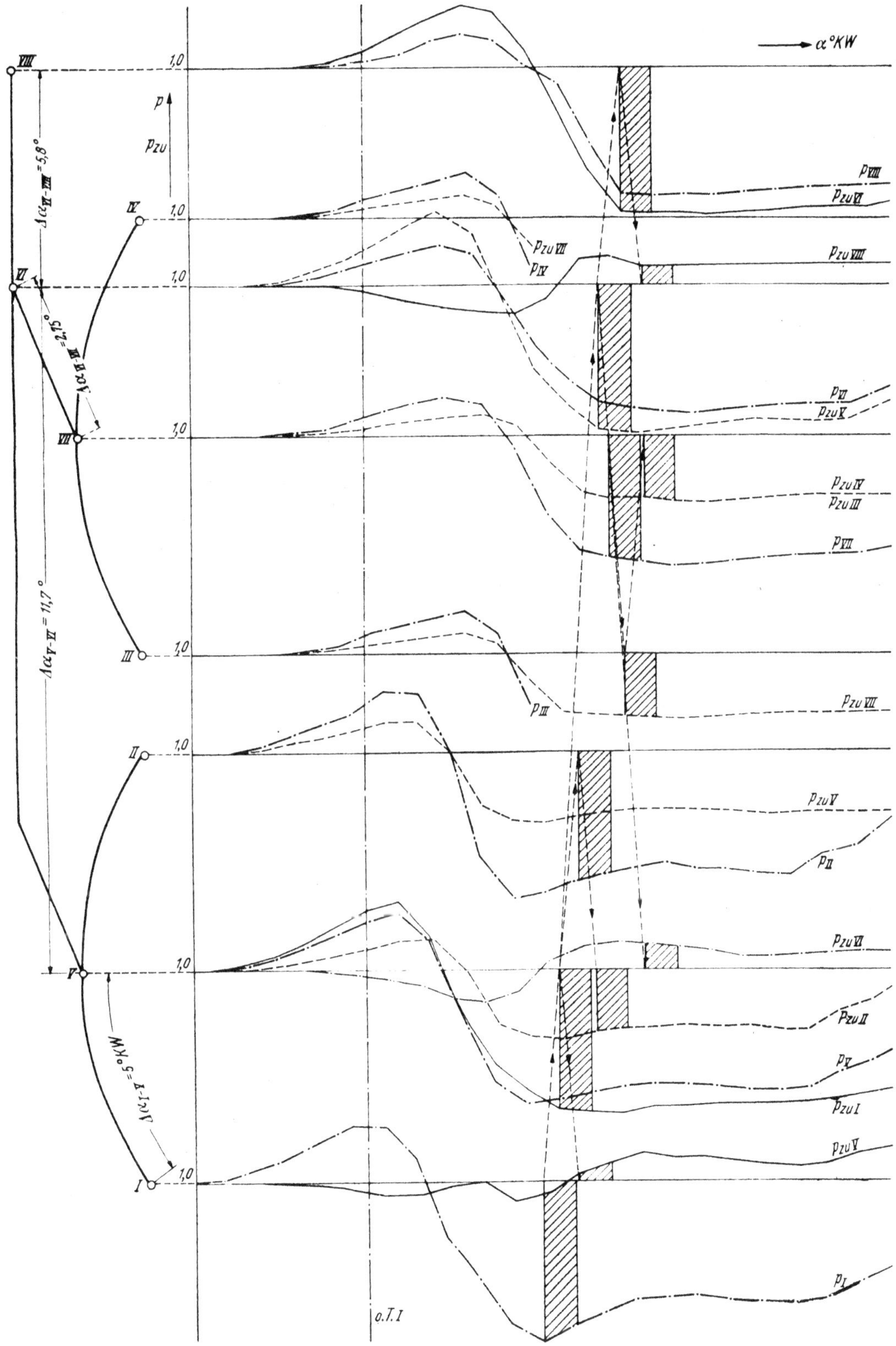

Abb. 125. Wellenplan für das Saugrohr.

$$p_V - \bar{p} = \frac{2}{3} \cdot (p_{zu\,I} + p_{zu\,II} + p_{zu\,VI})$$

bestimmen und erhält aus $p_{ab} = p_V - \bar{p} - p_{zu}$ für jeden der im Knoten V zusammentreffenden Zweige die abgesandte Welle.

Die zum Zylinder I zurückgesandte Welle trifft dort um die Laufzeit später ein und steht für den nächsten Rechenschritt zur Verfügung, die zum Zylinder II laufende Welle wird am geschlossenen Einlaßventil vollkommen zurückgeworfen und kommt nach der doppelten Laufzeit wieder unverändert zum Knoten V zurück; die zum Knoten VI laufende Welle schließlich wird dort um die entsprechende Laufzeit später als ankommende Welle $p_{zu\,V}$ eingezeichnet.

In VI ist wegen der kurzen Laufzeit von $2\frac{3}{4}^0$ KW bis VII die ankommende Welle nur jeweils $2 \times 2\frac{3}{4} = 5\frac{1}{2}^0$ KW im voraus bekannt, so daß zur Überbrückung des bisher benützten Intervalls von 10^0 KW zwei Rückwürfe zwischen VI und VII verfolgt werden müßten. Man vermeidet dies nach Seite 95 und erhält den Überdruck im Knoten VI aus

$$p_{VI} - \bar{p} = 0{,}5\,(p_{zu\,V} + p_{zu\,VIII} + p_{zu\,III} + p_{zu\,IV}) +$$
$$+ 0{,}18 \triangle (p_{zu\,V} + p_{zu\,VIII}) - 0{,}30 \triangle (p_{zu\,III} + p_{zu\,IV})$$

und entsprechend den Überdruck in VII aus $p_{VII} - \bar{p} = 0{,}5\,(p_{zu\,V} + p_{zu\,VIII} + p_{zu\,III} + p_{zu\,IV}) + 0{,}18 \triangle (p_{zu\,III} + p_{zu\,IV}) - 0{,}30 \triangle (p_{zu\,V} + p_{zu\,VIII})$, wobei $\triangle$ hier nach Seite 95 die Änderung der entsprechenden Wellensumme während $5\frac{1}{2}^0$ KW, das ist die doppelte Laufzeit zwischen VI und VII, bedeutet.

Nun bestimmt man die nach III und IV abgehenden Wellen $p_{ab\,III} = p_{VII} - p_0 - p_{zu\,III}$ und $p_{ab\,IV} = p_{VII} - p_0 - p_{zu\,IV}$ und trägt $p_{ab\,IV}$, nach der Laufzeit zum Zylinder und zurück, unverändert als $p_{zu\,IV}$ wieder am Knoten VII ein, da die Welle am geschlossenen Zylinder IV vollkommen zurückgeworfen wird. Das Einlaßventil von Zylinder III ist beim Beginn des Saughubes von Zylinder I noch geöffnet, daher trägt man die von VII nach III laufende Welle um die Laufzeit später als $p_{zu\,VII}$ am Zylinder ein und ermittelt damit in schon gezeigter Weise Leitungsdruck p_{III} und abgehende Welle $p_{ab\,VII} = p_{III} - \bar{p} - p_{zu\,VII}$.

Für den Anfahrhub des Zylinder I kann aber der Einfachheit wegen auch am Zylinder III schon vor dem Schließen seines Einlaßventils vollkommener Rückwurf angenommen und die vom Überströmen bei III erregte Welle vernachlässigt werden.

Die vom Knoten VI nach V zurückgesandte Welle wird dort als $p_{zu\,VI}$ um die Laufzeit verschoben eingezeichnet und steht neuerdings für die Bestimmung von p_V zur Verfügung; die von VI nach VIII weiterlaufende Welle wird am Vergaser stark gedämpft zurückgeworfen und läuft von dort zu VI zurück. Das Rückwurfgesetz am Vergaser ermittelt man ein für allemal, indem man für einige Werte der ankommenden Welle die zurückgeworfene Welle über der ankommenden aufträgt. Es ist $p_{ab} = p_{zu} + p_{IG}$ und die Gefällsminderung p_{IG} erhält man in Abhängigkeit vom aufgeprägten Druckgefälle $\triangle p_A = 2\,p_{zu}$ und vom Parameter

$$G^{\cdot} = L^{\cdot} = \varkappa \cdot \frac{q_v}{f} \cdot p_I^{\frac{2-\nu}{2\varkappa}} = 0{,}53 \cdot p_I^{\frac{2-\nu}{2\varkappa}}$$

aus Tafel 1. Dabei muß $p_I = p_0 + p_{zu} + p_{ab}$ in $L^{\cdot}$ vorausgeschätzt und, wenn nötig, nach Ermittlung von p_{ab} verbessert werden.

Nachdem so alle Rückwürfe im Saugrohr für einen Zeitabschnitt $\triangle\alpha$ erledigt sind, beginnt man den beschriebenen Vorgang am Zylinder I aufs neue.

Die Rechnung wird so lange fortgesetzt, bis sich an dem Schwingungsbild nichts mehr ändert.

Abb. 126 zeigt den Druckverlauf im Beharrungszustand. Die zum Vergleich eingetragene Messung des Druckverlaufes zeigt, daß die Rechnung die Vorgänge mit guter Wirklichkeitstreue erfaßt.

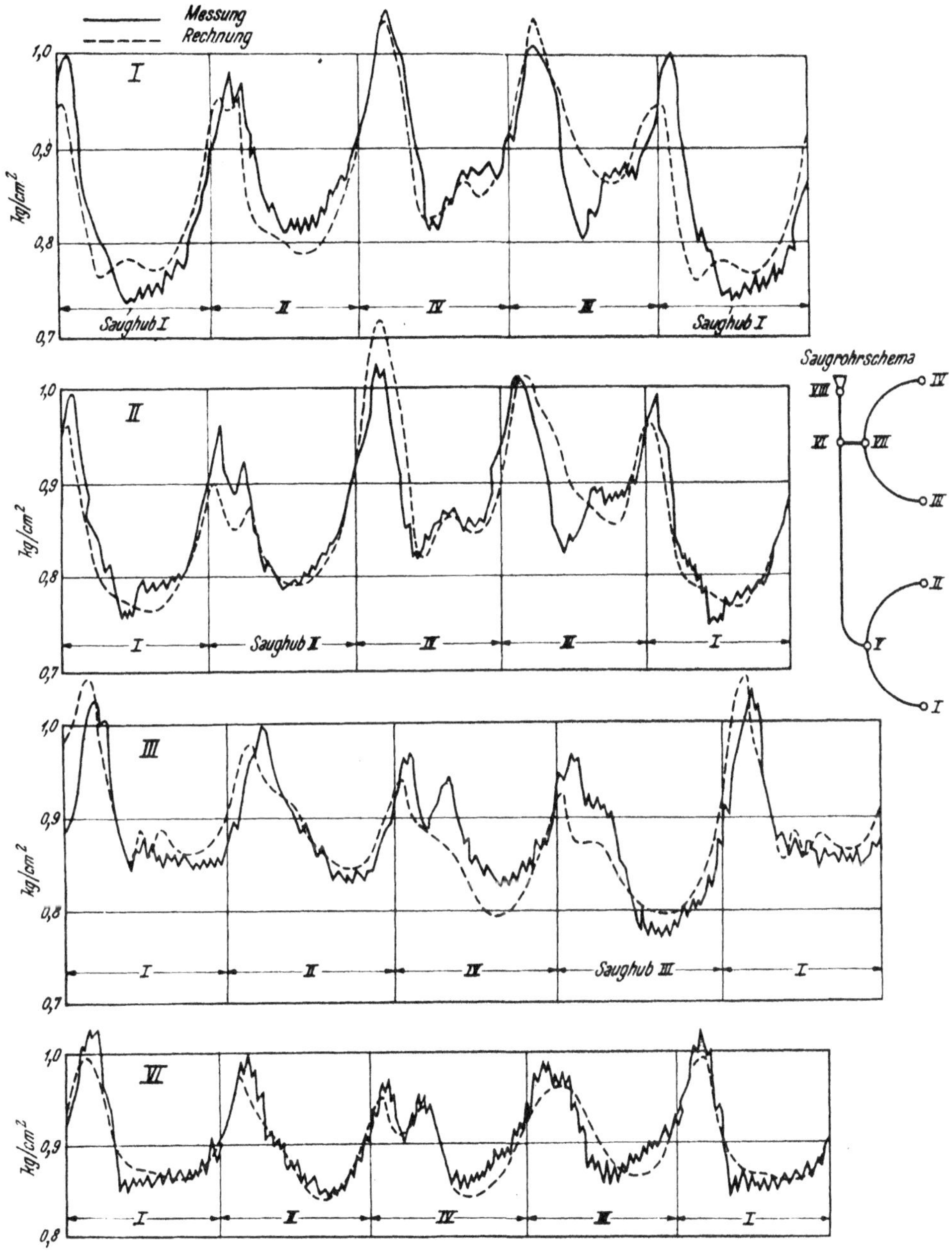

Abb. 126. Errechneter und gemessener Druckverlauf im Saugrohr.

Man erhält die Geschwindigkeit im Saugrohrquerschnitt vor jedem Zylinder, indem man nach Abschnitt III 1 die Differenz aus vorlaufender und rücklaufender Druckwelle $p_v - p_r$ bildet und mit

$$\frac{a_0}{\varkappa} \cdot \left(\frac{1}{p}\right)^{\frac{\varkappa+1}{2\varkappa}}$$

multipliziert. Aus Geschwindigkeit und Querschnittfläche erhält man die einströmende Gasmenge. Abb. 127 zeigt die einströmende Gasmenge in Abhängigkeit vom Kurbelwinkel (Einströmgesetz). Der gerechnete und gemessene Liefergrad stimmt nach Abb. 128 für 1250 U/min sehr gut und für 1700 U/min wenigstens dem Verlauf nach gut überein. Die Unterschiede erklären sich zum Teil damit, daß das Ventilspiel zwischen der Bestimmung der Durchflußzahlen und der Liefergradmessung geändert worden war, so daß die der Rechnung zugrundeliegenden Steuerzeiten von denen des Versuches etwas abweichen.

Die Berechnung läßt sich auch für noch verwickeltere Einsaugsysteme durchführen. So wurden die Gasbewegungen in den Saugrohren von 8- und 12-Zylinder-V-Motoren mit dem Verfahren ohne grundsätzliche Schwierigkeiten berechnet.

b) Untersuchung der Druckschwankungen in der Auspuffleitung eines Zweitakt-8-Zylinder-V-Dieselmotors und ihrer Rückwirkungen auf Luftaufwand und Liefergrad der einzelnen Zylinder.

Das angegebene Rechenverfahren wurde dazu benützt, um an einem in Konstruktion befindlichen raschlaufenden Zweitaktdieselmotor für Triebwagen die Rückwirkung der Auspuffleitung auf die Verteilung der Spülluft auf die einzelnen Zylinder und auf deren Liefergrad und Gesamtladung festzustellen.

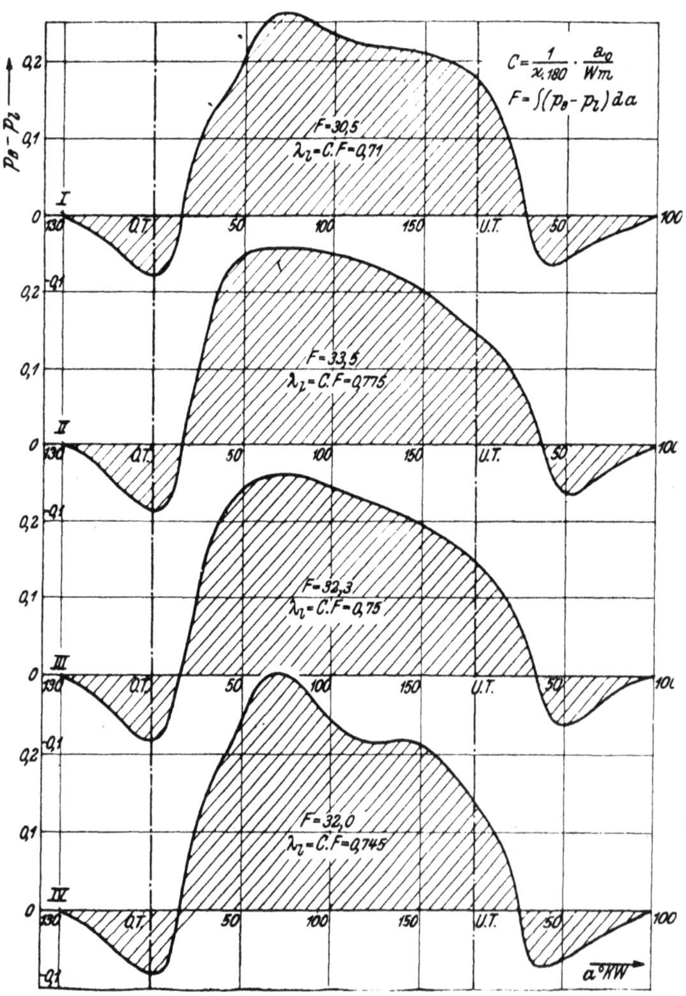

Abb. 127. Einströmgesetz für die Zylinder I bis IV.

Die Zylinder des V-Motors sind in jeder der zwei Reihen zu je vier durch eine gemeinsame Auspuffleitung nach Abb. 129 a zusammengefaßt und werden aus einem zwischen den beiden Zylinderreihen liegenden Behälter mit Spülluft versorgt. Wegen dessen Größe und der regelmäßigen Entnahme durch die acht Zylinder sind nur geringe Schwankungen des Spüldruckes zu erwarten, die vernachlässigt werden können. Es wurde daher mit gleichbleibendem Spüldruck gerechnet. Auch die Druckschwankungen im großen Auspuffbehälter können vernachlässigt, der Druck in diesem konstant gesetzt werden. Damit zerfällt das Auspuffsystem in die Systeme zweier unabhängiger Vierzylindermotoren, Abb. 129 b, die sich nur durch die ungleichen Zündabstände I — 67,5° — III —

$112{,}5^0$ — IV — $67{,}5^0$ — II — $112{,}5^0$ — I von den Auspuffsystemen normaler Vierzylindermotoren unterscheiden.

Die zugrundegelegten Motordaten und Annahmen sind:
Hub $s = 180$ mm
Zylinderdurchmesser $D = 170$ mm
Drehzahl $n = 1500$ U/min
Schubstangenverhältnis $L/R = 4{,}27$
Verdichtung (Abschluß der Auslaßschlitze) $\varepsilon = 18$.

Die wirksamen Querschnitte der Schlitze wurden im stationären Durchströmversuch bestimmt. Teil II enthält Angaben über die Versuchsdurchführung. Die ermittelten Werte sind in Abb. 130 dargestellt. Die Leitungsquerschnitte und Leitungslängen sind aus Abbildung 129 zu entnehmen.

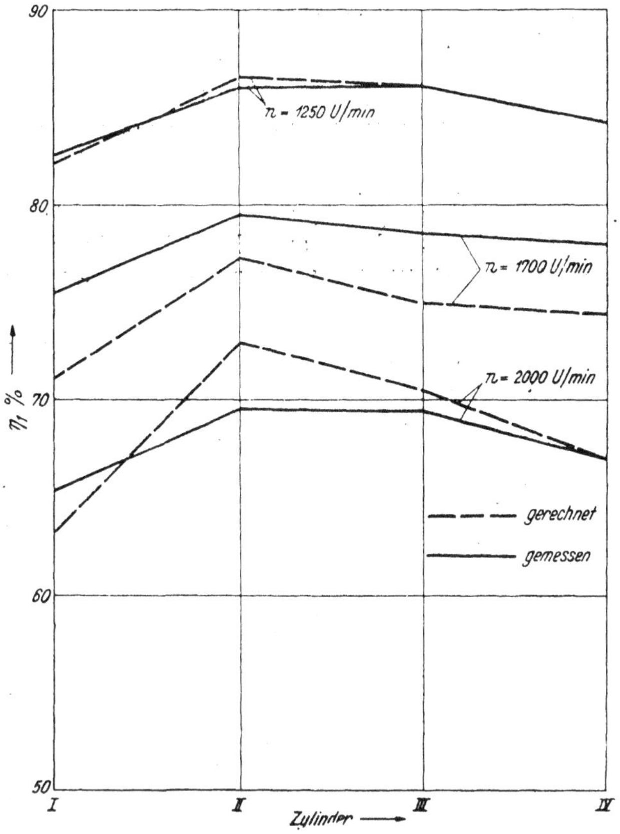

Abb. 128. Gerechnete und gemessene Liefergrade der Zylinder I bis IV.

Spüldruck: $p_s = 1{,}35$ ata, Spültemperatur $T_s = 331^0$ K; Zylinderdruck p_{za} und Zylindertemperatur T_{za} beim Öffnen der Auslaßschlitze und die mittlere Abgastemperatur T_A wurden nach Teil II berechnet: Es wurde erhalten:

$p_{za} = 4{,}25$ ata
$T_{za} = 1000^0$ K
$T_A = 540^0$ K

Der allgemeine Gang der Rechnung verläuft nun so, daß man zunächst nach Abschnitt II, 3 a, den Ladungswechsel für gleichbleibenden Spül- und Gegendruck berechnet und dann aus den damit erhaltenen Grundwerten die zusätzlichen Änderungen des Zylinderdruckes ermittelt, die sich infolge der Schwingungen in der Auspuffleitung ergeben.

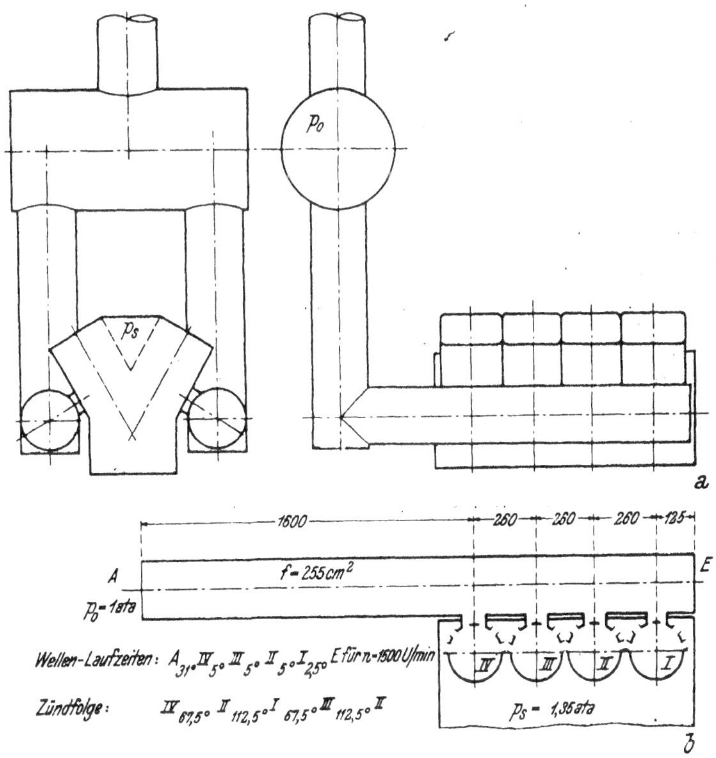

Abb. 129.

Zuerst wird die Bestimmung der Grundwerte

des Zylinderdruckes bei gleichbleibendem Gegendruck = Außendruck nach den Auslaßschlitzen besprochen. Diese Grundwerte könnten an der Maschine dann gemessen werden, wenn die Auslaßschlitze unmittelbar ins Freie münden würden.

Man beginnt die Rechnung mit Beginn des Vorauspuffs und benützt die nach Teil II bestimmten, früher angegebenen Zustandswerte im Zylinder p_{za}, T_{za} beim Öffnen der Auslaßschlitze.

Vom Anfangsdruck ausgehend berechnet man während des Vorauspuffs für das zunächst überkritische Ausströmen den Endwert des Zylinderdruckes p_z'' für die einzelnen Intervalle nach Gleichung (80). Dabei wurde $\varkappa = 1{,}4$ gesetzt (der Wert ist größer als der der Adiabate, um den Wärmeübergang annähernd zu berücksichtigen). Die Veränderung der Durchflußzahlen mit dem Druck wurde berücksichtigt. Als Intervallänge wurde 5^0 KW angenommen.

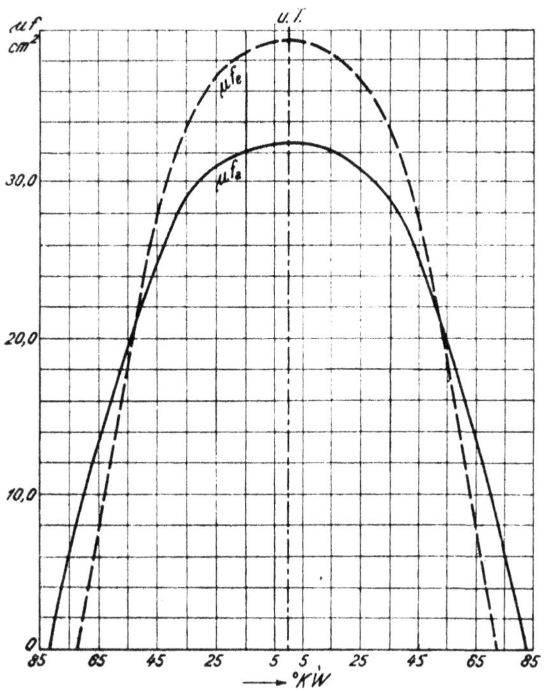

Abb. 130. Wirksame Querschnitte der Ein- und Auslaßschlitze in Abhängigkeit vom Kurbelwinkel.

Die Auslaßschlitze sind bei der Maschine zur Erzielung einer Aufladewirkung am Ende des Ladungswechsels verhältnismäßig kurz ausgeführt. Beim Öffnen der Einlaßschlitze (72^0 KW) herrscht im Zylinder daher nach Abbildung 131 noch hoher Druck ($p_{ze} = 3{,}23\,\text{kg/cm}^2$), so daß bis 65^0 KW die Abgase überkritisch in den Spülbehälter zurückschlagen. Da demnach durch die Ein- und Auslaßschlitze zugleich überkritisches Ausströmen erfolgt, ist in Gleichung (80) statt $(\mu\,\sigma)$ einzusetzen:

$$(\mu\,\sigma)_a'' + (\mu\,\sigma)_e'' \cdot \frac{w_{ma}}{w_{me}}$$

Hier wurde als Bezugsquerschnitt die Kolbenfläche F_k gewählt, so daß $\mu\,\sigma = \dfrac{\mu\,f}{F_k}$ ist und $w_m = c_m$ wird.

Von 65 — 55^0 KW strömt Abgas durch die Einlaßschlitze unterkritisch in den Spülbehälter und durch die Auslaßschlitze zunächst bis 60^0 KW überkritisch, dann weiter unterkritisch ins Freie. Die Zylinderdruckänderung ist

$$\triangle p_z = -\frac{\varkappa}{z''} \cdot \triangle z \cdot p_z'' - 2\,B_{Pa} \cdot \sqrt{p_z'' - p_a''} - \frac{B_{pe}}{\sqrt{\widetilde{\triangle}_e}} \cdot [p_z'' - p_s + \widetilde{\triangle}_e]$$

mit B_{Pa} nach Gleichung (96 b), wobei im überkritischen Bereich

$$p_a'' = \widetilde{p}_z'' \left(\frac{2}{\varkappa + 1}\right)^{\frac{\varkappa}{\varkappa - 1}}$$

zu setzen ist, und

$$B_{pe} = \frac{\varkappa}{180\,c_m} \cdot \frac{\triangle\alpha}{2} \cdot \frac{(\mu\,f)_e''}{F_k \,.\, z''} \cdot \sqrt{2\,g \,.\, R \,.\, \widetilde{T}_z'' \cdot \widetilde{p}_z''^{\,\frac{\varkappa + \nu - 2}{2\varkappa}} \cdot \widetilde{p}_s^{\,\frac{2 - \nu}{2\varkappa}}}$$

Mit $p_z''' = p_z' + \triangle p_z$ erhält man

$$p_z''' = p_z' \cdot \frac{1 - A}{1 + A} + \left(\frac{B_{Pe}}{\sqrt{\widetilde{\triangle}_e}} \cdot (p_s - \widetilde{\triangle}_e) - 2\, B_{Pa} \cdot \sqrt{\widetilde{p}_z''} \cdot \sqrt{1 - \left(\frac{2}{\varkappa + 1}\right)^{\frac{\varkappa}{\varkappa - 1}}} \right) \cdot \frac{1}{1 + A}$$

$$\text{wobei } A = \frac{B_{Pe}}{2\sqrt{\widetilde{\triangle}_e}} + \frac{\varkappa}{2} \cdot \frac{\triangle z}{z''}$$

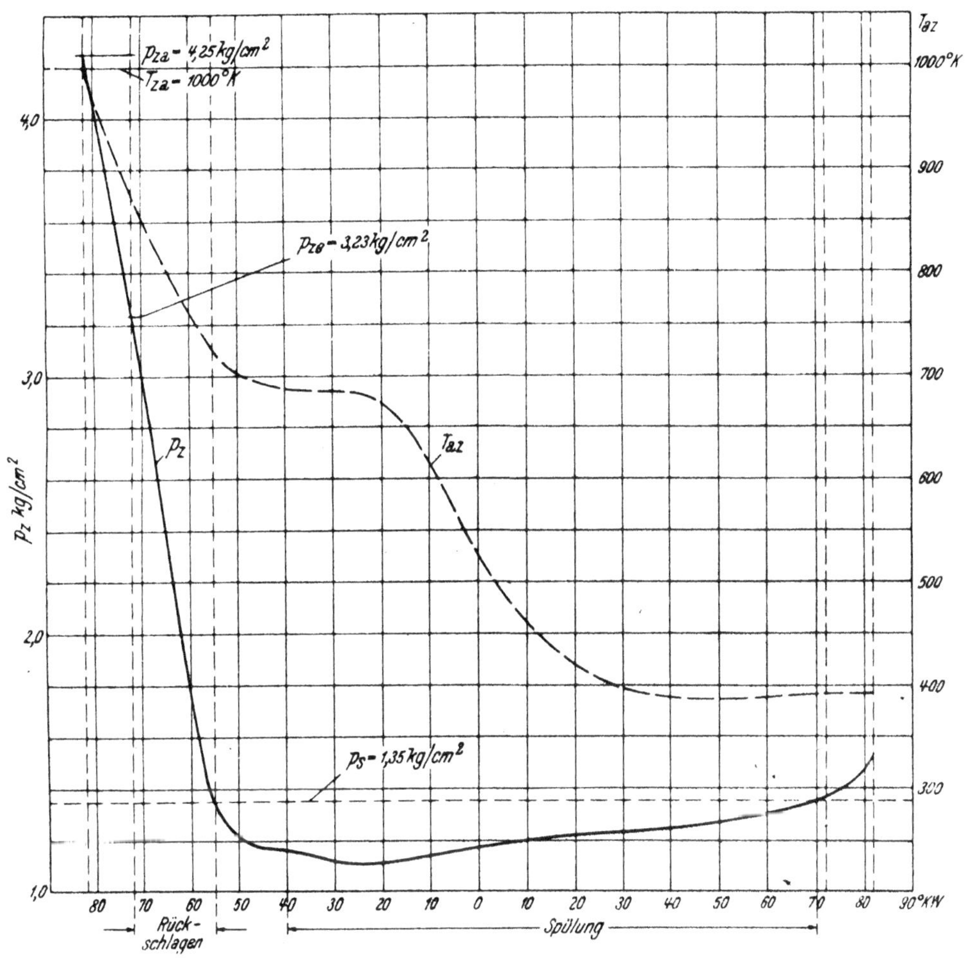

Abb. 131. Verlauf von Druck und Temperatur im Zylinder während der Auspuff- und Spülperiode.

Im unterkritischen Bereich, für den Auslaß ab 60° KW, linearisiert man zweckmäßig die Wurzel und setzt mit $p_a = p_o$

$$\frac{B_{Pa}}{\sqrt{\widetilde{\triangle}_a}} \cdot (p_z'' - p_o + \widetilde{\triangle}_a) \qquad \text{statt} \qquad 2\, B_{Pa} \cdot \sqrt{p_z'' - p_a''}$$

worauf man mit

$$A = \frac{\varkappa}{2} \cdot \frac{\triangle z}{z''} + \frac{B_{Pe}}{2\sqrt{\widetilde{\triangle}_e}} + \frac{B_{Pa}}{2\sqrt{\widetilde{\triangle}_a}}$$

analog zur Gleichung (100)

$$p_z''' - p_o = \frac{1 - A}{1 + A} \cdot (p_z' - p_o) - \frac{B_{Pa}}{\sqrt{\widetilde{\triangle}_a}\,(1 + A)} \cdot \widetilde{\triangle}_a +$$

$$+ \frac{B_{Pe}}{\sqrt{\widetilde{\triangle}_e}\,(1 + A)} \cdot (p_s - p_o - \widetilde{\triangle}_e) - \varkappa \cdot \frac{\triangle z}{z''} \cdot \frac{p_o}{1 + A}$$

erhält, wenn man zweckmäßiger mit den Überdrücken rechnet. Ab 55^0 KW sinkt nach Abb. 131 der Zylinderdruck p_z unter den Spüldruck p_s und nun strömen zunächst die vorher in den Spülbehälter eingetretenen Abgase in den Zylinder zurück. Der Zylinderdruck wird von nun an bis zum Abschluß der Auslaßschlitze nach der für das Spülen geltenden Gleichung (100) gerechnet, doch ist das Spülmittel zunächst noch das den Einlaßschlitzen vorgelagerte Abgas, von dem angenommen wird, daß es sich mit der Spülluft im Behälter nicht vermischt.

Das vom Abgas nach der Verwirbelung seiner Strömungsenergie im Spülbehälter eingenommene Volumen ist nach den Ausführungen auf Seite 55 durch

$$V_r = \Sigma \triangle V_e \cdot \frac{p_z}{p_s}$$

gegeben. Wegen des Zusammenhanges von Eintritts- bzw. Austrittselement mit der zugehörigen Druckänderung im Zylinder folgt für das überkritische Rückschlagen, also hier für die Intervalle zwischen 80 und 65^0 KW,

$$V_{ra\,1} = \Sigma\, 2\, B_{Pe} \cdot \sqrt{p_z'' \left[1 - \left(\frac{p_e}{p_z}\right)_{kr}\right]} \cdot \frac{z''}{\varkappa} \cdot \frac{V_h}{p_s}$$

und für das unterkritische Rückschlagen

$$V_{ra\,2} = \Sigma \frac{B_{Pe}}{\sqrt{\tilde{\triangle}_e}} \cdot [p_z'' - p_s + \tilde{\triangle}] \cdot \frac{z''}{\varkappa} \cdot \frac{V_h}{p_s},$$

wobei die Summe hier für die zwei Intervalle von 65 — 55^0 KW zu bilden ist. Nach der Strömungsumkehr gilt der letzte Ausdruck für das aus dem Spülbehälter in den Zylinder abströmende Gasvolumen, wenn man in der Klammer $[p_s - p_z'' + \tilde{\triangle}_e]$ setzt. B_{Pe} berechnet man zunächst, solange noch Abgas rückströmt, mit einer mittleren Abgastemperatur im Spülbehälter, die im vorliegenden Fall $T \sim 1000^0$ angenommen wurde.

Im Intervall (40—35^0 KW), in dem das wiedereingeströmte Gasvolumen dem ursprünglich in den Spülbehälter zurückgeschlagenen Volumen gleichgeworden ist, $V_{re} = V_{ra\,1} + V_{ra\,2}$, beginnt die eigentliche Spülung, von da ab ist B_{pe} mit der Spüllufttemperatur T_s zu rechnen.

Bis zum Einsetzen der eigentlichen Spülung wurde $T_{z\,red}$ im Zylinder als unveränderlich angenommen. Von da an wird die für den Ausdruck B_{Pa} benötigte Temperatur des austretenden Gasstromes intervallweise nach dem Teil II dieses Buches berechnet. Das Ergebnis ist in Zahlentafel 2 enthalten. Als Näherungswerte $\tilde{\triangle}_e$ und $\tilde{\triangle}_a$ wurden für den Verlauf der Spülung im allgemeinen die Anfangswerte des Druckgefälles im betrachteten Zeitabschnitt für Ein- und Auslaß verwendet. Nur bei größeren Abweichungen des im Intervall erhaltenen Druckgefälles vom Anfangswert, wie sie in der Nähe einer Strömungsumkehr auftreten, wurde die Rechnung mit einem verbesserten Näherungswert wiederholt.

Die Rechnung wird bis zum Abschluß der Einlaßschlitze mit Gleichung (100), von da ab bis zum Abschluß der Auslaßschlitze mit $B_{Pe} = 0$ fortgesetzt.

Zahlentafel 2 enthält die so ermittelten Grundwerte des Zylinderdruckes und der für die weiteren Berechnungen benötigten Größen.

Der Berechnung der Schwingungen im Auspuffsystem wurde das Schema Abb. 129 b der Auspuffanlage zugrunde gelegt. Der Einfluß der Abgaskanäle zwischen der Rohrleitung und den Auslaßschlitzen wird durch die Annahme eines Rohres mit

Seitentaschen nach Abb. 109 berücksichtigt. Denkt man sich das Volumen der Kanäle von 1000 cm^3 auf die Rohrlänge von 87 cm zwischen Zylinder IV und Rohrende aufgeteilt, so ergibt sich eine Querschnittserweiterung von $f_2 = 255\ cm^2$ auf $f_2' = 266\ cm^2$.

Zahlentafel 2.

Grundwerte von Zylinderdruck, Zylindertemperatur und erregter Welle des untersuchten Zweitakt-V-8-Dieselmotors und Hilfsgrößen für die Berechnung der überlagerten Druckschwankungen, in Abhängigkeit vom Kurbelwinkel.

°KW	$\bar{p}_a'$ ata	T_{za} °K	$\varkappa \frac{\Delta z}{z''}$	B_{Pe}	B_{Pa}	$\bar{p}_z''$ ata	L_{Pa}	$\bar{p}_{Ea}$ atü	[A]	[B_a]	[L_a]
80—75	3,95	965	0,0815			3,75	0,0252	0,0336			
75—70	3,50	925	0,0742			3,22	0,0392	0,0484			
70—65	2,92	870	0,0672			2,60	0,0513	0,0570			
65—60	2,44	825	0,0605			2,16	0,0611	0,0619			
60—55	1,88	760	0,0530	0,153	0,129	1,62	0,0707	0,0556	0,597	0,125	0,0430
55—50	1,35	710	0,0480	0,179	0,140	1,291	0,0760	0,0410	0,325	0,161	0,0658
50—45	1,232	700	0,0418	0,206	0,155	1,212	0,0866	0,0398	0,375	0,212	0,0862
45—40	1,192	695	0,0361	0,224	0,166	1,188	0,0956	0,0415	0,362	0,236	0,0992
40—35	1,184	690	0,0315	0,156	0,176	1,173	0,1035	0,0429	0,440	0,271	0,110
35—30	1,149	685	0,0273	0,157	0,180	1,125	0,108	0,0382	0,428	0,316	0,132
30—25	1,115	685	0,0231	0,159	0,181	1,117	0,112	0,0383	0,425	0,324	0,141
25—20	1,119	675	0,0188	0,161	0,182	1,121	0,114	0,0396	0,426	0,321	0,140
20—15	1,123	675	0,0146	0,163	0,181	1,127	0,1155	0,0412	0,430	0,312	0,1395
15—10	1,132	660	0,0102	0,165	0,178	1,135	0,116	0,0426	0,437	0,302	0,137
10— 5	1,14	610	0,00616	0,167	0,172	1,145	0,112	0,0427	0,445	0,285	0,128
5— 0	1,152	560	0,00182	0,168	0,165	1,158	0,108	0,0428	0,454	0,266	0,119
0— 5	1,164	520	—0,00182	0,170	0,158	1,170	0,104	0,0429	0,460	0,249	0,112
5—10	1,177	480	—0,00616	0,171	0,153	1,183	0,0993	0,0424	0,464	0,234	0,104
10—15	1,191	455	—0,0102	0,172	0,148	1,198	0,0960	0,0427	0,464	0,221	0,0975
15—20	1,205	430	—0,0146	0,173	0,144	1,212	0,0920	0,0424	0,463	0,208	0,0909
20—25	1,218	420	—0,0188	0,171	0,142	1,224	0,0895	0,0423	0,462	0,200	0,0863
25—30	1,229	410	—0,0231	0,168	0,138	1,233	0,0865	0,0418	0,465	0,192	0,0820
30—35	1,239	400	—0,0273	0,163	0,132	1,242	0,0825	0,0406	0,473	0,183	0,0773
35—40	1,246	390	—0,0315	0,155	0,128	1,249	0,0777	0,0387	0,486	0,177	0,0722
40—45	1,253	385	—0,0361	0,146	0,125	1,257	0,0710	0,0360	0,498	0,172	0,0656
45—50	1,262	380	—0,0418	0,133	0,115	1,268	0,0637	0,0330	0,519	0,159	0,0580
50—55	1,274	385	—0,0480	0,118	0,105	1,282	0,0560	0,0297	0,544	0,145	0,0500
55—60	1,293	390	—0,0530	0,091	0,092	1,30	0,0510	0,0279	0,591	0,128	0,0445
60—65	1,312	390	—0,0605	0,063	0,077	1,318	0,0399	0,0225	0,648	0,109	0,0342
65—70	1,327	390	—0,0672	0,032	0,062	1,334	0,0296	0,0171	0,747	0,0916	0,0250
70—75	1,342	390	—0,0742		0,043	1,355	0,0198	0,0118	1,002	0,0712	0,0163
75—80	1,36	390	—0,0815		0,020	1,56	0,0115	0,0086	1,055	0,0272	0,00765

Nach Seite 143 wäre nun für die Rechnung sowohl die Rohrlänge als auch der Querschnitt im Verhältnis $\sqrt{f_2'/f_2} = 1{,}02$ zu vergrößern. Wegen der Kleinheit des Einflusses wird mit gleichbleibenden Rohrquerschnitten f_2 gerechnet und die Rohrlänge zwischen dem Zylinder IV und dem motorseitigen Leitungsende auf das 1,04fache vergrößert, so daß das Volumen der Seitentaschen berücksichtigt ist.

Die mittlere Wellengeschwindigkeit

$$\bar{a}_A = \sqrt{\varkappa \cdot g \cdot R \cdot T_A} = 467\ \text{m/sec.}$$

ergibt die in Abb. 129 angegebenen Laufzeiten $\alpha = \frac{6n \cdot l}{a_A}$ zwischen den Knotenpunkten.

Man beginnt die Berechnung der Schwingungen eines Rohrsystems mit der Ermittlung des Grundwertes der in der Auspuffleitung erregten Welle $\bar{p}_E$ nach Gleichung (210). Abb. 132 zeigt den Verlauf. Da die Zylinder in die durchlaufende Leitung auspuffen und die erregte Welle sich daher nach zwei Richtungen verteilt, wurde

$$L_{Pa} = \sqrt{2\varkappa} \cdot \frac{(\mu f)''_a}{2 \cdot f_2} \cdot \sqrt{\frac{\tilde{T}''_z}{T_A} \cdot \tilde{p}''_z}^{\,\frac{\varkappa+\nu-2}{2\varkappa}} \cdot p_d^{\frac{2-\nu}{2\varkappa}}$$

auf den doppelten Leitungsquerschnitt bezogen.

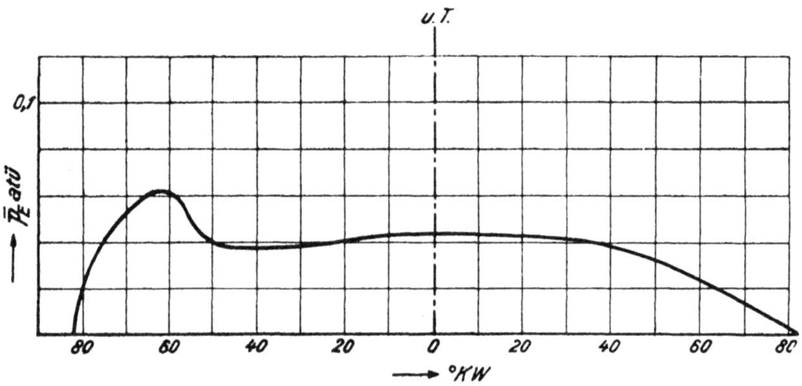

Abb. 132. In der Auspuffleitung erregte Druckwelle.

Diese Grundwerte werden nun in einem Wellenplan über dem Kurbelwinkel als Abszisse aufgezeichnet, wobei für den Leitungspunkt vor jedem Zylinder eine eigene Abszissenachse gewählt wird, Abb. 133 bis 137. Der Rohranfang bei der Einmündung in den Behälter und die von dort kommende Welle wird durch A gekennzeichnet, das geschlossene motorseitige Rohrende durch E.

Der Wellenplan wird mit dem mündungsnächsten Zylinder IV begonnen. Um rascheres Einschwingen zu erhalten, wird nicht vom ruhenden Leitungsinhalt ausgegangen, sondern von, dem Betriebszustand besser angenäherten, Bewegungsverhältnissen, die man z. B. durch die Annahme erhält, daß in der Leitung eine stationäre Strömung besteht, welche die gleiche mittlere Menge wie die wirkliche Strömung innerhalb eines Arbeitsspieles fördert. Diese Fördermenge wird auf die gleichzeitig ausblasenden Zylinder, hier IV und III, aufgeteilt.

Durch diese Strömung würden einerseits an den Zylindern III und IV Überdruckwellen, anderseits am offenen Rohranfang A eine Unterdruckwelle ausgelöst, die sich so zusammensetzen, daß der Druck an jeder Stelle der Leitung gleich dem Druck an der Rohrmündung p_0 ist. Dieses Bild der einander entgegenlaufenden Über- und Unterdruckwellen gleicher Amplituden kennzeichnet jeden stationären Strömungszustand.

Man erhält, infolge der linearen Beziehungen zwischen Geschwindigkeiten und Drücken in den Wellen, die durch die stationäre Strömung am Zylinder erregte Welle (p_E) dadurch, daß man die Fläche unter dem Grundwert von $\bar{p}_E$ in ein flächengleiches Rechteck mit der Länge $\frac{z_0 \cdot 360^0}{z}$ verwandelt, dessen Höhe dann (p_E) ist; z ist die Zylinderzahl, z_0 die Zahl der gleichzeitig öffnenden Zylinder. Es gehen daher bei dem angenommenen stationären Strömungszustand Druckwellen mit der Amplitude

(p_E) von jedem der Zylinder III und IV gegen die Rohrmündung und eine Unterdruckwelle — 2 (p_E) von der Rohrmündung in das Rohr zurück. Beim Zylinder IV

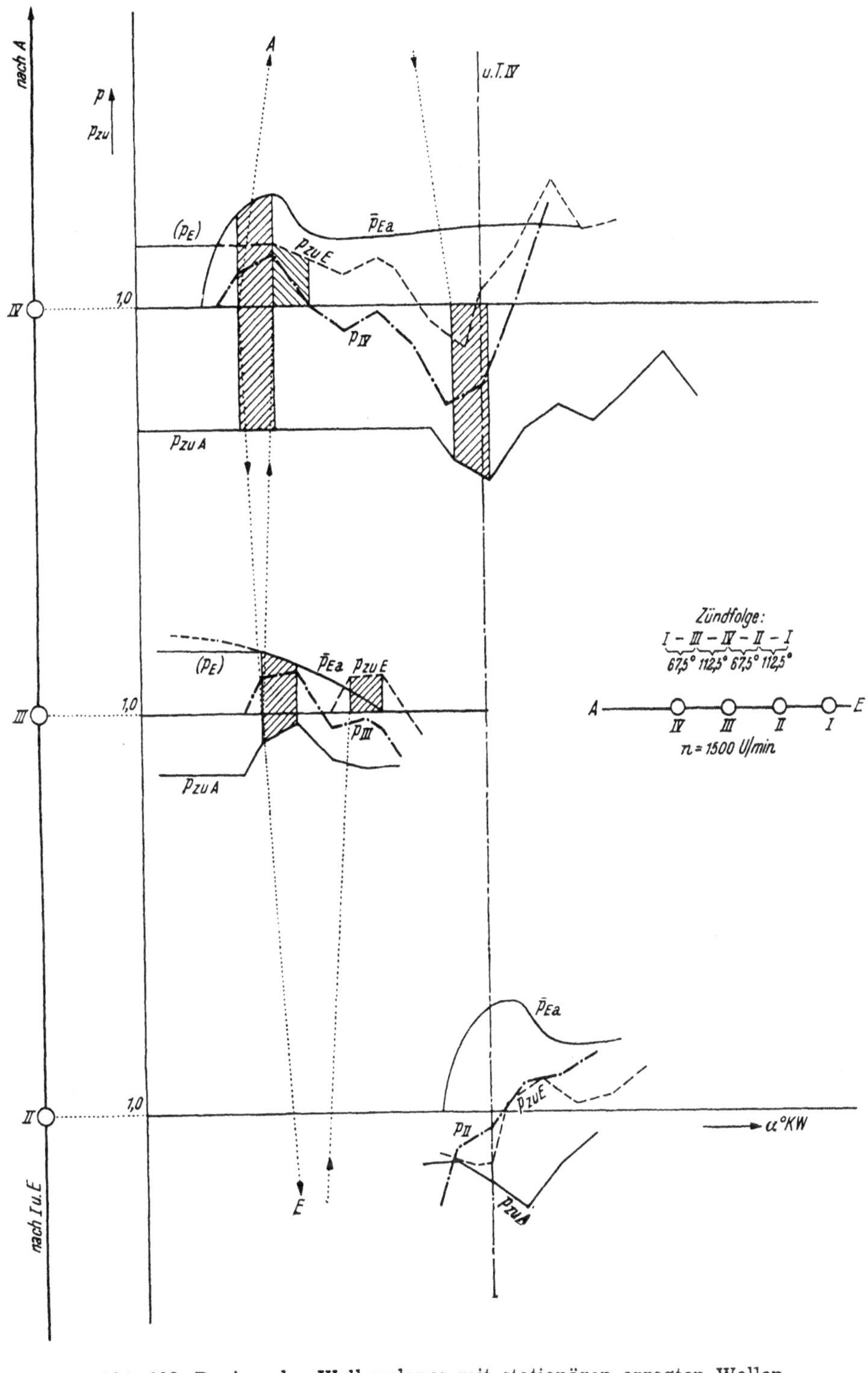

Abb. 133. Beginn des Wellenplanes mit stationären erregten Wellen.

wird die Unterdruckwelle auf — (p_E) herabgesetzt, läuft in dieser Größe zum Zylinder III und wird hier durch die erregte Überdruckwelle (p_E) zur Gänze aufgefüllt.

Es wird demnach angenommen, daß zu Beginn der Rechnung der vorstehend gekennzeichnete stationäre Strömungszustand besteht. Die Rechnung selbst beginnt man nach Abb. 133 zweckmäßig mit dem Zeichnen des Wellenplanes dort, wo der Grundwert $\overline{p}_E$ des Zylinders IV den stationären Mittelwert schneidet. Man bestimmt den Leitungsdruck p_{IV} vor den Auslaßschlitzen des Zylinders IV nach der allgemeinen Beziehung:

$$p_{IV} - p_o = p_{zu\,E} + p_{zu\,A} + \overline{p}_E$$

Darin ist für $p_{zu\,A}$ der stationäre Wert $-2\,(p_E)$, für $p_{zu\,E}$ der entsprechende Wert (p_E) der vom Zylinder III ausgesandten Überdruckwelle einzusetzen. Nun ergeben sich die zwei vom Zylinder IV abgehenden Wellen $p_{ab\,A}$ in Richtung A und $p_{ab\,E}$ in Richtung E aus

$$p_{ab\,E,\,A} = p_{IV} - p_o - p_{zu\,E,\,A}$$

Die zur Mündung laufende Welle $p_{ab\,A}$ wird dort vollkommen negativ zurückgeworfen und gibt bei ihrem Wiedereintreffen vor dem Zylinder IV nach der Laufzeit $2\triangle\alpha_{IV-A} = 62^0$ KW den Wert der ankommenden Welle $p_{zu\,A}$ an. Bis dahin gilt als $p_{zu\,A}$ der stationäre Wert $-2\,(p_E)$.

Die nach E gehende Welle $p_{ab\,E}$ kommt um die Laufzeit $\triangle\alpha_{IV-III} = 5^0$ KW später am Zylinder III als $p_{zu\,A}$ an und gestattet dort in Verbindung mit der erregten Welle die Ermittlung von p_{III}, wobei die vom geschlossenen Ende $p_{zu\,E}$ herkommende Welle zunächst noch 0 ist. Die von p_{III} abgehenden Wellen sind $p_{ab\,A,\,E} = p_{III} - p_o - p_{zu\,A,\,E}$. $p_{ab\,A}$ trifft als $p_{zu\,E}$ nach 5^0 KW am Zylinder IV ein; $p_{ab\,E}$, in diesem Falle noch $p_{III} - p_o$, wird am geschlossenen Rohrende positiv reflektiert und kommt nach der Laufzeit $2\triangle\alpha_{III-E} = 25^0$ wieder unverändert als $p_{zu\,E}$ zum Zylinder III.

Man setzt die Rechnung in dieser Art fort, bis der Zylinder III abschließt. Nach kurzer Zwischenzeit, in der nur Zylinder IV ausbläst, öffnet nun Zylinder II. Nach dem Abschluß von Zylinder III laufen die von IV ankommenden Wellen an dem Leitungspunkt III ungestört weiter und werden nun vor dem Zylinder II um die zusätzlichen Laufzeiten $\triangle\alpha_{II-III} = 5^0$ verschoben als $p_{zu\,A}$ eingezeichnet. Dementsprechend wird auch $p_{zu\,E}$ statt an III, um die Laufzeit $\triangle\alpha_{II-III} = 5^0$ früher, am Zylinder II eingezeichnet. Die Ermittlung von p_{II} und der abgehenden Wellen erfolgt in gleicher Weise wie früher beschrieben.

In den wenigen Intervallen nach dem Abschluß von III und vor dem Eröffnen von II, ist die Druckbestimmung an II mit $\overline{p}_{Ea} = 0$ durchzuführen.

Bisher wurde die Beeinflussung der erregten Welle p_E durch die Leitungsdruckschwankungen der Einfachheit wegen nicht berücksichtigt und nur mit dem Grundwert $\overline{p}_E$ als Anregung gerechnet. Während des überkritischen Ausströmens ist das auch korrekt, da das Überströmgesetz vom Leitungsdruck unabhängig ist. Im anschließenden unterkritischen Bereich des Zylinders II ist diese Rückwirkung aber zu berücksichtigen, da man dem eingeschwungenen Zustand nun näher gekommen ist.

Die Änderung des Zylinderdruckes bestimmt sich sinngemäß nach Gleichung (218) aus den ankommenden Wellen nach der Beziehung:

$$p_z''' - \overline{p}_z''' = \frac{1-A}{1+A}\cdot(p_z' - \overline{p}_z') + \frac{2\,B_{Pa}}{\left(2\sqrt{\widetilde{\triangle}_a} + L_{Pa}\right).\left(1+A\right)}\cdot(p_{zu\,E} + p_{zu\,A} + \overline{p}_{Ea})$$

$$\text{mit}\quad A = \frac{\varkappa}{2}\cdot\frac{\triangle z}{z''} + \frac{B_{Pe}}{2\sqrt{\widetilde{\triangle}_e}} + \frac{B_{Pa}}{2\sqrt{\widetilde{\triangle}_a} + L_{Pa}}$$

wobei der Druck im Spülbehälter unveränderlich angenommen wird. Aus der Änderung des Zylinderdruckes $p_z - \overline{p}_z$ erhält man die Änderung der erregten Welle

(Dämpfung) $p_E - \overline{p}_E$ nach Gleichung (196), wobei als Brandungsüberdruck $p_B - p_o = p_{zu\,E} + p_{zu\,A}$ einzusetzen ist. Den Leitungsdruck erhält man damit nach $p - p_o = p_{zu\,E} + p_{zu\,A} + \overline{p}_E + (p_E - \overline{p}_E)$ und setzt die Rechnung durch Bestimmen der abgehenden und wieder ankommenden Wellen in der früher angegebenen Art fort.

Die Rechnung wird abgebrochen, wenn der eingeschwungene Zustand soweit angenähert ist, daß die Unterschiede im Druckverlauf zweier aufeinanderfolgender Arbeitsspiele vernachlässigbar klein geworden sind.

In Abb. 134 bis 137 ist der Wellenplan mit dem Druckverlauf in dem Auspuffrohr vor den einzelnen Zylindern dargestellt. Abb. 138 zeigt die daraus ermittelten Änderungen des Zylinderdruckes $\triangle p_z$ und der erregten Welle (Dämpfung) $\triangle p_E$ gegenüber dem Grundwert. Hier bedeutet $\overline{p}_I$ bis $\overline{p}_{IV}$ die Summe $p_{zu\,E} + p_{zu\,A} + \overline{p}_E$.

Durch $\triangle p_z$ ist der für die Leistungsberechnung wichtige Druck beim Abschluß des Zylinders p'_{za} gegeben. Man erhält:

Zylinder:	I	II	III	IV	
p'_{za}	1,55	1,49	1,49	1,54	kg/cm²

Als zweite, für die Leistung maßgebende Größe, ist der Luftaufwand der einzelnen Zylinder zu ermitteln. Man berechnet den Grundwert aus Gleichung (101 c) und erhält die Änderungen gegenüber diesem für jedes Intervall aus

$$\triangle \Lambda_o - \triangle \overline{\Lambda}_o = \frac{z''}{\varkappa \cdot p_o} \cdot \frac{B_{Pe}}{\sqrt{\widetilde{\triangle}_e}} \cdot \frac{T_o}{T_s} \cdot (p''_z - \overline{p}''_z)$$

Der Grundwert ist im vorliegenden Fall: $\overline{\Lambda}_o = 1{,}53$. Die Änderungen durch die Schwingungen im Auspuffsystem setzen den Luftaufwand bei allen Zylindern herab.

Die Änderungen und die resultierenden Luftaufwände für die einzelnen Zylinder sind:

Zylinder:	I	II	III	IV
$\Lambda_o - \overline{\Lambda}_o$	−0,016	−0,091	−0,042	−0,043
Λ_o	1,51	1,44	1,49	1,49

Der Einfluß der Schwingung auf die Ladungswechselarbeit kann hier, wie in den meisten Fällen beim Zweitaktmotor, vernachlässigt werden.

Die Benützung der hier ermittelten Werte des Ladungswechsels zur Leistungsberechnung wird im Teil II des Buches gezeigt und dort auch der Unterschied der Belastbarkeit der einzelnen Zylinder infolge der Einwirkungen des Auspuffsystems ermittelt.

In bezug auf den Schwingungszustand im Auspuffrohr ist hervorzuheben, daß die zweite Harmonische (zwei volle Schwingungen je Umdrehung) kräftig ausgebildet ist, da sie in Resonanznähe zur Eigenschwingung des einseitig offenen Rohres liegt und infolge der unregelmäßigen Zündabstände kräftig angeregt wird. Durch das verhältnismäßig weite Rohr bleiben jedoch die Druckamplituden innerhalb mäßiger Grenzen.

Eine weitere Herabminderung wäre durch eine Verbindung des Auspuffsystems beider Motorseiten, möglichst in Nähe der Zylinder als Erregungsorte, durch ein Rohr zu erreichen. Dann ist infolge der gleichmäßigen Zündabstände ein weitgehenderer Ausgleich der Harmonischen niederer Ordnung zu erwarten. Die Resonanzausschläge ließen sich auch durch an der Rohrmündung angebrachte Drosseln vermindern. Auf den Durchflußwiderstand würde sich eine richtig bemessene Drossel kaum merkbar auswirken.

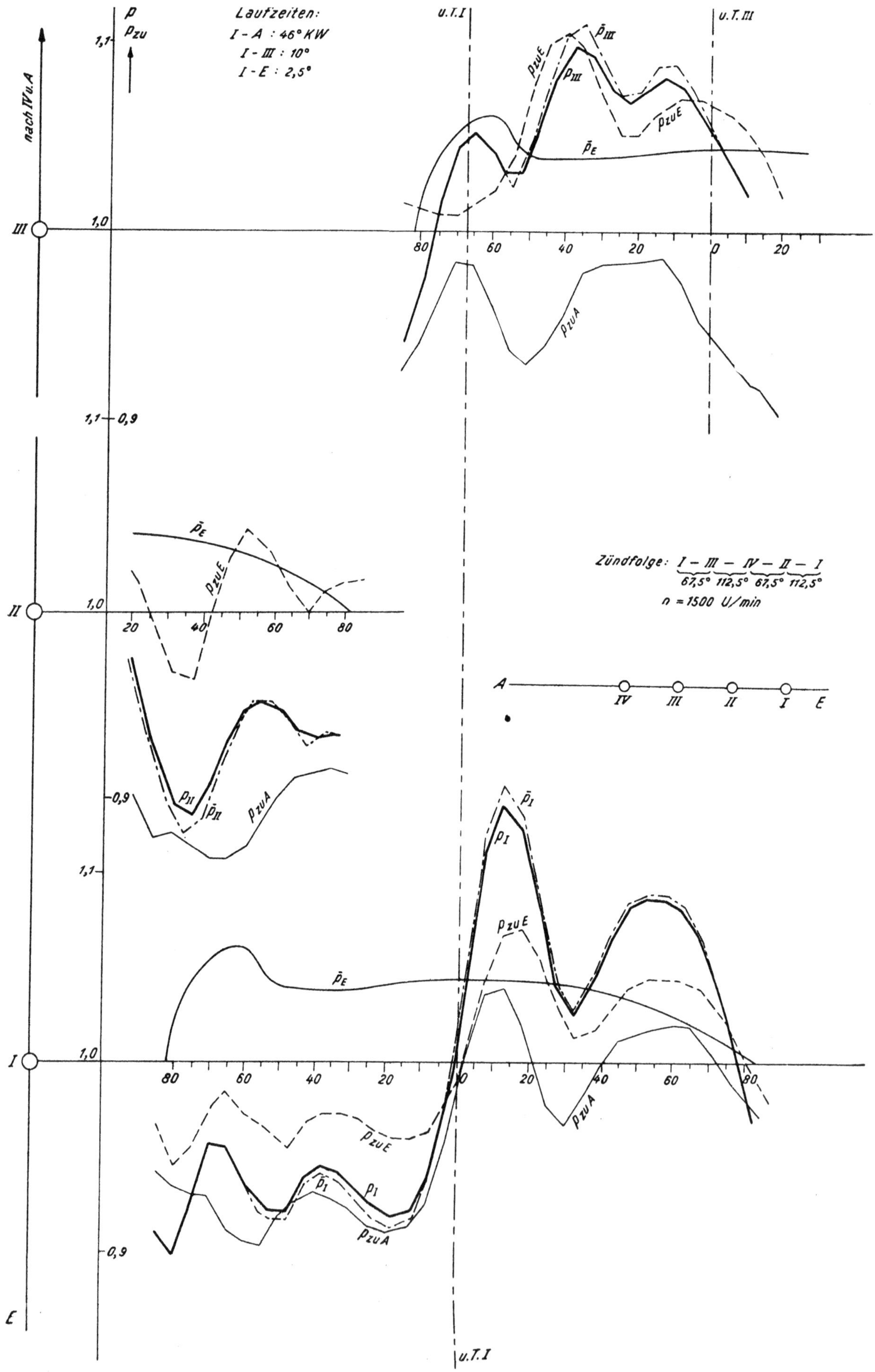

Abb. 134. Wellenplan; Auspuffvorgang von Zylinder I.

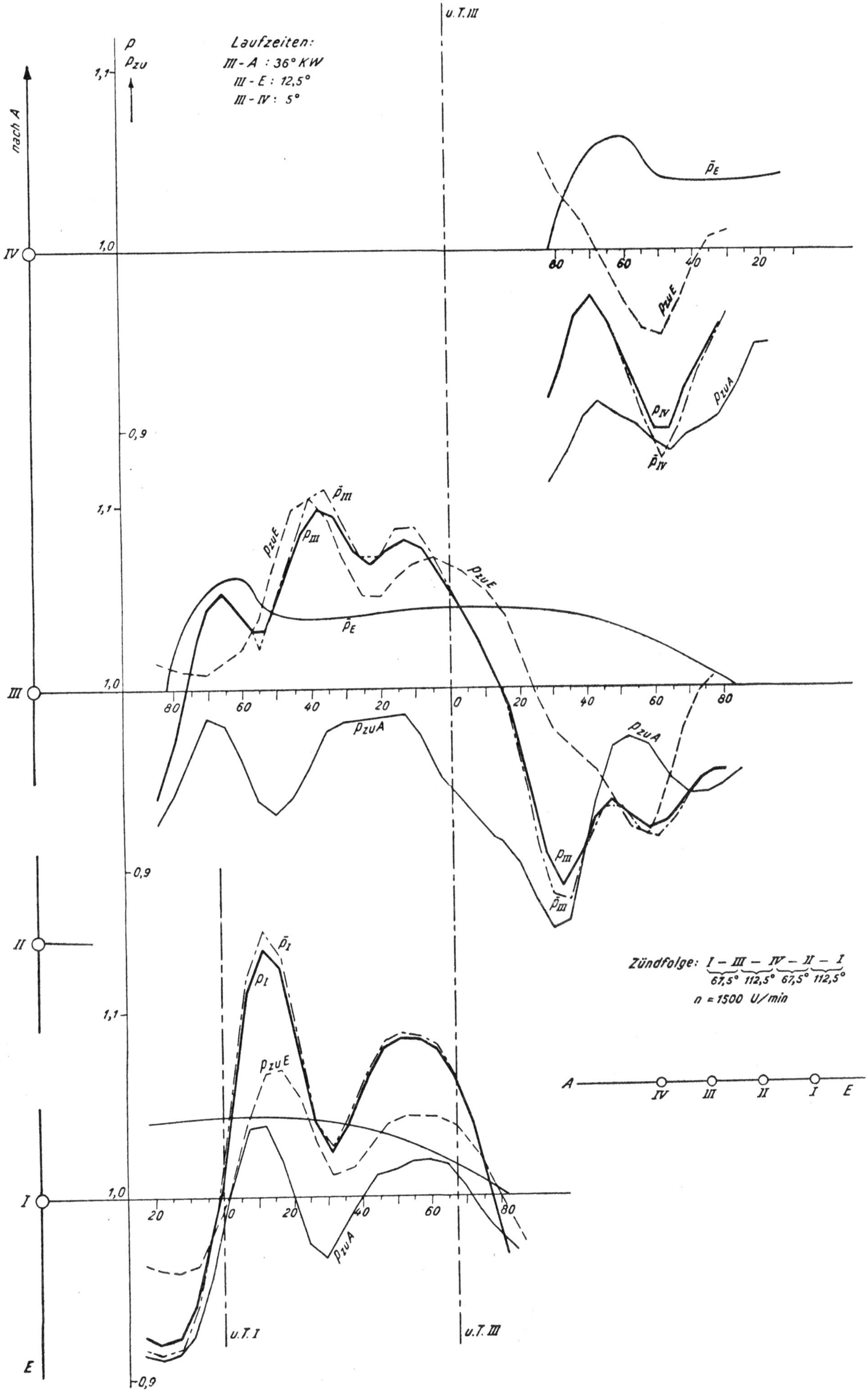

Abb. 135. Wellenplan; Auspuffvorgang von Zylinder III.

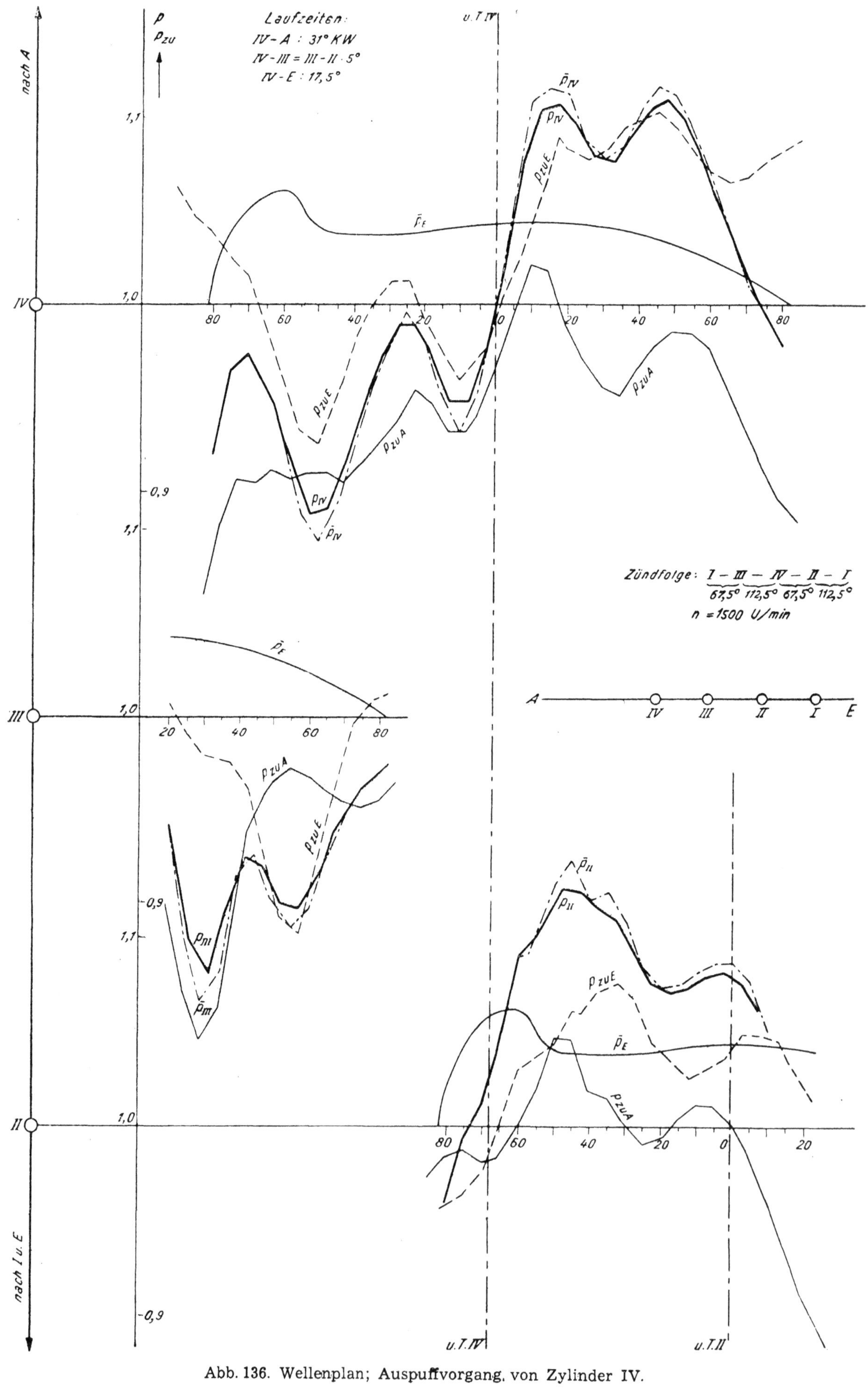

Abb. 136. Wellenplan; Auspuffvorgang, von Zylinder IV.

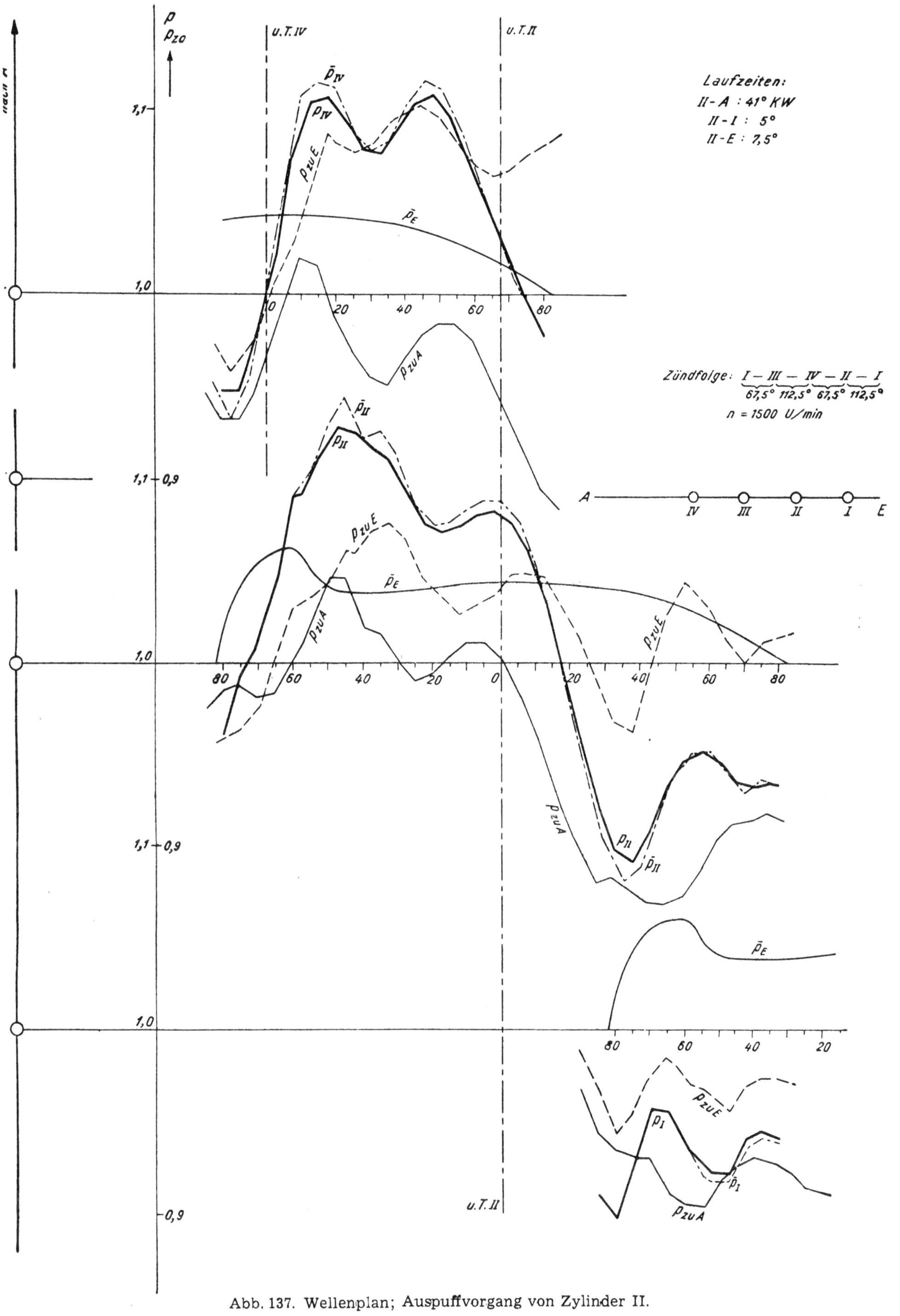

Abb. 137. Wellenplan; Auspuffvorgang von Zylinder II.

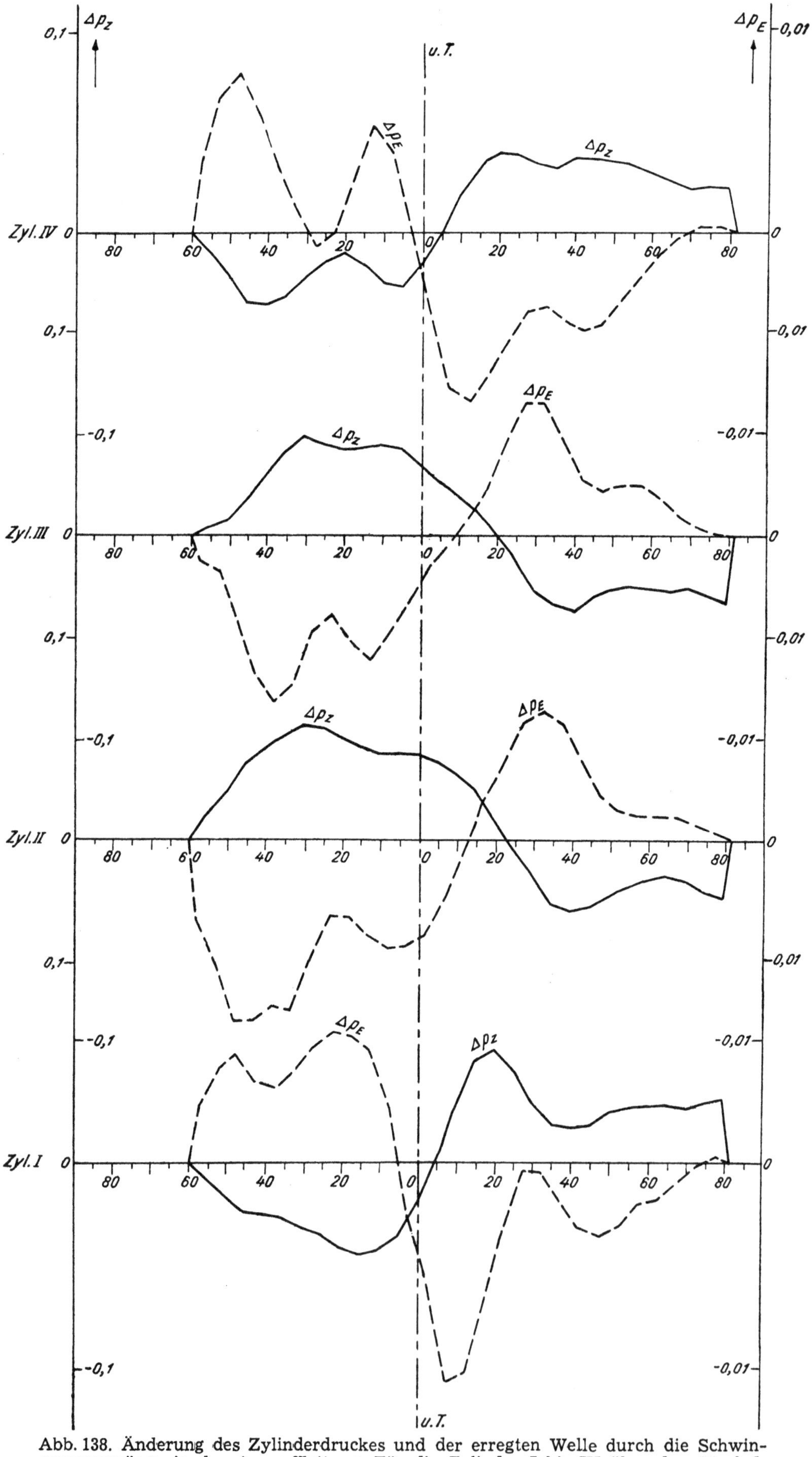

Abb. 138. Änderung des Zylinderdruckes und der erregten Welle durch die Schwingungsvorgänge in der Auspuffleitung. Für die Zylinder I bis IV über dem Kurbelwinkel aufgetragen.

V. Ausblick auf die Theorie der Druckwellen mit großer Amplitude.

Die in den Ansaugrohren von Verbrenungsmotoren entstehenden Druckwellen haben im allgemeinen verhältnismäßig kleine Amplituden. Das gleiche gilt für die Auspuffseite dann, wenn, wie üblich, verhältnismäßig weite Auspuffrohre verwendet werden. Bei der rechnerischen Behandlung der Strömungsvorgänge in Saug- und Auspuffrohren kann daher zumeist mit der Theorie für Druckwellen kleiner Amplituden (Schalltheorie) das Auslangen gefunden werden.

Wenn dem Motor eine Auspuffturbine nachgeschaltet ist, so muß die ausnützbare Abgasenergie von den Zylindern an die Turbine herangebracht werden. Für die Energieausnützung und für die Durchführung des Ladungswechsels ist es am günstigsten, wenn ein möglichst großer Teil der Abgasenergie durch Druckwellen zur Turbine transportiert wird. Man verwendet dazu im allgemeinen verhältnismäßig enge Auspuffrohre, in denen Druckwellen mit verhältnismäßig großen Amplituden entstehen. (Siehe auch Teil III).

Eine rechnerische Erfassung der Strömungsvorgänge in diesen Rohren ist mit der Theorie kleiner Druckwellen nur mit sehr beschränkter Genauigkeit möglich. Damit ist hier das Bedürfnis gegeben, rechnerische Ansätze zu verwenden, welche die Bewegungsvorgänge in den Rohrleitungen auch bei großen Druckamplituden mit guter Wirklichkeitstreue erfassen.

Eichelberg [23], Pfriem [24, 25, 26, 27], Sauer [14, 18, 19], Schultz-Grunow [20, 21] und andere Forscher haben die Vorgänge während der Bewegung von Wellen durch Rohrleitungen behandelt. Ein ingenieurmäßig anwendbares Verfahren zur Berechnung der instationären Gasbewegung mit großen Druckamplituden steht für allgemeine Fälle jedoch noch nicht zur Verfügung.

Im folgenden wird nur kurz auf die wichtigsten Zusammenhänge eingegangen und die Behandlung einfacher instationärer Strömungsvorgänge in Rohrleitungen, insbesondere in den Zuführungsleitungen zu Abgasturbinen, vorbereitet.

Um die Strömungsvorgänge rechnerisch behandeln zu können, müssen die Gesetze des Wellenfortschrittes in den Rohrleitungen und die der Überlagerung von Wellen bekannt sein. Die weiteren Beziehungen, wie Rückwurf an Unstetigkeitsstellen usw., ergeben sich aus diesen Grundgesetzen.

In bezug auf den Wellenfortschritt gelten folgende allgemeine Zusammenhänge: Bei Wellen großer Amplitude ist zu beachten, daß die Schallgeschwindigkeit a die Ausbreitungsgeschwindigkeit der Welle relativ zum Gas darstellt und sich daher der Strömungsgeschwindigkeit des Gases überlagert, ferner daß zwischen Druck- und Geschwindigkeitswellen eine etwas veränderte Beziehung gilt, woraus auch für die Überlagerung der vor- und rücklaufenden Druckwellen zum resultierenden Überdruck ein erweitertes Gesetz folgt.

Berücksichtigt man, daß die resultierende Wellengeschwindigkeit sich aus Strömungsgeschwindigkeit und Schallgeschwindigkeit zusammensetzt und daß diese selbst überdies wegen der steigenden Gastemperatur mit dem Druck zunimmt, so ergibt sich, daß die Wellenteile mit hoher Amplitude schneller laufen und daher mit der Zeit die vorausgehenden Wellen kleinerer Amplitude einholen. Die Wellenform verändert sich daher, es kommt zu steilen Wellenfronten und im Grenzfall zu unstetigem Druckverlauf, zu Verdichtungsstößen. Diese verlaufen nicht mehr adiabatisch, was bei Drucksprüngen größer als der Ruhedruck merkbar wird. Ihre Wandergeschwindigkeit entspricht dem Mittel der Wellengeschwindigkeiten beim Zustand vor und nach dem Stoß.

Für differentielle Änderungen in stetigen Wellen gilt genau:

$$d\,w = \frac{a}{\varkappa} \cdot \frac{d\,p}{p}$$

Berücksichtigt man, daß die Schallgeschwindigkeit mit der Temperatur nach dem Gesetz $\frac{a}{a_0} = \sqrt{T/T_0}$ und bei adiabatischer Zustandsänderung daher mit dem Druck nach $\frac{a}{a_0} = \left(\frac{p}{p_0}\right)^{\frac{\varkappa-1}{2\varkappa}}$ veränderlich ist, so erhält man aus

$$\pm\, d\,w = a_0 \cdot \left(\frac{p}{p_0}\right)^{\frac{\varkappa-1}{2\varkappa}} \cdot \frac{p_0}{\varkappa \cdot p} \cdot d\left(\frac{p}{p_0}\right)$$

durch Integration die auch für große Amplituden gültige Beziehung:

$$w = \pm \frac{2}{\varkappa-1} \cdot a_0 \cdot \left[\left(\frac{p}{p_0}\right)^{\frac{\varkappa-1}{2\varkappa}} - 1\right] = \pm\, a_0 \cdot \frac{2}{\varkappa-1} \cdot \left(\frac{a}{a_0} - 1\right) \tag{270}$$

Die Teilchengeschwindigkeit w der Geschwindigkeitswelle ist demnach der Zunahme der relativen Ausbreitungsgeschwindigkeit a verhältig. Für den Ausgangszustand mit a_0 ist die Teilchengeschwindigkeit hier $w_0 = 0$ angenommen.

Die resultierende Wellengeschwindigkeit ist dann

$$c = a + w = a_0 \cdot \frac{2}{\varkappa-1} \cdot \left[\left(\frac{\varkappa+1}{2}\right) \cdot \frac{a}{a_0} - 1\right] \tag{271}$$

oder auch

$$c = a_0 + \frac{\varkappa+1}{2} \cdot w. \tag{271 a}$$

Die Geschwindigkeitswelle erleidet nach Pfriem [24] eine Affinverzerrung, Abb. 139, wobei Wellenpunkte, die ursprünglich auf einer Geraden liegen, auch nach der Verzerrung auf einer Geraden bleiben und der Horizontalabstand von Wellenpunkten gleicher Höhe sich nicht ändert.

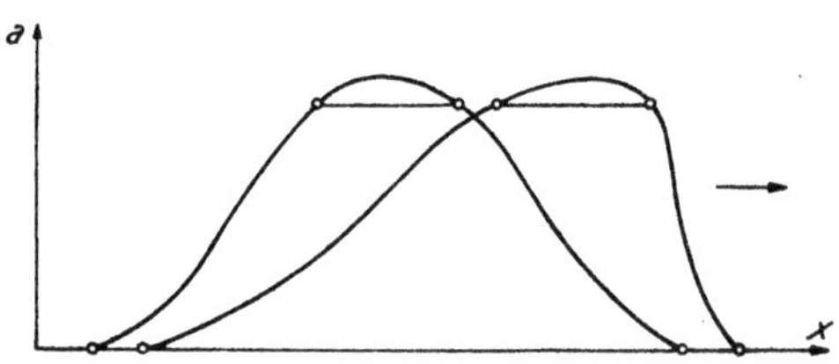

Abb. 139. Gestaltänderung starker, durch den Schallzustand a wiedergegebener Druckwellen während ihres Fortschreitens.

Dieses Verzerrungsgesetz gilt mittelbar auch für die Druckwelle, wenn man statt des Überdruckes selbst den Wert

$$a - a_0 = a_0 \cdot \left[\left(\frac{p}{p_0}\right)^{\frac{\varkappa-1}{2\varkappa}} - 1\right]$$

als Maß des Überdruckes einführt.

Aus den vorerwähnten Beziehungen läßt sich nach Pfriem die Verformung einer beliebigen, in einem Rohr laufenden Druckwelle in sehr einfacher Weise bestimmen. Man findet aus Gleichung (271)

$$c = \frac{\varkappa+1}{\varkappa-1} \cdot (a - a^*), \quad \text{wenn } a^* = \frac{2}{\varkappa+1} \cdot a_0 \text{ ist.} \tag{272}$$

Trägt man demnach den zum Anfangszeitpunkt vorgegebenen Schallzustand a der Welle über ihrem Weg x auf, so verschiebt sich jeder Punkt mit der Zeit nach

Abb. 140 verhältnisgleich mit dem Abstand $(a - a^*)$ von einer Parallelen zur x-Achse, welche die Entfernung a^* von dieser hat. Der Abstand ist mit $\frac{\varkappa + 1}{\varkappa - 1}$ zu multiplizieren, um die Geschwindigkeit und damit nach Multiplikation mit der Zeit den Weg des entsprechenden Wellenpunktes zu finden.

Die Wellenverzerrung kann durch eine Einrichtung nach Abb. 140 veranschaulicht werden. Man erkennt, daß die Wellenpunkte mit großer Amplitude vorlaufen, die Welle daher mit zunehmender Laufzeit steiler wird. Nach einer bestimmten Laufzeit richtet sich die Welle so steil auf, daß die Wendetangente der Wellenfront senkrecht steht. Es treten von da ab Drucksprünge (Verdichtungsstöße) auf, der Verlauf der Welle wird unstetig. Die Laufzeit bis zum Entstehen eines Verdichtungsstoßes hängt von der ursprünglichen Steilheit der Wellenfront ab und ist um so kürzer, je steiler diese ist. Bezüglich der Behandlung unstetiger Druckwellen wird auf das eingangs angeführte Schrifttum verwiesen.

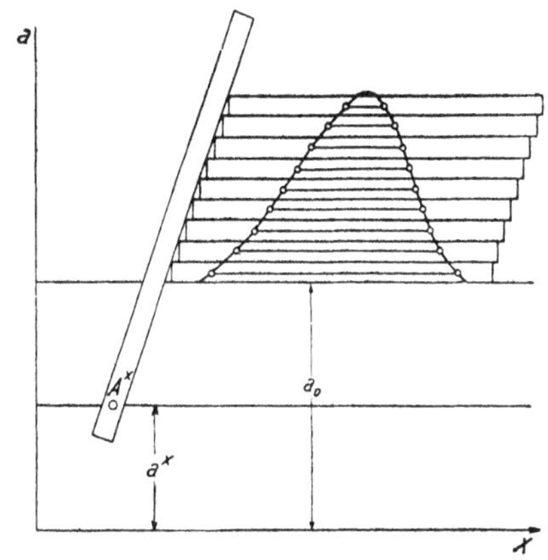

Abb. 140. Darstellung der Affinverzerrung starker Wellen nach Pfriem.

In vielen Fällen interessiert nur die Form der Welle am Ende des Rohres, bei Abgasturbinenbetrieb z. B. an der Düse der Abgasturbine. Wenn am Rohrbeginn der Wellenverlauf durch $a = f(t)$ (t = Zeit) gegeben ist, so erreicht jeder Wellenpunkt um

$$T_1 = \frac{l \cdot (\varkappa - 1)}{(\varkappa + 1) \cdot (a - a^*))}$$

später das Rohrende. Trägt man das entsprechende a dort in Abhängigkeit von der Zeit t auf, so erhält man den zeitlichen Verlauf der am Rohrende eintreffenden Welle.

Diese Zusammenhänge gelten nur für die ungestörte Welle, daher **nicht** bei Reflexionen und Überlagerungen von Wellen.

Das **Überlagerungsgesetz** starker Druckwellen wird bei Verwendung von $a - a_0$ ebenfalls sehr einfach. Aus Gleichung 270 folgt für in Richtung der positiven Geschwindigkeit vorlaufende bzw. im entgegengesetzten Sinne rücklaufende Wellen

$$w_v = \frac{2}{\varkappa - 1} \cdot a_0 \cdot \left[\left(1 + \frac{p_v}{p_o}\right)^{\frac{\varkappa - 1}{2\varkappa}} - 1\right] = \frac{2}{\varkappa - 1} \cdot (a_v - a_0)$$
$$w_r = \frac{-2}{\varkappa - 1} \cdot a_0 \cdot \left[\left(1 + \frac{p_r}{p_o}\right)^{\frac{\varkappa - 1}{2\varkappa}} - 1\right] = \frac{-2}{\varkappa - 1} \cdot (a_r - a_0) \qquad (273)$$

wenn sie sich in ungestörtem ruhendem Leitungsinhalt als Einzelwellen ausbreiten. Läuft hingegen die vorlaufende Welle p_v, w_v in der durch p_r, w_r veränderten Atmosphäre, so ändert sich der Leitungsdruck von $p_o + p_r$ bis p, die Strömungsgeschwindigkeit von w_r bis zur resultierenden Geschwindigkeit w und diese Grenzen sind bei der Integration von

$$dw = \pm \frac{a_0}{\varkappa} \cdot \left(\frac{p}{p_o}\right)^{-\frac{\varkappa + 1}{2\varkappa}} \cdot d\left(\frac{p}{p_o}\right)$$

einzusetzen. Man erhält

$$w - w_r = \frac{2}{\varkappa - 1} \cdot a_o \cdot \left[\left(1 + \frac{p}{p_o}\right)^{\frac{\varkappa - 1}{2\varkappa}} - \left(1 + \frac{p_r}{p_o}\right)^{\frac{\varkappa - 1}{2\varkappa}}\right] = \frac{2}{\varkappa - 1} \cdot (a - a_r) \tag{274}$$

Dabei ist a der Schallzustand, der dem resultierenden Druck p bzw. a_r derjenige, der $p_o + p_r$ entspricht.

Hier ist a als Zustandsgröße aufzufassen, unabhängig von seiner Bedeutung als relative Ausbreitungsgeschwindigkeit von Wellen. Nun addieren sich die Geschwindigkeitswellen offenbar unmittelbar algebraisch, so daß $w = w_r + w_v$ ist.

Daraus folgt nach Gleichung (273) und (274) $\frac{2}{\varkappa - 1} \cdot (a - a_r) = \frac{2}{\varkappa - 1} \cdot (a_v - a_o)$

und weiter

$$a - a_o = a_v - a_o + (a_r - a_o) \tag{275}$$

oder auch

$$\left(\frac{p}{p_o}\right)^{\frac{\varkappa - 1}{2\varkappa}} - 1 = \left[\left(1 + \frac{p_v}{p_o}\right)^{\frac{\varkappa - 1}{2\varkappa}} - 1\right] + \left[\left(1 + \frac{p_r}{p_o}\right)^{\frac{\varkappa - 1}{2\varkappa}} - 1\right] \tag{275 a}$$

Dies ist nach P f r i e m [25, 27] das gesuchte Überlagerungsgesetz: D i e r e s u l t i e r e n d e Ä n d e r u n g d e s S c h a l l z u s t a n d e s i s t g l e i c h d e r S u m m e d e r Ä n d e r u n g e n d e s S c h a l l z u s t a n d e s d u r c h d i e e i n z e l n e n W e l l e n.

Rechnet man w in Richtung der abgehenden Welle als positiv, dann ist

$$w = w_{zu} + w_{ab} = \frac{2}{\varkappa - 1} \cdot [a_{ab} - a_o - (a_{zu} - a_o)], \tag{276}$$

und für die abgehende Druckwelle, durch $a - a_o$ ausgedrückt, gilt

$$a_{ab} - a_o = \frac{\varkappa - 1}{2} \cdot w + (a_{zu} - a_o). \tag{276 a}$$

Dies ist das bekannte Ergebnis, daß die abgehende Welle sich zusammensetzt aus der unverändert zurückgeworfenen ankommenden und aus der durch die Einströmgeschwindigkeit in das Rohr hervorgerufenen Welle.

Daraus ergibt sich für den resultierenden Leitungsdruck

$$a - a_o = 2\,(a_{zu} - a_o) + \frac{\varkappa - 1}{2} \cdot w, \tag{277}$$

oder

$$\left(\frac{p}{p_o}\right)^{\frac{\varkappa - 1}{2\varkappa}} - 1 = 2 \cdot \left[\left(1 + \frac{p_{zu}}{p_o}\right)^{\frac{\varkappa - 1}{2\varkappa}} - 1\right] + \frac{\varkappa - 1}{2} \cdot \frac{w}{a_o}. \tag{277 a}$$

Der Anschluß an die Gleichungen für die akustische Theorie im Abschnitt III 1. wird deutlicher, wenn man bei der Integration des differentiellen Zusammenhanges von Druck und Geschwindigkeitswelle setzt:

$$\int_1^{p/p_o} \left(\frac{p}{p_o}\right)^{-\frac{\varkappa + 1}{2\varkappa}} \cdot d\left(\frac{p}{p_o}\right) = \left(\frac{p_m}{p_o}\right)^{-\frac{\varkappa + 1}{2\varkappa}} \cdot \left(\frac{p}{p_o} - 1\right), \quad \text{mit} \quad \frac{p_m}{p_o} = \left(\frac{p}{p_o}\right)^{\nu_1}$$

Für $\nu_1 = 0{,}53$ bleibt bei $\varkappa = 1{,}4$ der Fehler bis zu $\frac{p}{p_o} = 2$ unter $\frac{1}{2}\,\%$, erreicht bei $\frac{p}{p_o} = 2{,}5$ den Wert von $1\,\%$ und übersteigt erst bei $\frac{p}{p_o} = 3$ den Wert von $2\,\%$.

Ersetzt man daher $\frac{2\varkappa}{\varkappa - 1} \cdot \left[\left(\frac{p}{p_o}\right)^{\frac{\varkappa - 1}{2\varkappa}} - 1\right]$ durch $\left[\frac{p}{p_o} - 1\right]\left(\frac{p_o}{p}\right)^{\nu_1 \frac{\varkappa + 1}{2\varkappa}}$, so folgt aus Gleichung (270) $$w = \frac{a_o}{\varkappa\, p_o} \cdot (p - p_o) \cdot \left(\frac{p_o}{p}\right)^{\nu_1 \frac{\varkappa + 1}{2\varkappa}}$$

und die Gleichungen (273), (275) und (277) nehmen die Gestalt an

$$\left.\begin{aligned} \varkappa \cdot p_o \cdot \frac{w_v}{a_o} &= p_v \cdot \left(\frac{p_o}{p_o + p_v}\right)^{\nu_1 \frac{\varkappa + 1}{2\varkappa}} \\ -\varkappa \cdot p_o \cdot \frac{w_r}{a_o} &= p_r \cdot \left(\frac{p_o}{p_o + p_r}\right)^{\nu_1 \frac{\varkappa + 1}{2\varkappa}} \end{aligned}\right\} \tag{273 a}$$

$$(p - p_o) \cdot \left(\frac{p_o}{p}\right)^{\nu_1 \frac{\varkappa + 1}{2\varkappa}} = p_v \cdot \left(\frac{p_o}{p_o + p_v}\right)^{\nu_1 \frac{\varkappa + 1}{2\varkappa}} + p_r \cdot \left(\frac{p_o}{p_o + p_r}\right)^{\nu_1 \frac{\varkappa + 1}{2\varkappa}} \tag{275 b}$$

oder $$p = p_o + p_v \cdot \left(\frac{p}{p_o + p_v}\right)^{\nu_1 \frac{\varkappa + 1}{2\varkappa}} + p_r \cdot \left(\frac{p}{p_o + p_r}\right)^{\nu_1 \frac{\varkappa + 1}{2\varkappa}} \tag{275 c}$$

und schließlich $$p = p_o + 2\, p_{zu} \cdot \left(\frac{p}{p_o + p_{zu}}\right)^{\nu_1 \frac{\varkappa + 1}{2\varkappa}} + \varkappa \cdot p_o \cdot \frac{w}{a_o} \cdot \left(\frac{p}{p_o}\right)^{\nu_1 \frac{\varkappa + 1}{2\varkappa}} \tag{277 b}$$

Gegenüber Gleichung (118), Abschnitt III 1., wird der Brandungsdruck bei geschlossener Leitung für Überdruckwellen größer, für Unterdruckwellen kleiner.

Gleichung (277b) läßt sich mit vorausgeschätzten und, wenn nötig, verbesserten Werten von p ebenso verwenden wie Gleichung (118), so daß mit einer entsprechenden Änderung der Druckpotenzen des Faktors L der leitungsseitigen Gefällsverminderung nach Gleichung (133) und des Brandungsdruckes in

$$p_B = p_o + 2 \cdot p_{zu} \cdot \left(\frac{p}{p_o + p_{zu}}\right)^{\nu_1 \frac{\varkappa + 1}{2\varkappa}}$$

die Auflösung der quadratischen Überströmgleichung (129 a) in der dort besprochenen Weise erfolgen kann.

Trotz der Kenntnis der Bewegungsgesetze der ungestörten Druckwellen im Rohr und des Überlagerungsgesetzes ist eine einfache Behandlung von instationären Strömungsvorgängen mit großen Druckamplituden dann nicht möglich, wenn Wellen reflektiert werden, sich daher überlagern. Da die Fortpflanzungsgeschwindigkeiten der Wellen sich gegenseitig beeinflussen, ist es auf einfache Weise nicht genau festzustellen, wann und wo sich zwei Wellenteile treffen. Daher ist der zeitliche Verlauf der Vorgänge durch ingenieurmäßige Rechnung noch nicht genau erfaßbar.

VI. Der Energietransport durch Druckwellen.

Im vorigen Abschnitt wurde erwähnt, daß bei Verbrennungsmotoren mit nachgeschalteten Auspuffturbinen der Energietransport vom Zylinder zur Turbine von besonderer Bedeutung ist. Es ist daher erforderlich, auf die dafür geltenden Zusammenhänge näher einzugehen.

Die in einer Druckwelle enthaltene Energie besteht aus der kinetischen und der inneren Energie der von ihr erfaßten Teilchen.

Mit den im vorigen Abschnitt für die Druckwelle großer Amplitude entwickelten Beziehungen gilt für die kinetische Energie:

$$\frac{w^2}{2g} = \frac{2 \cdot a_0^2}{g(\varkappa - 1)^2} \cdot \left[\frac{a}{a_0} - 1\right]^2 = \frac{2 \cdot a_0^2}{g(\varkappa - 1)^2} \cdot \left[\left(\frac{p}{p_0}\right)^{\frac{\varkappa - 1}{2\varkappa}} - 1\right]^2 \tag{278}$$

und für die innere Energie (mkg/kg):

$$\frac{u - u_0}{A} = \frac{c_v \cdot T_0}{A} \cdot \left[\frac{T}{T_0} - 1\right] = \frac{R \cdot T_0}{\varkappa - 1} \cdot \left[\left(\frac{a}{a_0}\right)^2 - 1\right] = \frac{a_0^2}{\varkappa \cdot g(\varkappa - 1)} \cdot \left[\left(\frac{a}{a_0}\right)^2 - 1\right] \tag{279}$$

Daraus folgt die bezogene Gesamtenergie eines Gasteilchens der Welle:

$$E = \frac{a_0^2}{\varkappa(\varkappa - 1)^2 \cdot g} \cdot \left(\frac{a}{a_0} - 1\right) \cdot \left[(3\varkappa - 1) \cdot \frac{a}{a_0} - (\varkappa + 1)\right] = C \cdot \frac{a_0^2}{2g} \tag{280}$$

C ist in Abb. 141 dargestellt.

Das Verhältnis der beiden Energieanteile ist:

$$\frac{A \cdot w^2}{2g \cdot (u - u_0)} = \frac{2\varkappa}{\varkappa - 1} \cdot \frac{\frac{a}{a_0} - 1}{\frac{a}{a_0} + 1} = \frac{2\varkappa}{\varkappa - 1} \cdot \frac{\left(\frac{p}{p_0}\right)^{\frac{\varkappa - 1}{2\varkappa}} - 1}{\left(\frac{p}{p_0}\right)^{\frac{\varkappa - 1}{2\varkappa}} + 1} \tag{281}$$

In Abb. 141 ist das Verhältnis in Abhängigkeit von dem Druckverhältnis $\frac{p}{p_0}$ (der jeweiligen Amplitude der Druckwelle) dargestellt. Die kinetische Energie ist demnach bei kleinen Druckamplituden ein kleiner Teil der Gesamtenergie. Ihr Anteil wächst jedoch mit steigendem Druckverhältnis und wird bei $\frac{p}{p_0} = 7{,}5$ die Hälfte der Gesamtenergie.

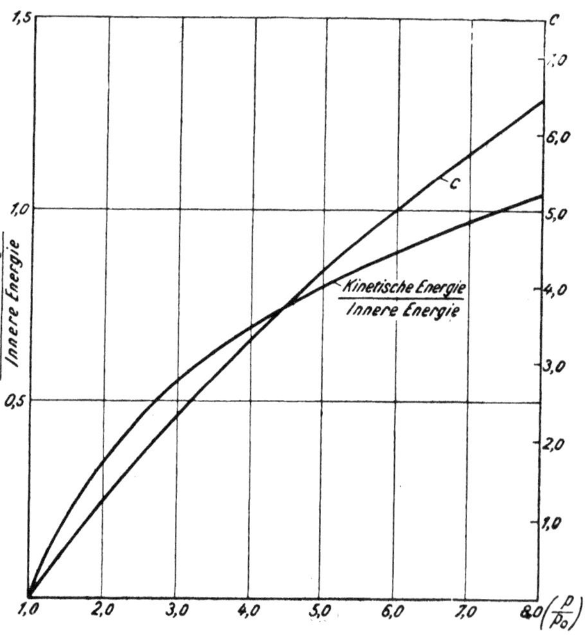

Abb. 141. Energieanteile bei starken Druckwellen in Abhängigkeit vom Wellenausschlag.

Entwickelt man die Potenzen in eine Reihe nach $\triangle p = p - p_0$ und berücksichtigt nur die linearen Glieder, so ergibt sich daraus

$$\frac{A \cdot w^2}{2g \cdot (u - u_0)} = \frac{\triangle p/p_0}{2 + \frac{\varkappa - 1}{2\varkappa} \cdot \triangle p/p_0} \tag{281 a}$$

Die kinetische Energie verhält sich zur inneren Energie bei kleinen Druckwellen wie der Ausschlag $\triangle p$ der Welle zum doppelten Ruhedruck p_0.

Dieses Ergebnis läßt es zunächst überraschend erscheinen, daß ein so kleiner Einfluß trotzdem die Energieausbreitung nach einer Richtung erzwingt und steht auch in scheinbarem Widerspruch zu der Feststellung auf Seite 90, wonach in einem elastischen Stab, der Längsschwingungen ausführt, kinetische und potentielle Energie gleich groß sind.

Der Widerspruch löst sich, wenn man berücksichtigt, daß eine Gassäule ein „vorgespannter Stab" ist, bei dem auch im Ruhezustand eine Druckkraft p_o auf die Flächeneinheit wirkt. Bestimmt man die Verdichtungsarbeit $L_ü$ des Überdruckes $p - p_o$, indem man von $\frac{u - u_o}{A}$ die Arbeit $p_o (v_o - v)$ des Ruhedruckes abzieht, so erhält man

$$L_ü = \frac{c_v}{A} \cdot (T - T_o) - p_o \cdot v_o \cdot \left(1 - \frac{v}{v_o}\right)$$

und daraus $$L_ü = \frac{a_o^2}{g \cdot \varkappa \cdot (\varkappa - 1)} \cdot \left[\left(\frac{p}{p_o}\right)^{\frac{\varkappa - 1}{\varkappa}} - 1 + (\varkappa - 1) \cdot \left(\left(\frac{p}{p_o}\right)^{\frac{-1}{\varkappa}} - 1\right)\right]$$

Entwickeln der Potenzen von $\frac{p}{p_o} = \frac{p_o + \triangle p}{p_o}$ in Reihen nach $\frac{\triangle p}{p_o}$ ergibt

$$L_ü = \frac{a_o^2}{2 g \cdot \varkappa^2} \cdot \left(\frac{\triangle p}{p_o}\right)^2 \cdot \left[1 - \frac{2}{3} \cdot \frac{\varkappa + 1}{\varkappa} \cdot \frac{\triangle p}{p_o} + \ldots\right]$$

$$\frac{w_2}{2 g} = \frac{a_o^2}{2 g \cdot \varkappa^2} \cdot \left(\frac{\triangle p}{p_o}\right)^2 \cdot \left[1 - \frac{1}{2} \cdot \frac{\varkappa + 1}{\varkappa} \cdot \frac{\triangle p}{p_o} + \ldots\right]$$

und $$\frac{w^2}{2 g \cdot L_ü} = 1 + \frac{1}{6} \cdot \frac{\varkappa + 1}{\varkappa} \cdot \frac{\triangle p}{p_o} + \ldots$$

womit für kleine Wellen die gleiche Größe von kinetischer Energie und Verdichtungsarbeit des Überdruckes $\triangle p$ bewiesen ist.

Die Kleinheit der kinetischen Energie im Vergleich zur Verdichtungsarbeit des Gesamtdruckes bei kleinen Wellen erklärt die geringe Dämpfung, der sie in einer glatten Leitung unterliegen, denn der Energieverlust durch die Rohrreibung ist der kinetischen Energie verhältig und beträgt je kg strömendes Gas, wenn man näherungsweise das Widerstandsgesetz für stationäre Strömung zugrunde legt,

$$L_R = \lambda \cdot \frac{l}{d} \cdot \frac{w^2}{2 g}. \tag{282}$$

Setzt man, um die Größenordnung abzuschätzen, $\lambda = 0{,}03$, so wird der Verlust gleich der kinetischen Energie bei einer Lauflänge, die das 33fache des Rohrdurchmessers ist; bei einer Wellenhöhe von $\frac{1}{5} p_o$ sind dies jedoch erst 10% der inneren Energie. Diese ist für kleine Amplituden verhältig $\frac{\triangle p}{p_o}$, wie die Reihenentwicklung von

$$\left(\frac{a}{a_o}\right)^2 = \left(\frac{p}{p_o}\right)^{\frac{\varkappa - 1}{\varkappa}} = 1 + \frac{\varkappa - 1}{\varkappa} \cdot \frac{\triangle p}{p_o} + \ldots$$

zeigt: $$u \approx \frac{a_o^2}{\varkappa^2 g} \cdot \frac{\triangle p}{p_o}$$

Aus der Zunahme des Anteils an kinetischer Energie mit der Amplitude der Wellen folgt, daß die verhältnismäßigen Verluste beim Energietransport durch Druckwellen mit der Amplitude der Wellen zunehmen. Ob die Anwendung konisch erweiterter Rohre zur Verringerung der Amplituden zweckmäßig ist, müßte die Untersuchung des Einzelfalles zeigen.

Mit den hier besprochenen Verhältnissen hängt es auch zusammen, daß bei kleinen Wellen der Bernouillische Staudruck der stationären Strömung, von der Größenordnung $\frac{\varkappa}{2}\left(\frac{w}{a}\right)^2$ ganz zurücktritt gegenüber dem zur selben Strömungsgeschwindigkeit gehörigen Wellendruck von der Größenordnung $\varkappa \cdot \frac{w}{a}$. Dieser kann, wie später näher erörtert wird, wesentlich höhere Ausströmgeschwindigkeiten ergeben, wenn durch geeignete Drosselquerschnitte die innere Energie der Welle in kinetische umgesetzt wird.

Die Kleinheit des Staudruckes gegenüber dem Wellendruck berechtigte, in der Theorie schwacher Wellen die örtlichen Druckunterschiede an Rohrverzweigungen zu vernachlässigen. Bei starken Druckwellen, wo $\frac{\varkappa}{2}\cdot\left(\frac{w}{a}\right)^2$ ähnliche Größenordnung annimmt wie $\varkappa \cdot \frac{w}{a}$, sind die Abzweigungen nach Abb. 71 sicherlich nicht mehr gleichwertig; die Massenkräfte der gekrümmte Bahnen beschreibenden Gasteilchen werden im Anfangsquerschnitt des durchlaufenden Rohrzweiges höhere Drücke hervorrufen als in dem des abzweigenden, so daß die in den ersten Zweig einlaufende Welle größer ausfällt als die in der seitlichen Abzweigung. Quantitative Unterlagen für diese Verhältnisse fehlen zur Zeit noch vollständig.

Nun ist noch die Energieverschiebung bei der Wellenfortpflanzung zu untersuchen.

Außer der von den Gasteilchen selbst aufgenommenen Summe aus innerer und kinetischer Energie wird von ihnen Verschiebungsarbeit an die vor ihnen liegenden Teilchen übertragen. Ein zwei Gasschichten trennender Querschnitt, der sich mit der augenblicklichen Strömungsgeschwindigkeit w mitbewegt, möge durch einen gedachten Kolben ersetzt werden. Dieser überträgt während des Zeitelements dt die Arbeit $dL_v = F.p.w.dt$. Es soll nun gezeigt werden, daß diese Arbeit von der Welle aufgenommen wird.

Die Änderung der Gesamtenergie eines Gasteilchens der Welle mit a/a_0 ist nach Gleichung (280) $\frac{dE}{d\,a/a_0} = \frac{1}{\varkappa(\varkappa-1)^2}\cdot\frac{a_0^2}{g}\cdot\left[2\frac{a}{a_0}\cdot(3\varkappa-1)-4\varkappa\right]$

Während der Zeit dt verschieben sich die Wellenelemente um das Stück a dt gegenüber der Gasmasse und die Energie der nun von anderen Wellenelementen erfaßten Gasteilchen ändert sich dabei um dE. Das Gewicht der jeweils von dE neu erfaßten Teilchen ist $F\gamma a\,dt$. Die Arbeit, welche der vor dem Querschnitt liegende Wellenteil im Zeitelement aufnimmt, ist daher

$$dL_w = F\,dt\,.\int \gamma\,.\,a\,.\,dE$$

Nun ist
$$\gamma\,.\,a = \gamma_0\cdot a_0\cdot\left(\frac{a}{a_0}\right)^{1+\frac{2}{\varkappa-1}}$$
und daher

$$dL_w = a_0\cdot\gamma_0\cdot F\cdot dt\int\left(\frac{a}{a_0}\right)^{\frac{\varkappa+1}{\varkappa-1}}\cdot\frac{2a_0^2}{\varkappa\cdot g(\varkappa-1)^2}\cdot\left[\frac{a}{a_0}\cdot(3\varkappa-1)-2\varkappa\right]\cdot d\left(\frac{a}{a_0}\right)=$$

$$= F\cdot dt\cdot\frac{2\cdot a_0\cdot p_0}{\varkappa-1}\cdot\left(\frac{a}{a_0}-1\right)\cdot\left(\frac{a}{a_0}\right)^{\frac{2\varkappa}{\varkappa-1}}, \text{ also } dL_w = F\cdot dt\cdot w\cdot p = dL_v.$$

Die Verschiebungsarbeit und die Energieänderung der vom Wellenkopf neu erfaßten Gasteilchen sind daher identisch.

Durch die Verschiebungsarbeit wird die Energie demnach von den schwingenden Teilchen auf die benachbarten übertragen; die Energie wird den Teilchen zugeführt, die vom Wellenkopf neu erfaßt werden, und den Teilchen entzogen, die am Wellenende außerhalb des Wellenbereiches gelangen.

Der Vorgang der Energieübertragung vom Zylinder zur Auspuffturbine läßt sich in drei Teile trennen: in den Energieübergang vom Zylinder durch das Auslaßorgan in das Auspuffrohr, in den Energietransport durch das Auspuffrohr und die Umsetzung der an die Turbine herangebrachten Energie in mechanische Arbeit im Turbinenlaufrad. Abb. 142 zeigt ein Schema einer entsprechenden einfachen Anordnung.

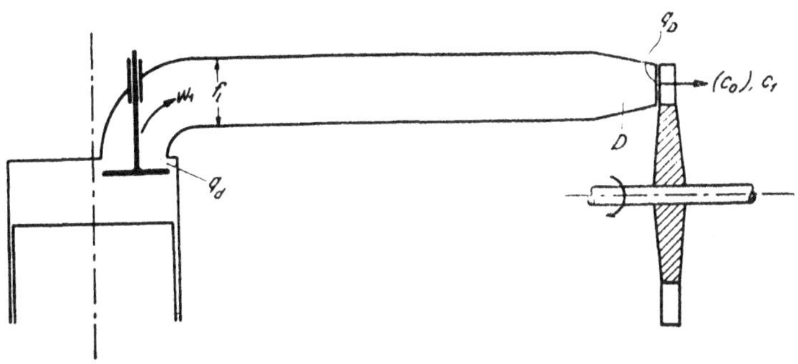

Abb. 142. Schema einer Auspuffleitung mit Abgasturbine.

Ein aus einem Zylinder durch das Auslaßventil V mit dem Drosselquerschnitt q_d in die Auspuffleitung vom Querschnitt f_l mit der Geschwindigkeit w_l einströmendes Gasteilchen vom Gewicht dG, führt dem Rohrinhalt den Energiebetrag

$$dE = dG \cdot \left(p_l \cdot v_l + u_l + \frac{w_l^2}{2g}\right)$$

zu, und daher je kg eintretendes Gas die Energie

$$\frac{dE}{dG} = i_l + \frac{w_l^2}{2g}.$$

Dabei wird die Verschiebungsarbeit $p_l \cdot v_l$ an den schon in der Leitung laufenden Wellenkopf abgegeben. Wenn die Geschwindigkeit w_d im Drosselquerschnitt größer ist als w_l in der Leitung, wird der Überschuß an kinetischer Energie durch Verwirbelung in Wärme verwandelt und es entsteht der Wirbelverlust

$$V_w = \frac{w_d^2 - w_l^2}{2g} = \frac{w_l}{2g} \cdot \left(\frac{1}{\xi^2} - 1\right) \quad \text{mit} \quad \xi = \frac{w_l}{w_d}.$$

Die Rücksicht auf geringe Wirbelverluste würde bei gegebenem Drosselquerschnitt q_d eine enge Rohrleitung von gleichem Querschnitt verlangen. Dies hätte jedoch hohe Reibungsverluste in der Leitung zur Folge. Für diese möge in angenäherter Übertragung der Verhältnisse bei stationärer Strömung gesetzt werden:

$$V_r = \lambda \cdot \frac{l}{d} \cdot \frac{w_l^2}{2g}$$

Mit

$$\frac{w_d^2}{2g} = \frac{w_l^2}{2g \cdot \xi^2} = \left(1 - \frac{p_l}{p_z}\right) \cdot R \cdot T_z \cdot \left(\frac{p_z}{p_l}\right)^{\frac{\nu}{\varkappa}} = \left(1 - \frac{p_l}{p_z}\right) \cdot \frac{a_z^2}{\varkappa g} \cdot \left(\frac{p_z}{p_l}\right)^{\frac{\nu}{\varkappa}}$$

wird der Gesamtverlust

$$V = V_r + V_w = \left(1 - \frac{p_l}{p_z}\right) \cdot R \cdot T_z \cdot \left(\frac{p_z}{p_l}\right)^{\frac{\nu}{\varkappa}} \cdot \left[\left(\lambda \cdot \frac{l}{d} - 1\right) \cdot \xi^2 + 1\right] \tag{283}$$

Danach wäre für $\lambda \cdot \frac{l}{d} < 1$, wenn also der Reibungsverlust in der Leitung kleiner als $\frac{w_l^2}{2g}$ ist, ξ möglichst groß, am besten $\xi = 1$ auszuführen. Für $\lambda \cdot \frac{l}{d} = 1$ käme es auf den Leitungsquerschnitt überhaupt nicht an und der Verlust ist bei jedem Wert von ξ gleich $\frac{w_d^2}{2g}$. Für $\lambda \frac{l}{d} > 1$ schließlich wäre $\xi = 0$, das heißt, ein weiter Behälter die günstigste Leitung, denn dann kann der Verlust $\frac{w_d^2}{2g}$ auch nicht übersteigen.

Nun gelten diese Überlegungen für ein gegebenes Druckgefälle und zielen darauf ab, den relativen Verlust als Bruchteil der kinetischen Energie möglichst zu verringern. Man kann aber den absoluten Verlust auch durch Verkleinern der kinetischen Energie herabsetzen, indem man das Druckgefälle $p_z - p_l$ vermindert.

Während der Ausschub- oder der Spülperiode ist dies nur durch Vergrößern des wirksamen Auslaßquerschnittes möglich, weil ein bestimmtes Gasvolumen innerhalb einer gegebenen Zeit durchtreten muß, wodurch die Strömungsgeschwindigkeit festliegt. Erhöht man daher den Gegendruck p_l, so wird p_z ungefähr im selben Maße wachsen. Der Erfolg ist nur eine Erhöhung der Ausschubarbeit, bzw. des notwendigen Spüldruckes.

Anders ist es während der Vorauspuffperiode. Während dieser entstehen wegen des großen Druckabfalles auch die größten Wirbelverluste. Hier beeinflußt eine Erhöhung des Gegendruckes p_l die ausströmende Gasmenge und damit den Zylinderdruck im überkritischen Bereich überhaupt nicht und bei hohem unterkritischem Druckgefälle nur wenig. Sie verringert aber die Wirbelverluste, indem ein Teil der Abgasenergie in Form potentieller Energie erhalten bleibt.

Der Gegendruck kann durch Aufstauen der Abgase in Behältern auf einen annähernd konstanten Wert erhöht werden, was die erwähnten Nachteile für die Ausschub- und Spülperiode zur Folge hat, oder er kann in zeitlich veränderlicher Größe als Druckwelle in einer mehr oder minder engen Leitung durch den Auspuffstrom erzeugt werden. Dadurch wird es möglich, während des Auslaßvorganges, im Bereich hohen Druckgefälles, höhere Gegendrücke zu erhalten als im Verlauf des anschließenden Ausschub- oder Spülvorganges.

Die erzeugte Druckwelle ist $\triangle p_G = L \,.\, w_d$, wobei nach Gleichung (277b)

$$\triangle p_G = p_l - \bar{p} = \varkappa \cdot \frac{\bar{p}}{a} \cdot \left(\frac{p_l}{\bar{p}}\right)^{\nu_1 \frac{\varkappa + 1}{2\varkappa}} \cdot \xi \cdot w_d \tag{284}$$

Bei überkritischem Druckgefälle ist die Druckwelle durch die Ausströmgeschwindigkeit mittels

$$\frac{w_d^2}{2g} = \left(1 - \frac{p_d}{p_z}\right) \cdot \frac{a_z^2}{\varkappa g} \cdot \left(\frac{p_z}{p_d}\right)^{\frac{\nu}{\varkappa}}$$

bestimmt, wenn man für

$$p_d = p_z \cdot \left(\frac{2}{\varkappa + 1}\right)^{\frac{\varkappa}{\varkappa - 1}}$$

einsetzt; sie kann bei unterkritischem Gefälle für gegebenen Zylinderdruck p_z als Bruchteil des aufgeprägten Druckgefälles $\triangle p_A = p_z - \bar{p}$ in Abhängigkeit von $x = \frac{L^{*2}}{\varkappa \,.\, \triangle p_A}$ aus Tafel 2 abgelesen werden, wobei

$$L^* = \varkappa \cdot \frac{\bar{p}}{\bar{a}} \cdot \left(\frac{p_l}{\bar{p}}\right)^{\nu_1 \frac{\varkappa + 1}{2\varkappa}} \cdot \xi \cdot a_z \cdot p_z^{\frac{\nu - \varkappa}{2\varkappa}} \cdot p_l^{\frac{-\nu}{2\varkappa}} \tag{285}$$

Die Gefällsverminderung nach Tafel 2 ist durch

$$\frac{\triangle p_G}{\triangle p_A} = x \left[\sqrt{1 + \frac{2}{x}} - 1\right]$$

als Funktion von ξ gegeben, wenn man die Druckverhältnisse, soweit sie nicht gegeben sind, durch Vorausschätzen festlegt. Man könnte daher nach Gleichung (283), die für gegebenen Leitungsdruck p_l gilt, aus

$$V = \frac{\triangle p_A}{p_z} \cdot \left(1 - \frac{\triangle p_G}{\triangle p_A}\right) \cdot R \cdot T_z \cdot \left(\frac{p_z}{p_l}\right)^{\frac{\nu}{\varkappa}} \cdot \left[\left(\lambda \cdot \frac{l}{d} - 1\right) \cdot \xi^2 + 1\right] \tag{283 a}$$

durch Differenzieren nach ξ und Nullsetzen eine Bedingungsgleichung für den Wert ξ erhalten, der den kleinsten Verlust ergibt, wenn der Leitungsdruck durch die erregte Druckwelle bestimmt wird.

Nun ist aber das Geschwindigkeitsverhältnis ξ kein fester Wert, vielmehr nimmt es im Verlauf der Eröffnung des Steuerquerschnittes von Null bis auf einen Höchstwert zu. Nimmt man diesen, also ein gewisses Verhältnis von größtem Steuer- zum Leitungsquerschnitt an, dann sind die Zwischenwerte durch das Öffnungsgesetz des Steuerquerschnittes gegeben. Dabei wird man stets die Eröffnung so rasch erfolgen lassen, als es die kinetischen Verhältnisse der Steuerorgane nur zulassen. Die Hauptverlustquelle für die Ausnützung der Abgasenergie besteht nämlich bei der üblichen Ausbildung der Steuerquerschnitte in den sehr starken Wirbelverlusten bei noch wenig geöffnetem Steuerorgan, auch wenn der ganz offene Auslaßkanal strömungstechnisch günstig ausgebildet ist, denn ein großer Teil des Vorauspuffes mit seinen großen und sehr energiereichen Abgasmengen verläuft bei stark gedrosseltem Auslaßquerschnitt. Weitgehende Verringerung dieser Verluste ist z. B. Voraussetzung für ein Spülen ohne Ladepumpe, nur durch die dynamische Rückwirkung des Abgasstromes.

Allerdings ist nicht der ganze Wirbel- und Reibungsverlust endgültig verloren, da er den Wärmeinhalt des Abgases erhöht. Der kleine Bruchteil

$$1 - (p_o/p_l)^{\frac{\varkappa - 1}{\varkappa}}$$

des Verlustes ist in der Abgasturbine weiter ausnützbar.

Man erkennt aus Gleichung (283 a) ohne weiteres, daß für $\lambda \frac{l}{d} < 1$ möglichst große Werte von ξ günstig sind, weil dadurch sowohl das Druckgefälle $\triangle p_A - p_G$ verkleinert wird, als auch der Anteil, welcher davon verwirbelt wird.

Für die Ermittlung des günstigsten Leitungsquerschnittes kann man darüber verschiedene Annahmen machen und dafür nach schrittweiser Berechnung von w_d und ξ den Gesamtverlust für das während des ganzen Auspuffvorganges ausströmende Gasgewicht G bestimmen:

$$G \cdot V_{ges} = \int V \cdot dG = \int \left[\left(\lambda \cdot \frac{l}{d} - 1\right) \cdot \xi^2 + 1\right] \cdot \frac{\gamma_d \cdot q_d}{2g} \cdot \frac{w_d^3}{6n} \cdot d\alpha \tag{286}$$

Neben den Wirbelverlusten kommt es aber auch auf die Rückwirkungen auf den Zylinderdruck und vor allem auf die Spülverhältnisse an.

Das Geschwindigkeitsverhältnis $\xi = \frac{w_l}{w_d}$ ist wegen

$$w_d \cdot q_d \cdot \frac{p_d}{T_d} = w_l \cdot f_l \cdot \frac{p_l}{T_l}$$

bestimmt durch
$$\xi = \frac{q_d}{f_l} \cdot \frac{T_l}{T_z} \cdot \frac{p_d}{p_l} \cdot \left(\frac{p_z}{p_d}\right)^{\frac{\varkappa - 1}{\varkappa}} \tag{287}$$

Die Temperatur T_l in der Leitung ist nach der teilweisen Verwirbelung, jedoch ohne Berücksichtigung sonstiger Wärmeverluste, bestimmt durch

$$V_w = \frac{c_p}{A} \cdot (T_l - T_d)$$

mit
$$V_w = \frac{w_l^2}{2g} \cdot \left(\frac{1}{\xi^2} - 1\right), \text{ wobei } \frac{w_l^2}{2g} = \frac{c_p}{A} \cdot (T_z - T_l).$$

Daraus folgt
$$T_l - T_z \cdot \left(\frac{p_d}{p_z}\right)^{\frac{\varkappa - 1}{\varkappa}} = (T_z - T_l) \cdot \left(\frac{1}{\xi^2} - 1\right).$$

Nun ist, mit
$$\xi^* = \frac{q_d}{f_l} \cdot \frac{p_d}{p_l} \cdot \left(\frac{p_z}{p_d}\right)^{\frac{\varkappa - 1}{\varkappa}},$$

$$\xi = \xi^* \cdot \frac{T_l}{T_z}.$$

Berechnet man ξ zunächst mit einem geschätzten Näherungswert für T_l/T_z, so ergibt sich

$$T_l = T_z \cdot \left[1 - \xi^2 \cdot \left(1 - \left(\frac{p_d}{p_z}\right)^{\frac{\varkappa - 1}{\varkappa}}\right)\right] \tag{288}$$

oder aber man ermittelt aus

$$1 - \frac{T_z}{T_l} \cdot \left(\frac{p_d}{p_z}\right)^{\frac{\varkappa - 1}{\varkappa}} = \left(\frac{T_z}{T_l} - 1\right) \cdot \left[\frac{1}{\xi^{*2}} \cdot \left(\frac{T_z}{T_l}\right)^2 - 1\right]$$

die quadratische Gleichung

$$\left(\frac{T_z}{T_l}\right)^2 - \frac{T_z}{T_l} = \xi^{*2} \cdot \left[1 - \left(\frac{p_d}{p_z}\right)^{\frac{\varkappa - 1}{\varkappa}}\right]$$

und erhält

$$\frac{T_z}{T_l} = \frac{1}{2} + \sqrt{\frac{1}{4} + \xi^{*2} \cdot \left[1 - \left(\frac{p_d}{p_z}\right)^{\frac{\varkappa - 1}{\varkappa}}\right]}. \tag{288 a}$$

In Gleichung (285) ist in ξ die für den Augenblick errechnete Temperatur einzusetzen, weil das vom ausströmenden Gasteilchen verdrängte Volumen davon abhängt, hingegen ist $\bar{a}$ aus der mittleren Temperatur über den ganzen Auspuffvorgang zu errechnen, denn die Druckwelle überholt bald die frisch ausgestoßenen Gasschichten und läuft in dem noch vom vergangenen Auspuffvorgang vorhandenen Abgasrest weiter. Näherungsweise ist der Gaszustand längs der Auspuffleitung ermittelbar, weil die Verschiebungen der Gasteilchen durch Integration des für gewisse Leitungspunkte bekannten Geschwindigkeitsverlaufes errechnet werden können.

Die Verfolgung der Wellenbewegung durch eine geschichtete Gassäule ist nach der Charakteristikenmethode [14] ebenfalls möglich, aber schon wesentlich umständlicher. Es ist daher zweckmäßig, dafür einen mittleren Gaszustand anzunehmen.

Setzt man in der Düse D, Abb. 142, am Leitungsende die ganze in der Welle enthaltene Energie in kinetische Energie um, wobei sich theoretisch (d. i. ohne Reibungsverluste in der Düse) die Ausströmgeschwindigkeit c_o einstellt, dann wird

$$\frac{c_o^2 - w^2}{2g} = u + p \cdot v - u_o - p_o \cdot v_o = \frac{c_p \cdot T_o}{A} \cdot \left(\frac{T}{T_o} - 1\right) = \frac{\varkappa}{A} \cdot (u - u_o).$$

Daraus folgt: $$c_o^2 = w^2 \cdot \left(1 + \frac{2g \cdot \varkappa}{A} \cdot \frac{u - u_o}{w^2}\right)$$

und mit Rücksicht auf die Gleichung (281)

$$c_o^2 = w^2 \cdot \left(1 + \frac{\varkappa - 1}{2} \cdot \frac{\frac{a}{a_o} + 1}{\frac{a}{a_o} - 1}\right) = \frac{(\varkappa + 1) \cdot \left(\frac{p}{p_o}\right)^{\frac{\varkappa - 1}{2\varkappa}} + \varkappa - 3}{2 \cdot \left[\left(\frac{p}{p_o}\right)^{\frac{\varkappa - 1}{2\varkappa}} - 1\right]} \cdot w^2 \qquad (289)$$

Für kleinere Druckänderungen ergibt die Reihenentwicklung bis zu linearen Gliedern:

$$c_o^2 = \frac{2 \cdot \varkappa + \frac{\varkappa + 1}{2} \cdot \frac{\triangle p}{p_o}}{\frac{\triangle p}{p_o}} \cdot w^2; \qquad (289\,a)$$

wegen $\varkappa \cdot \frac{w}{a} = \frac{\triangle p}{p}$ läßt sich dafür noch einfacher schreiben: $\left(\frac{c_o}{w}\right)^2 = \frac{2a}{w}$, wenn man $\frac{\triangle p}{p_o}$ gegenüber $2\varkappa$ vernachlässigt. Das zugehörige Verhältnis von Ausströmquerschnitt der Düse q_D zu Leitungsquerschnitt f_l ist durch

$$\frac{q_D}{f_l} = \frac{w}{c_o} \cdot \frac{\gamma}{\gamma_o} = \left(\frac{p}{p_o}\right)^{\frac{1}{\varkappa}} \cdot \sqrt{\frac{2 \cdot \left[\left(\frac{p}{p_o}\right)^{\frac{\varkappa - 1}{2\varkappa}} - 1\right]}{(\varkappa + 1) \cdot \left(\frac{p}{p_o}\right)^{\frac{\varkappa - 1}{2\varkappa}} + \varkappa - 3}} \qquad (290)$$

gegeben. Abb. 143 zeigt $\frac{q_D}{f_l}$ in Abhängigkeit von $\left(\frac{p}{p_o}\right)$ für $\varkappa = 1{,}3$. Für kleine Druckwellen führt die Beziehung (289 a) zu dem auf Seite 106 für die rückwurffreie Blende gefundenen Ausdruck

$$\frac{q_D}{f_l} \approx \sqrt{\frac{w}{2a}}$$

Weicht das Querschnittsverhältnis von diesem Bestwert ab, dann wird nur ein Teil der mit der ankommenden Welle zur Mündung geschafften Energie in Geschwindigkeit umgesetzt. Bei größerem Drosselquerschnitt nimmt zwar die austretende Menge zu, deren Energieinhalt jedoch stärker ab und ein Teil der Wellenenergie bleibt in einer reflektierten Unterdruckwelle in der Leitung, bei kleinerem Drosselquerschnitt nimmt die austretende Menge stärker ab, als deren Energie zunimmt, und die rückläufende Überdruckwelle enthält wieder einen Teil der ursprünglichen Wellenenergie.

Da demnach ein gegebenes Querschnittsverhältnis nur für eine bestimmte Welle vollkommene Umsetzung in Geschwindigkeitsenergie ergibt, muß man das Verhältnis bei vorgegebener Wellengestalt so bestimmen, daß es für den „Energieschwerpunkt" $\bar{E}_a$ gerade rückwurffrei wird.

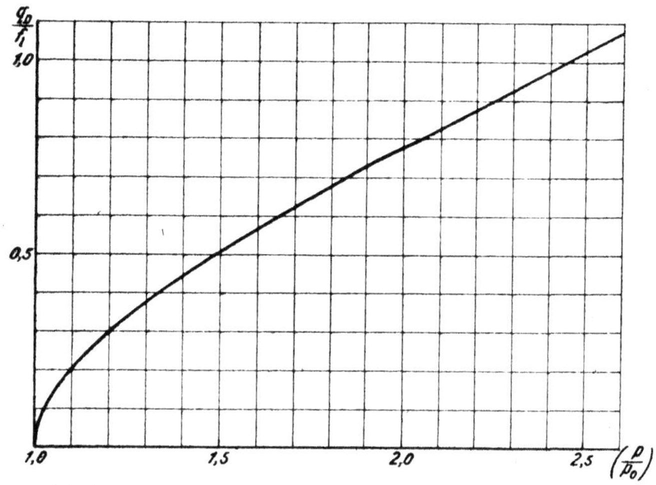

Abb. 143. Verhältnis des rückwurffreien Düsenquerschnittes zum Leitungsquerschnitt in Abhängigkeit vom Wellenausschlag p/p_0.

Als mittlere Energie $\bar{E}_a$ ist offenbar die anzusehen, für welche die Abweichungen der tatsächlich ankommenden Energie vom Mittelwert nach oben und unten sich gerade aufheben, wenn man der Abweichung ein um so größeres Gewicht gibt, je größer der Energieinhalt des Massenteilchens $d\,m = \gamma \,.\, w \,.\, d\,t$ selbst ist. Es gilt demnach: $\int (E_a - \bar{E}_a) \,.\, E_a \,.\, d\,m = 0$; da E_a verhältig ist c_0^2, folgt daraus:

$$\bar{c}_0^2 = \frac{\int c_0^4 \,.\, w \,.\, \gamma \,.\, d\,t}{\int c_0^2 \,.\, w \,.\, \gamma \,.\, d\,t} \qquad (291)$$

Bei gegebenem zeitlichem Geschwindigkeits- oder Druckverlauf in der ankommenden Welle ist c_0^2 nach Gleichung (289) bestimmt, daher sind die Integrale graphisch auswertbar und damit der Wert $\bar{c}_0$ gefunden, für den das Querschnittsverhältnis auszulegen ist, wenn möglichst viel der Wellenenergie in Geschwindigkeit umgesetzt werden soll.

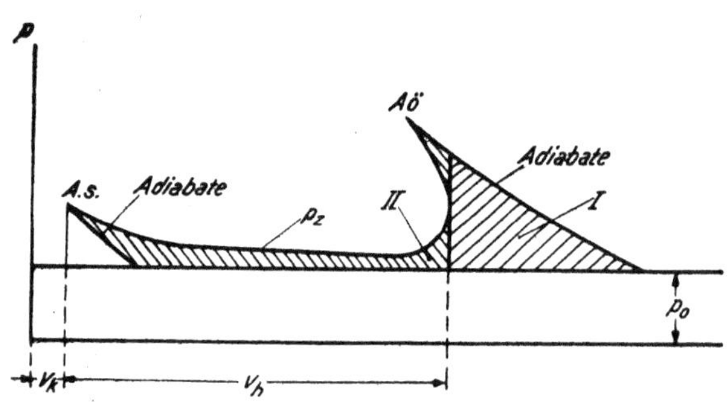

Abb. 144. Theoretisch in der Abgasturbine umsetzbare Arbeit.

Infolge der Reibungsverluste in der Düse ist die in ihr wirklich erzeugte Austrittsgeschwindigkeit $c_1 = \varphi \,.\, c_0$. Dabei liegt φ im allgemeinen um 0,94 ÷ 0,97.

Wie im Teil III gezeigt wird, entspricht die Arbeit, die in der Turbine umgesetzt werden kann, bei verlustfreiem Energietransport zur Turbine und verlustfreier Energieumsetzung in dieser, der in Abbildung 144 schraffierten Fläche I + II.

Verluste treten während des Energietransportes zur Turbine durch Verwirbelung der kinetischen Energie nach dem Ventil und durch die Reibungs- und Wärmeverluste im Auspuffrohr auf. Sie werden durch den Wirkungsgrad der Energieübertragung $\eta_{tü}$ erfaßt.

Man erhält

$$\eta_{\mathrm{ltü}} = \frac{\frac{f_l}{2\,g}\int c_0^2 \,.\, w \,.\, \gamma \,.\, dt}{L_{I+II}} \tag{292}$$

und damit ein Maß für die Güte der Auslegung des Rohrsystems.

Eine Berechnung von c_0 mit den hier gebrachten Ansätzen für Druckwellen großer Amplituden ist nur bei reflexionsfreier Ausbildung des Rohres genau. Da vollständige Reflexionsfreiheit nicht erreicht werden kann, sind nur Näherungsrechnungen möglich. Dies auch deswegen, da die Veränderung der Welle durch die Rohrreibung durch die benützten Ansätze nicht erfaßt wird. Weitere Ausführungen über den Abgasturboantrieb enthält Teil III.

C. Wiedergabe der instationären Strömung in Gassäulen durch die Strömung in Kanälen mit freier Flüssigkeitsoberfläche.[1]

I. Einleitung.

Die Strömungszustände in den Rohrleitungen von Verbrennungskraftmaschinen sind wegen der Schnelligkeit ihres Ablaufes und der Unsichtbarkeit des Mediums der direkten Beobachtung nicht zugänglich. Messungen des Druckverlaufes erfordern umfangreiche Einrichtungen, Messungen der Geschwindigkeiten sind nur mit schwierigen, indirekten Verfahren möglich. Der Bedarf nach einem Modellverfahren, das die experimentelle Erforschung der Vorgänge erleichtert, ist somit gegeben.

Infolge der weitgehenden Analogie zwischen der Strömung von Flüssigkeiten mit freier Oberfläche und der kompressiblen Gasströmung kann man die Strömung in offenen Gerinnen zur mechanisch-ähnlichen Abbildung der Gasströmung heranziehen.

Die der Gasströmung analogen Strömungsvorgänge in offenen Gerinnen lassen sich so weit verlangsamen, daß sie ohne Schwierigkeit durch direkte Beobachtung verfolgt und mit einfachen Instrumenten meßtechnisch erfaßt werden können. Die Geschwindigkeiten, mit der die Vorgänge im Modell und in der Ausführung ablaufen, stehen bei gleichen Längen im Verhältnis der Wellengeschwindigkeit in offenen Gerinnen zur Schallgeschwindigkeit in Gasen. Mit brauchbaren Abmessungen des Modells läßt sich eine Wellengeschwindigkeit von 1 m/sek erreichen, so daß die Zeitmaße von Modell und Ausführung sich bei gleichem Längenmaßstab wie 350 : 1 verhalten.

II. Theoretische Grundlagen.

1. Wellenausbreitung in Gassäulen und in offenen Gerinnen.

Zur Ableitung der Ähnlichkeitsbedingungen werden die bekannten Differentialgleichungen der instationären Gasströmung dimensionslos gemacht und mit den

[1] Das Verfahren wurde 1941 von Reyl [28] an der Technischen Hochschule Graz auf Anregung von List, ohne Kenntnis der Arbeit von Preiswerk [29], vorgeschlagen und zunächst für kleine Druckschwankungen entwickelt, 1946 für große Druckausschläge erweitert.

gleichfalls von den Dimensionen befreiten Gleichungen der Strömung in seichten Gerinnen verglichen.

Für die instationäre Gasströmung gilt, unter Vernachlässigung der Reibung, die Eulersche Gleichung

$$\frac{dw}{dt} = -\frac{g}{\gamma} \cdot \frac{\partial p}{\partial x} = -\frac{g}{\gamma} \cdot \frac{dp}{d\gamma} \cdot \frac{\partial \gamma}{\partial x}$$

und die Kontinuitätsgleichung

$$\frac{\partial (\gamma \cdot w)}{\partial x} = -\frac{\partial \gamma}{\partial t}.$$

Man bezieht die Geschwindigkeit w auf die Schallgeschwindigkeit $\bar{a}$ bei Ruhedruck, die Wichte γ auf ihren Wert $\bar{\gamma}$ bei Ruhedruck und erhält $\omega = \frac{w}{\bar{a}}$ und $\varphi = \frac{\gamma}{\bar{\gamma}}$. Für die Schallgeschwindigkeit gilt die Beziehung $a = \sqrt{\frac{dp}{d\gamma} \cdot g}$. Wird in der Zeit T mit der Schallgeschwindigkeit $\bar{a}$ die Länge L durchlaufen, so daß $\frac{L}{T} = \bar{a}$, und setzt man $t = u \cdot T$ und $x = \xi \cdot L$, so wird aus der Eulerschen Gleichung

$$\frac{d\omega}{du} = -\frac{a^2}{\bar{a}^2} \cdot \frac{1}{\varphi} \cdot \frac{d\varphi}{d\xi}. \tag{293}$$

und aus der Kontinuitätsgleichung

$$\frac{\partial (\varphi\omega)}{\partial \xi} = -\frac{\partial \varphi}{\partial u} \tag{294}$$

Für den wassererfüllten Kanal lautet die Bewegungsgleichung entsprechend den Beziehungen in Abb. 145

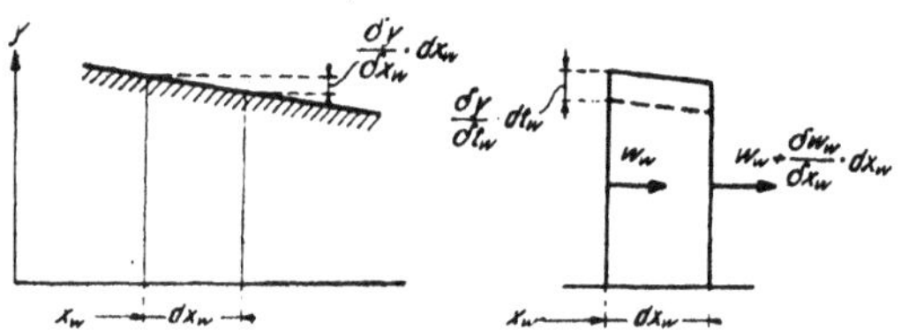

Abb. 145.

$$\frac{dw_w}{dt_w} = -g \cdot \frac{\partial y}{\partial x_w} = -g \cdot \frac{dy}{dF} \cdot \frac{\partial F}{\partial x_w} \tag{293 a}$$

Darin ist y die Spiegelhöhe, F der wassererfüllte Kanalquerschnitt. Die Kontinuitätsgleichung erhält hier mit $b = \frac{dF}{dy}$ die Form:

$$\frac{\partial (w_w \cdot F)}{\partial x_w} = -\frac{\partial F}{\partial t_w} = -b \cdot \frac{\partial y}{\partial t_w} \tag{294 a}$$

Befreit man die Gleichungen von den Dimensionen, indem man $\omega = \frac{w_w}{\bar{a}_w}$, ferner $x = \xi \cdot L_w$ und $t_w = u T_w$ setzt, so ist mit $\bar{a}_w = L_w/T_w$,

$$\frac{d\omega}{du} = -g \cdot \frac{\bar{F}}{\bar{a}_w^2} \cdot \frac{dy}{dF} \cdot \frac{\partial (F/\bar{F})}{\partial \xi} \tag{293 b}$$

und

$$\frac{\partial (\omega \cdot F/\bar{F})}{\partial \xi} = -\frac{\partial (F/\bar{F})}{\partial u}. \tag{294 b}$$

Die Gleichungen (293) und (294) sind mit den Gleichungen (293 b) und (294 b) identisch, wenn

$$\frac{F}{\bar{F}} = \varphi, \quad \frac{1}{\varphi} \cdot \left(\frac{a}{\bar{a}}\right)^2 = g \cdot \frac{\bar{F}}{\bar{a}_w^2} \cdot \frac{dy}{dF}. \tag{295}$$

Nun ist $\left(\frac{a}{\bar{a}}\right)^2 = \varphi^{\varkappa - 1}$, da die Quadrate der Schallgeschwindigkeiten der zugehörigen

Temperatur verhältig sind und die auf einer Adiabate liegenden Temperaturen mit den Wichten nach $\varphi^{\varkappa - 1}$ zusammenhängen.

Da zusammengehörige Geschwindigkeiten von Gas- und Wasserströmungen, um Ähnlichkeit zu erzielen, im gleichen Verhältnis stehen sollen, gilt

$$\frac{1}{\varphi}\left(\frac{a}{\bar{a}}\right)^2 = \frac{1}{\varphi}\left(\frac{a_w}{\bar{a}_w}\right)^2$$

Setzt man das in (295) auf der linken Seite ein, so wird

$$a_w = \sqrt{\frac{g \cdot F}{\frac{dF}{dy}}}.$$

Nun ist $\frac{dF}{dy} = b$ die Kanalbreite an der Oberfläche. Damit wird

$$a_w = \sqrt{g \frac{F}{b}} \tag{296}$$

$\frac{F}{b}$ ist die Wassertiefe eines rechteckigen Kanals mit dem Querschnitt F. Im besonderen ist $\bar{y} = \frac{\bar{F}}{\bar{b}}$, worin $\bar{b}$ die Kanalbreite im Ruhezustand und $\bar{F}$ die zugehörige wassererfüllte Querschnittfläche bedeutet. Aus (295) wird nun weiter mit $\zeta = \frac{y}{\bar{y}}$ und $\bar{a}_w = \sqrt{g \bar{y}}$

$$\varphi^{\varkappa - 2} \cdot d\varphi = d\zeta \tag{297}$$

Berücksichtigt man, daß für $\varphi = 1$ auch $\zeta = 1$ ist, so erhält man die Beziehung zwischen Dichteverhältnis φ und der Spiegelverschiebung ζ

$$\varphi^{\varkappa - 1} - 1 = (\varkappa - 1) \cdot (\zeta - 1) \tag{297 a}$$

Abb. 146 zeigt den Zusammenhang zwischen φ, $\frac{p}{\bar{p}}$ und ζ für $\varkappa = 1{,}4$. Für kleine Dichte- und Spiegeländerungen wird mit $\varphi = 1 + \triangle\varphi$ und $\zeta - 1 = \frac{\triangle y}{\bar{y}}$:

$$\frac{\triangle y}{\bar{y}} = \frac{\triangle \gamma}{\bar{\gamma}} = \frac{1}{\varkappa} \cdot \frac{\triangle p}{\bar{p}}$$

Die verhältnismäßigen Spiegeländerungen geben, mit $\varkappa$ multipliziert, die verhältnismäßigen Druckänderungen. Wenn die Druckänderungen klein bleiben, wie z. B. fast immer in Saugsystemen, kann diese einfache Beziehung benützt werden. Der Abb. 146 läßt sich entnehmen, wo merkbare Abweichungen auftreten.

Da $\frac{F}{\bar{F}} = \varphi$ ist, wird im weiteren:

$$F = \bar{F} \cdot [(\varkappa - 1)(\zeta - 1) + 1]^{\frac{1}{\varkappa - 1}} \tag{298}$$

und die Beziehung für die Kanalbreite:

$$b = \frac{\bar{F}}{\bar{y}} \cdot \frac{d\varphi}{d\zeta} = \bar{b}\,[(\varkappa - 1)(\zeta - 1) + 1]^{\frac{2 - \varkappa}{\varkappa - 1}} \tag{299}$$

Für $\varkappa = 1{,}4$ ist $\frac{b}{\bar{b}}$ in Abhängigkeit von ζ in Abb. 147 dargestellt. Für $\zeta = 1{,}0$ wird $\frac{d\frac{b}{\bar{b}}}{d\zeta} = 0{,}6$.

Es wird in den meisten Fällen genügen, den Querschnitt des Kanals nach Abb. 148 im Teil, in dem der Spiegel schwankt, trapezförmig auszubilden. Ein rechteckiger Querschnitt entspricht einer Zustandsänderung im Gas mit $\varkappa = 2{,}0$.

Für $\zeta = 1$ muß $F = \bar{F}$ sein. Zur Ermittlung von $\bar{F}$ ist eine Beziehung zwischen den in zugehörigen Zeiten durch zugehörige Querschnitte von Modell und Ausfüh-

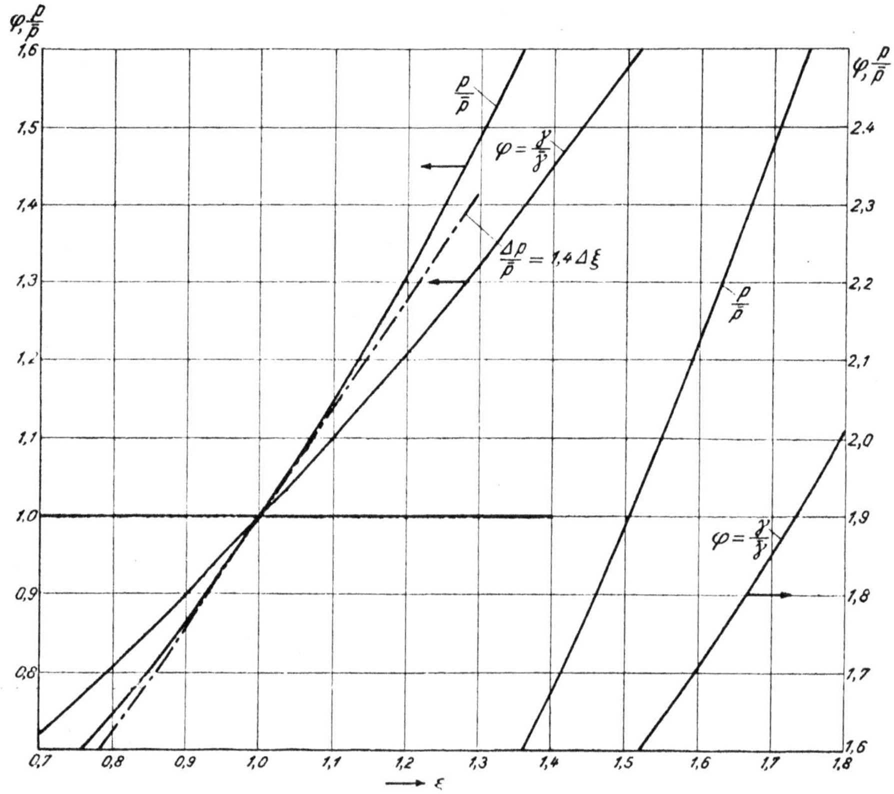

Abb. 146. Zuordnung von Druck- und Dichteverhältnis $\frac{p}{\bar{p}}$ und φ im gaserfüllten Rohr zur relativen Spiegelhöhe ζ im wassererfüllten Kanal.

rung durchtretenden Volumen herzustellen. ν ist dieser Volumenmaßstab, bezogen auf Gas vom Ruhezustand. Aus

$$F_w \cdot w_w \cdot d\,t_w = \nu \cdot F \cdot w \cdot \varphi \cdot d\,t \quad \text{folgt} \quad \bar{F}_w = F \frac{\nu}{\lambda} \tag{300}$$

mit $\lambda = \frac{L_w}{L}$ als Längenmaßstab, also als Verhältnis zugeordneter Kanallängen von Modell und Ausführung, und mit

$$\frac{w_w}{\bar{a}_w} = \frac{w}{\bar{a}}, \quad d\,t_w = \frac{L_w}{\bar{a}_w} \cdot d\,u \quad \text{und} \quad d\,t = \frac{L}{\bar{a}}\,d\,u.$$

Damit ist der gefüllte Kanalquerschnitt $\bar{F}_w$ bei $\zeta = 1$ auf den bekannten Rohrquerschnitt F zurückgeführt.

Um schließlich das Zeitverhältnis des Modells gegenüber der Ausführung, den Zeitmaßstab, zu finden, ist das Verhältnis der Zeiten zum Durcheilen sich entsprechender Strecken mit sich entsprechenden Geschwindigkeiten zu bestimmen. Es ist $L_w = \bar{a}_w \,.\, T_w$, $L = \bar{a} \,.\, T$. Man erhält den Zeitmaßstab

$$\tau = \frac{T_w}{T} = \frac{L_w}{L} \cdot \frac{\bar{a}}{\bar{a}_w} = \lambda \cdot \frac{\bar{a}}{\bar{a}_w} \tag{301}$$

Durch $\bar{a}_w$ ist auch $\bar{y}$ bestimmt. Der Kanal kann damit gezeichnet werden.

Führt man z. B. das Modell mit $\lambda = 2$, d. h. mit den doppelten Längsabmessungen des Motors aus und wählt $\bar{y} = 0{,}1$ m, so wird

$$\bar{a}_w = \sqrt{9{,}81 \cdot 0{,}1} \sim 1{,}0 \text{ m/sek}$$

und, wenn die Schallgeschwindigkeit im Gas $\bar{a} = 340$ m/sek ist,

$$\tau = 2 \cdot 340 = 680,$$

d. h. die Vorgänge werden auf das 680fache verlangsamt. Beträgt die Drehzahl des

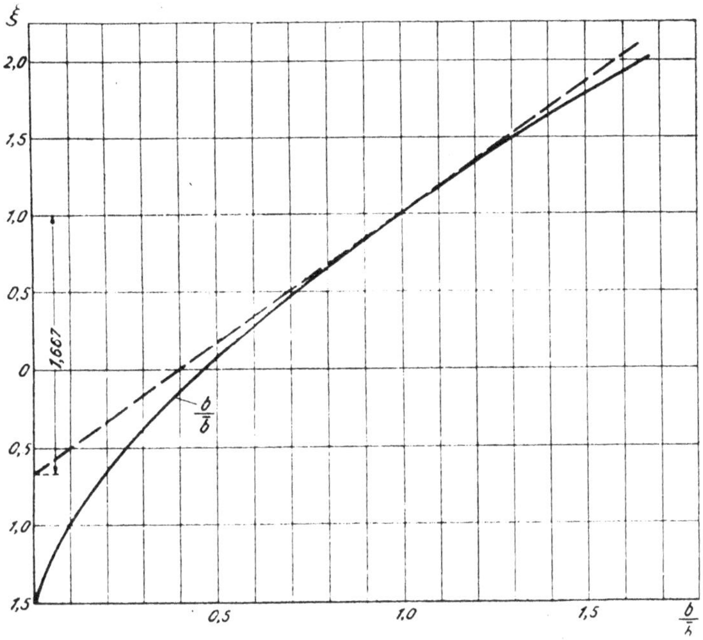

Abb. 147. Relative Kanalbreite $b/\bar{b}$ in Abhängigkeit von der Spiegelhöhe ζ.

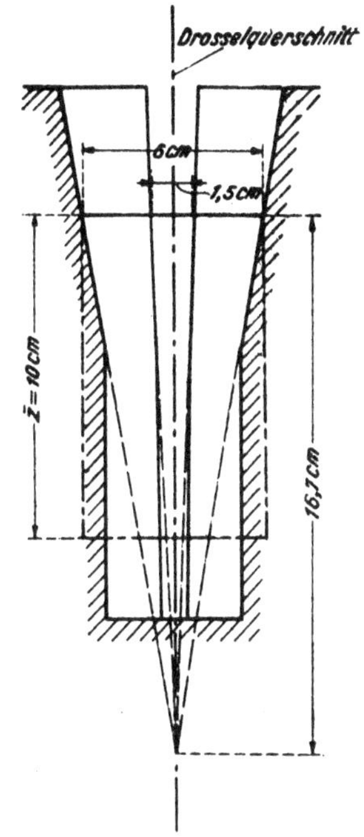

Abb. 148. Annäherung des theoretischen Kanal- und Drosselquerschnittes durch geradlinig begrenzte Querschnitte.

Motors z. B. 1600 U/min, so würde sie im Modell auf 2,35 U/min herabgesetzt. Ein Einströmvorgang von $\sim 240^0$ KW würde demnach ~ 17 Sekunden dauern, könnte daher gut beobachtet werden.

Wählt man $\nu = 6$, also das theoretische Fördervolumen des Modells 6mal so groß wie den Zylinderinhalt der Ausführung, so wird

$$\frac{\bar{F}_w}{F} = \frac{6}{2} = 3;$$

daher ist z. B. für $F = 20$ cm² Leitungsquerschnitt des Motors, $\bar{F}_w = 60$ cm² und, mit $\bar{y} = 10$ cm, $\bar{b} = \frac{60}{10} = 6$ cm.

Im Bereich, in dem Spiegelschwankungen auftreten, kann man die Kanalbreite linear, entsprechend der strichlierten Linie in Abb. 147 abnehmen lassen. Unten wird dann ein einfaches, z. B. rechteckiges, Profil angesetzt und so bemessen, daß der im Ruhestand erfüllte Querschnitt $\bar{F}$ beträgt (Abb. 148).

Aus den entwickelten Beziehungen ist festzustellen, daß zwischen der Flüssigkeitsströmung in offenen Gerinnen und der Gasströmung in Rohren sehr weitgehende physikalische Ähnlichkeit besteht. Eine Einschränkung auf kleine Amplituden mußte nicht vorgenommen werden. Der Einfluß der Reibung in Ausführung und Modell wurde aber nicht berücksichtigt. Auch sonst ergeben sich kleine Abweichungen, wie z. B. durch den Einfluß der Vertikalbewegung der Flüssigkeitsteilchen in offenen Gerinnen.

Es ist von Interesse, die Ähnlichkeitsbeziehungen etwas eingehender auf ihre physikalische Bedeutung zu untersuchen.

Die Gleichheit von $\frac{w_w}{\bar{a}}$ des Modells und $\frac{w}{\bar{a}}$ der Gasströmung ergibt sich aus folgender Überlegung:

In beiden Fällen bedeuten $\bar{a}_w$ bzw. $\bar{a}$ die Fortpflanzungsgeschwindigkeiten einer Störung im Medium, demnach physikalisch definierte Geschwindigkeiten. Da die Verhältnisse aller zugehörigen Geschwindigkeiten von Modell und Ausführung gleich sein müssen, muß das Verhältnis der Geschwindigkeit der Fortpflanzung von Störungen gleich dem Verhältnis einander zugeordneter Strömungsgeschwindigkeiten sein. Aus $\frac{\bar{a}_w}{\bar{a}} = K$ und $\frac{w_w}{w} = K$ erhält man aber die obige Beziehung. Die zweite Ähnlichkeitsbedingung $\varphi = \frac{\gamma}{\bar{\gamma}} = \frac{F_w}{\bar{F}_w}$ besagt, daß der Einfluß der Wichte in der Gasströmung durch den des Querschnittes in der Flüssigkeitsströmung ersetzt wird. Die Förderung eines veränderlichen Gewichtes bei gleichbleibender Geschwindigkeit ist bei der Gasströmung durch Veränderung der Dichte mit gleichbleibendem Querschnitt, bei der Flüssigkeitsströmung durch Veränderung des Querschnittes mit, infolge der Inkompressibilität, gleichbleibender Dichte möglich.

Die in Abb. 146 dargestellten Zusammenhänge geben die Zuordnung von $\frac{\gamma}{\bar{\gamma}}$ und $\frac{p}{\bar{p}}$ zu ζ wieder. ζ wird am Modell durch Messung festgestellt. Aus Abb. 146 kann daraus der zugehörige Druck ermittelt werden.

Nach (297 a) ist $$\zeta - 1 = \frac{1}{\varkappa - 1} \cdot \left[\left(\frac{\gamma}{\bar{\gamma}}\right)^{\varkappa - 1} - 1\right]$$

Daraus folgt $$\zeta - 1 = \frac{c_v}{AR}\left(\frac{T}{\bar{T}} - 1\right) = \frac{u - \bar{u}}{AR\bar{T}}$$

Damit entspricht $AR\bar{T}(\zeta - 1)$ bei der Gasströmung, der Veränderung der Innen-Energie gegenüber dem Ruhezustand, also der Energie, die gegenüber dem Ruhezustand durch adiabatische Zustandsänderung gespeichert oder (bei $\zeta < 1$) gegenüber diesem abgegeben wurde. $AR\bar{T}(\zeta - 1)$ ist daher die Arbeitsmenge, die das Gas bei adiabatischer Zustandsänderung zum Ruhestand abgeben kann, bzw. bei der Zustandsänderung vom Ruhezustand in den betrachteten Zustand abgegeben hat.

Auch bei der Flüssigkeitsströmung stellt $(\zeta - 1)\bar{y}$ die Arbeitsfähigkeit der Flüssigkeit gegenüber dem Ruhezustand dar. Dem Wärmegefälle in der Gasströmung gegenüber dem Ruhezustand entspricht demnach das mechanische Gefälle der Flüssigkeitsströmung gegenüber diesem.

Dem verhältnismäßig großen absoluten Wert des Arbeitsgefälles des Gases entspricht ein sehr kleiner Wert des Arbeitsgefälles der Flüssigkeit, deren Spiegel bei den üblichen Modellabmessungen ja nur um einige Zentimeter schwankt. Da die Geschwindigkeiten durch die Arbeitsgefälle erzeugt werden, erklären sich dadurch die außerordentlich kleinen Flüssigkeitsgeschwindigkeiten im Verhältnis zur Gasgeschwindigkeit.

2. Drosselvorgänge.

Für die Strömung in Kanälen wurden im vorhergehenden Abschnitt die Ähnlichkeitsbeziehungen zur Gasströmung in Leitungen aufgestellt. Es muß nun untersucht werden, ob und wie weit diese Beziehungen auch für die verschiedenen Arten von Unstetigkeiten in den Strömungen gelten.

Für Gase ist die Geschwindigkeit an einer Drosselstelle, vor welcher der Zustand 1, nach welcher der Zustand 2 besteht,

$$w = \sqrt{\frac{2\,g\,\varkappa}{\varkappa - 1} \cdot \bar{p} \cdot \bar{v} \cdot \left[\left(\frac{\gamma_1}{\bar{\gamma}}\right)^{\varkappa - 1} - \left(\frac{\gamma_2}{\bar{\gamma}}\right)^{\varkappa - 1}\right]} = \bar{a}\sqrt{\frac{2}{\varkappa - 1} \cdot \left[\varphi_1^{\varkappa - 1} - \varphi_2^{\varkappa - 1}\right]}$$

Für das offene Gerinne gilt mit der relativen Spiegeldifferenz $\zeta_1 - \zeta_2$:

$$w_w = \sqrt{2\,g\,\bar{y}\,(\zeta_1 - \zeta_2)} = \bar{a}_w \sqrt{2\,(\zeta_1 - \zeta_2)}$$

Die Klammerausdrücke sind durch die früher abgeleitete Zuordnung $\varphi^{\varkappa - 1} - 1 = (\varkappa - 1) \, . \, (\zeta - 1)$ identisch, die Ähnlichkeitsbeziehung $\frac{w}{\bar{a}} = \frac{w_w}{\bar{a}_w}$ ist demnach erfüllt.

An einer in die Rohrleitung eingebauten Drossel gilt für die Gasströmung:

$$F \cdot \frac{w}{\bar{a}} \cdot \gamma_1 = q_d \cdot \gamma_d \cdot \sqrt{\frac{2}{\varkappa - 1} \cdot \left(\varphi_1^{\varkappa - 1} - \varphi_d^{\varkappa - 1}\right)}, \tag{302}$$

für die Flüssigkeitsströmung:

$$F_w \cdot \frac{w_w}{\bar{a}_w} = q_{dw} \cdot \sqrt{2 \cdot (\zeta_1 - \zeta_2)}. \tag{302 a}$$

Durch Gleichsetzen der Geschwindigkeitsverhältnisse und der Wurzelausdrücke erhält man mit $\frac{F_w}{\bar{F}_w} = \varphi$

$$q_{dw} = q_d \cdot \varphi_d \cdot \frac{\bar{F}_w}{F} \quad \text{und damit}$$

$$q_{dw} = \bar{q}_{dw} \cdot \left[(\zeta_d - 1)\,(\varkappa - 1) + 1\right]^{\frac{1}{\varkappa - 1}} \tag{302 b}$$

d. h. der Drosselquerschnitt muß in Abhängigkeit von ζ nach gleicher Gesetzmäßigkeit abnehmen wie der Kanalquerschnitt. Mit $\bar{b}$ als Breite des Kanalspiegels im Ruhezustand wird

$$\bar{b}_{dw} = \bar{b} \cdot \frac{q_d}{F} \tag{302 c}$$

Ist also z. B. in dem Rohr von $F = 20\ \text{cm}^2$ der Zahlenrechnung auf Seite 205 ein Drosselquerschnitt von 5 cm^2 eingeschaltet, so ist in den Kanal des Modells ein Drosselblech mit einer freien Öffnung nach Abb. 148 einzubauen, die eine Breite in Höhe des Ruhewasserspiegels von

$$\bar{b}_{dw} = 6{,}0 \cdot \frac{5}{20} = 1{,}5\ \text{cm}$$

hat. In den übrigen Höhen müssen die Verhältnisse der Kanalbreite zur Breite des Drosselquerschnittes gleich sein.

Wendet man die Ähnlichkeitsbeziehungen auf die Strömung nach der Drosselstelle an, wobei hier angenommen wird, daß die Rohrleitung nach der Drossel mit gleichem Querschnitt wie vor derselben weitergeführt wird, so ist für die Gasströmung das Volumen im Ruhezustand

$$F \cdot \frac{\gamma_2}{\gamma} \cdot \left(\frac{\gamma_d}{\gamma_1}\right)^{\varkappa - 1} \cdot w_2 \cdot dt = dV$$

Für die Wasserströmung ist das entsprechende Volumen

$$F_w \cdot w_{w2} \cdot dt_w = dV_w$$

Mit dem Volumenverhältnis ν zwischen Modell und Ausführung und den Beziehungen zwischen t und t_w wird

$$\overline{F}_w = \frac{\nu}{\lambda} \cdot F \cdot \left(\frac{\varphi_d}{\varphi_1}\right)^{\varkappa - 1}$$

Durch die Abweichung von der adiabatischen Zustandsänderung sind die Bedingungen für Ähnlichkeit hier nicht streng erfüllt. $\overline{F}_w$ hängt von einer Potenz des Dichteverhältnisses ab, ist daher keine Konstante mehr. In vielen Fällen wird

$$\left(\frac{\varphi_d}{\varphi_1}\right)^{\varkappa - 1} \sim 1$$

gesetzt werden können. In anderen kann mit einem geschätzten Mittelwert von $\left(\frac{\varphi_d}{\varphi_1}\right)^{\varkappa - 1}$ gerechnet werden, der durch Berechnung des Druckverlaufes oder durch einen Vorversuch bestimmt werden kann.

3. Einschalten eines Behälters mit unveränderlichem Rauminhalt in die Leitung.

Strömt in einen Behälter, in dem der durch t gekennzeichnete Zustand herrscht, ein Gasvolumen dV_t vom Zustand t, so verändert sich die Dichte nach

$$\frac{d\gamma_t}{\gamma_t} = \frac{dV_t}{V_t} \quad \text{oder} \quad \frac{d\varphi_t}{\varphi_t} = \frac{dV_t}{V_t}$$

Das auf den Bezugszustand reduzierte Volumen des Gases wird $\varphi_t \,.\, dV_t$. Für das Flüssigkeitsmodell gilt, mit O als Oberfläche des Behälters

$$dV_w = \overline{y} \cdot O \cdot d\zeta$$

Nun muß infolge des festen Volumenverhältnisses zwischen Modell- und Gasströmung $dV_w = \nu \,.\, \varphi_t \,.\, dV_t$ sein; damit wird nun

$$\overline{y} \cdot O \cdot \frac{d\zeta}{d\varphi} = \nu \cdot V_t$$

und, da $\frac{d\zeta}{d\varphi} = \varphi^{\varkappa - 2}$ ist, mit der Oberfläche für $\zeta = 1$,

$$\overline{O} = \frac{V_t \cdot \nu}{\overline{y}}; \quad O = \overline{O}\,[(\varkappa - 1)\,(\zeta - 1) + 1]^{\frac{2 - \varkappa}{\varkappa - 1}} \tag{303}$$

Die Abhängigkeit von $O/\overline{O}$ von ζ ist also gleich wie die des Verhältnisses $b/\overline{b}$ der Kanalbreiten von ζ. Abb. 147 kann daher benützt werden, wenn an Stelle von $b/\overline{b}$ das Verhältnis der Oberflächen $O/\overline{O}$ gesetzt wird.

Ist dem Behälter eine Drosselstelle vorgeschaltet, so ist das eintretende Volumen mit T_1 als Temperatur vor der Drosselstelle,

$$d V_t = q_d \cdot w_d \cdot \left(\frac{T_1}{T_d}\right) d t.$$

Aus $\frac{d V_t}{V_t} = \frac{d \varphi_t}{\varphi_t}$ erhält man

$$d \varphi_t = \varphi_t \cdot \frac{q_d}{V_t} \cdot \frac{w_d}{\overline{a}} \cdot \left(\frac{T_1}{T_d}\right) \cdot L \cdot d u$$

und für die zugehörige Strömung im Modell

$$\overline{y} \cdot O \cdot d \zeta = q_{dw} \cdot w_{dw} \cdot d t_w = q_{dw} \cdot \frac{w_{dw}}{\overline{a_w}} \cdot L_w \cdot d u$$

Mit $d \varphi_t \cdot \varphi_t^{\varkappa - 2} = d \zeta$ wird, da $\frac{w_d}{\overline{a}} = \frac{w_{dw}}{\overline{a_w}}$, $\frac{L_w}{L} = \lambda$ ist,

$$\frac{q_d}{V_t} \left(\frac{T_1}{T_d}\right) = \frac{q_{dw}}{\varphi_t} \cdot \frac{\lambda}{O \cdot \overline{y} \cdot \varphi^{\varkappa - 2}}.$$

Nun ist nach der Ähnlichkeitsbeziehung $\frac{q_{dw}}{\varphi_t} = \overline{q_{dw}}$, ferner ist $O \cdot \varphi^{\varkappa - 2} = \overline{O}$ und $q_d = \frac{\overline{q_{dw}} \cdot \lambda}{\nu}$. Damit erhält man

$$\overline{O} = \frac{V_t}{\overline{y}} \cdot \nu \cdot \left(\frac{T_d}{T_1}\right). \tag{304}$$

Der Ausdruck ist gleich wie früher, nur ist der Volumenmaßstab auf

$$\nu' = \nu \cdot \left(\frac{T_d}{T_1}\right)$$

verkleinert. Diese Verkleinerung ist verursacht durch eine Vergrößerung des auf Ruhezustand bezogenen Gasvolumens, wegen der Temperaturerhöhung infolge der Verwirbelung nach der Drosselung. Da $\frac{T_1}{T_d}$ infolge der wechselnden Strömungsgeschwindigkeit veränderlich ist, müßte es auch O sein. Da aber am Modell $\overline{O}$ unverändert bleibt, sind die Bedingungen für die Ähnlichkeit bei Drosselvorgängen nicht streng erfüllt.

4. Einfluß einer nicht adiabatischen Zustandsänderung auf die Modellmaßstäbe.

Solange die Zustandsänderungen adiabatisch verlaufen, gelten die Ähnlichkeitsgesetze nahezu exakt, bei nicht adiabatischen Zustandsänderungen, wie z. B. Drosselungsvorgängen, ergeben sich stärkere Abweichungen. Meist können auch diese außer Betracht bleiben oder in manchen Fällen durch einfache Korrekturen angenähert berücksichtigt werden.

Wie im folgenden gezeigt wird, werden durch die nicht adiabatischen Zustandsänderungen die Modellmaßstäbe verändert, so daß vor und nach diesen Zustandsänderungen verschiedene Maßstäbe für das Modell gelten.

Durch die Wärmezufuhr infolge der Verwirbelung der kinetischen Energie nach der Drosselung wird die Temperatur des adiabatisch auf Ruhedruck entspannten

Gases von T_0 auf T'_0 erhöht. Damit erhöht sich die Schallgeschwindigkeit bei Ruhedruck von $\bar{a}$ auf $\bar{a} \cdot \sqrt{\frac{T'_0}{T_0}}$.

Der Zeitmaßstab muß in allen Teilen des Modells gleich sein. Daher muß in Gleichung (301)

$$\frac{\lambda' \cdot \bar{a} \cdot \sqrt{\frac{T'_0}{T_0}}}{\bar{a}_w} = \frac{\bar{a} \cdot \lambda}{\bar{a}_w}$$

sein. Es wird daher der Längenmaßstab λ durch die Temperaturerhöhung auf $\lambda \sqrt{\frac{T_0}{T'_0}}$ verkleinert. Durch die Temperaturerhöhung wird das durchströmende Volumen gegenüber dem Zustand vor der Drosselung bei gleichem Druck auf das $\frac{T'_0}{T_0}$ fache vergrößert. Daher verkleinert sich der Volumenmaßstab des Modells gegenüber der Ausführung auf $\nu' = \nu \frac{T_0}{T'_0}$. Da sich $\frac{T_0}{T'_0}$ im allgemeinen dauernd verändert, die Modellabmessungen jedoch nur einem Mittelwert angepaßt werden können, gilt das Modellgesetz nach einer nicht adiabatischen Zustandsänderung nicht mehr exakt.

Man hat von der Stelle der nicht adiabatischen Zustandsänderung an mit dem Längenmaßstab λ' und dem Volumenmaßstab ν' zu rechnen. Die Maßstäbe sind Mittelwerten der Temperaturveränderung anzupassen. Die neuen Maßstäbe gelten längs der Strömung bis zur nächsten nicht adiabatischen Zustandsänderung, an der sie sich weiter verändern. Man rechnet mit ihnen die Querschnitte und Längen, indem man in die entsprechenden Ausdrücke an Stelle von ν, λ die Werte ν', λ' einsetzt.

5. Behälter mit veränderlichem Rauminhalt, Zylinder.

Der Rauminhalt eines Behälters der Ausführung wird nach (303) durch die Oberfläche eines entsprechenden Behälters im Modell in seiner Wirkung erfaßt. Verändert sich der Inhalt eines Behälters in Abhängigkeit von der Zeit, so muß das durch eine mit dem Zeitablauf veränderliche Behälteroberfläche im Modell nachgebildet werden.

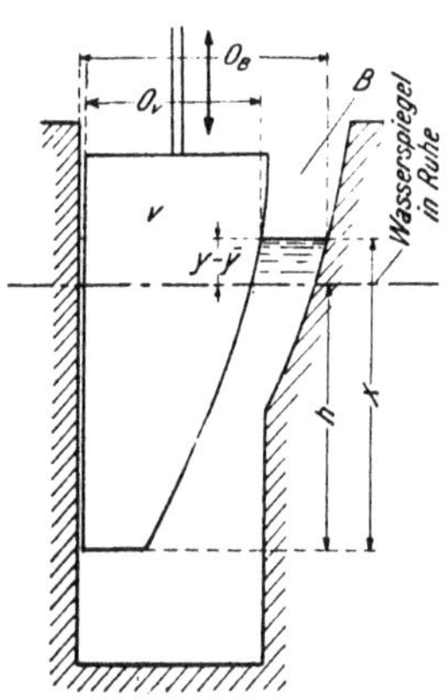

Abb. 149. Ersatz eines Maschinenzylinders durch Behälter und Verdränger.

Neben dieser Veränderung der Federungskonstante des elastischen Zylinderinhalts durch die Kolbenbewegung entsteht eine Veränderung des Druckes durch die Raumverdrängung des Kolbens. Im Modell wird diese so nachgebildet, daß durch Veränderung des Rauminhalts des Behälters bei gleichem Wasserinhalt die Spiegelhöhe verändert wird.

Beide Wirkungen, Oberflächenveränderung und Verdrängung lassen sich am einfachsten durch einen Verdränger nach Abb. 149 bewirken, der von oben in den Behälter eintaucht und in vertikaler Richtung auf und ab bewegt wird. Verdrängerwirkung und Oberflächeneinfluß stehen in einem durch die Form des Körpers gegebenen Zusammenhang, sind daher voneinander abhängig.

Zunächst sind die Ähnlichkeitsbedingungen abzuleiten. Für die Ausführung (gasförmiges Medium) gilt bei Einströmen des Volumens dV_e und gleichzeitiger Veränderung des Zylindervolumens um dV_z

$$\frac{d\varphi_z}{\varphi_z} = \frac{dV_e - dV_z}{V_z}$$

Am Modell wird die Spiegeländerung:

$$\bar{y}\, d\zeta = \frac{dV_{ew}}{O_B - O_v} + \frac{O_v}{O_B - O_v} \cdot dh$$

wenn O_B der Querschnitt des Behälters, O_v der des Verdrängers ist und dV_{ew} das einströmende Volumen, dh die Verschiebung des Verdrängers senkrecht zur Flüssigkeitsoberfläche bedeutet.

Es ist mit ν als Volumenverhältnis

$$\nu \,.\, dV_e \cdot \varphi_z = dV_{ew},$$

d. h. das auf Ruhezustand reduzierte Gasvolumen muß zum entsprechenden Flüssigkeitsvolumen im Verhältnis $1 : \nu$ stehen. Mit der allgemeinen Ähnlichkeitsbeziehung

$$d\zeta = \varphi^{\varkappa - 2} \cdot d\varphi$$

erhält man:

$$d\zeta = \frac{dV_e}{V_z} \varphi_z^{\varkappa - 1} - \frac{dV_z}{V_z} \varphi_z^{\varkappa - 1}$$

$$d\zeta = \frac{dV_{ew}}{O_B - O_v} \cdot \frac{1}{\bar{y}} + \frac{O_v}{O_B - O_v} \cdot \frac{dh}{\bar{y}}.$$

Da die zugeordneten Glieder der beiden Gleichungen, unabhängig voneinander, gleich werden müssen, erhält man

$$\frac{\varphi_z^{\varkappa - 2}}{V_z} = \frac{\nu}{(O_B - O_v)\, \bar{y}} \tag{305}$$

und

$$-\frac{dV_z}{V_z} \varphi_z^{\varkappa - 1} = \frac{O_v}{O_B - O_v} \cdot \frac{dh}{\bar{y}} \tag{306}$$

Die Oberflächen O_B, O_v und die erforderliche Verschiebung des Verdrängers können nun unmittelbar berechnet werden, wenn man annimmt, daß die Spiegelschwankungen sehr klein sind, d. h. die Druckschwankungen im Zylinder in erster Annäherung vernachlässigt werden. Der Querschnitt des Behälters ist dann konstant und gleich $\bar{O}_B$, dem Wert in der Höhe des Wasserspiegels, weiter ist $\varphi_z^{\varkappa - 2}$, $\varphi_z^{\varkappa - 1}$ annähernd 1. Damit wird

$$h - h_o = \bar{y} \cdot \ln \frac{\bar{y} \cdot \bar{O}_B - \nu \cdot V_z}{\bar{y} \cdot \bar{O}_B - \nu \cdot V_{zo}}. \tag{307}$$

Der Hub ist so in Abhängigkeit von z und damit vom Kurbelwinkel gegeben. Für das jeweils eingetauchte Volumen V_v des Verdrängers findet man aus den obigen Beziehungen

$$V_v = V_{vo} + \nu\, (V_{zo} - V_z), \tag{308}$$

für den Verdrängerquerschnitt

$$O_v = O_{vo} \cdot e^{\frac{h - ho}{\bar{y}}}. \tag{309}$$

Darin bedeuten V_{vo}, V_{zo}, h_o die Anfangswerte.

Die vorstehenden Beziehungen gelten nur für sehr kleine Spiegelschwankungen und damit sehr kleine Druckänderungen im Zylinder. Wege zur exakten Ermittlung von Behälter- und Verdrängerformen, die auch bei großen Druckschwankungen den Modellbedingungen streng entsprechen, konnten nicht gefunden werden. Durch das im folgenden angegebene Näherungsverfahren ist es aber möglich, für einen gegebenen oder geschätzten Druckverlauf im Zylinder die Gestalten von Behälter und Verdränger und das Bewegungsgesetz des Verdrängers so zu ermitteln, daß die Modellbedingungen wenigstens angenähert erfüllt werden.

Aus dem durch Schätzung, Rechnung oder Indizierung bestimmten Druckverlauf im Zylinder wird ζ in Abhängigkeit vom Kurbelwinkel α mittels der Beziehung (297 a) oder aus Abb. 146 bestimmt.

Nun wird mit (305) $O_B - O_v$ in Abhängigkeit von α berechnet, wobei man die dem Zylinderdruck zugeordneten Werte von ζ berücksichtigt. Um O_B und O_v ermitteln zu können, ist einer der beiden Werte anzunehmen. Es ist naheliegend, für O_v den Wert zu benützen, der bei der Berechnung nach dem vereinfachten Verfahren, also mit (309), erhalten wird.

Nun läßt sich O_B ermitteln und in Abhängigkeit von ζ (gegeben durch den Zylinderdruck nach Abb. 146) auftragen. Man erhält verstreut liegende Punkte, durch die eine Ausgleichslinie gezogen wird, welche die Abhängigkeit des horizontalen Behälterquerschnittes von der Höhe des Wasserstandes $\bar{y} \cdot \zeta$ angibt. Durch dieses Profil ist der Behälter gegeben. Nun wird aus (306) in kleinen Zeitintervallen (10 oder 20° KW) der notwendige Hub des Verdrängers bestimmt. Es ist

$$\triangle h = -\frac{O_B - O_v}{O_v} \cdot \frac{\triangle V_z}{V_z} \bar{y} \cdot \varphi_z^{\,\varkappa - 1} \tag{306 a}$$

Um die Verdrängerform zu finden, berücksichtigt man, daß nach Abb. 149

$$\triangle x = \triangle h + \bar{y} \triangle \zeta \tag{310}$$

ist. Darin ist x von der unteren Begrenzung des Verdrängers gerechnet. Man ermittelt für jedes Intervall $\triangle x$ und trägt O_v in Abhängigkeit von x auf. Die Linie durch die Punkte gibt das Längsprofil des Verdrängers. Bei starken Druckschwankungen und Ein- und Ausströmvorgängen, die sich über die Totpunkte hinaus erstrecken, können dem gleichen Wert von x verschiedene Werte von O_v zugeordnet sein; dann ist ein Ausgleich zu treffen oder auf Annäherung an das Modellgesetz in dem einen oder anderen Bereich zu verzichten.

Durch die Anordnung von zwei Verdrängern wird Unabhängigkeit zwischen Verdrängung und Oberflächengröße erzielt und damit eine Verbesserung der Annäherung an das Modellgesetz in den Bereichen möglich, in denen eine solche mit e i n e m Verdränger nicht erreicht werden kann. Von den beiden unabhängig bewegten Tauchkörperteilen kann der eine mit linearem Querschnittverlauf die richtige Oberfläche einstellen, während der andere mit konstantem Querschnitt, durch dessen Verschiebung sich daher die Oberfläche nicht ändert, die Abweichungen im verdrängenden Volumen ausgleicht.

Im allgemeinen wird es nicht nötig sein, zu dieser konstruktiven Komplikation zu greifen. Gelegentliche Vergleichsrechnungen haben nämlich eine gewisse Unempfindlichkeit gegenüber Abweichungen von den genauen Bedingungen ergeben, so daß Korrekturen meist überflüssig sein werden.

Die Drosselung beim Eintritt in den Zylinder wird durch Veränderung von ν und λ entsprechend dem vorhergehenden Abschnitt berücksichtigt.

Die Ermittlung der wichtigsten Modellabmessungen wird an der Durchrechnung eines gegebenen Falles gezeigt. Es wird dazu der Viertaktmotor des Beispiels auf Seite 162 gewählt, dessen Abmessungen dort angegeben sind. Es soll der Einströmvorgang im Modell abgebildet werden. Gewählt wurde:

Volumenmaßstab $\nu = 3$
Längenmaßstab $\lambda = 1{,}5$

Die Schallgeschwindigkeit im Einlaßsystem ist $\bar{a} = 343$ m/sek. Mit $y = 0,1$ m wird $a_w \sim 1$ m/sek. Damit wird der Zeitmaßstab nach (301) $\tau = \frac{343}{1} \cdot 1,5 = 515$. Einer Drehzahl von $n = 1700$ U/min des Motors entspricht demnach eine Modelldrehzahl von 3,3 U/min. Der Einströmvorgang dauert im Motor 330° KW, daher im Modell 16,5 sek. Er ist also ohne Hilfsmittel leicht zu verfolgen.

Der Saugrohrquerschnitt ist in der Ausführung $f = 15,2\ cm^2$. Mit $\nu = 3$ und $\lambda = 1,5$ wird nach (300) $\bar{F}_w = \frac{3,0}{1,5} \cdot 15,2 = 30,4\ cm^2$ und mit $\bar{y} = 0,1$ m die Kanalbreite im Ruhewasserspiegel $\bar{b} = 3,0$ cm. Abb. 150 zeigt das Kanalprofil. Im übrigen ist der Kanal unter Beachtung des Längenmaßstabes nach Abb. 150 auszuführen.

Der Querschnitt des Einlaßventils ist als Drosselquerschnitt nachzubilden, soll demnach die in Abb. 148 dargestellte allgemeine Form haben. Entsprechend (302 b) muß die Breite b_{dw} des Drosselquerschnittes zur Kanalbreite jeweils im Verhältnis: Ventilquerschnitt zu Kanalquerschnitt, stehen. Würde man den geometrischen Ventilquerschnitt in Verhältnis zum geometrischen Drosselquerschnitt des Kanals setzen, so würde Modellähnlichkeit nur dann bestehen, wenn die Durchflußzahlen von Ventil- und Drosselquerschnitt im Modell gleich wären, was nicht angenommen werden kann. Es ist daher richtiger, für q_l den durch Durchflußmessungen bestimmten, wirksamen Querschnitt einzusetzen. Man erhält damit aus (302 c) die wirksame Breite des Drosselquerschnittes im Modell und hat aus Durchflußversuchen am Modell die dazugehörige geometrische Breite zu ermitteln. Dazu ist die Beziehung

$$Q_{sek} = q_{dw} \sqrt{2 g \triangle y}$$

zu benützen, wobei $\triangle y$ die Spiegeldifferenz vor und nach der Drosselstelle ist. Man erhält den wirksamen Querschnitt q_{lw}, der, in Verhältnis zum geometrischen Querschnitt gesetzt, die Durchflußzahl ergibt.

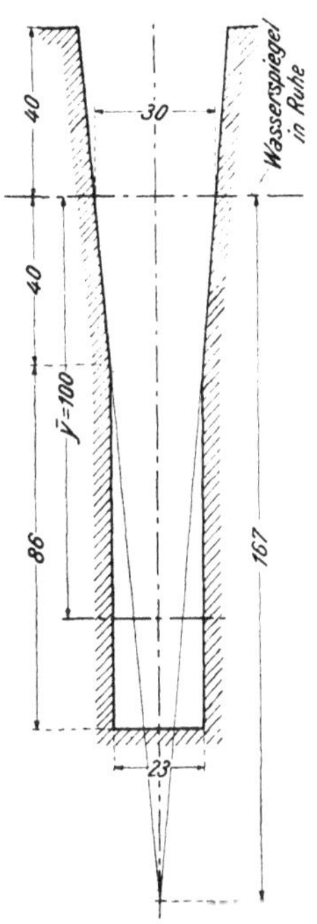

Abb. 150. Kanalprofil.

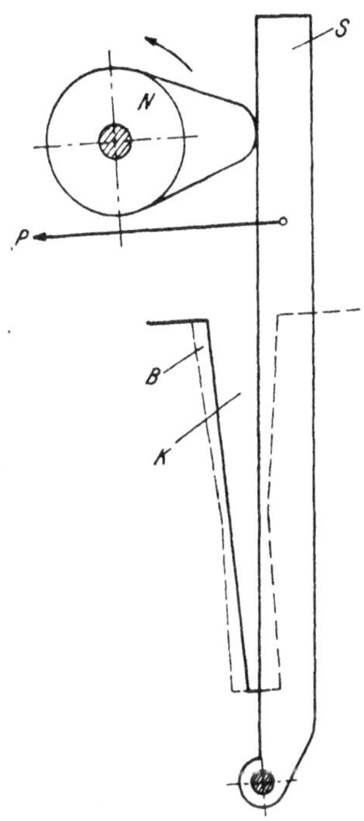

Abb. 151. Schema eines Antriebes für veränderliche Drosselquerschnitte.

Die Veränderung des Ventilquerschnittes mit dem Ventilhub ist durch eine Veränderung des Drosselquerschnittes am Modell nachzuahmen, bei welcher die Breiten des Querschnittes in jeder Höhe im gleichen Verhältnis verändert werden.

Dazu kann eine Anordnung nach Schema Abb. 151 verwendet werden, die diese Bedingung angenähert erfüllt. Vor der Mündung des Kanals in den Zylinderbehälter, die an der einen Seite durch eine Blende B abgedeckt ist, bewegt sich ein Schieber S. Durch den Nockenantrieb N kann die zeitliche Abhängigkeit der Drosselquerschnitte verwirklicht werden, welche der Drosselkurve des Ventils entspricht.

Nimmt man an, daß sich durch die Drosselung im Ventil ein mittleres Druckverhältnis zwischen Zylinder und Saugrohr von 0,9 einstellt, so werden mit $T_1/T_d = 1,03$ die veränderten Maßstäbe für den Zylinder $\nu' = 2,9$ und $\lambda' = 1,48$.

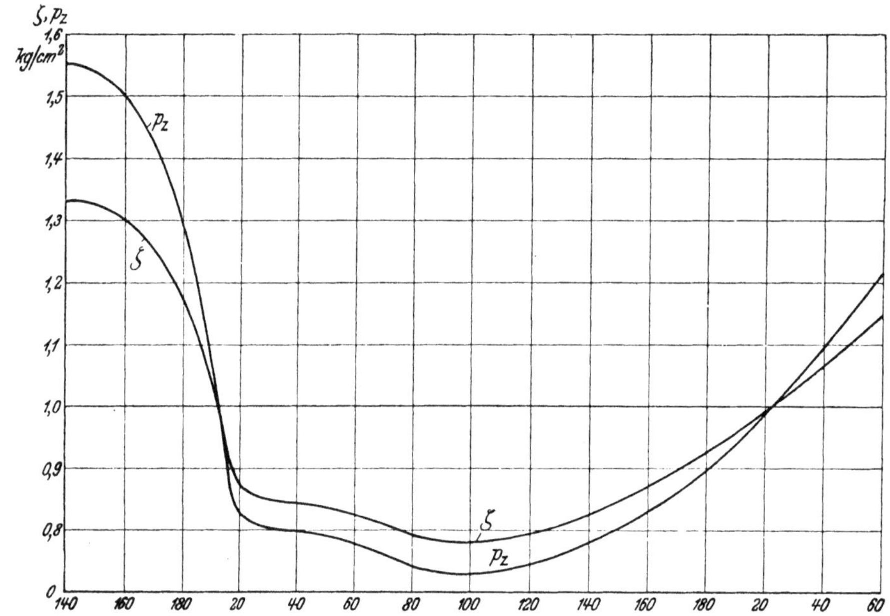

Abb. 152. Druckverlauf und zugehörige Spiegelhöhe ζ während des Ansaughubes eines Viertaktmotors.

Der in Abb. 152 dargestellte Druckverlauf im Zylinder wurde durch Berechnung gefunden. Jedem Druck ist nach Abb. 146 ein entsprechender Wert von ζ zugeordnet. Abb. 153 zeigt das verhältnismäßige Zylindervolumen z und seine Veränderung mit dem Kurbelwinkel $\frac{dz}{d\alpha}$.

Entsprechend dem Vorgehen nach Seite 212 ermittelt man zuerst aus (305)

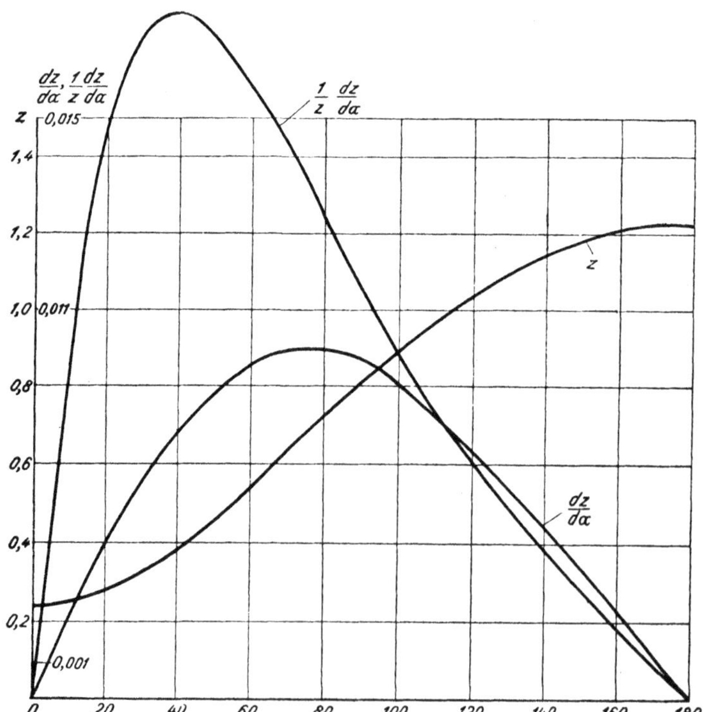

Abb. 153. Relatives Zylindervolumen z und dessen Ableitung in Abhängigkeit vom Kurbelwinkel α.

(O_B — O_v). Mit O_v nach (309) kann O_B berechnet werden. Man erhält die in Abb. 154 eingezeichneten Punkte, durch die eine Ausgleichslinie gezeichnet wurde. Das Höhenprofil des Behälters ist damit festgelegt. Zwecks einfacher Herstellung empfiehlt es sich, den Behälter mit rechteckiger Grundform zu bauen und die eine Seite entsprechend dem veränderlichen Profil zu gestalten.

Zur Ermittlung der Verdrängerform rechnet man h aus (306 a), wobei $\frac{\triangle V_z}{V_z} = \frac{1}{z} \cdot \frac{d z}{d \alpha} \cdot \triangle \alpha$ ist, und daraus mit (310), entsprechend Abb. 149, die Werte $\triangle x$ des Verdrängerprofils. Man erhält einen Verlauf $O_v = f(x)$, der zwischen den beiden Tot-

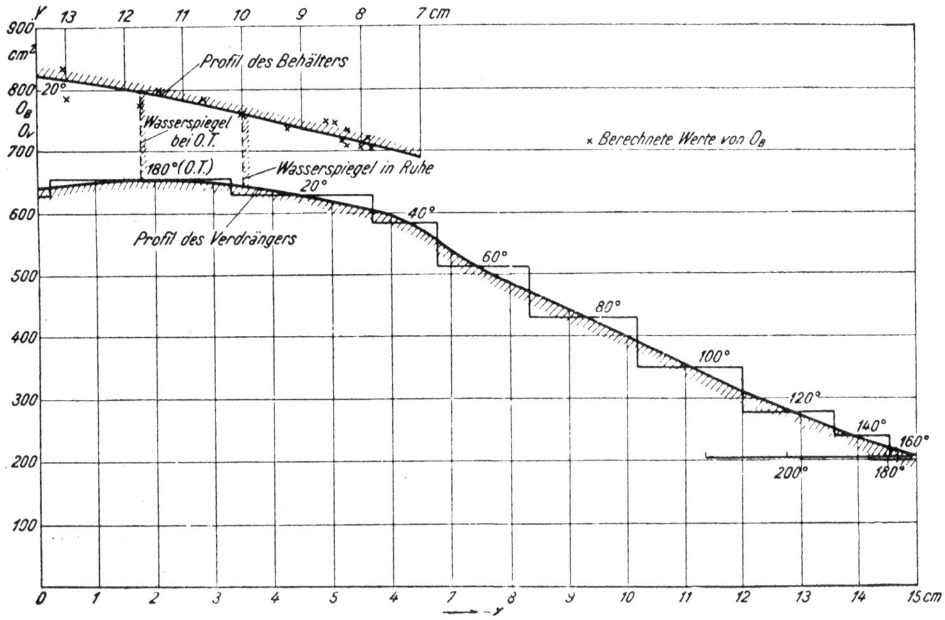

Abb. 154. Korrigiertes Behälter- und Verdrängerprofil.

punkten mit guter Annäherung verwirklicht werden kann. Darüber hinaus, also in der Zeit des Ventilabschlusses, weicht der Verdrängerquerschnitt für den Abwärtsgang erheblich von dem Querschnitt ab, der für den Aufwärtsgang erforderlich wäre. Um während dieses Teiles des Einströmens bei den richtigen einströmenden Mengen wenigstens die richtige Spiegelhöhe im Modell herzustellen, kann der Verdrängerhub aus folgender Beziehung ermittelt werden:

Es ist
$$\bar{y} \cdot d\zeta = \frac{d V_{ew}}{O_B - O_v} + \frac{(d x - \bar{y}\, d\zeta) \cdot O_v}{O_B - O_v} \tag{311}$$

und damit $\bar{y} \cdot O_B\, d\zeta = d V_{ew} + O_v\, d x$.

Geht man auf endliche Differenzen über und berücksichtigt, daß $\bar{y} \,.\, O_B\, d\zeta = d V_b$ und $O_v d x = d V_v$ die Volumsdifferentiale von Behälter und Verdränger sind, so läßt sich aus

$$\triangle V_v = \triangle V_B - \triangle V_{ew}$$

das in den Wasserspiegel eingedrungene Verdrängervolumen ermitteln. $V_b = f(\zeta)$ und $V_v = f(x)$ sind bekannt. Die Spiegeländerung $\triangle\zeta$ ist aus der Druckänderung im Zylinder während des Zeitintervalls ermittelbar. $\triangle V_{ew}$ muß auf Grund von Berechnungen gegeben sein. Man erhält $\triangle V_v$ und kann aus dem gegebenen $V_v = f(x)$ das erforderliche $\triangle x$ und daraus $\triangle h = \triangle x - \bar{y} \triangle \zeta$ bestimmen.

Aus $h = f(\alpha)$ erhält man das Bewegungsgesetz des Verdrängers, das durch einen Nockentrieb nach Abb. 156 b verwirklicht werden kann.

Durch einen Überlauf am Modell wird das Wasser während des dem Verdichtungshub entsprechenden Verdrängerniederganges abgeführt. Der Überlauf ist so zu bemessen, daß bei der Eröffnung des Einlaßventils die dem Ventilöffnungsdruck entsprechende Spiegelhöhe eingestellt wird.

Die Darstellung der Einströmverhältnisse im Modell ist verhältnismäßig einfach, da mit annähernd gleichbleibender Temperatur gerechnet werden kann und stärkere Drosselungen im allgemeinen nicht auftreten.

Wesentlich problematischer ist infolge der stark wechselnden Temperaturen und der starken Drosselungen die Abbildung der Ausströmvorgänge.

Das Vorgehen bei der Ermittlung der Modellmaßstäbe für die Auslaßvorgänge wird im folgenden in großen Zügen angedeutet.

Der Volumenmaßstab bestimmt das Verhältnis zugehöriger Volumen von Modell und Ausführung, wobei die Gasvolumen adiabatisch auf den Ruhedruck zu entspannen sind. Ist $(T_{za})_0$ die Temperatur des auf den Ruhedruck (bei Freiauspuff der Außendruck) entspannten Abgasvolumens, so ist mit λ_1 als Liefergrad bei der Viertaktmaschine

$$\lambda_1 \frac{(T_{za})_0}{T_0} \cdot V_h \tag{312}$$

das Gasvolumen, das auf der Auslaßseite abzuführen ist und, mit dem Volumenmaßstab des Modells,

$$\nu \lambda_1 \frac{(T_{za})_0}{T_0} \cdot V_h \tag{312 a}$$

die entsprechende abzuführende Wassermenge. Die Vergrößerung des reduzierten Gasvolumens durch den Zündvorgang ist im Modell durch zusätzliche Wasserzufuhr in den Zylinder-Behälter vor Beginn des Auslaßvorganges zu berücksichtigen. Der Volumenmaßstab bleibt demnach für die Vorgänge im Zylinder gleich wie beim Einlaßvorgang. Für das Auslaßsystem ist er infolge der Drosselung im Auslaßventil zu verkleinern.

Mit $\frac{p_{zm}}{p_A}$ als Verhältnis von mittlerem Zylinderdruck zum mittleren Druck im Auslaßsystem erhält man

$$\nu_A = \nu \left(\frac{p_A}{p_{zm}}\right)^{\frac{\varkappa - 1}{\varkappa}};$$

die entsprechenden Längenmaßstäbe sind für den Zylinderzustand

$$\lambda_a = \lambda \sqrt{\frac{T_0}{(T_{za})_0}} \tag{313}$$

und für das Auslaßsystem

$$\lambda_A = \lambda_a \left(\frac{p_A}{p_{zm}}\right)^{\frac{\varkappa - 1}{2\varkappa}}. \tag{314}$$

Nach (300) ergeben sich dadurch für den Auslaß des Zylinders und für das Auslaßsystem im Verhältnis

$$\sqrt{\frac{(T_{za})_0}{T_0}} \quad \text{bzw.} \quad \left(\frac{p_A}{p_{zm}}\right)^{\frac{\varkappa - 1}{2\varkappa}} \sqrt{\frac{(T_{za})_0}{T_0}}$$

gegenüber dem Einlaß vergrößerte Querschnitte.

Bei den Spülvorgängen gelten auf der Ein- und Auslaßseite gleiche Volumen, jedoch, entsprechend den verschiedenen Temperaturen, verschiedene Längenmaßstäbe. Mit λ_e auf der Einlaßseite wird

$$\lambda_a = \lambda_e \cdot \sqrt{\frac{T_0}{(T_{za})_0}}$$

wodurch sich wieder auf der Auslaßseite ein um $\sqrt{\frac{(T_{za})_0}{T_0}}$ vergrößerter Maßstab für die Querschnitte ergibt.

Bei einer Weiterentwicklung des Verfahrens wäre eine Verbesserung in der Annäherung bei den Spülvorgängen dadurch anzustreben, daß die allmähliche Veränderung der Temperatur während der Spülung berücksichtigt wird. Die grundsätzlichen Zusammenhänge werden aber auch mit den vereinfachten Annahmen gleichbleibender Mittlerer Eintritts- und Austrittstemperaturen erfaßt werden können.

III. Ausführung eines Modells.[1]

Zweck des nachstehend beschriebenen Modellentwurfes sollte sein, die Schwingungsvorgänge im Einlaßsystem und in der zwischen Kurbelkasten und Zylinder angeordneten Gasschleuse eines Zweitakt-Sauggas-Motors an einem Wassermodell zu untersuchen.

Abb. 155 zeigt ein Schema des durch das Modell nachgebildeten Motors. Das Gas-Luftgemisch wird aus dem Beruhigungsbehälter B über selbsttätige Klappen K_s durch die Kolbenunterseite angesaugt. Es gelangt in eine Gasschleuse GS und tritt beim Öffnen der Einlaßschlitze E durch den abwärtsgehenden Kolben K in den Zylinder Z, ohne in den Kurbelkasten einzudringen. Dadurch wird das Verschmutzen des Triebwerkes durch das nur mangelhaft gereinigte Generatorgas vermieden. Da beim Sauggasbetrieb das Brenngas mit Unterdruck zufließt, wird durch die Klappen K_s ein brenngasreiches Gemisch zugeführt und durch einen Aufladeschieber AS, der den Kurbelkasten am Ende des Ansaugens mit der Außenluft verbindet, der Kurbelkasten durch Luftzufuhr auf annähernd Außendruck aufgeladen. Die Aufladung wird durch die Trägheit der Gassäule in L unterstützt.

Das Auspuffsystem besteht aus den Auspuffschlitzen A und dem Auspuffrohr AR. Das Modell für diesen Motor ist halbschematisch in Abb. 156a und Abb. 156b dargestellt.

Es wurde in Holzbauweise entworfen, die Spiegelschwankungen sollten durch Schwimmer gut sichtbar gemacht werden.

Die freie Atmosphäre und der große Beruhigungskessel, aus dem die Kurbelkastenpumpe ansaugt, werden durch Abteilungen B und At in einem Kasten von

---

[1] Das im folgenden besprochene Modell sollte 1944 am Institut List in Dresden gebaut werden, um den unbefriedigenden Erfolg des Ladungswechsels zu verbessern, der sich bei der Umstellung eines Zweitakt-Traktormotors auf Sauggas-Betrieb zunächst als Folge von Schwingungen in der Gasschleuse ergeben hatte. Seine Fertigstellung wurde durch die Kriegsereignisse verhindert.

Ein weiteres Modell wurde 1944 am Institut Pischinger in Graz gebaut. An ihm sollten Abhilfemaßnahmen gegen festgestellte sehr starke Unterschiede des Liefergrades studiert werden. Diese wurden durch Gasschwingungen in der Saugleitung hervorgerufen und waren innerhalb der drei Zylindergruppen eines 24-Zylinder-4×Stern-Flugmotors aufgetreten, die für sich je einen 8-Zylinder-V-Motor bildeten. Auch an diesem Modell kam es infolge der Kriegsereignisse zu keinen Versuchen mehr, so daß über Ergebnisse nicht berichtet werden kann.

$1 \times 1{,}5$ m Grundfläche dargestellt. Der Wasserspiegel wird in diesen Abteilen durch Überfälle U konstant gehalten. Zylinder und Kurbelkastenpumpe sind durch Behälter Z und K mit gesteuerten Öffnungen nachgebildet, in welche die Verdränger V_z und V_k eintauchen, um die nötigen Volumenänderungen zu erzeugen. Gesteuert werden am Zylinder: je eine Klappe für die Auslaßschlitze K_A und für die Einlaßschlitze K_E, außerdem noch eine Klappe K_z, die aus einem Behälter mit höherem Niveau zusätzlich Wasser in den Zylinder einströmen läßt, um der Verbrennung im Motor entsprechend vor der Eröffnung der Auslaßschlitze die notwendige Niveauerhöhung (Drucksteigerung) zu erzielen. Das Ansaugen des Gas-Luftgemisches durch die Kurbelkastenpumpe aus dem Beruhigungsbehälter erfolgt wie am Motor über selbsttätige Klappen K_s. Zur Erhöhung der Spülluftmenge ist an der Kurbelkastenpumpe noch ein Aufladeschieber K_{AS} vorgesehen, der am Ende des Saughubes über ein Aufladesaugrohr zusätzlich Luft aus der Atmosphäre einströmen läßt, was am Modell ebenfalls wiedergegeben ist.

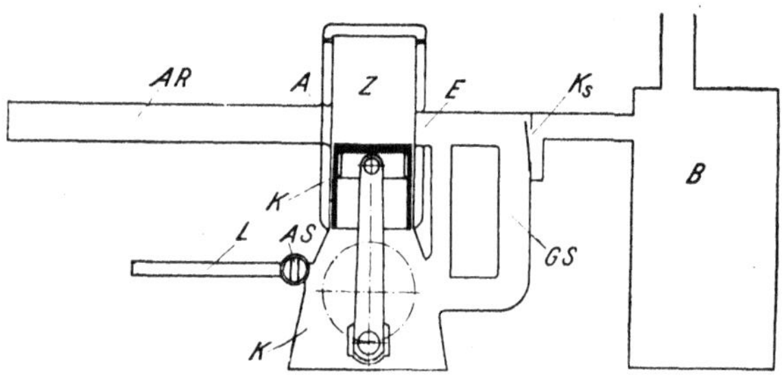

Abb. 155. Schema eines Zweitakt-Sauggas-Motors mit Kurbelkastenspülpumpe und Gasschleuse.

Das über die Überfälle strömende Wasser wird in einer Rinne SR gesammelt und von einer Umlaufpumpe dem Hochbehälter zugeführt.

Die Steuerklappen und die Verdränger werden über Schwinghebel S und Zugstange durch Nockenscheiben N angetrieben, die auf einer Nockenwelle befestigt sind.

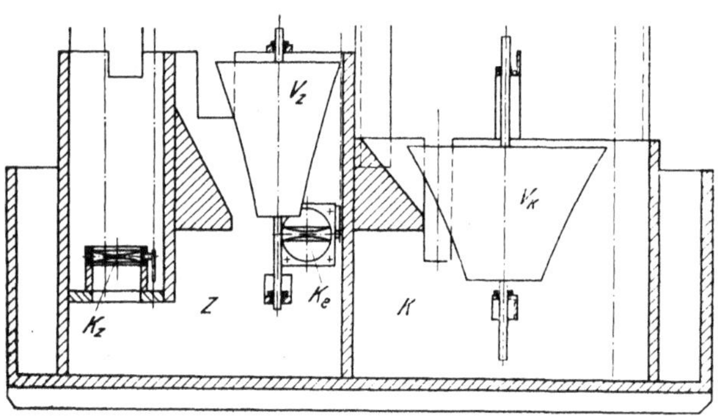

Abb. 156a. Querschnitt durch Hochbehälter, Zylinder- und Kurbelkastenbehälter des Modells nach Abb. 156b.

Auslaßquerschnitte und Breite des Kanals für die Auspuffleitung AR sind wieder im Verhältnis der Schallgeschwindigkeit im Abgas vergrößert, die Länge des Kanals der verkürzten Laufzeit entsprechend verkleinert. Die Rinnen für die einzelnen Leitungen, darunter auch die für die Gasschleuse, deren Wirkung vor allem untersucht werden sollte, sind so ausgeführt, daß sie leicht verändert werden können.

Die Wassertiefe in dem Kanal wurde 10 cm angenommen. Die Wellengeschwindigkeit ist $a_w = 0{,}99$ m/sek. Als Längenmaßstab wurde

$$\lambda = \frac{L_w}{L} = 0{,}4$$

und als Flächenmaßstab $\frac{F_w}{F} = 0{,}8$ gewählt; damit entspricht der Motordrehzahl von 850 U/min eine Modelldrehzahl von 6,14 U/min, also fast 10 Sekunden Dauer für eine Umdrehung.

Das Modell arbeitet wie folgt:

Bei der Nachbildung des Einsaugens in den Kurbelkasten wird der Verdränger V_k

nach oben bewegt, dadurch der Wasserspiegel abgesenkt. Es fließt nun Wasser aus B über die selbsttätigen Klappen K_s in den Kurbelkasten. Am Ende des Einsaugens wird der Aufladeschieber K_{AS} geöffnet, dadurch fließt aus dem Behälterraum At Wasser

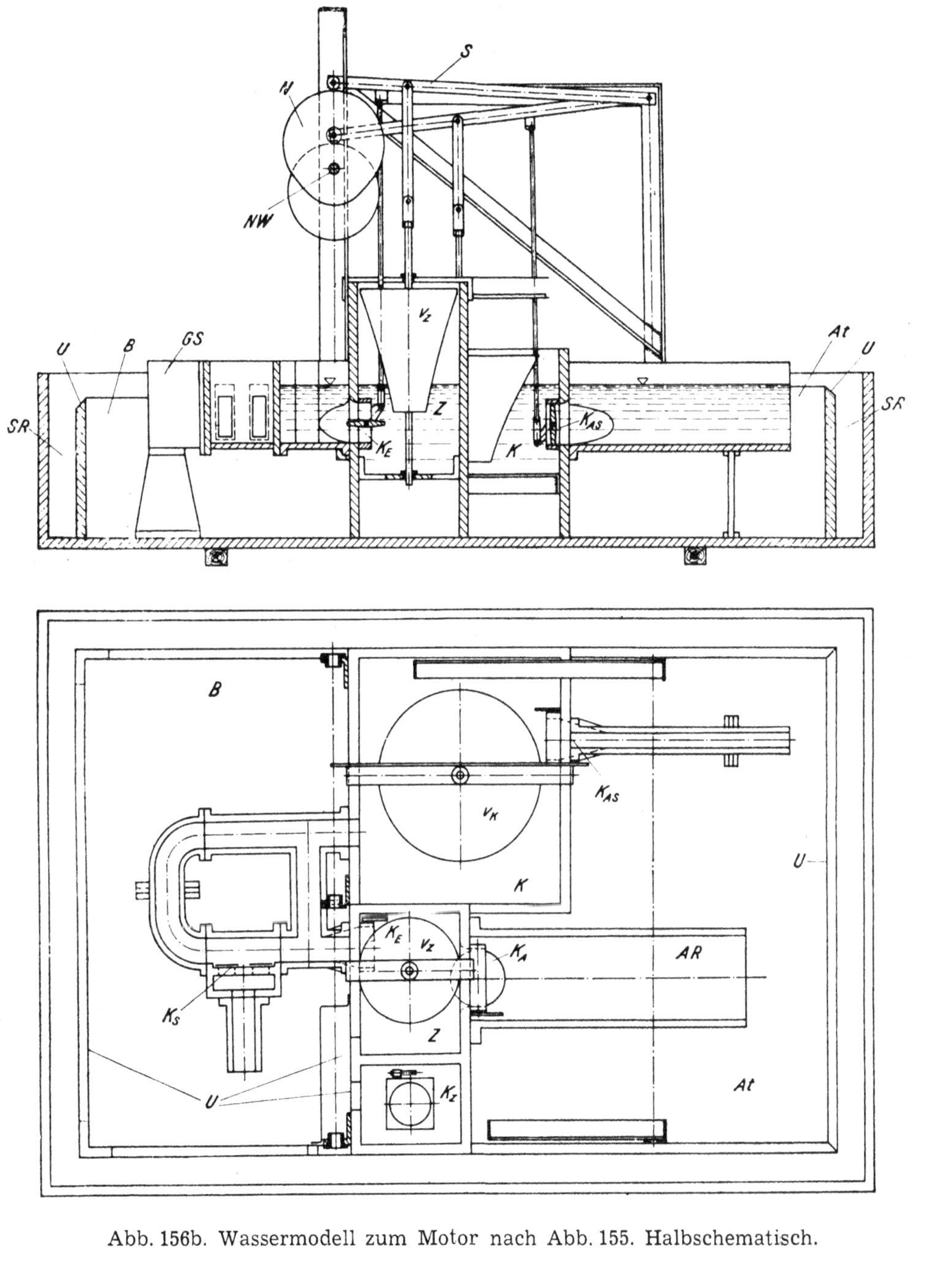

Abb. 156b. Wassermodell zum Motor nach Abb. 155. Halbschematisch.

nach. (Nachahmung der Aufladung durch AS). Das Niveau in At ist infolge des Unterdruckes in B (Sauggasbetrieb) höher als in B. Die Verdichtung im Kurbelkasten wird durch Abwärtsgang des Verdrängers nachgebildet, wobei das Niveau in K steigt.

Inzwischen wird durch Öffnen von K_Z der Zylinder Z bis zu einer durch einen Überfall einstellbaren Höhe aufgefüllt, dann die Auslaßklappe K_A geöffnet und damit der Vorauspuff wiedergegeben. Mit dem Öffnen von K_E beginnt die Spülung. Vom

Kurbelkasten mit dem erhöhten Niveau fließt Wasser über K_E und K_A durch den Zylinder. Die Wirkung des Kolbens auf Kurbelkasten- und Zylinderdruck wird durch entsprechende Bewegungen des Verdrängers V_k und V_z am Modell dargestellt.

Bei der Weiterentwicklung des Modellverfahrens wird es zweckmäßig sein, die Kanäle mit Glaswänden auszuführen oder Glasfenster in die Wände einzusetzen, um die Spiegelveränderungen dem Auge gut sichtbar zu machen. Eine Registrierung der Spiegelschwankungen ist photographisch und durch Schwimmer in Verbindung mit Schreibgeräten möglich. Die Geschwindigkeitsverhältnisse lassen sich durch Injizieren von Farbstoff in das Wasser, durch Aufstreuen schwimmender Teilchen usw. gut anschaulich machen.

Bis zur Ausführung des eben beschriebenen Modells waren die Modellgesetze nur für kleine Druckwellen entwickelt worden. Bei diesen hat weder die Kanalform noch die der Drosselöffnungen Einfluß auf die Modellähnlichkeit, sofern die Bedingungen hinsichtlich Wellengeschwindigkeit und Querschnittsgröße eingehalten werden. Es wurden daher die Kanäle mit rechteckigem Querschnitt, die gesteuerten Überströmquerschnitte als Unterwasser-Drehklappen ausgeführt.

Die Theorie der Modellähnlichkeit bei großen Druckamplituden, die im Abschnitt C II besprochen wurde, brachte zusätzlich Anforderungen an die Gestalt der Kanalprofile und die der gesteuerten Überströmöffnungen, die man im allgemeinen erfüllen wird, da dies ohne Schwierigkeiten möglich ist. Man wird daher bei zukünftigen Modellen die Kanäle nach Abb. 148, die Überströmöffnungen nach Abb. 151 und Zylinderbehälter und Verdränger mit Profilen ausführen, die denen in Abb. 154 ähnlich sind. Die zweckmäßigste Ausbildung des Kanals unter dem Wasserspiegel wird noch durch Untersuchungen festzustellen sein.

IV. Anwendung der Modellähnlichkeit zur Klärung gasdynamischer Fragen.

Die instationären Strömungsvorgänge in glatten Leitungen sind rechnerisch gut erfaßbar, solange es sich um eindimensionale Probleme handelt, wären aber äußerst schwierig zu behandeln, sobald es z. B. auf die Unterschiede innerhalb des Leitungsquerschnittes ankommt. Für solche Fälle und ähnliche Aufgaben muß man sich experimentell die nötigen Einblicke und Unterlagen verschaffen. Wegen der Schwierigkeiten der unmittelbaren Beobachtung und Messung von Druckwellen in gasgefüllten Leitungen wurde die Abbildung solcher Vorgänge durch Wasserwellen ins Auge gefaßt, um sowohl konkrete Aufgaben im einzelnen Fall zu lösen, als auch allgemeine Gesetzmäßigkeiten zu finden. So wurde vor allem geplant, das Verhalten von Wellen großer Amplitude an Verzweigungen und Querschnittsunstetigkeiten auf diesem Wege zu studieren, um Unterlagen für die weitere rechnerische Verfolgung auch solcher Vorgänge zu erhalten, die z. B. bei den Auspuffleitungen von Motoren mit Abgasausnutzung große praktische Bedeutung haben.

V. Zusammenfassung.

Die Analogie zwischen der instationären eindimensionalen kompressiblen Gasströmung und der entsprechenden Flüssigkeitsströmung mit freier Oberfläche wurde nachgewiesen.

Auch für Unstetigkeitsstellen in den Querschnitten, wie eingeschaltete Behälter, Drosselstellen, ergeben die am Rohr und Kanal abgeleiteten Modellgesetze strenge, bzw. nach Korrekturen gut angenäherte Modellähnlichkeit. Die Abbildung der Vorgänge in Zylindern wird durch offene Behälter erreicht, in die bewegte Verdränger tauchen.

Mit Hilfe der nach diesen Beziehungen entwickelten Modelle ist es möglich, Gasschwingungen im Einsaug- und Auspuffsystem so verlangsamt abzubilden, daß die Vorgänge mit dem Auge ohne Schwierigkeit verfolgt werden können.

Ferner wird auf die Möglichkeit hingewiesen, für die weiteren Anwendungen grundlegende Aufgaben der instationären Gasdynamik, z. B. Rückwurfgesetze von Wellen großer Amplituden an Verzweigungen, die rechnerisch nicht oder nur sehr schwer behandelt werden können und auch der unmittelbaren Beobachtung schwer zugänglich sind, durch Zurückführen auf die Flüssigkeitsströmung experimentell viel einfacher zu lösen.

Die praktische Erprobung des Modellverfahrens konnte bisher aus äußeren Gründen noch nicht durchgeführt werden, doch werden grundsätzliche Schwierigkeiten bei der Anwendung nicht auftreten.[1]) Es ist zu erwarten, daß das Verfahren sich für Untersuchung verschiedener Probleme grundsätzlicher und spezieller Art ein Anwendungsgebiet erobern wird.

Schrifttum.

Im Text angeführt:

1. *Hansen:* Thermodynamische Rechnungsgrundlagen für Verbrennungskraftmaschinen und ihre Anwendung auf den Höhenmotor. VDI-Forschungsheft 344.
2. *List H.:* Der Einfluß des Abgasgehaltes der Ladung auf das p_i der Dieselmotoren. Mitt. techn. Inst. Tungchi-Universität, Woosung, China, 1931.
3. *Hold:* Untersuchungen von Spülsystemen an der zündenden Zweitaktmaschine. MTZ, 1940, S. 347.
4. *Caroselli und Hager:* Flugmotorenleistungsberechnung. MTZ, 1942, S. 163.
5. *List H.:* Die Erhöhung des Liefergrades durch Saugrohre bei Dieselmotoren. Mitt. techn. Inst. Tungchi-Universität, Woosung, China, 1932.
6. *Pischinger A.:* Bewegungsvorgänge in Gassäulen, insbesondere beim Auspuff- und Spülvorgang von Zweitaktmaschinen. Forsch.-Ing.-Wes., Bd. 6, 1935, S. 245/57.
7. *Pischinger A.:* Der Ansaugvorgang bei Ein- und Mehrzylinder-Viertaktmaschinen. Autom.-techn. Z., Bd. 39, 1936, S. 234/38.
8. *Reyl G.:* Untersuchungen an Saugrohren, I. Teil: Rechnerische und graphische Behandlung der Strömungsvorgänge in Saugrohren. Deutsche Kraftfahrtforsch., Berlin, VDI-Verlag, 1943, Heft 74.
9. *Keckstein O.:* Der Liefergrad von Einzylinder-Viertakt-Dieselmotoren. Diss., T. H. Graz, 1940.
10. *Schwarz A.:* Abhängigkeit des Liefergrades der Viertaktdieselmaschine vom Außenzustand und von der Drehzahl. Diss., T. H. Graz, 1941.

---

[1] Diese Erwartung wurde während der Drucklegung durch eine Mitteilung von Professor Schweitzer [30] bestätigt, wonach ein Wassermodell am Pennsylvania State College, USA., seit dem Frühjahr 1948 zufriedenstellend arbeitet.

11. *Reyl G. und Zenker G.:* Rechnerische Untersuchung der Strömungsvorgänge in der Verteilerleitung des DB 603. 1. Bericht: Leerlauf (n = 1000 U/min). Deutsche Luftfahrtforschung, Untersuchungen und Mitteilungen Nr. 6911. Berlin-Adlershof, ZWB, 1943.
12. *Pischinger A.:* Beitrag zur Mechanik der Druckeinspritzung. ATZ-Beihefte I, 1935, S. 7.
13. *Alliévi L.:* Allgemeine Theorie über die veränderliche Bewegung des Wassers in Leitungen. Berlin, Springer-Verlag, 1909.
14. *Sauer R.:* Theorie der nichtstationären Gasströmung. Deutsche Luftfahrtforschung. Forsch.-Bericht Nr. 1675/1, 2, 3, 4. ZWB, Berlin-Adlershof.
15. *Jendrassik:* Verfahren zum Anlassen kleiner Dieselmotoren. Z. VDI, 1929.
16. *Nusselt:* Die Strömung von Gasen durch Blenden. Forsch.-Ing.-Wes., Bd. 3, 1932, S. 11.
17. *Niedermayer E.:* Untersuchung des Spülvorganges an Zweitaktdieselmaschinen. Forsch.-Ing.-Wes., Bd. 7, 1936, S. 227/39.
18. *Sauer R.:* Charakteristikenverfahren für die eindimensionale instationäre Gasströmung. Ing.-Arch., Bd. 13, 1942, S. 79/89.
Zur Theorie des nichtstationären ebenen Verdichtungsstoßes. Ing.-Arch., Bd.14, 1943, S. 14/20.
19. *Sauer R.:* Charakteristikenverfahren für Kugel- und Zylinderwellen reibungsloser Gase. Z. angew. Math., Mech., Bd. 23, 1943, S. 29/32.
20. *Schultz-Grunow:* Nichtstationäre eindimensionale Gasbewegung. Forsch.-Ing.-Wes., Bd. 13, 1942, S. 125/134.
21. *Schultz-Grunow:* Nichtstationäre kugelsymmetrische Gasbewegung und nichtstationäre Gasströmung in Düsen und Diffusoren. Ing.-Arch., Bd. 14, 1943, S. 21/29.
22. *Pischinger A.:* Druckschwingungen rasch beanspruchter zylindrischer Stäbe. Ing.-Arch., Bd. 6, 1935, S. 383/96.
23. *Eichelberg G.:* Instationäre Strömungsvorgänge in Motoren. Forsch.-Ing.-Wes., Bd. 14, 1943, S. 41/43.
24. *Pfriem:* Ebene ungedämpfte Druckwellen großer Schwingungsweite Forsch.-Ing.-Wes., Bd. 12, 1941, S. 51/64.
25. *Pfriem:* Reflexionsgesetze für ebene Druckwellen großer Schwingungsweite. Forsch.-Ing.-Wes., Bd. 12, 1941, S. 244/56.
26. *Pfriem:* Zur Theorie ebener Druckwellen mit steiler Front. Akust. Zeitschr., Bd. 6, 1941, S. 222/44.
27. *Pfriem:* Zur gegenseitigen Überlagerung ungedämpfter ebener Gaswellen mit großer Schwingungsweite. Akust. Zeitschr., Bd. 7, 1942, S. 56/65.
28: *Reyl G.:* Die rechnerische Behandlung der Ladungswechselvorgänge, IV: Wiedergabe der pulsierenden Strömung in Gassäulen durch die in Kanälen mit freier Flüssigkeitsoberfläche. Bericht 23: Institut für Kolbenmasch., Vilsbiburg, u. Inst. f. Verbrennungskraftmaschinen und Wärmelehre, Graz.
29. *Preiswerk:* Mitt. a. d. Institut f. Aerodynamik a. d. E. T. H. Zürich, Heft 7, 1938.
30. *Schweitzer:* Improving Engine Performance by Exhaust Pipe tuning and by neutralizing interference between adjacent cylinders. Technical Report. Nr. 220—002, USA, Navy Departement.

Im Text nicht angeführt:

31. *Borth W.:* Schwingungs- und Resonanzerscheinungen in den Rohrleitungen von Kolbengebläsen. Z. VDI 60, 1916, S. 565.
32. *Capetti A.:* Einfluß der Saugleitungslänge bei Verbrennungsmotoren. Z. VDI 73, 1929, S. 650.
33. *Eichelberg G.:* Dynamische Vorgänge in Luft- und Brennstoffleitungen. Z. techn. Physik, S. 460.
34. *von Helmholtz H.:* Theorie der Luftschwingungen in Röhren mit offenen Enden. Crelles Journ., Bd. 67, 1906, oder: Ostwalds Klassiker der exakten Wissenschaften, Nr. 80.
35. *Klüsener O.:* Saugrohr und Liefergrad, VDI-Sonderheft Dieselmaschinen, V, S. 7.
36. *Klüsener O.:* Versuche über den Einfluß von Saug- und Auspuffrohrlänge auf den Liefergrad. Automob.-techn. Z., 1932, S. 299.
37. *Lutz O.:* Über Resonanzschwingungen in der Ansaug- und Auspuffleitung von Reihenmotoren. Luftfahrtforsch., Bd. 16, 1939, S. 139 und S. 384.

38. *Lutz O.:* Resonanzschwingungen in den Rohrleitungen von Kolbenmaschinen. Berichte aus Labor. f. Verbrennungskraftmasch. d. T. H. Stuttgart, Heft 3, 1934.

39. *Maier W. und Lutz O.:* Resonanzerscheinungen in den Rohrleitungen von Verbrennungskraftmaschinen. Berichte a. d. Labor. f. Verbrennungskraftmaschinen der T. H. Stuttgart, 1934, Heft 3.

40. *Neumann K.:* Die dynamische Wirkung der Abgassäule in der Auspuffleitung von Kolbenmaschinen. Z. VDI 63, 1919, S. 89.

41. *Oppitz A.:* Die Druckschwankungen in den Auspuffleitungen der Dieselmaschinen und deren Rückwirkung auf die Spülung. Werft Reed. Hafen, 1930, S. 27.

42. *Reyl G.:* Näherungsverfahren zur Berechnung der Strömungsvorgänge während des Ladungswechsels. (Bericht 21 des Inst. f. Kolbenmaschinen Vilsbiburg, früher T. H., Dresden, Direktor Prof. H. List, und Inst. f. Verbrennungskraftmaschinen und Wärmelehre, T. H., Graz, Direktor Prof. A. Pischinger), 1945.

43 *Stier E.:* Spülung und Aufladung bei Zweitaktmotoren, Z. VDI 73, 1929, S. 1389.

44. *Voissel P.:* Resonanzerscheinungen in der Saugleitung von Kompressoren und Gasmotoren, VDI-Forschungsheft 106.

45. *Wagenblast W.:* Wirkungen von Resonanzschwingungen in der Auspuffleitung von Vakuumpumpen, VDI-Forschungsheft 239.

Anhang.

Tabellen und Tafeln.

Tabelle I.

Werte* von: $\psi = \sqrt{\frac{2 g \varkappa}{\varkappa - 1} \cdot \left(\frac{p_2}{p_1}\right)^{\frac{1}{\varkappa}}} \cdot \sqrt{1 - \left(\frac{p_2}{p_1}\right)^{\frac{\varkappa - 1}{\varkappa}}}$ in Abhängigkeit vom Verhältnis $\frac{p_1}{p_2}$ der Drücke vor und nach dem Drosselquerschnitt für $\varkappa = 1{,}3,\ 1{,}35,\ 1{,}4$.

p_1/p_2	ψ $\varkappa = 1{,}3$	ψ $\varkappa = 1{,}35$	ψ $\varkappa = 1{,}4$	p_1/p_2	ψ $\varkappa = 1{,}3$	ψ $\varkappa = 1{,}35$	ψ $\varkappa = 1{,}4$
1,002	0,1977	0,1977	0,1977	1,24	1,7197	1,7276	1,7351
1,004	0,2790	0,2790	0,2790	1,26	1,7591	1,7678	1,7760
1,006	0,3410	0,3410	0,3410	1,28	1,7945	1,8041	1,8129
1,008	0,3928	0,3929	0,3929	1,30	1,8265	1,8368	1,8464
1,010	0,4382	0,4383	0,4384	1,32	1,8553	1,8664	1,8767
1,015	0,5339	0,5340	0,5342	1,34	1,8814	1,8932	1,9043
1,02	0,6132	0,6135	0,6137	1,36	1,9049	1,9175	1,9293
1,03	0,7432	0,7436	0,7441	1,38	1,9263	1,9396	1,9521
1,04	0,8492	0,8499	0,8506	1,40	1,9456	1,9597	1,9728
1,05	0,9397	0,9407	0,9416	1,45	1,9861	2,0020	2,0169
1,06	1,0189	1,0202	1,0214	1,50	2,0174	2,0351	2,0516
1,07	1,0895	1,0911	1,0925	1.55	2,0413	2,0607	2,0788
1,08	1,1531	1,1550	1,1567	1,60	2,0593	2,0802	2,0998
1,09	1,2109	1,2131	1,2152	1,65	2,0723	2,0947	2,1158
1,10	1,2639	1,2664	1,2688	1,70	2,0812	2,1051	2,1276
1,12	1,3578	1,3611	1.3641	1,75	2,0868	2,1121	2,1358
1,14	1,4388	1,4428	1,4466	1,80	2,0895	2,1161	2,1411
1,16	1,5094	1,5142	1,5186	1,8324	2,0899		
1,18	1,5716	1,5772	1,5824	1,85		2,1177	2,1439
1,20	1,6267	1,6331	1,6390	1,8627		2,1177	
1,22	1,6758	1,6829	1,6896	1,8929			2,1446

* Für die Interpolation trägt man am besten Kurvenstücke der Funktion ψ in passendem Maßstab auf Millimeterpapier auf.

Tabelle II.

Werte* von: $u = \sqrt{\frac{2\,g\,\varkappa}{\varkappa - 1} \cdot R \cdot} \sqrt{1 - \left(\frac{p_2}{p_1}\right)^{\frac{\varkappa - 1}{\varkappa}}}$ in Abhängigkeit vom Verhältnis $\frac{p_1}{p_2}$ der Drücke vor und nach dem Drosselquerschnitt für $R = 29{,}3$ und $\varkappa = 1{,}3,\ 1{,}35,\ 1{,}4$.

p_1/p_2	u			p_1/p_2	u		
	$\varkappa = 1{,}3$	$\varkappa = 1{,}35$	$\varkappa = 1{,}4$		$\varkappa = 1{,}3$	$\varkappa = 1{,}35$	$\varkappa = 1{,}4$
1,002	1,072	1,072	1,072	1,24	10,984	10,967	10.952
1,004	1,515	1,514	1,514	1,26	11,374	11,356	11,339
1,006	1,854	1,854	1,854	1,28	11,745	11,725	11,706
1,008	2,139	2,139	2,139	1,30	12,098	12,075	12,054
1,010	2,390	2,390	2,390	1,32	12,434	12,409	12,387
1,015	2,923	2,923	2,922	1,34	12,755	12,729	12,704
1,02	3,370	3,370	3,369	1,36	13,063	13,035	13,008
1,03	4,115	4,114	4,113	1,38	13,358	13,328	13,300
1,04	4,738	9,736	4,735	1,40	13,642	13,610	13,580
1,05	5,281	5,279	5,278	1,45	14,307	14,270	14,236
1,06	5,768	5,766	5,764	1,50	14,917	14,875	14,836
1,07	6,212	6,209	6,207	1,55	15,480	15,432	15,388
1,08	6,622	6,618	6,615	1,60	16,002	15,949	15,901
1,09	7,004	6,999	6,995	1,65	16,488	16,431	16,378
1,10	7,362	7,357	7,352	1,70	16,944	16,882	16,824
1,12	8,019	8,013	8,007	1,75	17,372	17,305	17,242
1,14	8,614	8,606	8,598	1,80	17,776	17,703	17,637
1,16	9,158	9,149	9,139	1,8324	18,026		
1,18	9,662	9,651	9,640	1,85		18,080	18,009
1,20	10,131	10,118	10,106	1,8627		18,173	
1,22	10,570	10,555	10,542	1,8929			18,312

* Siehe Fußnote zu Tabelle I.

Tabelle IIIa.

Druckpotenzen für $\nu = 0{,}474$ und $\varkappa = 1{,}3$.

p	$p^{\frac{1}{\varkappa}}$	$p^{\frac{\varkappa-1}{\varkappa}}$	$p^{\frac{2-\nu}{2\varkappa}}$	$p^{\frac{\nu-\varkappa}{2\varkappa}}$	$p^{\frac{\nu}{2\varkappa}}$	$p^{\frac{\varkappa+\nu-2}{2\varkappa}}$	$p^{\frac{\nu-1}{2\varkappa}}$	$p^{\frac{\varkappa-1}{2\varkappa}}$
1,02	1,015	1,005	1,012					
1,04	1,031	1,009	1,023					
1,05				0,984	1,009			
1,06	1,046	1,014	1,035					
1,08	1,061	1,018	1,046					
1,10	1,076	1,022	1,058	0,969	1,018	0,992	0,981	1,011
1,12	1,091	1,026	1,068					
1,14	1,106	1,031	1,080					
1,15				0,956	1,026			
1,16	1,121	1,035	1,091					
1,18	1,136	1,039	1,102					
1,20	1,151	1,043	1,113	0,943	1,034	0,984	0,972	1,021
1,22	1,165	1,047	1,124					
1,24	1,180	1,051	1,135					
1,25				0,931	1,042			
1,26	1,194	1,055	1,145					
1,28	1,209	1,059	1,156					
1,30	1,224	1,062	1,166	0,919	1,049	0,977	0,947	1,031
1,32	1,235	1,066	1,177					
1,34	1,252	1,070	1,187					
1,35				0,909	1,056			
1,36	1,267	1,073	1,198					
1,38	1,281	1,077	1,208					
1,40	1,295	1,081	1,218	0,898	1,063	0,970	0,934	1,039
1,42	1,310	1,084	1,229					
1,44	1,324	1,088	1,239					
1,45				0,888	1,070			
1,46	1,338	1,091	1,249					
1,48	1,352	1,094	1,259					
1,50	1,366	1,098	1,269	0,879	1,077	0,965	0,921	1,048
1,52	1,380	1,101	1,279					
1,54	1,394	1,105	1,288					
1,55				0,870	1,083			
1,56	1,408	1,108	1,298					
1,58	1,422	1,111	1,308					
1,60	1,435	1,114	1,318	0,861	1,089	0,959	0,909	1,056
1,62	1,449	1,117	1,327					
1,64	1,463	1,121	1,337					
1,65				0,853	1,096			
1,66	1,477	1,124	1,346					
1,68	1,490	1,127	1,356					
1,70	1,504	1,130	1,365	0,844	1,102	0,955	0,898	1,063
1,72	1,518	1,133	1,375					
1,74	1,531	1,136	1,384					
1,75				0,836	1,107			
1,76	1,545	1,139	1,394					
1,78	1,558	1,142	1,403					
1,80	1,572	1,145	1,412	0,829	1,113	0,950	0,888	1,070

p	$p^{\frac{1}{\varkappa}}$	$p^{\frac{\varkappa-1}{\varkappa}}$	$p^{\frac{2-\nu}{2\varkappa}}$	$p^{\frac{\nu-\varkappa}{2\varkappa}}$	$p^{\frac{\nu}{2\varkappa}}$	$p^{\frac{\varkappa+\nu-2}{2\varkappa}}$	$p^{\frac{\nu-1}{2\varkappa}}$	$p^{\frac{\varkappa-1}{2\varkappa}}$
1,82	1,585	1,148	1,421					
1,84	1,598	1,151	1,430					
1,85				0,822	1,119			
1,86	1,612	1,154	1,439					
1,88	1,625	1,156	1,449					
1,90	1,638	1,159	1,458	0,815	1,124	0,946	0,877	1,077
1,92	1,651	1,162	1,467					
1,94	1,665	1,165	1,476					
1,95				0,809	1,129			
1,96	1,678	1,168	1,484					
1,98	1,691	1,170	1,493					
2,00	1,704	1,173	1,502	0,802	1,135	0,941	0,868	1,083

Tabelle IIIb.

Druckpotenzen für $\nu = 0{,}474$ und $\varkappa = 1{,}35$.

p	$p^{\frac{1}{\varkappa}}$	$p^{\frac{\varkappa-1}{\varkappa}}$	$p^{\frac{2-\nu}{2\varkappa}}$	$p^{\frac{\nu-\varkappa}{2\varkappa}}$	$p^{\frac{\nu}{2\varkappa}}$	$p^{\frac{\varkappa+\nu-2}{2\varkappa}}$	$p^{\frac{\nu-1}{2\varkappa}}$	$p^{\frac{\varkappa-1}{2\varkappa}}$
1,02	1,015	1,005	1,011					
1,04	1,029	1,010	1,022					
1,05				0,984	1,008			
1,06	1,044	1,015	1,033					
1,08	1,059	1,020	1,044					
1,10	1,073	1,025	1,055	0,969	1,017	0,994	0,981	1,012
1,12	1,088	1,030	1,066					
1,14	1,102	1,035	1,077					
1,15				0,956	1,025			
1,16	1,116	1,039	1,087					
1,18	1,130	1,044	1,098					
1,20	1,145	1,048	1,109	0,942	1,033	0,988	0,965	1,024
1,22	1,159	1,053	1,119					
1,24	1,173	1,057	1,129					
1,25				0,930	1,040			
1,26	1,187	1,062	1,140					
1,28	1,201	1,066	1,150					
1,30	1,215	1,070	1,160	0,918	1,047	0,983	0,950	1,035
1,32	1,228	1,075	1,170					
1,34	1,242	1,079	1,180					
1,35				0,907	1,054			
1,36	1,256	1,083	1,190					
1,38	1,269	1,087	1,200					
1,40	1,283	1,091	1,210	0,896	1,061	0,978	0,936	1,044
1,42	1,297	1,095	1,219					
1,44	1,310	1,099	1,229					
1,45				0,886	1,067			
1,46	1,324	1,103	1,238					
1,48	1,337	1,107	1,248					
1,50	1,350	1,111	1,257	0,876	1,074	0,973	0,924	1,054

p	$p^{\frac{1}{\varkappa}}$	$p^{\frac{\varkappa-1}{\varkappa}}$	$p^{\frac{2-\nu}{2\varkappa}}$	$p^{\frac{\nu-\varkappa}{2\varkappa}}$	$p^{\frac{\nu}{2\varkappa}}$	$p^{\frac{\varkappa+\nu-2}{2\varkappa}}$	$p^{\frac{\nu-1}{2\varkappa}}$	$p^{\frac{\varkappa-1}{2\varkappa}}$
1,52	1,364	1,115	1,267					
1,54	1,377	1,118	1,276					
1,55				0,867	1,080			
1,56	1,390	1,122	1,286					
1,58	1,403	1,126	1,295					
1,60	1,416	1,130	1,304	0,858	1,086	0,969	0,912	1,063
1,62	1,429	1,133	1,313					
1,64	1,443	1,137	1,322					
1,65				0,850	1,092			
1,66	1,456	1,140	1,332					
1,68	1,469	1,144	1,341					
1,70	1,482	1,147	1,350	0,841	1,098	0,966	0,901	1,071
1,72	1,494	1,151	1,359					
1,74	1,507	1,154	1,368					
1,75				0,834	1,103			
1,76	1,520	1,158	1,376					
1,78	1,533	1,161	1,385					
1,80	1,546	1,164	1,394	0,826	1,109	0,962	0,892	1,079
1,82	1,559	1,168	1,403					
1,84	1,571	1,171	1,411					
1,85				0,819	1,114			
1,86	1,584	1,174	1,420					
1,88	1,596	1,178	1,429					
1,90	1,609	1,181	1,437	0,812	1,119	0,958	0,882	1,087
1,92	1,621	1,184	1,446					
1,94	1,634	1,187	1,454					
1,95				0,805	1,124			
1,96	1,646	1,190	1,463					
1,98	1,659	1,194	1,471					
2,00	1,671	1,197	1,479	0,798	1,129	0,956	0,873	1,094

Tabelle IIIc.

Druckpotenzen für $\nu = 0{,}474$ und $\varkappa = 1{,}4$.

p	$p^{\frac{1}{\varkappa}}$	$p^{\frac{\varkappa-1}{\varkappa}}$	$p^{\frac{2-\nu}{2\varkappa}}$	$p^{\frac{\nu-\varkappa}{2\varkappa}}$	$p^{\frac{\nu}{2\varkappa}}$	$p^{\frac{\varkappa+\nu-2}{2\varkappa}}$	$p^{\frac{\nu-1}{2\varkappa}}$	$p^{\frac{\varkappa-1}{2\varkappa}}$
1,02	1,014	1,006	1,011					
1,04	1,028	1,011	1,022					
1,05				0,984	1,008			
1,06	1,043	1,017	1,032					
1,08	1,057	1,022	1,043					
1,10	1,070	1,028	1,053	0,968	1,016	0,996	0,982	1,014
1,12	1,084	1,033	1,064					
1,14	1,098	1,038	1,074					
1,15				0,955	1,024			
1,16	1,112	1,044	1,084					
1,18	1,126	1,049	1,095					
1,20	1,139	1,054	1,105	0,941	1,031	0,992	0,966	1,027

p	$p^{\frac{1}{\varkappa}}$	$p^{\frac{\varkappa-1}{\varkappa}}$	$p^{\frac{2-\nu}{2\varkappa}}$	$p^{\frac{\nu-\varkappa}{2\varkappa}}$	$p^{\frac{\nu}{2\varkappa}}$	$p^{\frac{\varkappa+\nu-2}{2\varkappa}}$	$p^{\frac{\nu-1}{2\varkappa}}$	$p^{\frac{\varkappa-1}{2\varkappa}}$
1,22	1,153	1,059	1,115					
1,24	1,166	1,064	1,124					
1,25				0,929	1,038			
1,26	1,179	1,069	1,134					
1,28	1,193	1,074	1,144					
1,30	1,206	1,078	1,154	0,916	1,045	0,988	0,951	1,038
1,32	1,220	1,083	1,164					
1,34	1,233	1,088	1,173					
1,35				0,905	1,052			
1,36	1,246	1,093	1,183					
1,38	1,259	1,097	1,192					
1,40	1,272	1,102	1,201	0,895	1,059	0,985	0,938	1,049
1,42	1,285	1,106	1,211					
1,44	1,298	1,111	1,220					
1,45				0,884	1,065			
1,46	1,310	1,115	1,229					
1,48	1,323	1,119	1,238					
1,50	1,336	1,124	1,247	0,874	1,071	0,982	0,926	1,060
1,52	1,349	1,128	1,256					
1,54	1,361	1,132	1,266					
1,55				0,865	1,077			
1,56	1,374	1,136	1,274					
1,58	1,386	1,141	1,283					
1,60	1,399	1,145	1,292	0,856	1,083	0,979	0,915	1,070
1,62	1,412	1,149	1,301					
1,64	1,424	1,153	1,310					
1,65				0,847	1,088			
1,66	1,436	1,157	1,318					
1,68	1,449	1,161	1,327					
1,70	1,461	1,165	1,335	0,839	1,094	0,976	0,904	1,079
1,72	1,473	1,169	1,344					
1,74	1,485	1,173	1,353					
1,75				0,831	1,099			
1,76	1,498	1,177	1,361					
1,78	1,510	1,180	1,369					
1,80	1,522	1,184	1,378	0,823	1,105	0,973	0,895	1,088
1,82	1,534	1,188	1,386					
1,84	1,546	1,192	1,394					
1,85				0,816	1,111			
1,86	1,558	1,195	1,402					
1,88	1,570	1,199	1,411					
1,90	1,582	1,203	1,419	0,809	1,115	0,971	0,886	1,096
1,92	1,594	1,206	1,427					
1,94	1,605	1,210	1,435					
1,95				0,801	1,120			
1,96	1,617	1,214	1,443					
1,98	1,629	1,217	1,451					
2,00	1,641	1,221	1,459	0,795	1,124	0,968	0,877	1,104

Tabelle IV.

Bezogenes Zylindervolumen z_4 für ein Schubstangenverhältnis $L/R = 4$ und Abweichungen $\delta = z_4 - z_\infty$ gegenüber z_∞ bei ∞ langer Schubstange, ferner Zunahme $\triangle_1$, $\triangle_5$, $\triangle_{10}$ je 1^0, 5^0, 10^0 KW von z_4 und δ. Für ein anderes Schubstangenverhältnis ist $z = z_4 + \delta \cdot (4\,R/L - 1)$ und entsprechend $\triangle_n z = \triangle_n z_4 + \triangle_n \delta \cdot (4\,R/L - 1)$.

0^0 KW = oberer Totpunkt. Aufgestellt unter Verwendung der Zahlenwerte von Mehlig und Schütz, ATZ 1933, S. 556.

α	$z_4 - \frac{1}{\varepsilon - 1}$	$\delta = z_4 - z_\infty$	$10^4 \cdot \triangle_1 z_4$	$10^4 \cdot \triangle_1 \delta$	$\triangle_5 z_4$	$\triangle_5 \delta$	$\triangle_{10} z_4$	$\triangle_{10} \delta$
0	0	0	2,4	0,7	0,0024	0,0005	0,0095	0,0019
2,5	0,0006	0,0001	7,2	1,5				
5	0,0024	0,0005	12,0	2,3	0,0071	0,0014		
7,5	0,0054	0,0011	16,4	3,1				
10	0,0095	0,0019	21,2	4,0	0,0117	0,0023	0,0280	0,0054
12,5	0,0148	0,0030	25,6	5,0				
15	0,0212	0,0042	30,4	5,9	0,0163	0,0031		
17,5	0,0288	0,0056	34,8	6,7				
20	0,0375	0,0073	38,8	7,5	0,0205	0,0039	0,0452	0,0084
22,5	0,0472	0,0092	43,2	8,2				
25	0,0580	0,0112	47,2	8,8	0,0247	0,0045		
27,5	0,0699	0,0134	51,6	9,3				
30	0,0827	0,0157	55,2	9,7	0,0284	0,0050	0,0603	0,0103
32,5	0,0965	0,0181	58,4	10,1				
35	0,1111	0,0207	62,0	10,5	0,0319	0,0053		
37,5	0,1266	0,0233	65,6	10,8				
40	0,1430	0,0260	68,4	11,1	0,0349	0,0055	0,0726	0,0110
42,5	0,1601	0,0287	71,2	11,3				
45	0,1779	0,0315	74,0	11,3	0,0377	0,0055		
47,5	0,1964	0,0343	76,8	11,1				
50	0,2156	0,0370	79,2	10,8	0,0400	0,0054	0,0818	0,0105
52,5	0,2354	0,0397	81,0	10,5				
55	0,2556	0,0424	82,8	10,1	0,0418	0,0051		
57,5	0,2763	0,0450	84,4	9,7				
60	0,2974	0,0475	86,0	9,3	0,0433	0,0045	0,0876	0,0085
62,5	0,3189	0,0498	87,2	8,8				
65	0,3407	0,0520	88,2	8,2	0,0443	0,0040		
67,5	0,3627	0,0541	89,0	7,5				
70	0,3850	0,0560	89,6	6,7	0,0448	0,0032	0,0897	0,0055
72,5	0,4074	0,0577	90,0	5,9				
75	0,4298	0,0592	90,0	5,0	0,0449	0,0023		
77,5	0,4523	0,0605	89,8	4,0				
80	0,4747	0,0615	89,6	3,1	0,0447	0,0015	0,0888	0,0020
82,5	0,4971	0,0623	89,2	2,3				
85	0,5194	0,0630	88,6	1,5	0,0441	0,0005		
87,5	0,5416	0,0634	87,8	0,7				
90	0,5635	0,0635	86,8	— 0,7	0,0431	—0,0005	0,0849	—0,0020
92,5	0,5852	0,0634	85,6	— 1,6				
95	0,6066	0,0630	84,4	— 2,4	0,0418	—0,0015		
97,5	0,6277	0,0624	82,8	— 3,2				
100	0,6484	0,0615	81,2	— 4,0	0,0402	—0,0023	0,0786	—0,0055

α	$z_4 - \frac{1}{\varepsilon - 1}$	$\mathfrak{z} = z_4 - z_\infty$	$10^4 . \Delta_1 z_4$	$10^4 . \Delta_1 \mathfrak{z}$	$\Delta_5 z_4$	$\Delta_5 \mathfrak{z}$	$\Delta_{10} z_4$	$\Delta_{10} \mathfrak{z}$
102,5	0,6687	0,0605	79,6	— 4,8				
105	0,6886	0,0592	77,6	— 5,6	0,0384	—0,0032		
107,5	0,7080	0,0577	76,0	— 6,4				
110	0,7270	0,0560	73,6	— 7,2	0,0363	—0,0040	0,0704	—0,0085
112,5	0,7454	0,0541	71,6	— 8,0				
115	0,7633	0,0520	69,2	— 8,6	0,0341	—0,0045		
117,5	0,7806	0,0497	67,2	— 9,2				
120	0,7974	0,0475	64,8	— 9,6	0,0318	—0,0051	0,0610	—0,0105
122,5	0,8136	0,0450	62,4	—10,0				
125	0,8292	0,0424	59,6	—10,4	0,0292	—0,0054		
127,5	0,8441	0,0397	57,2	—10,8				
130	0,8584	0,0370	54,8	—11,0	0,0267	—0,0055	0,0506	—0,0110
132,5	0,8721	0,0343	52,4	—11.2				
135	0,8851	0,0315	49,2	—11,2	0,0239	—0,0055		
137,5	0,8974	0,0287	46,4	—11,0				
140	0,9090	0,0260	43,6	—10,8	0,0212	—0,0054	0,0397	—0,0103
142,5	0,9199	0,0233	41,2	—10,4				
145	0,9302	0,0206	38,4	—10,0	0,0185	—0,0050		
147,5	0,9398	0,0181	35,6	— 9.6				
150	0,9487	0,0157	32,8	— 9,2	0,0156	—0,0046	0,0285	—0,0084
152,5	0,9569	0,0133	30,0	— 8,6				
155	0,9643	0,0112	27,2	— 8,0	0,0129	—0,0039		
157,5	0,9711	0,0092	24,4	— 7,2				
160	0,9772	0,0073	21,6	— 6,4	0,0100	—0,0031	0,0171	—0,0054
162,5	0,9826	0,0057	18,8	— 5,6				
165	0,9872	0,0042	15,6	— 4,8	0,0071	—0,0023		
167,5	0,9911	0,0029	12,8	— 4,0				
170	0,9943	0,0019	10,0	— 3,2	0,0043	—0,0014	0,0057	—0,0019
172,5	0,9968	0,0011	7,2	— 2,4				
175	0,9986	0,0005	4,4	— 1,6	0,0014	—0,0005		
177,5	0,9997	0,0002	1,2	— 0,8				
180	1,0000	0						

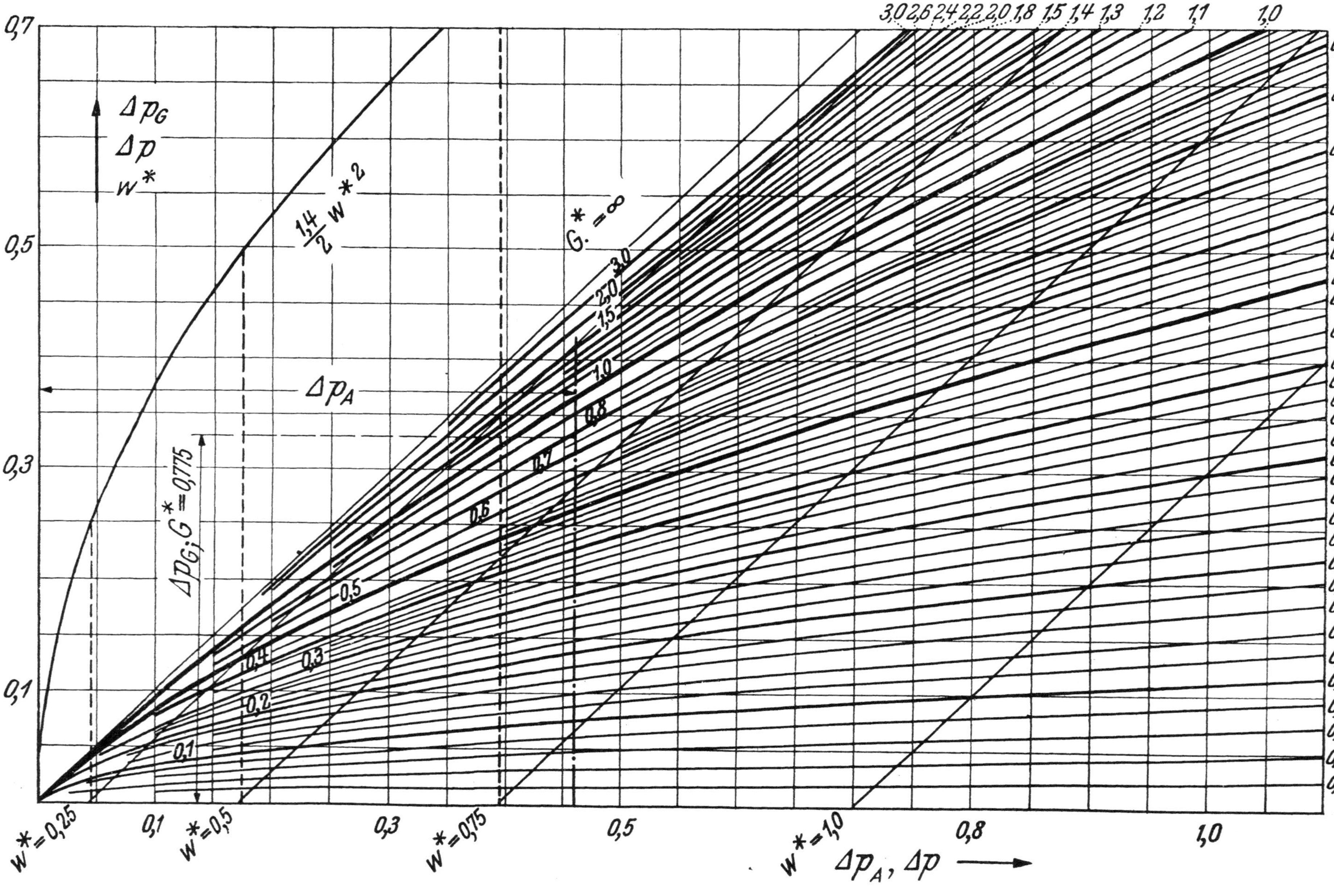

0,7
0,5
0,3
0,1
Δp_G
Δp
w*
1,4/2 w*2
Δp_A
Δp_G; G* = 0,775
G* = ∞
3,0
2,0
1,5
1,0
0,8
0,7
0,6
0,5
0,4
0,3
0,2
0,1
w* = 0,25
0,1
w* = 0,5
0,3
w* = 0,75
0,5
w* = 1,0
0,8
1,0
Δp_A, Δp
3,0 2,6 2,4 2,2 2,0 1,8 1,5 1,4 1,3 1,2 1,1 1,0
0,9
0,8
0,7
0,6
0,58
0,54
0,5
0,48
0,44
0,40
0,38
0,36
0,34
0,32
0,30
0,28
0,26
0,24
0,22
0,20
0,18
0,16
0,14
0,12
0,10
0,08
0,06
0,04
0,02

T a f e l I.

Gefällsverminderung Δp_G für die Faktoren der gesamten Gefällsverminderung $G^* =$ konst. in Abhängigkeit vom aufgeprägten Druckgefälle Δp_A nach der Beziehung: $\varkappa/2 \,.\, w^{*2} = \Delta p_A - G^* \,.\, w^*$ und: $G^* \,.\, w^* = \Delta p_G$. Außerdem sind die Linien $w^* =$ konst. und die Staudruckparabel $\Delta p = \varkappa/2 \,.\, w^{*2}$ eingezeichnet.

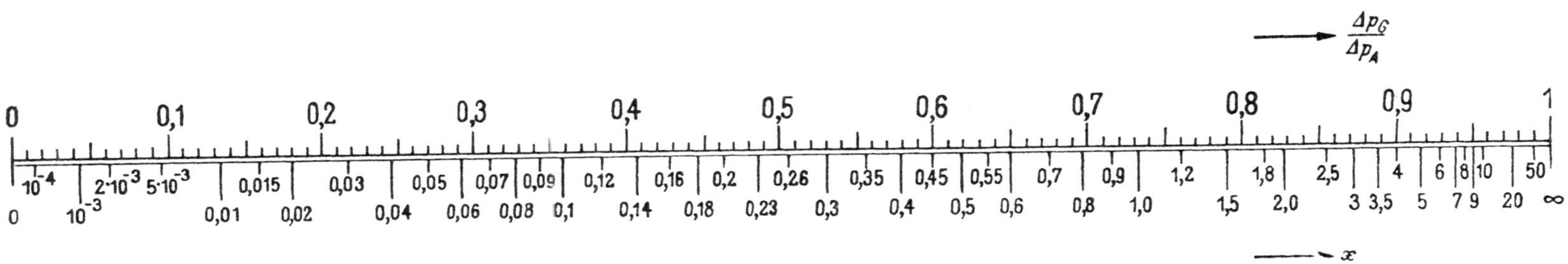

T a f e l II.

Verhältnis $\Delta p_G / \Delta p_A$ der Gefällsverminderung Δp_G zum aufgeprägten Druckgefälle Δp_A, in Abhängigkeit von $x = G^{*2}/\varkappa\, \Delta p_A$, nach der Beziehung: $\Delta p_G / \Delta p_A = x \,.\, (\sqrt{1 + 2/x} - 1)$.

Übersicht der öfter verwendeten Formelzeichen

A. Allgemeine Grundlagen.

Zeichen	Dimension	Bedeutung	Seite *
A	$\frac{1}{427}$ kcal/mkg	Mechanisches Wärmeäquivalent	
a		volumetrischer Abgasgehalt der Ladung	2
B	kg/h; m^3/h	stündlicher Kraftstoffverbrauch	
B_M	kg/Mol	Kraftstoffmenge je Mol Gesamtladung	5
b_e	kg/PSeh · g/PSeh	spezifischer Nutzverbrauch	
b_i	kg/PSih	spezifischer Innenverbrauch	27
$C_{vm}\Big/_{t_1}^{t_2}$	kcal/Mol	mittlere Molwärme zwischen t_1 und t_2 bei konstantem Volumen	
$C_{pm}\Big/_{t_1}^{t_2}$	kcal/Mol	mittlere Molwärme zwischen t_1 und t_2 bei konstantem Druck	
γ	kg/m^3	Wichte	
δ		Molverhältnis vor und nach der Verbrennung	14
δ_H		Dichteverhältnis zwischen Bodenzustand und Zustand in H^{km} Höhe	3
ε		Verdichtungsverhältnis	
η_{ad}		adiabatischer Wirkungsgrad des Laders	30
η_i		Innenwirkungsgrad	6
η_v		Wirkungsgrad der vollkommenen Maschine	14
$\triangle\eta_{ab}$		Wirkungsgradzunahme durch die Arbeit der Abgase	6
$\triangle\eta_l$		Wirkungsgradeinfluß der Ladungswechselarbeit	4
$\triangle\eta_{La}$		Wirkungsgradeinbuße durch Laderarbeit	5
H	km	Flughöhe	
H_u	kcal/kg; kcal/m^3	unterer Heizwert	5
$\varkappa$		Adiabatenexponent	
L_{ab}	mkg/Mol	Arbeit der Abgasmaschine	6
L_{La}	mkg/Mol	Laderarbeit	5
L_l	mkg/Mol	Ladungswechselarbeit	4
L_o	m^3/kg	Luftbedarf	27
Λ		Luft- oder Ladungsaufwand	3
λ		Luftüberschußzahl, bezogen auf Frischluft	27
λ'		Luftüberschußzahl, bezogen auf Gesamtluftmenge	27
λ_a		Aufladezahl	2
λ_g		Gesamtladung, bezogen auf das Hubvolumen	2
λ_l		Liefergrad	2
λ_r'		Luftüberschußzahl an der Rauchgrenze, bezogen auf Gesamtluftmenge	28
λ_s		Spülgrad	2
$\lambda_ü$		Überladezahl	3
m		Polytropenexponent; Molekulargewicht	
n	U/min	minutliche Drehzahl	

* Seitenzahl gibt die Stelle an, wo die Größe definiert oder eingeführt wird.

Zeichen	Dimension	Bedeutung	Seite
p_d	kg/cm²	Dampfdruck	
p_e	kg/cm²	mittlerer Nutzdruck	
p_i	kg/cm²	mittlerer Innendruck	
p_L	kg/cm²	Ladedruck	
p_r	kg/cm²	Mitteldruck der mechanischen Reibung	
p_v	kg/cm²	Mitteldruck der vollkommenen Maschine	19
R	mkg/kg °C	Gaskonstante	
ρ		Dichte	
σ_a		bezogene Auslaßschlitzlänge	5
σ_{ab}		bezogener Kolbenweg von U. T. beim Abschluß des Zylinders	5
u	kcal/Mol; kcal/kg	innere Energie	
V_h	m³; l	Hubvolumen	
V_m	m³/Mol	Volumen eines Mol Kraftstoffdampf bei Außenzustand	27
V_o	m³/kg; m³/m³	Abgasvolumen aus der Kraftstoffeinheit bei Außenzustand	27
V_1	m³/Mol	Zylindervolumen im U. T. für 1 Mol	7

Sonstige Zeiger

Zeichen	Bedeutung	Seite
H	bei Flughöhe H^{km}	
ges	gesamt	
—La	ohne Laderarbeit, z. B.: b_{e-La}	
—l	ohne Ladungswechselarbeit, z. B.: η_{i-l}	
n	normaler Zustand (1 at, 288° K)	
v	vollkommene Maschine, z. B.: p_v, η_v	
o	Außenzustand; Bodenzustand	
1	Anfangszustand zu Beginn der Verdichtung	
5	Ende der Expansion	

B. Die rechnerische Behandlung der Strömungsvorgänge beim Ladungswechsel.

(Zusätzlich oder im Gegensatz zu den Bezeichnungen unter A.)

Zeichen	Dimension	Bedeutung	Seite
A		Beiwert des Behälterdruckes in der linearisierten Differenzengleichung bei gegebenem Leitungsdruck	59
(A)		Einflußgröße des Behälterdruckes bei gegebenem Leitungsdruck	59
[A]		Einflußgröße des Behälterdruckes bei gegebenem Brandungsdruck	131
$A_;$		Beiwert des Behälterdruckes in der linearisierten Differenzengleichung bei gegebenem Brandungsdruck	131
A_v		Beiwert des Behälterdruckes in der linearisierten Differenzengleichung bei selbsttätigem Ansaugventil	134
a	m/sec	Schallgeschwindigkeit	
a*	m/sec	reduzierter Schallzustand	188

Zeichen	Dimension	Bedeutung	Seite
a_r, a_v	m/sec	rücklaufende und vorlaufende Schallzustandswellen	189
α	^{0}KW	Kurbelwinkel	
α_w	kcal/^{0}Cm^{2}h	Wärmeübergangszahl	
B	kgsec/mcm^2	Faktor des Eintritts- oder Austrittseinflusses in Verbindung mit w	56
B*	kg/cm^2	Faktor des Eintritts- oder Austrittseinflusses in Verbindung mit w*	100
(B)		Einflußgröße des Leitungsdruckes	59
[B]		Einflußgröße des Brandungsdruckes	131
B_B		Faktor des Eintritts- oder Austrittseinflusses in Verbindung mit dem Brandungsdruck	131
B_H	kg/Hub	Brennstoffzufuhr je Hub	
B_P	kg$^{1/2}$/cm	Faktor des Eintritts- oder Austrittseinflusses in Verbindung mit dem Druckgefälle	58
B_v		Faktor des Eintrittseinflusses bei selbsttätigem Ansaugventil	134
b		Verhältnis des behälter- und leitungsseitigen Gefällsverminderungsfaktors; auch Parameter	113, 105
β		Querschnittsverhältnis	40
c	m/sec	resultierende Wellengeschwindigkeit	188
c_m	m/sec	mittlere Kolbengeschwindigkeit	66
c_p	kcal/kg	spezifische Wärme bei konstantem Druck	
c_v	kcal/kg	spezifische Wärme bei konstantem Volumen	
c_0	m/sec	Ausströmgeschwindigkeit	
D	m	Zylinderdurchmesser	40
$\triangle$	kg/cm^2	Druckgefälle; (Δ_0, $\bar{\triangle}$: siehe Seite 138)	
$\triangle p$; $\triangle w$		Änderung im Intervall von Druck oder Geschwindigkeit	
γ		Neigungswinkel des Einströmkanals	41
E	mkg/kg	Energie der von einer Welle erfaßten Masseteilchen	192
η_u		Umsetzungswirkungsgrad	
F	m^2	Kolbenquerschnitt; Leitungsquerschnitt; Zylinderoberfläche	
f	m^2, cm^2	Leitungsquerschnitt; Steuerquerschnitt (S. 41)	
φ		bezogenes Behältervolumen	66
φ		Verhältnis der beiderseits einer Blende erregten Druckwellen	102
φ_w, φ_{wl}, φ_{wt}		übergehende Bruchteile der entwickelten Wärme	53
G	kg; kg/sec	Gasgewicht	
G	kgsec/mcm^2	Faktor der gesamten Gefällsverminderung	97
G*	kg/cm^2	Faktor der gesamten Gefällsverminderung, bezogen auf w*	100
G_r	kg	Restgasmenge vom vorhergegangenen Arbeitsspiel	
g	m/sec^2	Erdbeschleunigung	
K	mcm^2/kgsec	Verhältnis von Geschwindigkeitswelle zu Druckwelle	76
L	mkg	Gasarbeit	
L	kgsec/mcm^2	Faktor der erregten Druckwelle in Verbindung mit w	97
L*	kg/cm^2	Faktor der erregten Druckwelle in Verbindung mit w*.	100
L_B		Faktor der erregten Druckwelle in Verbindung mit dem Brandungsdruck	130

Zeichen	Dimension	Bedeutung	Seite
L_K	mkg	Kinetische Energie	
L_P	$kg^{1/2}/cm$	Faktor der erregten Druckwelle in Verbindung mit dem Druckgefälle	126
L_v		Faktor der erregten Druckwelle bei selbsttätigem Ansaugventil	134
l	m	Rohrlänge	
λ		Reibungsbeiwert der Rohrströmung	
m	$kg\ sec^2/m$	Masse	
μ		Durchflußzahl	
$\mu\sigma_I$; $\mu\sigma_{II}$		Ersatzquerschnitte für das Zeitintegral über das Intervall	43
ν		Exponent des Näherungsansatzes für die Geschwindigkeit	36
ν_1		Exponent des Näherungsansatzes für starke Druckwellen	190
$\triangle p$	kg/cm^2	Druckabfall in einem Drosselquerschnitt; Druckänderung in einem Intervall	
p_A	kg/cm^2	Aufgeprägter Druckanteil; (p_{lA}, p_{zA} leitungs- und zylinderseitig)	97
$\triangle p_A$	kg/cm^2	Aufgeprägtes Druckgefälle	96
p_{ab}	kg/cm^2	abgehende Welle	86
p_B	kg/cm^2	Brandungsdruck	87
p_E	kg/cm^2	durch Überströmvorgang in der Leitung erregte Welle	87
p_G	kg/cm^2	Gefällsvermindernder Druckanteil; (p_{lG}, p_{zG} leitungs- und zylinderseitig)	97
$\triangle p_G$	kg/cm^2	Gefällsverminderung	96
p_l	kg/cm^2	Leitungsdruck; linkslaufende Druckwelle	
p_r	kg/cm^2	rücklaufende, auch rechtslaufende Druckwelle	76
p_v	kg/cm^2	vorlaufende Druckwelle	76
p_{zu}	kg/cm^2	zulaufende, ankommende Druckwelle	86
p_{zus}	kg/cm^2	zusätzliche Druckänderung bei konischen Rohren	148
ψ		das durchströmende Gasgewicht bestimmende Funktion des Druckverhältnisses	35
Q	kcal; m^3	Wärmemenge; dem Spülbehälter zugeführte Luftmenge	66
Q_R	kcal	durch Verwirbeln der Strömungsenergie zugeführte Wärmemenge	46
q	m^2; cm^2	Drosselquerschnitt	
q_A		im Abgas abgeführte Wärme als Bruchteil der im Brennstoff zugeführten Wärme	53
q_w	kcal/kg	an die Gewichtseinheit übergehende Wärmemenge	52
s	m	Kolbenhub; Verschiebung der Gasteilchen in der Rohrachse	
σ		Öffnungsverhältnis des Steuerquerschnittes	40
T_w	^0K	Zylinderwandtemperatur	
dT_w	^0K	Temperaturänderung durch Wärmeübergang	35
t	sec; ^0C	Zeit; Temperatur	
t_A	^0C	mittlere Abgastemperatur	53
τ_e, τ_k		Aufheizungszahl (Eintritt Zylinder, Kurbelkasten)	39
U	kcal	Innere Energie	
u	$m/(sec\,.\,^0K^{1/2})$	Auf 1^0K bezogene Geschwindigkeit	36

Zeichen	Dimension	Bedeutung	Seite
u; u_o; $\bar{u}$		Geschwindigkeitsverhältnis	139
V	m^3; mkg/kg	Volumen; Energieverlust in der Leitung	195
V_r	mkg/kg	Energieverlust in der Leitung durch Rohrreibung	195
V_w	mkg/kg	Energieverlust in der Leitung durch Verwirbelung	195
$\triangle V_e$		Eintrittselement	55
$\triangle V_a$		Austrittselement	55
$\triangle V_e^*$		bezogenes Eintrittselement	55
$\triangle V_a^*$		bezogenes Austrittselement	55
v	m^3/kg	spezifisches Volumen	
w	m/sec	Strömungsgeschwindigkeit	
w^*		auf Schallgeschwindigkeit bezogenes Geschwindigkeitsmaß	99
w_{ab}, w_{zu}	m/sec	abgehende, zulaufende Geschwindigkeitswelle	
w_m	m/sec	mittlere Geschwindigkeit im Bezugsquerschnitt	40
w_q	m/sec	reduzierte Geschwindigkeit bei selbsttätigem Ansaugventil	133
w_r, w_v	m/sec	rücklaufende, vorlaufende Geschwindigkeitswelle	
x	—; m	Parameter; laufende Koordinate in der Rohrachse	101
ξ		Geschwindigkeitsverhältnis zwischen zwei Leitungsquerschnitten	
z		auf das Hubvolumen bezogenes Zylindervolumen; Zahl der Rohrzweige bei einer Verzweigung	
ζ		Widerstandszahl	129

Sonstige Zeiger

Zeichen	Bedeutung	Seite
A	aufgeprägt; mittlerer Zustand im Abgas	
a	Ausströmen, Auslaßquerschnitt	
ad	adiabatisch	
b	Behälter, Bezugsquerschnitt	
d	Drosselquerschnitt, auf Vorgeschwindigkeit 0 reduziert	99
e	einströmend, Eintrittsquerschnitt	
k	Kurbelkasten	
Kal	Kalorimeter	
kr	kritischer Wert	
L	Ladezustand; auch Laufzeit: a_L	
l	Leitung	
m	mittlerer Wert	
red	auf 1 at adiabatisch reduzierter Wert	
s	Spülbehälter	
t	Auspufftopf	
w	Wärmeübergang; auch: Wand, oder auch: wirklich	
z	Zylinder	
o	Außenzustand; auch: Ausgangszustand	
1, 2	vor und nach der Drosselstelle; auch allgemeine Unterscheidung	

Zeichen	Bedeutung	Seite
I	Beginn der Verdichtung; Eintritt in den Spülbehälter	
I, II, III	Hinweis auf Leitungsquerschnitt; siehe aber: $\mu\sigma_I$, $\mu\sigma_{II}$	
′	Anfangswert; auch allgemeine Unterscheidung	
″	Ende eines Vorganges oder Teilvorganges, Mitte des Intervalls; auch allgemeine Unterscheidung	
‴	Ende des Intervalls	
—	Grundwert, z. B.: $\bar{p}$	
~	Näherungswert	
(···); [···]	zusammengesetzte Größe	

C. Wiedergabe der instationären Strömung in Gassäulen durch die in Kanälen mit freier Flüssigkeitsoberfläche.

(Zusätzlich oder im Gegensatz zu den Bezeichnungen unter A und B.)

Zeichen	Dimension	Bedeutung	Seite
b	m	Kanalbreite	202
F	m^2	Kanalquerschnitt	202
φ		dimensionsloses Maß für Gaswichte und Kanalquerschnitt	202
h	m	Verdrängerhub	211
L	m	in Ausführung und Modell zugeordnetes Leitungsstück	202
λ, λ'		Längenmaßstab (λ' bei veränderter reduzierter Temperatur)	204, (210)
ν, ν'		Volumenmaßstab (ν' bei veränderter reduzierter Temperatur)	204, (210)
O	m^2	Behälteroberfläche	208
O_B	m^2	Behälteroberfläche bei veränderlichem Behältervolumen	211
O_v	m^2	Verdrängerquerschnitt an der Oberfläche	211
ω		auf Wellengeschwindigkeit bezogenes Maß für die Strömungsgeschwindigkeit	202
Q_{sec}	m^3/sec	Durchfließende Wassermenge	213
T	sec	Zeit zum Durchlaufen der Länge L	202
τ		Zeitmaßstab	204
u		Zeitmaß bezogen auf T	202
V_v	m^3	Verdrängervolumen	211
x	m	laufende Koordinate in der Leitung oder am Verdränger	202, 212
ξ		auf L bezogenes Längenmaß	202
y	m	Spiegelhöhe	
ζ		auf y bezogene Spiegelhöhe	

Sonstige Zeiger

Zeichen	Bedeutung	Seite
w	Wassermodell	

GPSR Compliance

The European Union's (EU) General Product Safety Regulation (GPSR) is a set of rules that requires consumer products to be safe and our obligations to ensure this.

If you have any concerns about our products, you can contact us on ProductSafety@springernature.com

In case Publisher is established outside the EU, the EU authorized representative is:

Springer Nature Customer Service Center GmbH
Europaplatz 3
69115 Heidelberg, Germany

Batch number: 10578403

Printed by Printforce, the Netherlands